CAX工程应用丛书

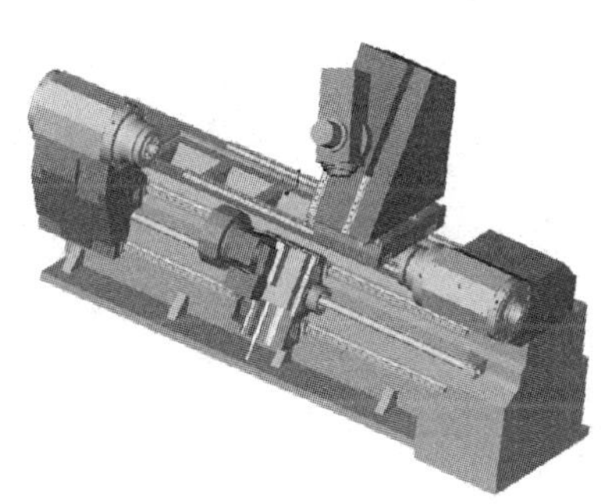

液压系统建模与仿真

张秀梅 著

清华大学出版社
北京

内 容 简 介

液压流体传动与控制是液压领域的难点，本书旨在将液压的基础知识进行项目化教学设置及实例仿真。

全书分为 12 章，内容包括液压与气压的基础知识、液压控制阀、液压动力机构、机-液伺服系统、电液伺服阀、电液伺服系统、液压伺服系统设计、液压能源、液压系统的现代控制方法、非线性控制系统及离散控制系统辅助设计。

本书既可作为高等院校本科生和研究生的教学参考书，也可供工程技术人员参考，以便对液压系统建模与仿真理论及液压系统仿真软件的使用有更加深入的理解。

图书在版编目（CIP）数据

液压系统建模与仿真/张秀梅著. —北京：清华大学出版社，2019
（CAX 工程应用丛书）
ISBN 978-7-302-51846-4

Ⅰ. ①液… Ⅱ. ①张… Ⅲ. ①液压系统－系统建模－高等学校－教材 ②液压系统－系统仿真－高等学校－教材 Ⅳ. ①TH137

中国版本图书馆 CIP 数据核字（2018）第 284321 号

责任编辑： 夏毓彦
封面设计： 王　翔
责任校对： 闫秀华
责任印制： 沈　露

出版发行： 清华大学出版社
网　　址： http://www.tup.com.cn，http://www.wqbook.com
地　　址： 北京清华大学学研大厦 A 座　　**邮　　编：** 100084
社 总 机： 010-62770175　　**邮　　购：** 010-62786544
投稿与读者服务： 010-62776969，c-service@tup.tsinghua.edu.cn
质量反馈： 010-62772015，zhiliang@tup.tsinghua.edu.cn
印 装 者： 清华大学印刷厂
经　　销： 全国新华书店
开　　本： 190mm×260mm　　**印　　张：** 25.75　　**字　　数：** 659 千字
版　　次： 2019 年 2 月第 1 版　　**印　　次：** 2019 年 2 月第 1 次印刷
定　　价： 79.00 元

产品编号：079807-01

前言

《液压系统建模与仿真》是一门理论性与实践性都很强的课程，是高校机械类专业学生必修的重要课程之一。

本书在编写的过程中紧密结合高等教育的特点和实际情况，力求内容精炼、重点突出、深入浅出、学用结合，突出理论与实践紧密结合的同时，更注重实用性与针对性。全书共12章，内容包括液压与气压的基础知识、液压控制阀、液压动力机构、机-液伺服系统、电液伺服阀、电液伺服系统、液压伺服系统设计、液压能源、液压系统的现代控制方法、非线性控制系统及离散控制系统辅助设计。

本书既可作为高等院校本科生和研究生的教学参考书，也可供工程技术人员参考，以便对液压系统建模与仿真理论及液压系统仿真软件的使用有更加深入的理解。

本书由潍坊科技学院张秀梅老师独自编写。由于编者水平有限，书中如有不足之处，敬请使用本书的师生、读者批评指正。如果读者在阅读本书的过程中有其他意见或建议，可发邮件至：booksaga@163.com 或 3057758567@qq.com。

编者

2018年9月

目　录

第 1 章　液压与气压的基础知识

导言

液压与气压装置在工农业生产与生活各个领域中都有着广泛的应用，它们是使用压力油或压缩空气作为传递能量的介质来实现传动与控制的目的。液压与气压装置在实现传动与控制时，必须要由各类泵源、阀、缸及管道等元件组成一个完整的系统。

1.1　气液传动的工作原理与系统组成

1. 液压传动的工作原理

在我们还对液压传动系统缺乏认知的情况下，先从液压千斤顶的工作原理着手。液压千斤顶是一个常用的维修工具，是一个较为完整的液压传动装置。

液压千斤顶的工作原理如图 1-1 所示。液压千斤顶的大活塞 4 和小活塞 7 分别可以在大缸体 3 和小缸体 8 内上下移动。因为活塞与缸体内壁间有良好的密封，所以形成容积可变的密封空间。两缸体由装有单向阀 5 的管道互连，并与油箱 1 相连。当要举升重物 G 时，先向上提起手柄 6，使手柄带动小活塞 7 向上移动，这时小活塞下部缸体内的空间增大。由于密封作用，外界空气不能补充进来，因此造成密封容积内压力低于大气压。同时，在单向阀 5 的作用下，大缸内的油液不能进入小缸。这时油箱内的油液就在大气压的作用下，经管道和单向阀 9 进入小缸体 8 内。当压下手柄 6 时，小活塞下移，密封容积减小，压力升高，油液不能通过单向阀 9 流回油箱，只能通过单向阀 5 压入大缸内，推动大活塞将重物升高一定距离，重复以上过程，重物就不断被举升。举升重物的过程完成后，将放油阀 2 转动 90°，可使大缸内油液流回油箱，实现大活塞下移复位。

在实际应用中，千斤顶的产品设计形式是多种多样的，可以满足不同场合下的应用。在较小吨位时，常用的有立式手动千斤顶（如图 1-2（a）所示）、卧式手动千斤顶（如图 1-2（b）所示）；在较大吨位时，一般采用电动千斤顶（如图 1-2（c）所示）。

如果将图 1-1 所示系统中的油液介质换成空气介质，因为空气介质直接取自大气，并直接排入大气，所以不需要图示中的回油管与油箱装置，其他元件的结构与原理类似，图示系统就可视为一个气压传动系统。例如，生活中常用的打气筒，就与上述小活塞缸工作原理完全相同。

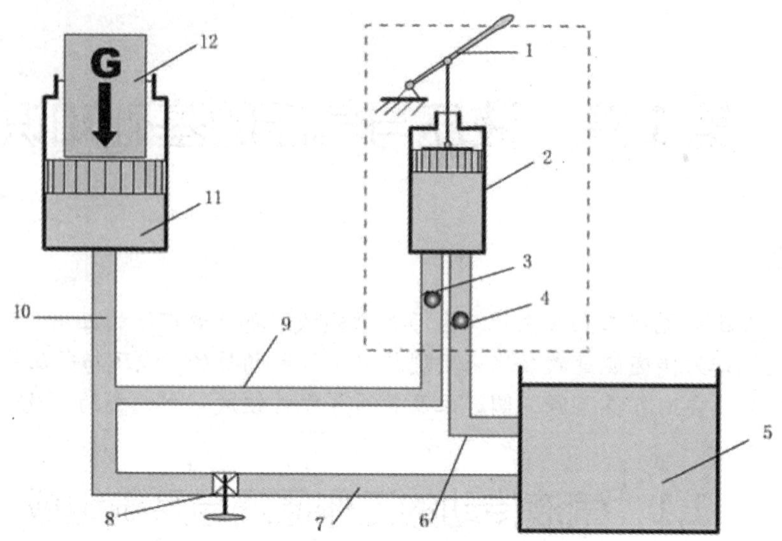

1—手柄；2—泵缸；3—排油单向阀；4—吸油单向阀；5—油箱；
6、7、9、10—管；8—截止阀；11—液压缸；12—重物

图 1-1 液压千斤顶工作原理

a. 立式手动千斤顶

b. 卧式手动千斤顶

c. 电动千斤顶

图 1-2 液压千斤顶产品样图

从液压千斤顶的工作原理可以看出，液压与气压传动是以密封容积中的受压工作介质来传递运动和动力的。先将机械能转换成压力能，然后通过各种元件组成的控制回路来实现能量的调控，再将压力能转换成机械能，使执行机构实现预定的动作。

由于工作介质不同，液压传动与气压传动在结构和工作原理上有极为相似之处，但理论基础并不完全相同。液压传动装置使用的油液为可压缩性较小的流体，工程应用中一般可视为不可压缩的液体，在分析液压传动的过程时主要考虑的是力的平衡，以液体所表现出的宏观力学特征为依据，分析液体在运动时的质量、能量的迁移及转换的力学平衡问题。气动装置所用的压缩空气是弹性流体，其体积、压强和温度三个状态参量之间有互为函数的关系，不仅要考虑力学平衡，而且要考虑热力学的平衡。

2. 液压与气压传动系统的组成

液压与气压传动系统主要由以下五部分组成。

（1）动力装置。把机械能转换成流体压力能的装置，如图 1-1 液压千斤顶中的小活塞缸。液压与气压传动系统中常见的是液压泵或空气压缩机。

（2）执行装置。把流体的压力能转换成机械能的装置，如图 1-1 液压千斤顶中的大活塞缸。液压与气压传动系统中常见的是做直线运动的液压缸、气缸，做回转运动的液压马达、气动马达等。

（3）控制调节装置。对压力、流量和方向进行控制和调节的元件，如图 1-1 液压千斤顶中的两个单向阀。控制元件品种多，组合灵活，包括压力阀、流量阀、方向阀、行程阀、逻辑元件等，是学习和掌握液压与气压传动系统工作原理的主要内容。

（4）辅助装置。如油箱、过滤器、分水滤气器、油雾器、蓄能器、管件等辅助元件，保证液压与气压传动系统的可靠和稳定工作。

（5）工作介质。液压油或压缩空气作为传递能量的流体。

在绘制液压与气压传动系统工作原理图时，各类装置和元件都按国家标准规定的职能符号绘出。在学习每个液压与气压元件的结构和工作原理时，一定要掌握其对应的职能符号。

1.2　液压与气压传动的特点

液压及气压传动也统称为流体传动。与机械装置相比，流体传动装置的主要优点是操作方便、省力，系统结构空间的自由度大，易于实现自动化。流体传动与电气控制相配合，可方便地实现复杂的程序动作和远程控制。

流体传动具有传递运动均匀平衡、响应快、冲击小、高速启动、制动和换向，易于实现过载保护、调速，控制元件标准化、系列化及通用化程度高，有利于缩短机器的设计、制造周期和降低制造成本的特点。

1. 液压传动的优点

（1）在同等功率的情况下，液压装置的体积小、重量轻、结构紧凑。液压马达的体积和重量只有同等功率电动机的 12%左右。

（2）液压装置的换向频率高，在实现往复回转运动时可达 500 次/min，实现往复直线运动时可达 1000 次/min。

（3）液压装置能在大范围内实现无级调速（调速范围可达 1∶2000），也可以在液压装置运行的过程中进行调速。

（4）液压传动容易实现自动化，因为它是对液体的压力、流量和流动方向进行控制或调节，操纵很方便。

（5）液压元件能自行润滑，使用寿命较长。

2. 气压传动的优点

（1）空气介质来自大气，可将用过的气体直接排入大气，处理方便。空气泄漏不会严重影响工作，不会污染环境。

（2）空气的黏性很小，在管路中的阻力损失远远小于液压传动系统，适合远程传输及控制。

（3）工作压力小，元件的材料和制造精度要求低，成本低。

（4）维护简单，使用安全卫生，无油的气动控制系统特别适用于无线电元器件的生产过程，也适用于食品及医药的生产过程。

（5）气动元件可以根据不同场合采用相应材料，使元件能够在易燃、高温、低温、强振动、强冲击、强腐蚀和强辐射等恶劣环境下正常工作。

3. 液压与气压传动的弱点

传动介质易泄漏和可压缩性会使传动比不能严格保证。由于能量传递过程中压力损失和泄漏的存在使传动效率低，特别是气压传动系统输出力较小，且传动效率低。

液压传动系统的工作压力较高，控制元件制造精度高，系统成本较高，系统工作过程中发生故障不易诊断，特别是泄漏故障较多。

由于空气的压缩性远大于液压油的压缩性，因此在动作的响应能力、工作速度的平稳性方面不如液压传动。

1.3 液压与气压传动技术的发展概况

液压与气压传动在各类机械产品中被广泛地应用，以增强产品的自动化程度和动力性能，操作灵活、方便、省力，可实现多维度、大幅度的运动，不但可以提高生产设备的效率与自动化水平，而且还能提高重复精度与生产质量，如机床设备、工程机械、矿山机械，各类自动、半自动生产线，焊接、装配、数控设备和加工中心等。随着工业的发展，液压与气压传动技术必将广泛地应用于各个工业领域。

液压技术自 18 世纪末英国制成世界上第一台水压机算起，已有二三百年的历史了，但其真正的发展是在第二次世界大战后的 50 多年。第二次世界大战后，液压技术迅速转向民用工业，在机床、工程机械、农业机械、汽车等行业中逐步推广。20 世纪 60 年代以来，随着原子能、空间技术、计算机技术的发展，液压技术也得到了很大的发展，并逐渐渗透到各个工业领域中去。当前液压技术正向高压、高速、大功率、高效、低噪声、经久耐用、高度集成化的方向发展。同时，新型液压元件和液压系统的计算机辅助设计（CAD）、计算机辅助测试（CAT）、计算机直接控制（CDC）、机电一体化技术、计算机仿真和优化设计技术、可靠性技术，以及污染控制技术等方面也是当前液压传动及控制技术发展和研究的方向。

自 20 世纪 60 年代以来，气压传动技术也发展得很快，其主要原因是由于气动技术作为一种实现工业自动化的有效手段，引起了各国技术人员的普遍重视和应用。许多国家已大量生产标准化的气动元件，在生产中广泛采用气动技术。随着工业的发展，气压传动技术的应用范围也将日益扩大，同时其性能必须满足气动机械多样化以及与机械电子工业快速发展相适应的要求，处在这样的变革时期，就要以更新的观点去开发气动技术、气动机械和气动系统。一方面要加强气动元件本身的研究，使之满足多样化的要求，同时要不断提高系统的可靠性，降低成本；另一方面要进行无给油化、节能化、小型化和轻量化、位置控制的高精度化研究，以及气、电、液相结合的综合控制技术的研究。同时，计算机辅助设计、优化设计及计算机控制也是气动技术开发的发展方向。

第 2 章　流体力学基础知识

导言

液压传动系统是以油液作为工作介质的。本章主要讲解液压油工作介质的物理性质、压力与流量概念、流体力学的基础知识，为后面液压传动系统的学习与分析做准备。

2.1　液压传动工作介质

2.1.1　液体的密度

单位体积液体的质量称为密度，用符号 ρ 表示，单位为 kg/m3。假设有一均质液体的体积为 V（单位：m3），所含的质量为 m（单位：kg），则其密度为：

$$\rho = \frac{m}{V} \tag{2-1}$$

液体的密度随压力的升高而增大，随温度的升高而减小，但是压力和温度对密度变化的影响都极小，一般情况下可视液体的密度为一常数。水的密度 ρ＝1000（kg/m3）,矿物油的密度 ρ＝850～960（kg/m3）。

2.1.2　液体的可压缩性

液体受压力作用其体积会减小的性质称为可压缩性，液体可压缩性的大小用单位压力变化时液体体积的相对变化量来表示，即体积压缩系数 κ，单位为 m2/N。一定体积 V 的液体，当压力增大 dp 时，体积减少量是 dV，则体积压缩系数 κ 为

$$\kappa = -\frac{\mathrm{d}V}{V}\frac{1}{\mathrm{d}p} \tag{2-2}$$

压力增加时体积是减少的，式中负号表示 dV 与 dp 的变化相反，使体积压缩系数 K 为正值。

在工程中常用体积弹性模量 K 来表示液体的可压缩性。体积压缩系数的倒数称为体积弹性模量 K，即 $K = 1/\kappa$，单位为 N/ m2，也称为 Pa。

液体的体积弹性模量与温度和压力有关，但变化很小，在工程应用中一般忽略不计。

在常温下，矿物油型液压油的体积弹性模量 K=(1.4～2.0)×103MPa，是钢的 100～150 倍。在一般液压系统中，压力不高，压力变化不大，可认为液压油是不可压缩的。但是，如果油液中混有非溶解性气体时，体积弹性模量会大幅降低。

2.1.3 液体的黏性

1. 黏性的定义

液体在流动时，分子间的内聚力要阻止分子相对运动而产生一种内摩擦力，这种阻碍液体分子之间相对运动而产生内摩擦力的性质，称为液体的黏性。液压油黏性对机械效率、压力损失、容积效率、漏油及泵的吸入性影响很大，是液压油十分重要的一个物理性质。

如图 2-1 所示的液体黏性示意图。两平行平板间充满液体，下平板固定不动，上平板以速度 u0 向右移动。由于液体的黏性，附于下平板的液层速度为 0，附于上平板的液层速度为 u0，中间各液层的速度则从下到上逐渐递增。由图示可知各液层间的速度呈线性变化。

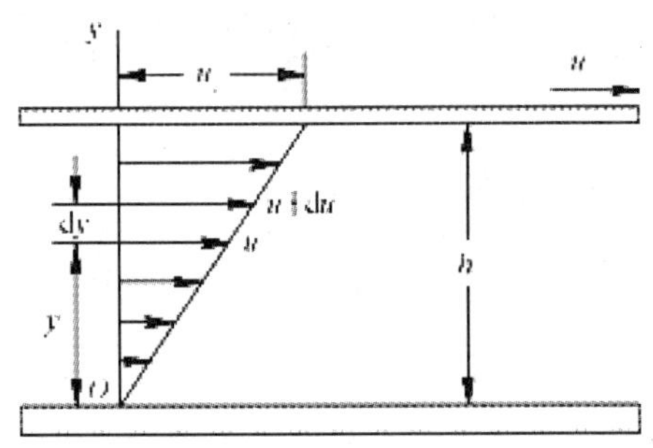

图 2-1　液体黏性示意图

经实验测定，液体流动时相邻液层间的内摩擦力与液层接触面积、液层间的相对速度 du 成正比，与液层间的距离 dy 成反比。若以 τ 表示切应力，即单位面积上的内摩擦力，则得到牛顿液体内摩擦定律，即

$$\tau = \mu \frac{\mathrm{d}u}{\mathrm{d}y} \tag{2-3}$$

式中：　μ —— 比例常数，称为黏性系数或黏度；

$\frac{\mathrm{d}u}{\mathrm{d}y}$ —— 速度梯度。

在静止液体中速度梯度 du/dy=0，即内摩擦力为零。因此，液体只有在流动时才会呈现出黏性，静止液体是不会呈现黏性的。

2. 黏性的表示方法

液体黏性的大小用黏度来衡量。常用的三种黏度表示形式，即动力黏度 μ、运动黏度 ν 和相对黏度。在工程中，运动黏度 ν 比较常用。

（1）动力黏度

在式（2-3）中，比例常数 μ 被称为动力黏度或绝对黏度。它的法定计量单位为 N·s/m2 或 Pa·s，由于其计量单位中恰好涉及动力学研究的三个量（力 N、时间 s 和位移 m），因此形象地称之为“动力”黏度。

（2）运动黏度

在流体力学计算中，常遇到动力黏度 μ 与液体密度 ρ 的比值，用 ν 表示该比值，即

$$\nu = \frac{\mu}{\rho} \tag{2-4}$$

将 ν 称为运动黏度，显然 ν 没有明确的物理意义。由于推导出它的量纲单位为 m2/s，量纲中恰好涉及运动学研究的两个量（时间 s 和位移 m），因此形象地称之为“运动”黏度。

运动黏度的法定计量单位为 m2/s。工程上常用 cm2/s 为单位，也称为 St（斯），或者以 mm2/s 为单位，称为 cSt（厘斯），如 1m2/s=104St=106cSt。

液压油及润滑油的黏度分级标准就是采用 40°C 时油液的运动黏度 ν 的某一中心值（cSt 单位）作为牌号，共分为 10、1 5、22、32、46、68、100、150 8 个黏度等级。

（3）相对黏度

相对黏度又称条件黏度，是按一定的测量条件来测定的。动力黏度或运动黏度不能直接测量获得，是按一定的测量条件测量出液体的相对黏度，再根据理论换算得出动力黏度或运动黏度。

各国采用的测量条件是不同的，具体的相对黏度名称也不相同，我国采用恩氏黏度（°E）。恩氏黏度计是一个 200ml 容积、底部有直径为 $\phi = 2.8\,\text{mm}$ 小孔的容器。

将温度为 t℃的被测液体 200ml 装入恩氏黏度计，测出液体在自重作用下流尽所需的时间 t1(s)；再测出 200ml、温度为 20℃的蒸馏水在同一小孔中流尽所需的时间 t2(s)。这两个时间的比值即为被测液体在 t℃下的恩氏黏度

$$^{\circ}\text{E} = \frac{t_1}{t_2} \tag{2-5}$$

3. 温度和压力对黏性的影响

在液压系统中，压力增大时，液压油的黏度也会增大。但在一般液压系统使用的压力范围内，黏度增大的数值很小，压力对黏度的影响可以忽略不计。

液压油黏度对温度的变化十分敏感，不可忽略。从如图 2-2 所示的几种国产液压油（机油）的粘温关系曲线可见，温度升高，黏度快速下降。

例如，某机床液压系统在机床刚开始工作时无泄漏现象，机床工作约一个小时后开始出现漏油。分析其原因可知，在管路接头处已有松动的情况下，刚开始工作时液压油的温度较低，黏度较大，该松动间隙不足以产生泄漏；液压系统工作一段时间后，油液温度显著升高，黏度下降，该松动间隙出现漏油。由此可见，液压油的黏度对液压系统的密封影响较大，黏度对温度的敏感变化不可忽略。

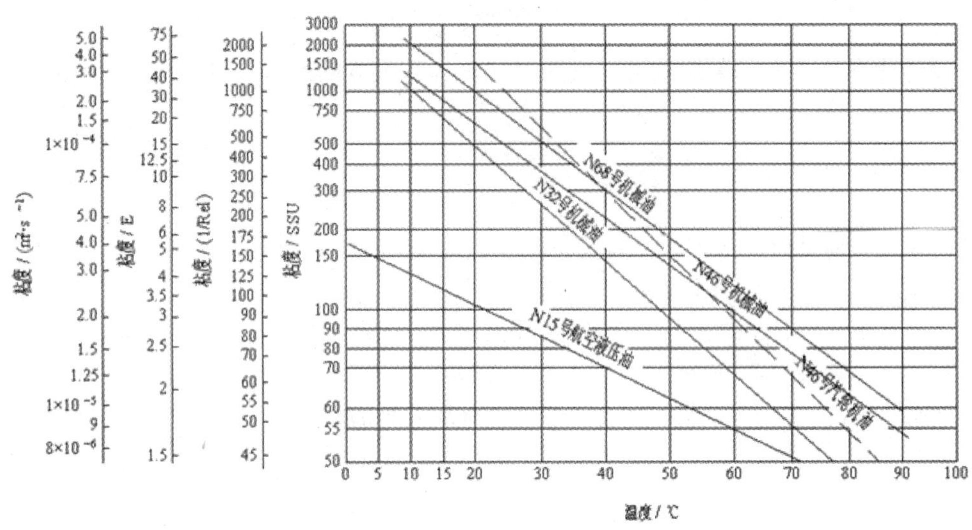

图 2-2　几种国产液压油的黏度-温度关系

2.1.4　液压油的品种和选用

合理地选择液压油，对提高液压传动性能、延长液压元件和液压油的使用寿命都有重要的意义。

矿油型液压油是以石油的精炼物为基础，加入各种添加剂调制而成。在 IS06743/4（GB/T763 1.2－82）分类中的 HH、HL、HM、HR、HV、HG 型液压油均属矿物油型液压油，这类油的品种多，成本较低，需求量大，使用范围广，目前约占液压介质总量的 85%。

液压油有很多品种，可根据不同的使用场合选用合适的品种。在品种确定的情况下，主要考虑的是油液的黏度，其选择主要考虑如下因素。

1. 液压系统的工作压力

工作压力较高的系统宜选用黏度较高的液压油，以减少泄露；反之选用黏度较低的油。例如，当压力 $p=7.0\sim20.0$ MPa 时，宜选用 N46～N100 的液压油；当压力 $p<7.0$ MPa 时，宜选用 N32～N68 的液压油。

2. 运动速度

执行机构运动速度较高时，为了减小液流的功率损失，宜选用黏度较低的液压油。

3. 液压泵的类型

在液压系统中，对液压泵的润滑要求很严格，不同类型的泵对油的黏度有不同的要求，可参见表 2-1。

表 2-1　各种液压泵工作介质的黏度范围及推荐用油

名　　称	运动黏度/（10-6m2·s-1）		工作压力/MPa	工作温度/°C	推荐用油
	允许	最佳			
叶片泵（1200r/min） 叶片泵（1800r/min）	16～220 20～220	26～54 25～54	7	5～40	L—HH32，L—HH46
				40～80	L—HH46，L—HH68
			14以上	5～40	L—HL32，L—HL46
				40～80	L—HL46，L—HL68
齿轮泵	4～220	25～54	12.5以下	5～40	L—HL32，L—HL46
				40～80	L—HL46，L—HL68
			10～20	5～40	L—HL46，L—HL68
				40～80	L—HM46，L—HM68
			16～32	5～40	L—HM32，L—HM68
				40～80	L—HM46，L—HM68
径向柱塞泵 轴向柱塞泵	10～65 4～76	16～48 16～47	14～35	5～40	L—HM32，L—HM46
				40～80	L—HM46，L—HM68
			35以上	5～40	L—HM32，L—HM68
				40～80	L—HM68，L—HM100
螺杆泵	19～49		10.5以上	5～40	L—HL32，L—HL46
				40～80	L—HL46，L—HL68

液压油使用一段时间后会受到污染，常使阀内的阀芯卡死，并使油封加速磨耗及液压缸内壁磨损。液压油经长期使用，油质必会恶化，必须定期更换。

2.2　液体静力学基础

液体静力学是研究液体处于相对平衡状态下的力学规律及其应用。由于液体在相对平衡状态下不呈现黏性，因此静止液体内不存在切向剪应力，只有法向的压应力，即静压力。

2.2.1　液体静压力

静止液体在单位面积上所受的法向压应力称为静压力。静压力在物理学中称为压强，在液压传动中称为压力。

如图 2-3 所示，在静止液体中取任意一微小面积△A，由于液体处于相对静止状态，在面积△A 上只承受总法向力△F 的作用，因此液体所受的总静压力永远垂直于它所作用的平面。

在面积△A 上的平均液压力为△F/△A，当△A 趋于 0 时，△F/△A 的极限称为液体的静压力，并以 p 表示为

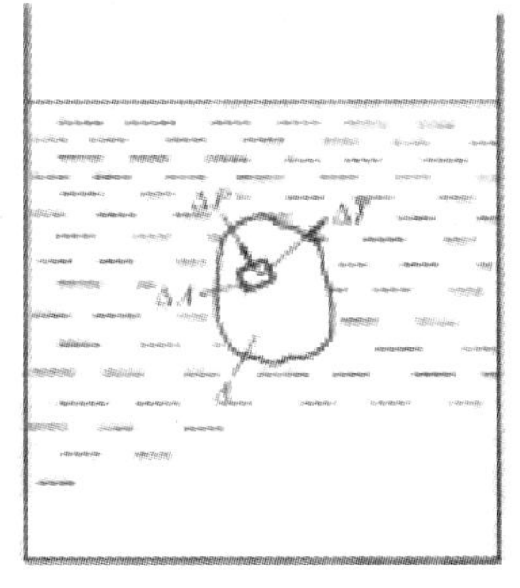

图 2-3　静止液体所受的作用力

$$p = \lim_{\Delta A \to 0} \frac{\Delta F}{\Delta A} \tag{2-6}$$

压力的法定单位是 Pa（帕），即 N/m2。由于 Pa 单位较小（1Pa＝1N/m2），因此常用其倍数单位来表示压力。

1kPa=1×103Pa
1MPa=1×106 Pa

工程上有时还采用传统的压力单位，如 bar（巴），1bar=1kgf/cm2≈0.1MPa。

基于“静止液体”的前提，液体静压力有如下两个重要特性。

（1）液体静压力垂直于作用面，其方向和该面的内法线方向一致。

（2）静止液体内任一点所受到的压力在各个方向上都相等。如果某点受到的压力在某个方向上不相等，液体就会流动，不能成为“静止液体”了。

2.2.2 液体静压力基本方程

分析静止液体内部任意一点的静压力，如图 2-4 所示。从液面向下取一微小圆柱，其高度为 h。即 A 点距液面高度为任意值 h。设微小圆柱底面积为△A，则该圆柱在侧面受力并平衡外，还在垂直方向上，上表面受力为 p0△A，下表面受力为 p△A，液体所受重力为 ρgh△A，小圆柱在垂直方向的受力平衡，即

p△A=p0△A＋ρgh△A

简化得出

p=p0＋ρgh （2-7）

该式是液体静力学基本方程。

液体静力学方程表明了静止液体中的压力分布规律，即：

（1）静止液体中任何一点的静压力为作用在液面的压力 p0 和液体重力所产生的压力 *pgh* 之和。

（2）液体中的静压力随着深度 h 的增加而线性增加。

（3）在连通器里，同一种静止液体中只要深度 h 相同，其压力就相等，称之为等压面。

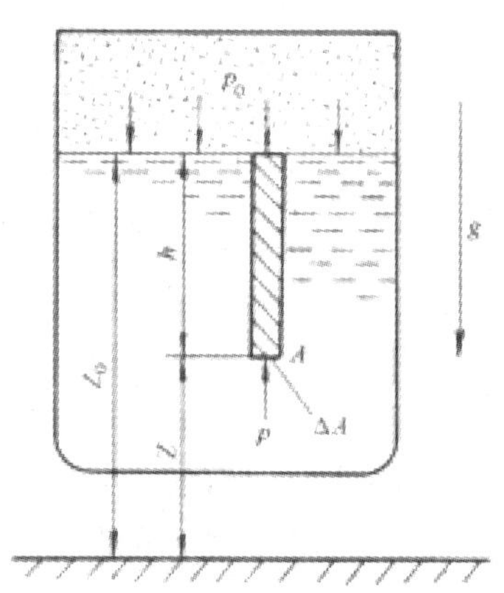

图 2-4 距液面 h 深处的静压力

利用等压面计算静力学问题是常用的方法。在选取等压面时必须满足等压面的适用条件，即等压面只能选在静止的、连续的同一种液体中。有不同液体时经常选在不同液体的分界面处。如图 2-5 所示的连通器中装有两种不同的液体，A-A 面和 B-B 面是等压面；C-C 面不是同种液体，不是等压面；D-D 面虽然是同种液体，但不连续，也不是等压面。

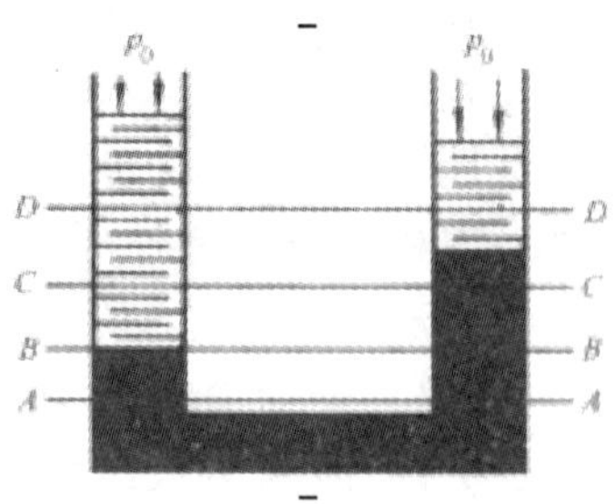

图 2-5 等压面示意图

【例 2-1】如图 2-6 所示容器内盛有油液。已知油的密度 ρ =900kg/m3，活塞上的作用力 F=1000 N，活塞的面积

A=1×10-3m^2，假设活塞的重量忽略不计，问活塞下方深度为 h=0.5 m 处的压力是多少？

解：活塞与液体接触面上的压力均匀分布，有

$$p_0=\frac{F}{A}=\frac{1000\mathrm{N}}{1\times10^{-3}\mathrm{m}^2}=10^6\ \mathrm{N/m}^2$$

根据液体静压力的基本方程式（2-7），深度为 h 处的液体压力为

$$p=p_A+\rho gh=10^6+900\times9.8\times0.5$$
$$=1.0044\times10^6(\mathrm{N/m}^2)\approx10^6(\mathrm{Pa})$$

液体在受外界压力作用的情况下，P0>>*pgh*，*pgh* 相对甚小，在液压系统中常可忽略不计，因而可近似认为“整个液体内部的压力是相等的”。我们在分析液压系统的压力时，一般都忽略 *pgh* 的影响。

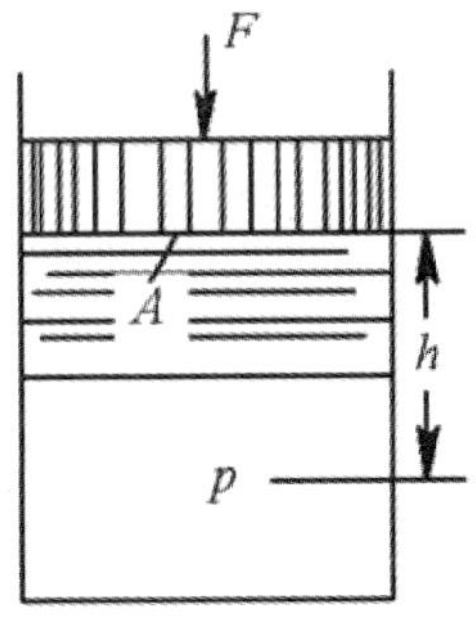

图 2-6　静止液体内的压力

2.2.3　绝对压力与相对压力

液体压力有绝对压力和相对压力两种表示方法。

以绝对真空为基准测量的压力叫作绝对压力；以大气压力为基准测量的压力叫作相对压力，即绝对压力 = 相对压力 + 大气压力。

因为大气压无处不在，所以在液压传动系统的分析与计算时，除非特别说明使用绝对压力，一般都使用相对压力。

压力表指示的压力是高于大气压的压力值，称为表压力。当某点处的绝对压力小于大气压时，由于压力表无法测量，需要用真空计来测定，因此低于大气压的相对压力称为真空度。即

表压力（相对压力之一）＝绝对压力－大气压力
真空度（相对压力之二）＝大气压力－绝对压力

如图 2-7 所示，明确了绝对压力与相对压力、相对压力中的表压力与真空度之间的关系。

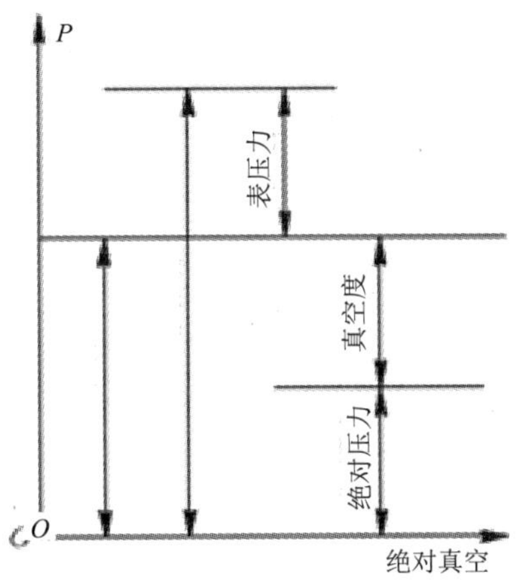

图 2-7　绝对压力与相对压力（表压力、真空度）之间的关系

【例 2-2】 如图 2-8 所示 U 形管测压计内装有汞，左端与装有水的容器相连，右端与大气相通。汞的密度为 13.6×103kg/m3。

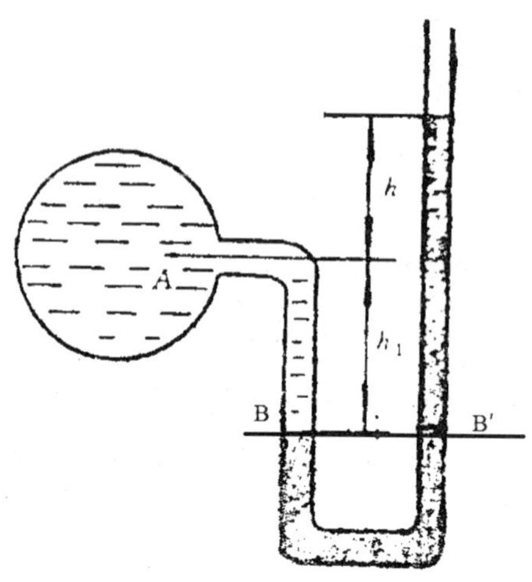

图 2-8　U 形管测压计

（1）如图 2-8（a）所示，已知 h=20cm，h1=30cm，试计算 A 点的相对压力和绝对压力。

（2）如图 2-8（b）所示，已知 h1=15cm，h2=30cm，试计算 A 点的真空度和绝对压力。

解：

（1）取 B-B′ 面为等压面

U 形管测压计右端　　　$p_{B'} = p_{汞}g\left(h+h_1\right)$

U 形管测压计左端　　　$p_B = p_A + p_{水}gh_1$

因为 $p_{B'} = p_B$，所以　　$p_{汞}g\left(h+h_1\right) = p_A + p_{水}gh_1$

$$p_A = p_{汞}gh + gh_1\left(p_{水} - p_{汞}\right)$$

$= [13.6×103×9.81×0.20+9.81×0.30(13.6×103-103)]Pa$

$= 63765Pa≈0.064MPa$

以上所求为相对压力，大气压力 p_a ＝101325Pa，则 A 点的绝对压力

pA=(0.101+0.064)MPa=0.165MPa

（2）取 C-C′面为等压面，压力 $p_{C'}$ 等于大气压力 p_a，故 $p_C = p_{C'} = p_a$

$$p_C = p_A + p_{水}gh_1 + p_{汞}gh_2$$

所以　　$p_A = p_C - (p_{水}gh_1 + p_{汞}gh_2)$

$= (101325－1×103××9.81×0.15－13.6×103×9.81×0.3)Pa$

$= 59828Pa≈0.06MPa$

以上所求为绝对压力，A 点的真空度为

$$p_a - p_A = (101325-59828)Pa=41497Pa≈0.04MPa$$

2.2.4 帕斯卡原理

在密闭容器内施加于静止液体上的压力将以等值同时传递到液体内各点，容器内压力方向垂直于内表面，这就是帕斯卡原理，如图 2-9 所示。

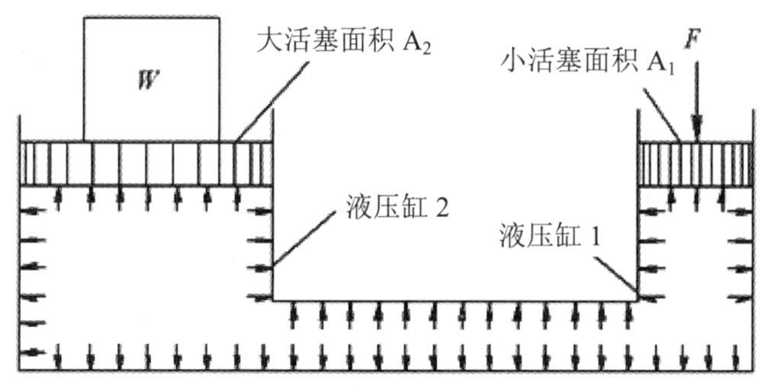

图 2-9　帕斯卡原理

容器内的液体各点压力为（P0>> ρgh，忽略 ρgh 的影响）：

$$p=\frac{W}{A_2}=\frac{F}{A_1} \tag{2-8}$$

这也是千斤顶工作的理论基础。在此得出一个很重要的概念，即在液压传动系统中，工作压力由负载来决定，而与流入的流体多少等其他因素无关。

2.3　液体动力学基础

液体动力学主要研究液体流动时的运动规律问题，其内容相当广泛和复杂。这里我们主要学习运用连续性方程和伯努利方程，对液压传动系统中的压力和流量等参数进行定性分析和定量计算。

2.3.1 液体动力学的基本概念

1. 理想液体和稳定流动

既无黏性又不可压缩的液体称为理想液体。

理想液体的概念是为了简化液体动力学问题。实际上，液体既有黏性又可压缩，按理想液体的概念得出结论后，再根据实验验证的方法加以修正。

液体在流动时，若液体中任意一点处的压力、速度和密度都不随时间变化，这种流动称为稳定流动。稳定流动也是一种理想的流动状态。只要压力、速度和密度有一个随时间变化，这种流动称为非稳定流动。例如，如图 2-10（a）水箱中的水位不断得到补充，水位不变，孔口出流为稳定流动；例如，图 2-10（b）水箱中的水位没有补充，随流动而水位下降，则孔口出流为非稳定流动。

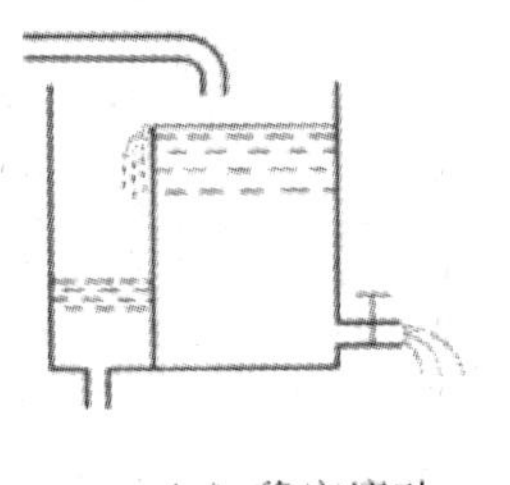

（a）稳定流动

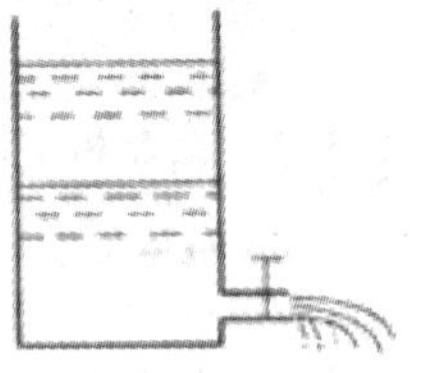

（b）非稳定流动

图 2-10　稳定流动与非稳定流动示意图

2. 流线、流束

流线是某一时刻液流中各质点运动状态所呈现出的光滑分布曲线。在理想液体的稳定流动中，流线的形状是不随时间而变化的。由于一个质点在每一瞬时只能有一个速度，流线是一条条光滑的曲线，既不能相交也不能转折，如图 2-11 所示。

通过某截面 A 上的所有点画出流线，这一组流线就构成流束，如图 2-12 所示。

当流束面积很小时，称之为微小流束，并认为微小流束截面上各点处的速度相等。

图 2-11　流线示意图

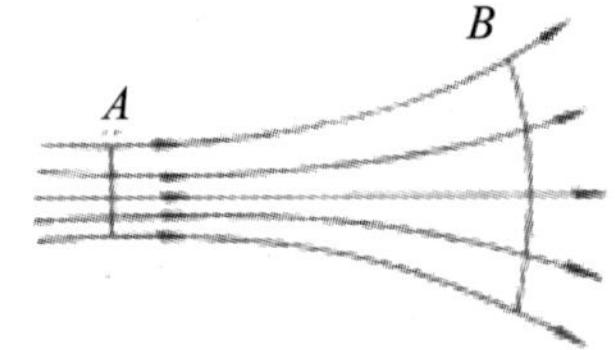

图 2-12　流束示意图

3. 流量 q 和平均流速 v

单位时间内流过某通流截面的液体的体积称为流量。流量的法定计量单位为 m3/s，常用单位有 L/min，换算关系为

1 m3/s=6×104L/min

假设某一微小流束通流截面 dA 上的流速为 u，如图 2-13，则通过 dA 的微小流量为 dq=udA，通过通流截面 A 的流量为

$$q = \int_A u dA \tag{2-9}$$

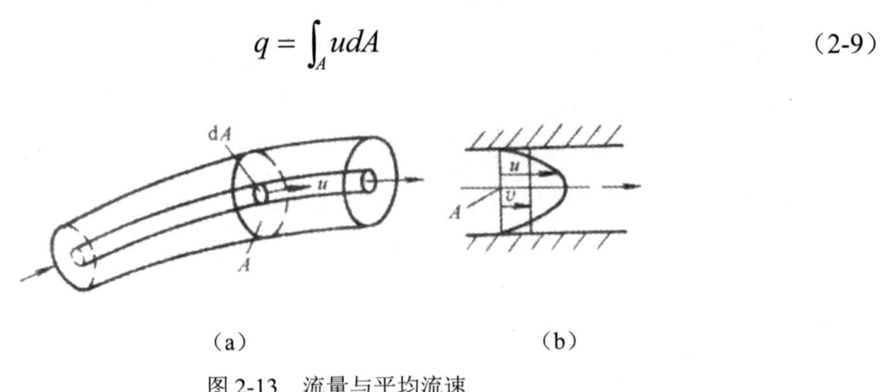

（a）　　（b）

图 2-13　流量与平均流速

截面上各点的流速 u 的分布规律比较复杂，工程计算时一般不按上述积分方式计算流量，而采用平均流速的概念。假定整个通流截面 A 上的流速是均匀分布的，则平均流速v为

$$\upsilon = \frac{\int_A u dA}{A} = \frac{q}{A} \tag{2-10}$$

例如，在液压缸缸筒内部，液压油流动的平均流速v就是液压缸活塞运动的速度，由此得出液压传动中另一个重要的概念，即运动速度取决于流量，而与流体的压力等无关。

4. 流态和雷诺数

科学家通过大量的实验观察和分析发现，液体的流动具有层流和紊流两种基本流态。

观察液体流态的实验装置如图 2-14 所示，水箱 4 由进水管 2 不断供水，多余的水由隔板 1 上部流出，使玻璃管 6 中保持稳定流动。在水箱下部装有玻璃管 6、开关 7，在玻璃管进口处放置小导管 5，小导管与装有同密度彩色水的水箱 3 相连。

实验时首先将开关 7 打开，然后打开颜色水导管的开关，并用开关 7 来调节玻璃管 6 中水的流速。当流速较低时，颜色水的流动是一条与管轴平行的清晰的线状流，与大玻璃管中的清水互不混杂（如图 2-14（a）所示），这说明管中的水流是分层的，这种流动状态叫层流。逐渐开大开关 7，当玻璃管中的流速增大至某一值时，颜色水流便开始抖动而呈波纹状态（如图 2-14（b）所示），这表明层流开始被破坏，进入临界状态。再进一步增大水的流速，颜色水流便与清水完全混合在一起（如图 2-14（c）所示），这种流动状态叫紊流。

如果将开关 7 逐渐关小，玻璃管中的流动状态就又从紊流向层流转变。

实验证明，液体在圆管中的流动状态不仅与管内的平均流速υ有关，还与管径 d、液体的运动黏度ν有关。υ的量纲单位是 m/s，d 的量纲是 m，ν的量纲单位是 m2/s，这三个物理量按以下形式恰好组成了一个无量纲单位的数值量。

$$\mathrm{Re} = \frac{\upsilon d}{\nu} \tag{2-11}$$

Re 即雷诺数。工程上常用临界雷诺数 Recr 来判别液流状态。当 Re<Recr 时液流为层流；当 Re>Recr 时液流为紊流。常见的液流管道的临界雷诺数见表 2-2。

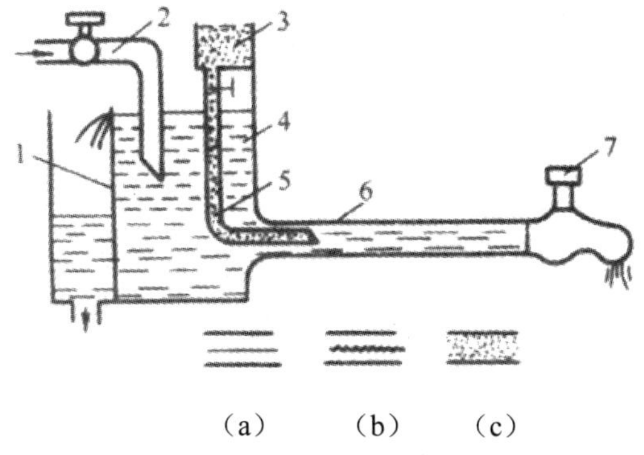

（a）　（b）　（c）

1-隔板；2-进水管；3-水箱；4-水箱；5-小导管；6-玻璃管；7-开关

图 2-14　液体流态雷诺实验装置示意图

表 2-2　常见液流管道的临界雷诺数

管道形状	Recr	管道形状	Recr
光滑金属圆管	2000～2320	带环槽的同心环状缝隙	700
橡胶软管	1600～2000	带环槽的偏心环状缝隙	400
光滑同心环状缝隙	1100	圆柱形滑阀阀口	260
光滑偏心环状缝隙	1000	锥阀阀口	20～100

对于非圆截面的管道来说，Re 可用下式计算。

$$\mathrm{Re}=\frac{\upsilon d_{\mathrm{H}}}{\nu} \tag{2-12}$$

dH 为通流截面的水力直径，它的计算公式为

$$d_{\mathrm{H}}=\frac{4A}{\chi} \tag{2-13}$$

式中：A—— 通流截面的有效面积；

χ —— 湿周，是通流截面上与液体接触的固体壁面的周界长度。

2.3.2　连续性方程

根据质量守恒定律，在相同时间内液体以稳流通过管内任一截面的液体质量必然相等。如图 2-15 所示管内两个流通截面面积为 A1 和 A2，流速分别为υ_1和υ_2，则通过任一截面的流量 q 为

$$Q=A\upsilon=A_1\upsilon_1=A_2\upsilon_2=常数 \tag{2-14}$$

连续性方程应用的前提是“液体流动连续不断”。例如，江河的流量在各断面是相同的，我们观察到的就是河面宽处水流缓慢，河面窄处水流湍急，这符合连续性方程的定性分析结论，即截面积大流速小，截面积小流速大。但是，如果河道有分流或拦水大坝，上下游的流量就不相等。

【例 2-3】如图 2-16 所示为相互连通的两个液压缸，已知大缸内径 D=100 mm，小缸内径 d=20 mm，大活塞上放一个质量为 5000 kg 的物体 G。

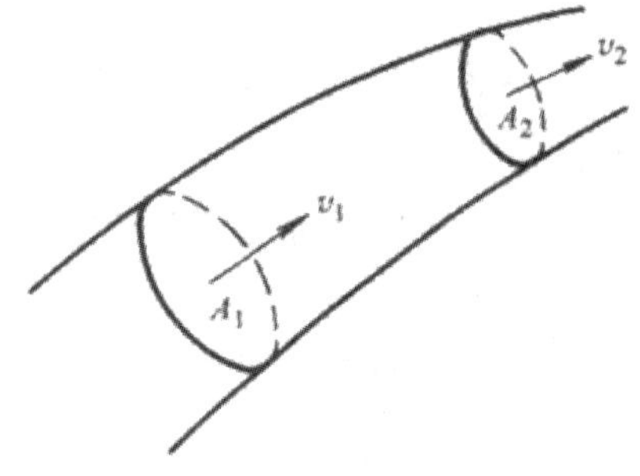

图 2-15　连续流动时各截面流量相等

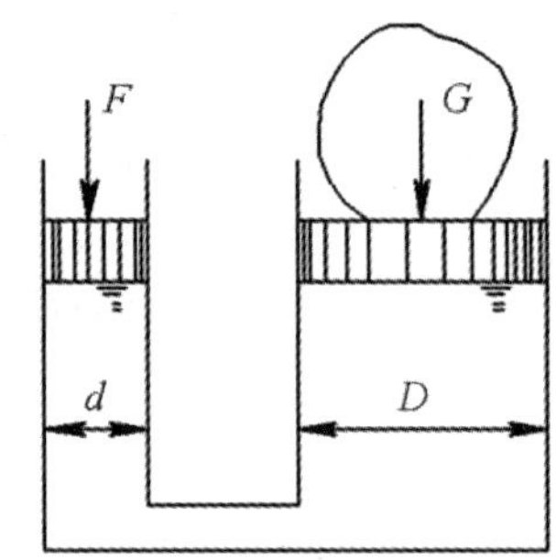

图 2-16　相互连通的两个液压缸

问：

（1）在小活塞上所加的力 F 有多大，才能使大活塞顶起重物?

（2）若小活塞下压速度为 0.2 m/s，则大活塞上升速度是多少?

解：

（1）物体的重力为

$$G=mg=5000\ \text{kg}\times 9.8\ \text{m/s2}=49\ 000\ \text{N}$$

根据帕斯卡原理，两缸中压力相等，即

$$\frac{F}{\pi d^2/4}=\frac{G}{\pi D^2/4}$$

所以，为了顶起重物，应在小活塞上加力为

$$F=\frac{d^2}{D^2}G=\frac{20^2\,\text{mm}}{100^2\,\text{mm}}\times 49000\text{N}=1960\text{N}$$

（2）由连续性方程

$$Q=A\upsilon=\text{常数}$$

得

$$\frac{\pi d^2}{4}\upsilon_{小}=\frac{\pi D^2}{4}\upsilon_{大}$$

故大活塞上升速度为

$$\upsilon_{大}=\frac{d^2}{D^2}\upsilon_{小}=\frac{20^2}{100^2}\times 0.2=0.008(\text{m/s})$$

2.3.3 伯努利定理

1. 理想液体的伯努利方程

对于理想液体的稳定流动，根据能量守恒定律，同一管道任意截面上的总能量都应相等。流动液体在理想状态下只有以下三种能量形式。

- 单位重量的压力能（也称为压力水头，量纲单位为 m）： $\frac{p}{\rho g}$。
- 单位重量的势能（也称为位置水头，量纲单位为 m）： mgz/mg=z。
- 单位重量液体的动能（也称为速度水头，量纲单位为 m）： $\frac{1}{2}\frac{m\upsilon^2}{mg}=\frac{\upsilon^2}{2g}$。

根据能量守恒定律，各截面的三者之和等于常数，量纲单位为 m，也称为总水头。即

$$\frac{p}{\rho g}+z+\frac{\upsilon^2}{2g}=常数 \tag{2-15}$$

如图 2-17 所示，取任意的两个通流截面 A1、A2，截面上的流速分别为υ_1、υ_2；压力分别为 p1、p2，两截面距离水平基准面高度分别为 z1、z2，则

$$\frac{p_1}{\rho g}+z_1+\frac{\upsilon_1^{\ 2}}{2g}=\frac{p_2}{\rho g}+z_2+\frac{\upsilon_2^{\ 2}}{2g} \tag{2-16}$$

式（2-15）和式（2-16）就是流体力学中应用非常广泛的伯努利方程。

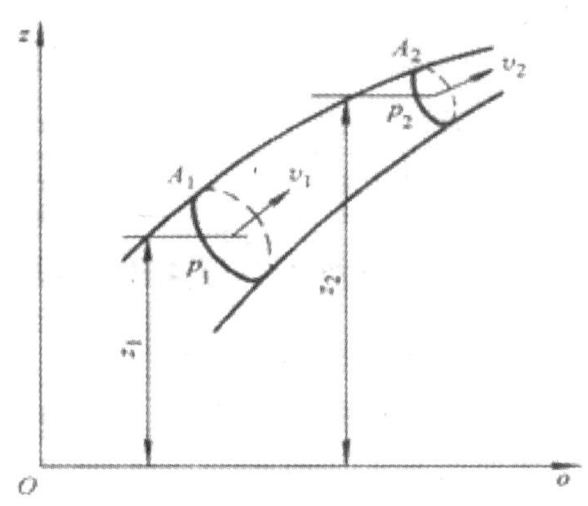

图 2-17　伯努利方程简图

2. 实际液体的伯努利方程

实际液体在流动时是具有黏性的，由此产生的内摩擦力将造成总水头（三种水头之和）的损失，使液体的总水头沿流向逐渐减小，而不再是一个常数。而且在用平均流速代替实际流速进行动能计算时，必然会产生误差，为了修正这个误差，引入动能修正系数 α。一般层流时 α≈2，紊流时 α≈1，理想时 α=1。修正后的实际液体的伯努利方程为

$$\frac{p_1}{\rho g}+z_1+\alpha_1\frac{\upsilon_1^{\ 2}}{2g}=\frac{p_2}{\rho g}+z_2+\alpha_2\frac{\upsilon_2^{\ 2}}{2g}+h_w \tag{2-17}$$

式中：hw —— 能量损失，量纲单位为 m，也称为损失水头。

【例 2-4】如图 2-18 所示，计算液压泵吸油口处的真空度。

解：在利用伯努利方程时，必须选取两个截面，而且尽量选取“特殊截面”，比如压力等于 0（或大气压力）的截面、位置高度等于 0 的截面或速度约等于 0 的截面等，以简化求解的过程。设泵的吸油口比油箱液面高 h，取油箱液面Ⅰ-Ⅰ和泵进口处截面Ⅱ-Ⅱ列出伯努利方程，并以 I-I 截面为基准水平面。则有

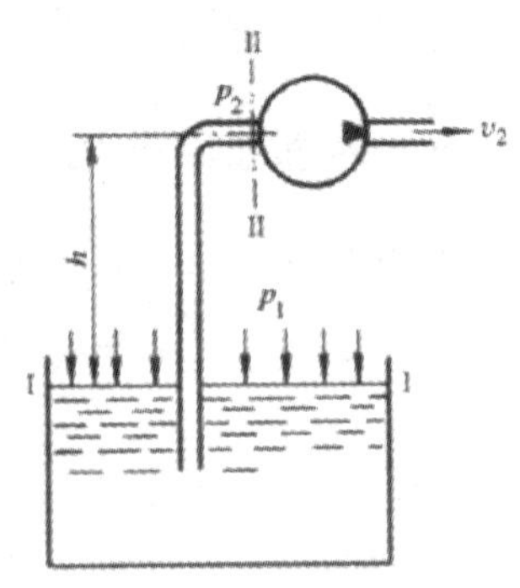

图 2-18　液压泵装置

$$\frac{p_1}{\rho g}+z_1+\alpha_1\frac{\upsilon_1^2}{2g}=\frac{p_2}{\rho g}+z_2+\alpha_2\frac{\upsilon_2^2}{2g}+h_w$$

式中：$p_1=p_a$，$\upsilon_1\approx 0$，$\Delta p_w=\rho g h_w$，将上式整理得出

$$p_a-p_2=\rho g h+\frac{1}{2}\rho\alpha_2\upsilon_2^2+\Delta p_w$$

Δp_w 是两液面间的压力损失。

由上式可以看出，组成泵吸油口处的真空度的三部分都是正值，这样泵的进口处的压力必然小于大气压。实际上，泵在吸油时，是液面的大气压力将油压进泵里的。

泵吸油口的真空度不能太大，否则如果达到液体在该温度下的空气分离压，溶解在液体内的空气就要析出，造成吸入不充分。因此，一般采用较大直径的吸油管，泵的安装高度通常位于液面上方不大于 0.5m。

2.4　压力与流量

2.4.1　液压管路的压力损失

液压管道中流动液体的压力损失包括沿程压力损失和局部压力损失。

1. 沿程压力损失

沿程压力损失是当液体在直径不变的长直管中流过一段距离时，因内摩擦力而产生的压力损失。

经实验研究和理论分析，沿程压力损失与流过管路的液体黏度 μ、管道直径 d、管路长度 l、流量 q 或平均流速 υ 等参数有关，计算公式如下：

$$\Delta p_{沿}=\frac{32\mu l}{d^2}\upsilon=\frac{32\upsilon\rho}{d\upsilon}\frac{l}{d}\upsilon^2=\frac{64}{\mathrm{Re}}\frac{l}{d}\frac{\rho\upsilon^2}{2}=\lambda\frac{l}{d}\frac{\rho\upsilon^2}{2} \tag{2-18}$$

层流时，式中 $\lambda=\frac{64}{\mathrm{Re}}$ 为沿程阻力损失系数。我们由此对沿程压力损失的一般定性理解是，管路越长，压力损失越大；管道越粗，压力损失越小；流速越大，压力损失越大；黏度越大，压力损失越大等。

2. 局部压力损失

局部压力损失是指液流流经截面突然变化的管道、弯管、管接头及控制阀阀口等局部障碍时，形成涡流等引起的压力损失。局部压力损失可用下式计算：

$$\Delta p_{局}=\xi\frac{\rho\upsilon^2}{2} \tag{2-19}$$

式中：ξ—— 局部阻力系数。

3. 总压力损失

整个管路系统的总压力损失，等于管路系统中所有沿程压力损失和局部压力损失之和，即

$$\sum \Delta p = \sum \Delta p_{沿} + \sum \Delta p_{局} \tag{2-20}$$

由于零件结构不同（尺寸的偏差与表面粗糙度不同），因此要准确地计算出总的压力损失的数值是比较困难的，一般采用估算或经验值计算。压力损失是液压传动中必须考虑的因素，关系到确定系统所需的供油压力和系统工作时的温升，工程应用中要让压力损失尽可能小一些。

2.4.2 孔口的流量与压力特性

当小孔的通道长度 l 与孔径 d 之比 $\frac{l}{d} \leqslant 0.5$ 时称为薄壁孔，如图 2-19（a）所示。当小孔的通道长度 l 与孔径 d 之比 $\frac{l}{d} > 4$ 时称为细长孔，如图 2-19（b）所示。当小孔的通道长度 l 与孔径 d 之比 $0.5 < \frac{l}{d} \leqslant 4$ 时称为短孔，细长孔和薄壁孔之间。

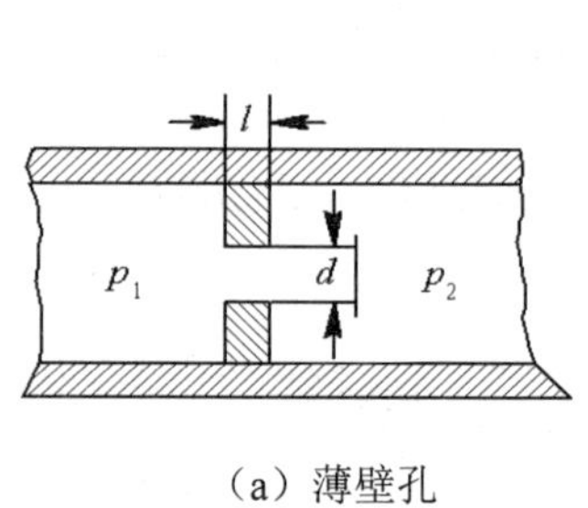

（a）薄壁孔

（b）细长孔

图 2-19　孔口示意图

对于薄壁孔，可以根据伯努利方程和连续性方程推导得到（推导过程略）其通过的流量 q 与小孔前后的压差△p 之间的关系式为

$$q = C_d A \sqrt{\frac{2}{\rho} \Delta p} \tag{2-21}$$

C_d 为流量系数，计算时一般取 C_d=0.60～0.61。

由式（2-21）可知，流经薄壁孔的流量 q 与小孔前后的压差△p 的平方根及小孔面积 A 成正比；式中无黏度参数，因而流量 q 与黏度无关。

当液压系统由于油温显著升高而使液压油的黏度变化时，薄壁孔形的液压元件的流量将保持稳定。正是因为薄壁孔的这个特点，在液压系统中常用薄壁孔作为节流元件的阀口形式。

对于细长孔，相当于一段圆管，由式（2-18）沿程压力损失计算公式推导出流经细长孔的流量 q 与其两端的压差△p 之间的关系式为

$$q = \frac{\pi d^4}{128\mu l}\Delta p \tag{2-22}$$

式（2-22）中可以明确看出，流经细长孔的流量与动力黏度 μ 成反比，流量受油温影响较大，这一特点与薄壁孔不同。

为了统一表达形式，式（2-21）和式（2-22）经代数变换为

薄壁孔 $$q = C_d A\sqrt{\frac{2}{\rho}\Delta p} = KA\sqrt{\Delta p}$$

细长孔 $$q = \frac{\pi d^4}{128\mu l}\Delta p = KA\Delta p$$

因此，可用一个统一的公式形式来表达各种小孔的流量压力特性。

$$q = KA\Delta p^m \tag{2-23}$$

式中：K —— 由小孔形状和液体性质决定的系数；

m —— 由孔的具体类型决定的指数，薄壁孔 m=0.5，细长孔 m=1，短孔 0.5<m<1。

2.5 液压冲击和空穴现象

2.5.1 液压冲击

在液压系统中，当油路突然关闭或换向时，会产生急剧的压力升高，这种现象称为液压冲击。

产生液压冲击的原因主要有：流动液体的突然停止；静止液体的突然运动；流动液体的突然换向；运动部件的突然制动；静止部件的突然运动；运动部件速度的突然改变；某些液压元件动作的不灵敏等。

当管路内的油液以某一速度运动时，若在某一瞬间迅速截断油液流动的通道（如关闭阀门），则油液的流速将从某一数值在瞬间突然降至零，此时油液流动的动能将转化为油液的压力能，从而使压力急剧升高，造成液压冲击。高速运动的工作部件的惯性力也会引起系统中的压力冲击。例如，油缸部件要换向时，换向阀迅速关闭油缸原来的排油管路，这时油液不再排出，但活塞由于惯性作用仍在运动，从而引起压力急剧上升，造成压力冲击。液压系统中由于某些液压元件动作不灵敏，如不能及时地开启油路等，也会引起压力的迅速升高而形成冲击。

产生液压冲击时，系统中的压力波峰要比正常压力大几倍，甚至几十倍，特别是在压力高、流量大的情况下，极易引起系统的振动、噪音，甚至会导致管路、密封或液压元件的损坏。这样既影响了系统的工作质量，又会缩短系统的使用寿命。需要注意的是，由于压力冲击产生的瞬间高压可能会使某些液压元件（如压力继电器）产生误动作而损坏设备。

减少或防止液压冲击的主要方法有：尽量减慢阀门关闭速度或减小冲击波传播距离，使完全冲击改变为不完全冲击；限制管中油液的流速；用橡胶软管或在冲击源处设置蓄能器，以吸收液压冲击的能量；在出现液压冲击的地方安装限制压力的安全阀；在液压管路或元件中设置缓冲装置等。

2.5.2 空穴现象

在液流中，当某点压力低于液体所在温度下的空气分离压力时，原来溶于液体中的气体会分离出来而产生气泡，这就叫空穴现象。当压力进一步减小直至低于液体的饱和蒸气压时，液体就会迅速汽化，形成大量蒸气气泡，使空穴现象更为严重，从而使液流呈不连续状态。

如果液压系统中发生了空穴现象，液体中的气泡随着液流运动到压力较高的区域时，一方面，气泡在较高压力作用下将迅速破裂，从而引起局部液压冲击，造成噪音和振动；另一方面，由于气泡破坏了液流的连续性，降低了油管的通油能力，造成流量和压力的波动，使液压元件承受冲击载荷，因此影响了其使用寿命。同时，气泡中的氧也会腐蚀金属元件的表面，我们把这种因发生空穴现象而造成的腐蚀叫汽蚀。

泵的吸油口、油液流经节流部位、突然启闭的阀门、带大惯性负载的液压缸、液压马达在运转中突然停止或换向时等都将产生空穴现象。

为了减少汽蚀现象，应使液压系统内所有点的压力均高于液压油的空气分离压力。例如，应注意油泵的吸油高度不能太大，吸油管径不能太小，因为管径过小就会使流速过快，从而造成压力降得很低，油泵的转速不要太高，管路应密封良好，油管出口应没入油面以下等。总之，应避免流速的剧烈变化和外界空气的混入。

2.6 复习应用

1. 什么叫液体的黏性，其物理意义是什么?常用的黏度表示方法有哪几种?

2. 压力有哪几种表示方法？相对压力与表压力和真空度之间是什么关系?

3. 连续性方程的物理意义和适用条件各是什么?

4. 伯努利方程的物理意义是什么?

5. 某液压油的运动黏度 v=20mm2/s，密度 ρ=900kg/m3，求其动力黏度为多少?

6. 如图 2-20 所示的两个盛水圆筒，作用于活塞上的力 F=3.0×103N，d＝1.0m，h＝1.0m，ρ＝1000kg / m3。求圆筒底部的液体静压力和液体对圆筒底面的作用力。

7. 如图 2-21 所示，直径为 d，重量为 G 的圆柱浸入液体中，并在外力 F 的作用下处于平衡状态。若液体的密度为ρ，圆柱浸入深度为 h，求液体在测压管内上升的高度 x?

8. 如图 2-22 所示，一容器内充满了密度为ρ的油，压力 p 由汞压力计的读数 h 来确定。现将压力计向下加长距离 a，这时容器内的压力并未发生变化，但压力计的读数由 h 变为 h+△h，求△h 与 a 之间的关系。

9. 如图 2-23 所示变截面水平圆管，通流截面直径 d1＝d2/4，在 l-1 截面处的液体平均流速为 8.0m/s、压力为 1.0MPa，液体的密度为 1000.0Kg/m3，求 2-2 截面处的平均流速和压力（按理想液体考虑）。

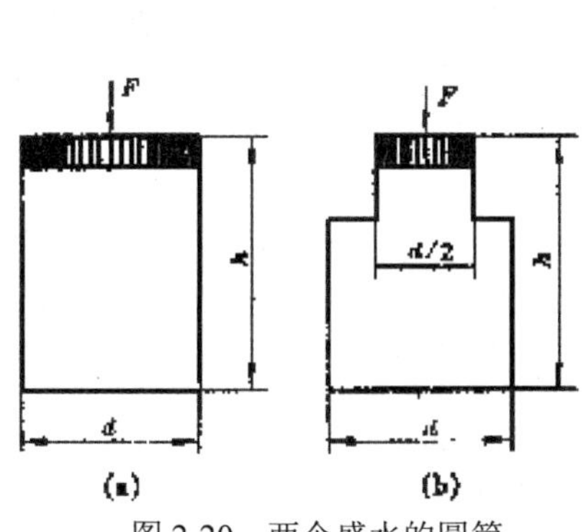

图 2-20　两个盛水的圆筒

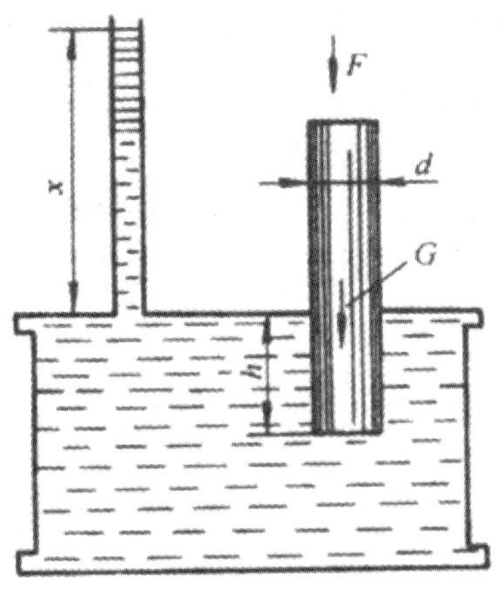

图 2-21　求液体在测压管内上升的高度 x

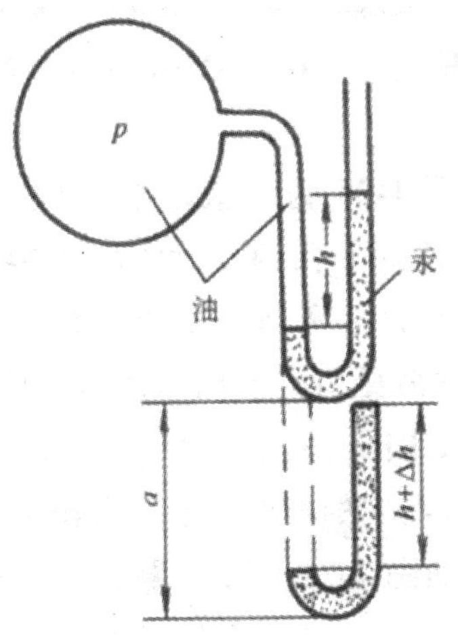

图 2-22　求△h 与 a 之间的关系

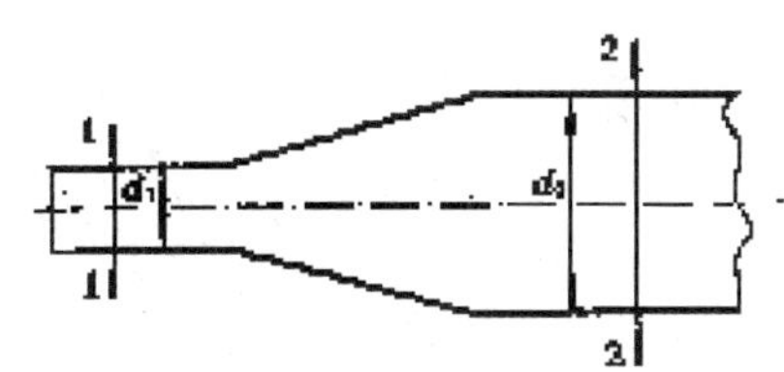
图 2-23　求平均流速和压力

10. 如图 2-24 所示，管道输送 ρ =900kg/m3 的液体，已知 h=15m，A 处的压力为 4.5×105Pa，B 处的压力为 4×105Pa，判断管中液流的方向。

11. 如图 2-25 所示，当水箱阀门关闭时压力表的读数为 2.5×105Pa，阀门打开时压力表的读数为 0.6×105Pa，如果 d=12mm，不计损失，求阀门打开时管中的流量 q。

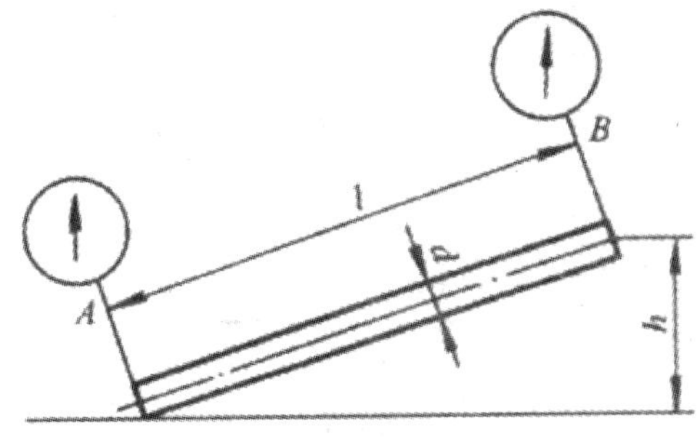

图 2-24　判断管中液流的方向

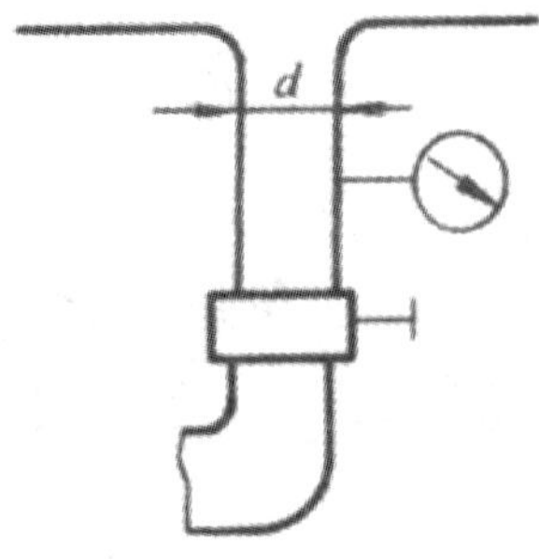

图 2-25　求阀门打开时管中的流量 q

12. 有一薄壁小孔，通过流量 q1=25 L/min，压力损失 Δp =0.3 MPa，试求节流阀孔的通流面积。设流量系数 Cd=0.62，油的密度 ρ =900 kg/m3。

13. 如图 2-26 所示，液压泵流量可变，当 q1=30×10-3m3/s 时，测得小孔前的压力 p1=5×105Pa。泵的流量增加到 q2=60×10-3m3/s 时，求小孔前的压力 p2。小孔以细长孔和薄壁孔两种情况分别进行计算。

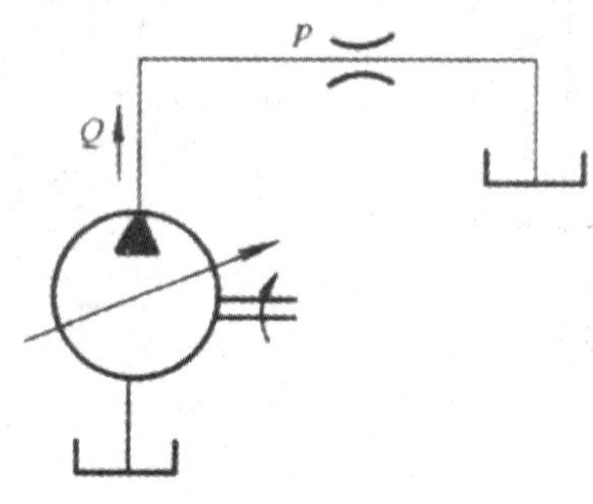

图 2-26　求小孔前的压力 p2

第 3 章　液压控制阀

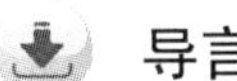

导言

本章主要介绍液压控制阀的结构和分类、液压控制阀的特性分析、各类阀的稳态特性方程、阀系数、液动力的计算等。本章是后续各章节的基础，要求读者全面掌握各类阀的特性分析，熟悉阀系数、稳态液动力、瞬态液动力等的计算及其结构形式、工作原理、静态特性和设计准则，以及特性曲线自动生成的 MATLAB 方法。

3.1　圆柱滑阀的结构形式及分类

滑阀是靠节流原理工作的，借助于阀芯与阀套间的相对运动改变节流口面积的大小，流体流量或压力进行控制。滑阀结构形式多，控制性能好，在液压控制系统中应用较为广泛。

3.1.1　按进、出阀的通道数划分

按进、出阀的通道数划分如图 3-1（a~d）所示。四通阀有两个控制口，可用于控制双作用液压缸或液压马达。

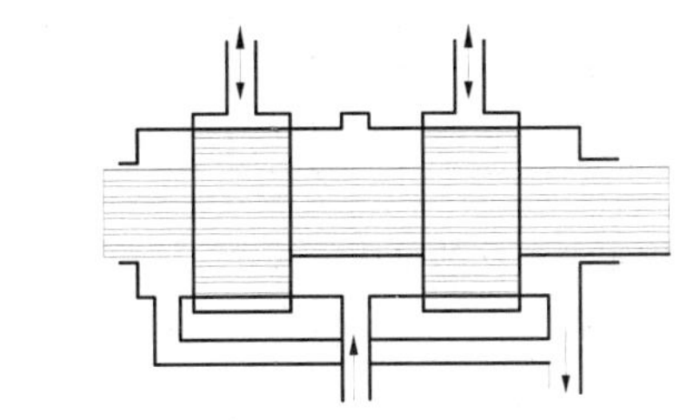

（a）两凸肩四边滑阀

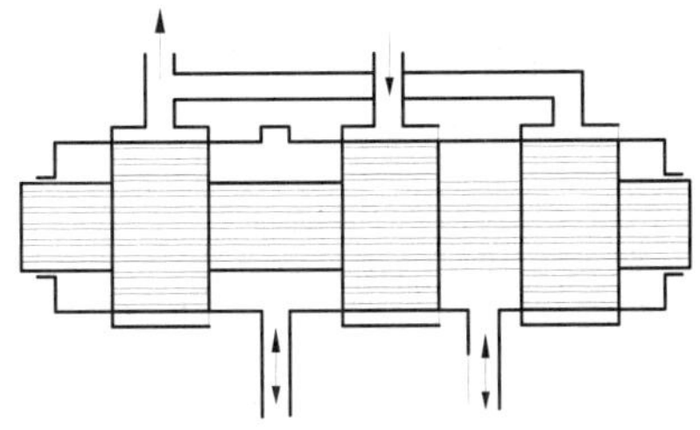

（b）三凸肩四边滑阀

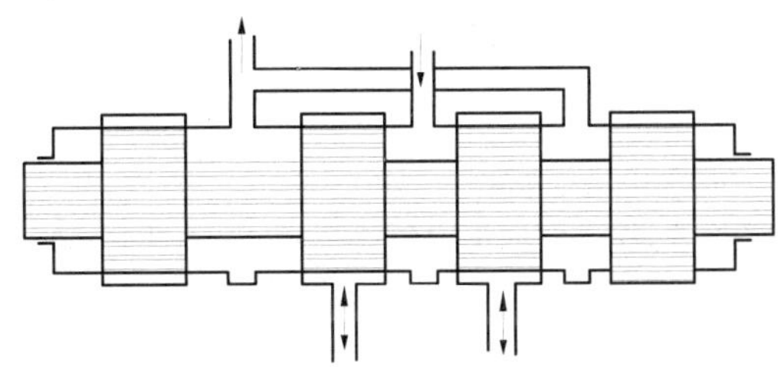

（c）四凸肩四边滑阀

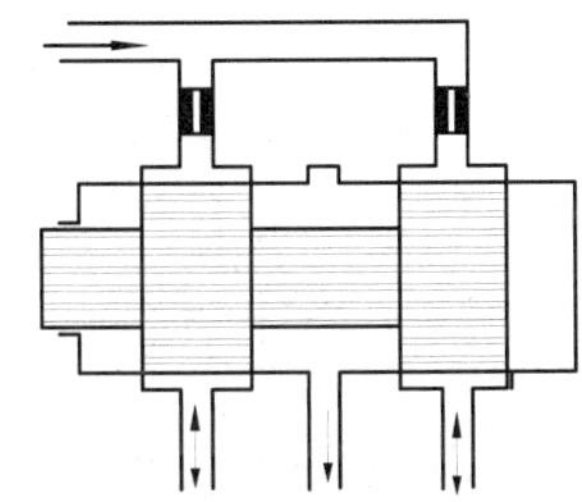

（d）带两个固定节流孔的正开口双边滑阀

图 3-1　四通滑阀的结构形式

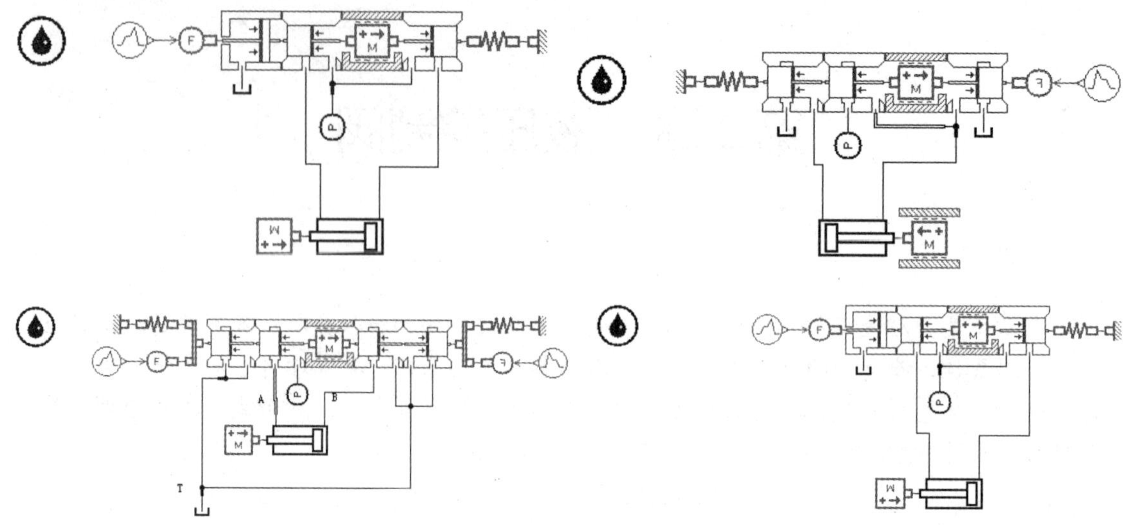

三通阀和二通阀如图 3-2 所示。因为三通阀只有一个控制口，故只能用于控制差动液压缸。为实现液压缸有活塞杆侧设置固定偏压，可由供油压力、弹簧、重物等产生。二通阀（单边阀）只有一个可变流口，必须和一个固定节流孔配合使用才能控制一腔的压力，用于控制差动液压缸。

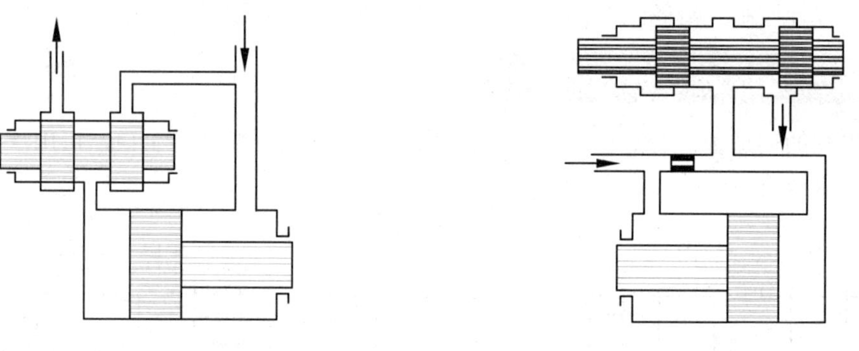

（a）双边滑阀（三通阀）　　（b）带固定节流孔的单边滑阀（二通阀）

图 3-2　三通阀与二通滑阀结构形式

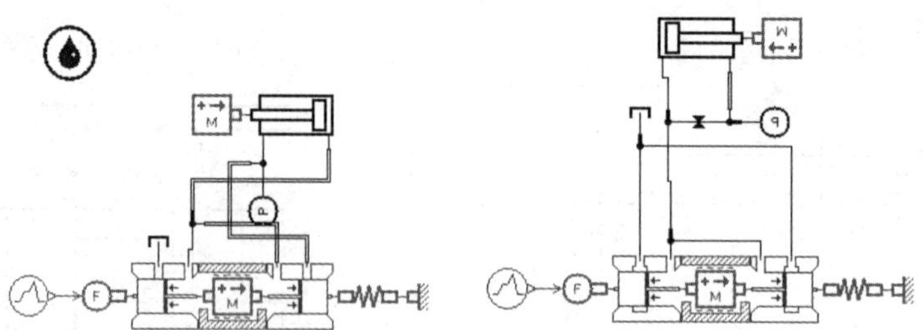

3.1.2　按滑阀的工作边数划分

按滑阀的工作边数可划分为四边滑阀（图 3-1（a~c））、双边滑阀（图 3-1（d）、图 3-2（a））和单边滑阀（图 3-2（b））。

四边滑阀有四个可控的节流口，控制性能最好；双边滑阀有两个可控的节流口，控制性能居中；单边滑阀只有一个可控的节流口，控制性能最差。为了保证工作边开口的准确性，四边滑阀需保证三个轴向配合尺寸，双边滑阀需保证一个轴向配合尺寸，单边滑阀没有轴向配合尺寸。因此，四边滑阀结构工艺复杂、成本高；单边滑阀比较容易加工、成本低。

3.1.3 按滑阀的预开口形式划分

按滑阀的预开口形式可划分为正开口（负重叠）、零开口（零重叠）和负开口（正重叠）三种。

对于径向间隙为零、节流工作边锐利的理想滑阀，可根据阀芯凸肩与阀套槽宽的几何尺寸关系确定预开口形式。但由于实际阀总受径向间隙和工作边圆角的影响，因此根据阀的流量增益曲线来确定阀的预开口形式更为合理，如图 3-3 所示。

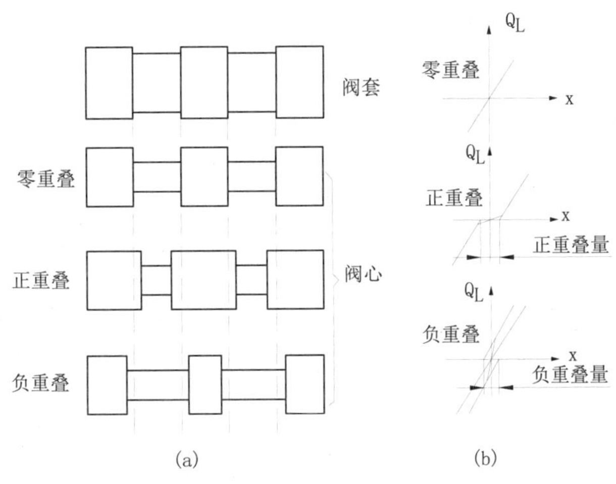

图 3-3　阀的预开口形式

阀的预开口形式对其性能，特别是零位附近（零区）特性有很大影响。零开口阀具有线性流量增益，性能比较好，应用最广泛，但加工困难。负开口阀由于流量增益具有死区，会引起稳态误差，因此很少采用。正开口阀在开口区内的流量增益变化大，压力灵敏度低，零位泄漏量大，一般适用于要求有一个连续的液流以使油液维持合适温度的场合。某些正开口阀也可用于恒流系统。

3.1.4 按阀套窗口的形状划分

按阀套窗口的形状可划分为有矩形、圆形、三角形等多种。矩形窗口又可分为全周开口和非全周开口两种。矩形开口的阀，其开口面积与阀芯位移成比例，可以获得线性的流量增益（零开口阀），使用较多。圆形窗口工艺性好，但流量增益是非线性的，只用于要求不高的场合。

3.1.5 按阀芯的凸肩数目划分

按阀芯的凸肩数目可划分为有二凸肩的、三凸肩的和四凸肩的滑阀，如图 3-1 所示。

二通阀一般采用两个凸肩，三通阀和四通阀可由两个或两个以上的阀芯凸肩组成。凸肩四通阀（图 3-1（a））结构简单、阀芯长度短，但阀芯轴向移动时导向性差，阀芯上的凸肩容易被阀套槽卡住，更不能做成全周开口的阀，由于阀芯两端回油流道中流动阻力不同，阀芯两端面所受液压力不均，使阀芯处于静不平衡状态；阀采用液压或气动操纵有困难。三凸肩和四凸肩的四通阀（图 3-1（b、c））导向性和密封性好，是常用的结构形式。

3.2 阀芯液压力

3.2.1 液体的压缩性分析

1. 液体的压缩率

实验表明，在一定温度下，封闭容腔中的液体（假设体积为 V，如图 3-4（a）所示）所受到的外部作用力发生变化（假设外力增量为 dF）时，其体积会发生相应的变化（假设体积变化量为 dV）。

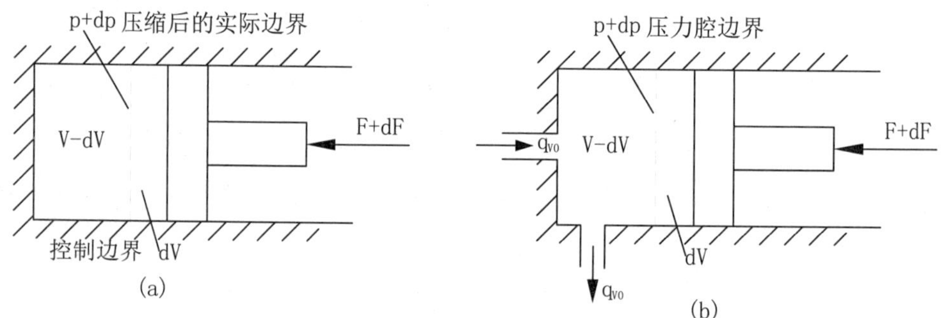

图 3-4　液体的压缩性示意图

习惯上，使用压缩性系数 β 反映封闭容腔中液体体积与所所受外力变化的关系，并定义

$$\beta = -\frac{1}{V}\frac{dV}{dp} \tag{3-1}$$

式中：β —— 压缩性系数；

V—— 封闭容腔中受压缩液体的初始容积，也称控制体积；

dV—— 液体受压后其体积的变化量；

dp—— 液体受压后其压力的变化量，由流体力学可知 $dp = \lim\limits_{\Delta A \to 0} \dfrac{\Delta F}{\Delta A}$；

ΔA —— 液体受压面上的微小面积；

F—— 作用在 ΔA 上的法向表面力；

ΔF —— 作用在 ΔA 上的法向表面力的增量。

压力增量的大小取决于控制体积边界上外力增量的大小。式（3-1）中的负号是为了保证 β

是由一个正数而引入的，以使β值的大小与压缩程度的大小相对应，与人们的习惯相一致。因为 dV 和 dp 变化的方向相反，所以 dp 增量大时，体积 V 减少。

令$E=\frac{1}{\beta}$，称 E 为油液的体积模量，代表一定质量的油液其容积抵抗外力作用的能力。考虑到液体内经常渗入不溶解的气体，而且包容液体的固体壁面也存在不同程度的弹性，工程上采用有效体积模量来反映实际流体的体积模量，其取值范围较大，在（1～1.4）×109 N/m2 之间。在工程计算中，应根据选定的工作介质确定 E 值的影响。

一般来说，液体受压后必须表现出弹性体特征，且其成分、温度不对时，其弹性是线性的，即β是一个常数。

2. 液体压力的形成

由式（3-1）得出

$$dp=-\frac{1}{\beta}\frac{dV}{V} \tag{3-2}$$

上式表明，控制体积的变化将引起压力的变化。这与流体力学对压力的定义并不矛盾，因为控制体积的变化离不开外力的作用。

由式（3-1）得出

$$dV=-\beta V dp \tag{3-3}$$

上式两边同时除以时间的变化量 dt，得出

$$\frac{dV}{dt}=-\beta V\frac{dp}{dt} \tag{3-4}$$

式（3-4）表明，体积对时间的变化率与压力对时间的变化率相关。根据流体力学对体积流量的定义可知$\frac{dV}{dt}$就是体积流量，即

$$q_V=\frac{dV}{dt}=-\beta V\frac{dp}{dt} \tag{3-5}$$

上式表明，压力变化的快慢与流过的控制体积边界的流量大小有关。

在实际的液压系统中，没有绝对封闭的容腔，只有存在液体流动状态的压力容腔。压力容腔的界面就是管道和元件的金属壁面，以及阀口处的过流断面。如果把液压系统中压力相等的压力容腔当作一个压力区，就可将图 3-4（a）所示的封闭容腔等效成图 3-4（b）所示的压力容腔。容腔的界面上有流量通过，假设流进容腔的流量为q_{Vi}，流出容腔的流量为q_{Vo}，则式（3-4）表示的流过控制体积边界的流量q_V应理解为进入压力容腔的有效流量。即

$$q_V=q_{Vi}-q_{Vo} \tag{3-6}$$

相应地，由式（3-4）可得出

$$\frac{dp}{dt}=E\frac{q_V}{V} \tag{3-7}$$

式中：q_V —— 进入压力容腔的有效流量；

$\frac{dp}{dt}$ —— 压力梯度，即压力容腔中的压力飞升速率；

E —— 有效体积模量；

V —— 压力容腔的容积。

式（3-7）就是国际标准化委员会（ISO）推荐的压力区梯度公式。式中取消了负号，是因为在液压系统中取流进压力区的有效流量为正，对应的压力增量也为正的缘故。这种符号规定与图 3-4（a）液体受到压缩的情形是完全一致的。

式（3-7）表明，压力区中的压力变化快慢取决于有效流量的大小。若 q_V 为零，则意味着没有液体进出压力区，压力区中的压力也就不会变化。由于 E 为有效体积模量（考虑了油液的含气量和管道的弹性），因此式（3-7）适用于实际的液压系统。

一个液压系统有多个压力区，如液压泵的吸油区、压油区，液压缸的进油区、回油区等。有了压力区的概念，液压系统的设计和计算就方便多了。

3.2.2 滑阀受力分析

操纵滑阀阀芯运动需要克服各种阻力，其中包括阀芯质量的惯性力、阀芯与阀套之间的摩擦力、阀芯所受液动力、弹性力和任意外负载力等。由于阀芯运动阻力的大小是设计滑阀操纵元件的主要依据，因此需要对滑阀的受力进行分析、计算。这里主要分析、计算滑阀阀芯所受的液动力。

1. 作用在滑阀阀芯上的液动力

液流流过滑阀时，液流速度的大小和方向发生变化，其动量变化对阀芯产生一个反作用力，这就是作用在阀芯上的液动力。液动力又分为稳态液动力和瞬态液动力两种。稳态液动力与滑阀开口量成正比，瞬态液动力与滑阀开口量变化率成正比。

稳态液动力不仅使阀芯运动的操纵力增加，并能引起非线性问题，瞬态液动力在一定条件下能引起滑阀不稳定。因此，在滑阀设计中应考虑液动力问题。

（1）稳态液动力

① 稳态液动力的计算公式

稳态液动力是在阀口开度一定的稳态液流动情况下，液流对阀芯的反作用力，如图 3-5 所示。根据动量定理可求得稳态轴向液动力的大小为

$$F_s=F_1=m\frac{dv}{dt}=\Delta v\rho\frac{\Delta V}{\Delta t}=\rho q\Delta v$$

$$F_s=F_1=\rho qv\cos\theta \tag{3-8}$$

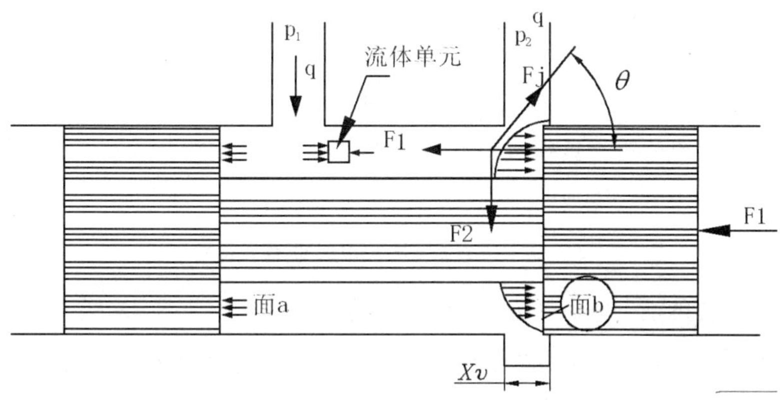

图 3-5　滑阀的液动力

由伯努利方程可求得阀口射流最小断面处的流速为

$$v = C_V \sqrt{\frac{2}{\rho} \Delta p} \tag{3-9}$$

式中：C_V—— 速度系数，一般取 $C_V = 0.95 \sim 0.98$；

Δp—— 阀口压差，$\Delta p = p_1 - p_2$。

通过理想矩形阀口的流量为

$$q = C_d \omega x_V \sqrt{\frac{2}{\rho} \Delta p} \tag{3-10}$$

将式（3-9）、式（3-10）带入式（3-8）得出稳态液动力为

$$F_s = 2C_V C_d \omega x_V \Delta p \cos\theta = K_1 x_V \tag{3-11}$$

式中：K_1—— 稳态液动力刚度，$K_f = 2C_V C_d \omega \Delta p \cos\theta$。

对理想滑阀，射流角 $\theta = 69^\circ$。取 $C_V = 0.98$，$C_d = 0.61$，$\cos 69^\circ = 0.358$，可得

$$F_s = 0.43\omega \Delta p x_V = K_f x_V \tag{3-12}$$

这就是常用稳态液动力的计算公式。

对于滑阀来说，由于射流角 θ 总是小于 90°，因此稳态液动力的方向总是指向使阀口关闭的方向。在阀口压差 Δp 一定时，其大小与阀的开口量成正比，是由液体流动所引起的一种弹性力。

实际上，滑阀的稳态液动力受径向间隙和工作边圆角的影响。径向间隙和工作边圆角使阀口过流面积增大，射流角减小，从而导致稳态液动力增大，特别是在小开口时更为显著，使稳态液动力与阀的开口量之间呈现非线性。

② 零开口四边滑阀的稳态液动力

零开口四边滑阀在工作时，因为有两个串联的阀口同时起作用，每个阀口的压降 $\Delta p = \frac{p_s - p_L}{2}$，所以总的稳态液动力为

$$F_s = 0.43\omega(p_s - p_L)x_V = K_f x_V \tag{3-13}$$

式中：K_f—— 滑阀的液动力刚度，$K_f = 0.43\omega(p_s - p_L)$。

注意，稳态液动力是随着负载压力 p_L 变化而变化的，在空载$(p_L = 0)$时达到最大值，其值为

$$F_{s0} = 0.43\omega p_s x_V = K_{f0} x_V \tag{3-14}$$

式中：K_{f0}—— 空载液动力刚度，$K_{f0} = 0.43Wp_s$。

由式（3-14）可知，只有当负载压力 $p_L =$ 常数时，稳态液动力才与阀的开口量 x_V 成比例关系。当负载压力变化时，稳态液动力将呈现出非线性。

稳态液动力是阀芯运动阻力中的主要部分，下面通过一个数值例子进行说明。一个全周开口、直径为 $1.2\times10^{-2}m$ 的阀芯，在供油压力为 $14MPa$ 时，空载液动力刚度 $K_{f0} = 2.27\times10^5 N/m$，如果阀芯最大位移为 $5\times10^{-4}m$ 时，空载稳态液动力为 $F_{s0} = 114N$，那么其值是相当大的。人们曾研究出一些补偿或消除稳态液动力的方法，但没有一种是理想的。原因是制造成本太高，而且不能在所有流量和压降下完全补偿，又容易使液动力出现非线性，因此用得不多。在电液伺服阀中，由于受力矩马达输出力矩的限制，稳态液动力限制了单级伺服阀的输出功率，因此比较实用的解决方法是使用两级伺服阀，利用第一级阀提供一个足够大的力去驱动第二级滑阀。

③ 正开口四边滑阀的稳态液动力

正开口四边滑阀有四个节流窗口同时工作，总液动力等于四个节流窗口产生的液动力之和。我们规定阀芯向左移动为正，并规定与此方向相反的液动力为正，反之为负。总的稳态液动力为

$$F_s = 0.43\left[A_4(p_s - p_1) + A_2 p_2 - A_1 p_1 - A_3(p_s - p_2)\right] \tag{3-15}$$

假定阀是匹配和对称的，则有

$$A_1 = A_3 = \omega(U - x_V)$$
$$A_2 = A_4 = \omega(U + x_V)$$

可得出

$$F_s = 0.86\omega(p_s x_V - p_L U) \tag{3-16}$$

空载$(p_L = 0)$时的稳态液动力为

$$F_{s0} = 0.86\omega p_s x_V \tag{3-17}$$

从上式可以看出，正开口四边滑阀的空载稳态液动力是零开口四边滑阀的两倍。

（2）瞬态液动力

① 瞬态液动力的公式

在阀芯运动过程中，阀开口量变化使通过阀口的流量发生变化，引起阀腔内液流速度随时间变化，其动量变化对阀芯产生的反作用力就是瞬态液动力，大小为

$$F_t = \frac{d(mv)}{dt} \tag{3-18}$$

式中：m—— 阀腔中的液体质量；

v—— 阀腔中的液体流速。

假定液体是不可压缩的，则阀腔中的液体质量 m 是常数，所以

$$F_t = m\frac{dv}{dt} = \rho L A_V \frac{dv}{dt} = \rho L \frac{dq}{dt} \tag{3-19}$$

式中：A_V——阀腔过流面面积；

L——液流在阀腔内的实际流程长度。

对阀口流量公式求导并带入公式，忽略压力变化率的微小影响，可得出瞬态液动力为

$$F_t = C_d \omega L \sqrt{2\rho\Delta p}\frac{dx_V}{dt} = B_f \frac{dx_V}{dt} \tag{3-20}$$

式中：B_f—— 阻尼系数，$B_f = C_d \omega L \sqrt{2\rho\Delta p}$。

上式表明，瞬态液动力与阀芯的移动速度成正比，起到黏性阻尼力的作用。阻尼系数 B_f 与长度 L 有关，称长度 L 为阻尼长度。瞬态液动力的方向始终与阀腔内液体的加速度方向相反，据此可以判断瞬态液动力的方向。如果瞬态液动力的方向与阀芯移动的方向相反，瞬态液动力就起到正阻尼的作用，阻尼系数 $B_f > 0$，阻尼长度 L 为正，如图 3-6（a）所示。如果瞬态液动力方向与阀芯运动方向相同，瞬态液动力就起到负阻尼力的作用，阻尼系数 $B_f < 0$，阻尼长度 L 为负，如图 3-6（b）所示。

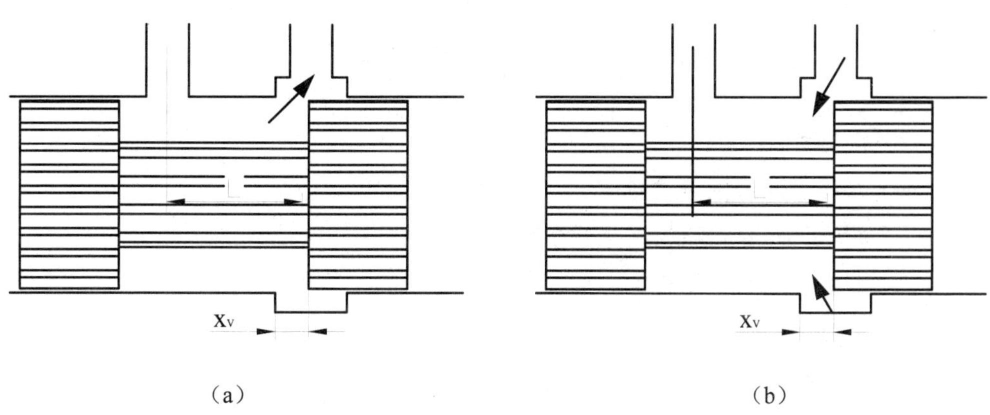

图 3-6　滑阀的阻尼长度

② 零开口四边滑阀的瞬态液动力

可参看图 3-6。L_2 是正阻尼长度，L_1 是负阻尼长度，阀口压差 $\Delta p = \frac{p_s - p_L}{2}$，利用式（3-21）可求得零开口四边滑阀的总瞬态液动力为

$$F_t = (L_2 - L_1) C_d \omega \sqrt{\rho (p_s - p_L)} \frac{dx_V}{dt} = B_f \frac{dx_V}{dt} \tag{3-22}$$

式中：B_f ——阻尼系数，$B_f = (L_2 - L_1) C_d \omega \sqrt{\rho (p_s - p_L)}$。

当 $L_2 > L_1$ 时，$B_f > 0$，是正阻尼；当 $L_2 < L_1$ 时，$B_f < 0$，是负阻尼。负阻尼对阀的工作稳定性不利，为了阀的稳定性，应保证 $L_2 \geq L_1$，实际上是一个通路位置的布置问题。由于瞬态液动力的数值一般很小，因此不可能作为阻尼源。

③ 正开口四边滑阀的瞬态液动力

可参看图 3-6。L_2 是正阻尼长度，L_1 是负阻尼长度，利用式（3-21）分别求出 4 个节流阀口的瞬态液动力，然后将其相加得到阀的总瞬态液动力为

$$F_t = L_2 C_d \omega \sqrt{2\rho (p_s - p_1)} \frac{dx_V}{dt} + L_2 C_d \omega \sqrt{2\rho (p_s - p_2)} \frac{dx_V}{dt} - L_1 C_d \omega \sqrt{2\rho p_2} \frac{dx_V}{dt} - L_1 C_d \omega \sqrt{2\rho p_1} \frac{dx_V}{dt} \tag{3-23}$$

将 $p_1 = \frac{p_s + p_L}{2}$，$p_2 = \frac{p_s - p_L}{2}$ 代入上式并加以整理，得出

$$F_t = (L_2 - L_1) C_d \omega \sqrt{\rho} \left[\sqrt{p_s - p_L} + \sqrt{p_s + p_L} \right] \frac{dx_V}{dt} = B_f \frac{dx_V}{dt} \tag{3-24}$$

式中：$B_f = (L_2 - L_1) C_d \omega \sqrt{\rho} \left[\sqrt{p_s - p_L} + \sqrt{p_s + p_L} \right]$，空载$(p_L = 0)$时，$B_{f0} = 2(L_2 - L_1) C_d \omega \sqrt{\rho p_s}$，是零开口四边滑阀的两倍。

（3）滑阀的驱动力

根据阀芯运动时的力平衡方程式，可得出阀芯运动时的总驱动力为

$$F_i = m_V \frac{d^2 x_V}{dt^2} + (B_V + B_f) \frac{dx_V}{dt} + K_f x_V + F_L \tag{3-25}$$

式中：F_i —— 总驱动力；

m_V —— 阀芯及阀腔油液质量；

B_V —— 阀芯与阀套间的黏性摩擦系数；

B_f —— 瞬态液动力阻尼系数；

K_f —— 稳态液动力刚度；

F_L —— 任意负载力。

在实际计算中，必须考虑阀的驱动装置（如力矩马达）运动部分的质量、阻尼和弹簧刚度等对阀芯受力的影响，并对质量、阻尼和弹簧刚度作出相应的折算。在大多数情况下，阀芯驱动装置的上述系数比阀本身的系数还要大。另外，驱动装置还必须有足够大的驱动力储备，这样才可以切除可能滞留在窗口处的颗粒。

单边滑阀和双边滑阀多用于机液伺服系统中，操纵阀芯运动的机械力比较大，驱动阀芯运动不会有什么问题。

3.3　液压桥路

各种滑阀的工作原理实质上都是从阀芯的力学平衡条件出发，通过推力控制阀芯的运动，进而对阀口的液流进行控制，达到调节压力和流量的目的，如图 3-7 所示。对液压系统来说，图 3-7 中所示的液压缸是被控对象，对于多级耦合的阀来说，图中液压缸代表主阀级，控制阀代表先导级。

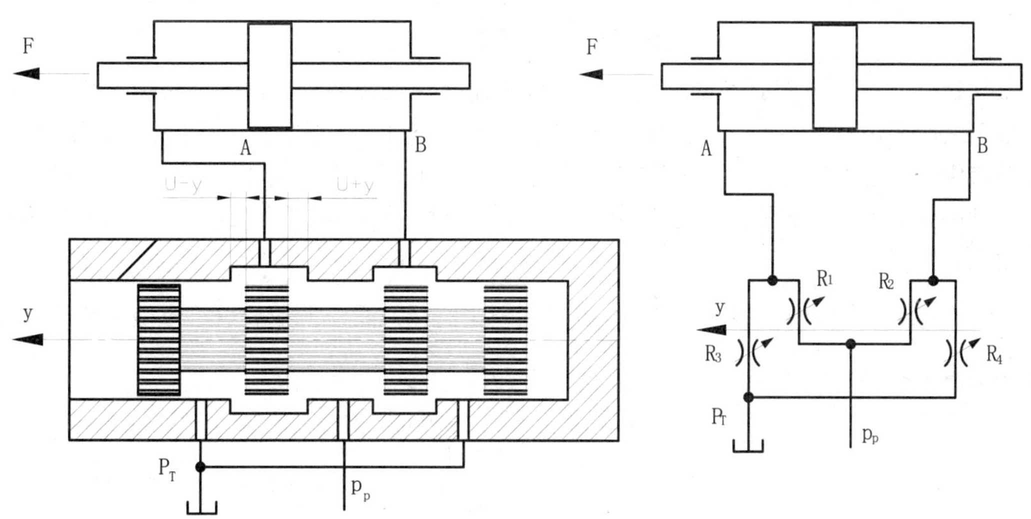

图 3-7　四边滑阀阀口的控制作用

这种情况与电路中的惠斯登电桥极为类似，如图 3-8 所示。只不过在液压回路中以阀口的液阻来代表电桥中的电阻，以液压力 p 代表电压 V，以流量 q_V 代替电流 I。

上述全桥路由两个半桥组合而成：左半桥 1、2 及右半桥 3、4。调节左半桥的液阻 1、2 可以控制 E 点的压力；调节右半桥则对 F 点的压力进行控制。两个半桥具有相同的边界条件，即系统的供油压力和回油压力，分别求出半桥回路的特性相叠加，就可以得到全桥特性。

在控制原理的数学模型中，液与电有着极为类似的数学特性，可以采用模拟电的方法对液流的流场进行分析。在某些计算分析过程中，还可以采用成熟的电路分析方法来分析液压元件或液压系统的数学模型。

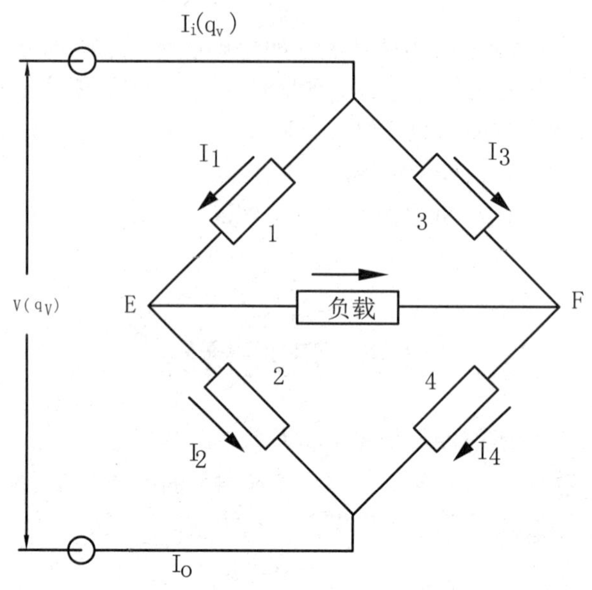

图 3-8　四边滑阀的当量电路

众所周知，一个液压系统的控制功能主要表现在对流量和压力这两个参数的控制。借助可调液阻 R，当它由大到小，从小到大调节时，系统压力和流量都将受到控制。因此，液阻在液压系统中是一种普遍且主要的控制调节手段。另外，由于液体本身的黏性，因此也将会导致液体流动中无处不存在的阻力。无论是哪种液阻，都将导致传递能量的损失，并以温升的形式表现出来。

已知在电路中电阻 $R=\dfrac{U}{I}=\dfrac{dU}{dI}$，按控制理论的相似系统的概念进行电液模拟，将液压系统的液阻概念类比定义为

$$R_H=\frac{d(\Delta p)}{dq_v}$$

因液阻造成压力损耗，故可表示为

$$\Delta p=R\times {q_v}^n$$

式中：n —— 不同流动状态下的系数。

对于层流来说，n=1，$\Delta p=R_H\times q_v$

所以有
$$R_H=\frac{\Delta p}{q_v}\quad（N\bullet s\bullet m^{-5}）$$

对于细长孔
$$q_v=\frac{\pi d^4}{128\mu l}\Delta p$$

则有
$$R_H=\frac{128\mu l}{\pi d^4}\Delta p$$

恒压源的液压半桥应用非常广泛，不同类类型的全桥回路都可以从半桥的组合获得。

若阀在零位时阀口两侧的预开口度均为 U（U>0，是正开口阀；U=0 为零开口阀；U<0，为负开口阀），则当阀芯位移为 y 时，流过液阻的流量 q_{V1}、q_{V2} 及流入负载的流量 q_V 分别为

$$q_{V1}=C_d\omega(U+y)\sqrt{\frac{2(p_p-p)}{\rho}} \tag{3-26}$$

$$q_{V2}=C_d\omega(U-y)\sqrt{\frac{2p}{\rho}} \tag{3-27}$$

$$q_V=q_{V1}-q_{V2} \tag{3-28}$$

式中：B—— 系数，$B=C_d\omega\sqrt{\frac{2}{\rho}}$；

ω—— 阀口面积剃度，当可变液阻的阀口为全周长时，$\omega=\pi d$。

当开口量 y=0 和 p=pp/2 时，流量 $q_V=q_{V1}=q_{V2}$

$$q_{v0}=C_d\omega U\sqrt{\frac{p_p}{\rho}} \tag{3-29}$$

根据式（3-26）~式（3-29），可以得出相对于流量 q_{V0} 的无因次负载流量表达式

$$\frac{q_V}{q_{V0}}=(1+\frac{y}{U})\sqrt{2(1-\frac{p}{p_p})}-(1-\frac{y}{U})\sqrt{2\frac{p}{p_p}} \tag{3-30}$$

式中：$\frac{p}{p_p}$ 及 $\frac{y}{U}$ 是阀位移和负载压力相对量。

对照式（3-29）编写 m 文件，其 MATLAB 程序源代码如下：

% 令 bp=$\frac{p}{p_p}$; by=$\frac{y}{U}$; bq=$\frac{q_V}{q_{V0}}$

```
by=-1
   while by<1.1
   hold on
   bp=-1:0.001:1
   bq=(1+by)*sqrt(2-2*bp)-(1-by)*sqrt(2*bp)
  plot(bp,bq,'r-','linewidth',2)
   by=by+0.2
  grid on
   end
  xlabel('p_p/p')
```

```
  ylabel('q_V/q_V_0')
  gtext('-1.0','fontsize',10)
  gtext('-0.8','fontsize',10)
  gtext('-0.6','fontsize',10)
  gtext('-0.4','fontsize',10)
  gtext('-0.2','fontsize',10)
  gtext('0','fontsize',10)
  gtext('0.2','fontsize',10)
  gtext('0.4','fontsize',10)
  gtext('0.6','fontsize',10)
  gtext('0.8','fontsize',10)
gtext('1.0=y/U','fontsize',10)
```

运行程序，得到如图 3-9 所示的液压半桥及特征曲线族。

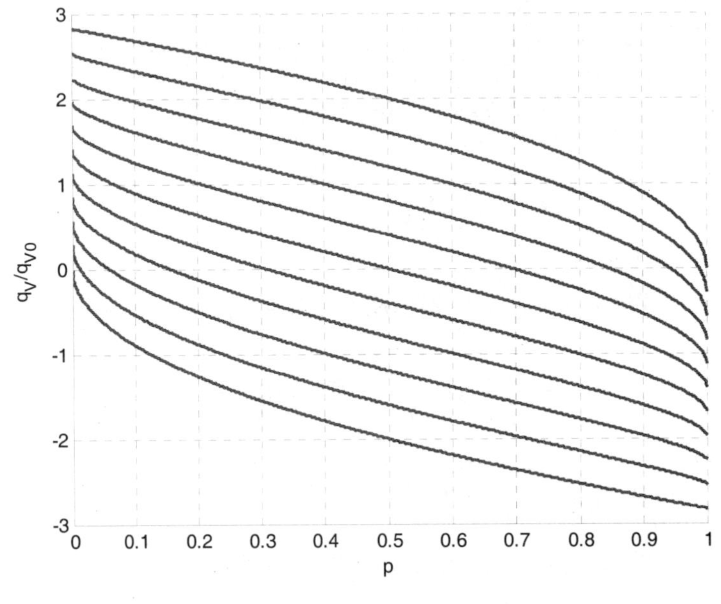

图 3-9　液压半桥及其特征曲线族

3.4　滑阀静态特性的一般分析

滑阀静态特性即压力-流量特性，是指稳态情况下阀的负载流量 $q_L = f(p_L, x_V)$，表示滑阀的工作能力和性能，对液压控制系统的静、动态特性计算具有重要意义。阀的静态特性可用方程、曲线或特性参数（阀的系数）表示。静态特性曲线和阀的系数可从实际的阀测出，对许多结构的阀也可以用解析法推导出压力-流量方程。

本节虽然是以滑阀为例进行分析，但分析的方法和所得的一般关系式对后面介绍的各种结构的控制阀也是适用的。

3.4.1　滑阀压力 - 流量方程的一般表达式

四边滑阀及其等效的液压桥路如图 3-10 所示。阀的四个可变流口以四个可变的液阻表示，组成一个四臂可变的全桥。通过每一桥臂的流量为q_i（$i=1$、2、3、4）；通过每一个桥臂的压降为p_i（$i=1$、2、3、4）；q_L表示负载流量；p_L表示负载压降；p_s为供油压力；q_s为供油流量；p_0为供油压力。

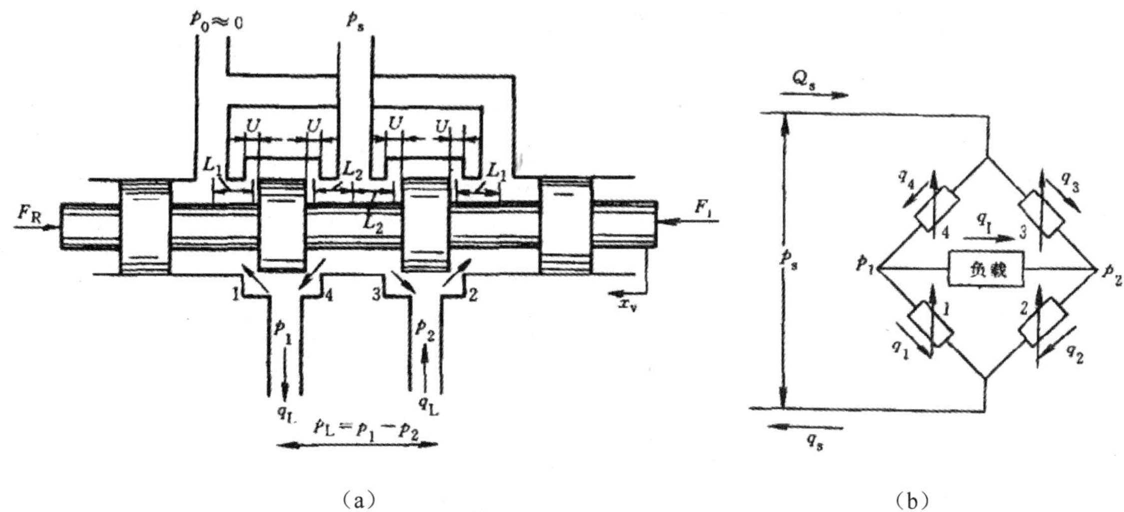

（a）　　　　（b）

图 3-10　四边滑阀及等效桥路

在推导压力-流量方程时，做以下假设：

（1）能源是理想的恒压源，供油压力p_s为常数。另外，假设回油压力p_0为零，如果不为零，可以把p_s看成是供油压力与回油压力之差。

（2）忽略管道和阀腔内的压力损失。因为管道和阀腔内的压力损失与阀口处的节流损失相比很小，所以可以忽略不计。

（3）假定液体是不可压缩的。因为考虑的是稳态情况，液体密度变化量很小，所以可以忽略不计。

（4）假定阀各节流口流量系数相等，即$C_{d1}=C_{d2}=C_{d3}=C_{d4}=C_d$。

根据桥路的压力平衡可得出

$$p_1+p_2=p_s \tag{3-31}$$

$$p_3+p_4=p_s \tag{3-32}$$

$$p_1-p_2=p_L \tag{3-33}$$

$$p_3-p_4=p_L \tag{3-34}$$

根据桥路的流量平衡可得出

$$q_1 + q_2 = q_s \tag{3-35}$$

$$q_3 + q_4 = q_s \tag{3-36}$$

$$q_4 - q_1 = q_L \tag{3-37}$$

$$q_2 - q_3 = q_L \tag{3-38}$$

各桥臂的流量方程为

$$q_1 = C_d A_1 \sqrt{\frac{2p_1}{\rho}} \tag{3-39}$$

$$q_2 = C_d A_2 \sqrt{\frac{2p_2}{\rho}} \tag{3-40}$$

$$q_3 = C_d A_3 \sqrt{\frac{2p_3}{\rho}} \tag{3-41}$$

$$q_4 = C_d A_4 \sqrt{\frac{2p_4}{\rho}} \tag{3-42}$$

在流量系数C_d和液体密度ρ一定时，它随节流口开口面积A_i变化，即是阀芯位移的函数，其变化规律取决于节流口的几何形状。

对于一个具体的四边滑阀和已确定的使用条件，参数q_s和p_s是已知的。对恒压源的情况，在推导压力—流量方程时，可略去式（3-33）和式（3-35），消除中间变量p_i和q_i，可得负载流量q_L、负载压力p_L和阀芯位移x_V之间的关系。

$$q_L = f(x_V, p_L) \tag{3-43}$$

由于各桥臂的流量方程是非线性的，因此这些方程联解起来很麻烦，而且使一般公式无法简化。我们可以利用一些特殊的条件使问题得到简化。在大多数情况下，阀的窗口都是匹配的和对称的，即

$$A_1(x_V) = A_3(x_V) \tag{3-44}$$

$$A_2(x_V) = A_4(x_V) \tag{3-45}$$

$$A_2(x_V) = A_1(-x_V) \tag{3-46}$$

$$A_4(x_V) = A_3(-x_V) \tag{3-47}$$

式（3-44）和式（3-45）表示阀是匹配的，式（3-46）和式（3-47）表示阀是对称的。

对于匹配且对称的阀，通过桥路斜对角线上的两个桥臂的流量是相等的，即

$$q_1 = q_3 \tag{3-48}$$

$$q_2 = q_4 \tag{3-49}$$

这个结论可以证明：如果$q_4 \neq q_2$，假设$q_4 > q_2$，则$q_3 < q_1$，由式（3-44）、（3-45）、（3-38）~（3-42）和式（3-33）、（3-34）可得$p_4 > p_2$及$p_4 < p_2$，显然这两个结论是矛盾的，q_4不能大于q_2。同样q_4也不能小于q_2，只能是$q_4 = q_2$，同理可以证明$q_1 = q_3$。

将式(3-38)式(3-41)代入(3-48)，考虑到式(3-44)的关系，可得$p_1 = p_3$，同样$p_2 = p_4$。因此，匹配且对称的阀，通过桥路斜对角线上的两个桥臂的压降也是相等的。将$p_1 = p_3$代入式（3-31）得出

$$p_s = p_1 + p_2 \tag{3-50}$$

将上式与式（3-33）联立解得出

$$p_1 = \frac{p_s + p_L}{2} \tag{3-51}$$

$$p_2 = \frac{p_s - p_L}{2} \tag{3-52}$$

这说明，对于匹配且对称的阀，在空载$(p_L = 0)$时，与负载相连的两个管道中的压力均为$\frac{1}{2}p_s$。当加上负载后，一个管道中的压力升高恰等于另一个管道中的压力降低值。

在恒压源的情况下，由式（3-37)、(3-49)、(3-39)、(3-40)、(3-48）可得负载流量为

$$q_L = C_d \omega x_v \sqrt{\frac{p_s - p_L}{\rho}} - C_d \omega x_v \sqrt{\frac{p_s + p_L}{\rho}} \tag{3-53}$$

这两个公式在后面将会用到。

3.4.2　滑阀的静态特性曲线

阀的静态特性也可以用静态特性曲线表示。通常由实验求得，对某些理想滑阀也可以由解析的方法求得。

1. 流量特性曲线

阀的流量特性曲线是指负载压降等于常数时，负载流量与阀芯位移之间的关系，即$q_L\big|_{p_L=\text{常数}} = f(x_V)$，其图形表示即为流量特性曲线。负载压降$p_L = 0$时的流量特性称为空载流量特性，相应的曲线为空载流量特性曲线，如图 3-11（a）所示。

2. 压力特性曲线

阀的压力特性是指负载流量等于常数时，负载压降与阀芯位移之间的关系，即 $p_L|_{q_L=常数}=f(x_V)$，其图形表示即为压力特性曲线。通常所指的压力特性是指负载流量 $q_L=0$ 时的压力特性，其曲线如图 3-11（b）所示。

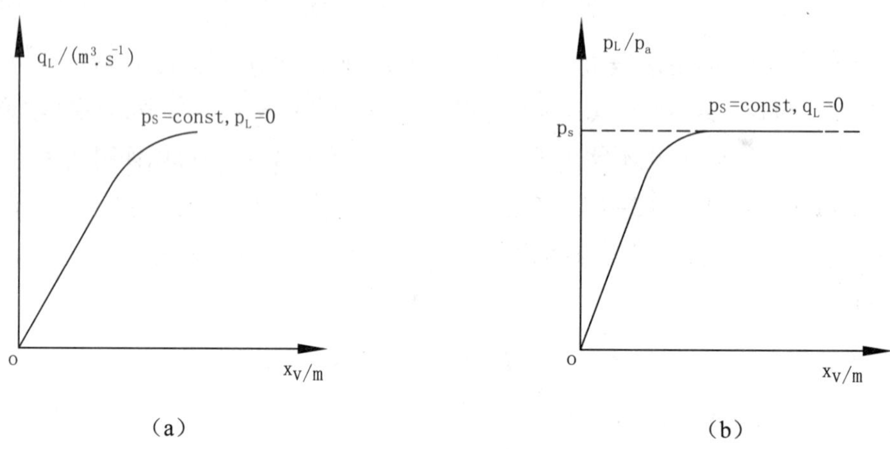

图 3-11 空载流量特性曲线和压力特性曲线

3. 压力-流量特性曲线

阀的压力-流量特性曲线是指阀芯位移 x_V 一定时，负载流量 q_L 与负载压降 p_L 之间关系的图形描述。压力-流量特性曲线族全面描述了阀的稳态特性。阀在最大位移下的压力-流量特性曲线可以表示阀的工作能力和规格，当负载所需要的压力和流量能够被阀在最大位移时的压力-流量特性曲线所包围时，阀就能满足负载的要求。由压力-流量特性曲线族可以获得阀的全部性能参数。

3.4.3 阀的线性化分析和阀的系数

阀的压力-流量特性是非线性的。利用线性化理论对系统进行动态分析时，必须将这个方程线性化。式（3-35）是负载流量的一般表达式，可以把它在某一特定工作点 $q_{LA}=f(x_{VA},p_{LA})$ 附近展成台劳级数。

$$q_L=q_{LA}+\frac{\partial q_L}{\partial x_V}\Big|_A\Delta x_V+\frac{\partial q_L}{\partial p_L}\Big|_A\Delta p_L+\cdots$$

如果把工作范围限制在工作点 A 附近，则高阶无穷小可以忽略，上式可写成

$$q_L-q_{LA}=\Delta q_L=\frac{\partial q_L}{\partial x_V}\Big|_A\Delta x_V+\frac{\partial q_L}{\partial p_L}\Big|_A\Delta p_L \tag{3-54}$$

这是压力-流量方程以增量形式表示的线性化表达式。

下面我们定义阀的三个系数。

流量增益定义为

$$K_q = \frac{\partial q_L}{\partial x_V} \tag{3-55}$$

它是流量特性曲线在某一点的切线斜率。流量增益表示负载压降一定时，阀单位输入位移所引起的负载流量变化的大小，值越大，阀对负载流量的控制就越灵敏。

流量-压力系数定义为

$$K_c = -\frac{\partial q_L}{\partial p_L} \tag{3-56}$$

它是压力-流量曲线的切线斜率冠以负号。对任何结构形式的阀来说，$\partial q_L / \partial p_L$ 都是负的，冠以负号使流量-压力系数总为正值。流量-压力系数表示阀开度一定时，负载压降变化所引起的负载流量变化大小。K_c 值小，阀抵抗负载变化能力大，即阀的刚度大。从动态观点来看，K_c 是系统中的一种阻尼，当系统振动加剧时，负载压力的增大使阀输给系统的流量减小，这有助于系统振动的衰减。

压力增益（压力灵敏度）定义为

$$K_p = \frac{\partial p_L}{\partial x_V} \tag{3-57}$$

它是压力特性曲线的切线斜率。通常压力增益是指 $q_L = 0$ 时阀单位输入位移所引起的负载压力变化的大小。此值越大，阀的负载压力的控制灵敏度越高。

因为 $\dfrac{\partial p_L}{\partial x_V} = -\dfrac{\partial q_L / \partial x_V}{\partial q_L / \partial p_L}$，所以阀的三个系数间有以下关系：

$$K_p = \frac{K_q}{K_c} \tag{3-58}$$

定义了阀的系数以后，压力-流量特性方程的线性化表达式可写为

$$\Delta q_L = K_q \Delta x_V - K_c \Delta p_L \tag{3-59}$$

阀的三个系数是表示阀静态特性的三个性能参数。这些系数在确定系统的稳定性、响应特性和稳态误差时是非常重要的。流量增益直接影响系统的开环增益，因而对系统的稳定性、响应特性、稳态误差有直接的影响。流量-压力系数直接影响阀控执行元件（液压动力元件）的阻尼比和速度刚度。压力增益表示阀控执行元件组合起动大惯量或大摩擦力负载的能力。

阀的系数值随阀的工作点而变。最重要的工作点是压力-流量曲线的原点（即 $q_L = p_L = x_V = 0$），因为反馈控制系统经常在原点附近工作。而此处阀的流量增益最大(矩形阀口)，因而系统的开环增益也最高，但阀的流量-压力系数最小，故系统的阻尼比也最低，则在其他的工作点也能稳定工作。通常在进行系统分析时，是以原点处的静态放大系数作为阀的性能参数。在原点处的阀系数称为零位阀系数，分别是 K_{q0}、K_{c0}、K_{p0}。

3.5 零开口四边滑阀的静态特性

首先讲解理想零开口四边滑阀的静态特性，然后介绍实际零开口四边滑阀的静态特性。理想零开口是指径向间隙为零、工作边锐利的滑阀。讨论理想滑阀的静态特性可以不考虑径向间隙和工作边圆角的影响，因此阀的开口面积和阀芯位移的关系比较容易确定。理想滑阀的压力-流量方程可以用解析的方法求得。

1. 理想零开口四边滑阀的压力-流量方程

理想零开口四边滑阀及其等效的液压桥路如图 3-12 所示。图中的液压桥路与图 3-9 中的液压桥路是一样的。假设理想零开口四边滑阀是匹配且对称的，则可以直接利用上一节的分析结果得出理想零开口四边滑阀的压力-流量方程。

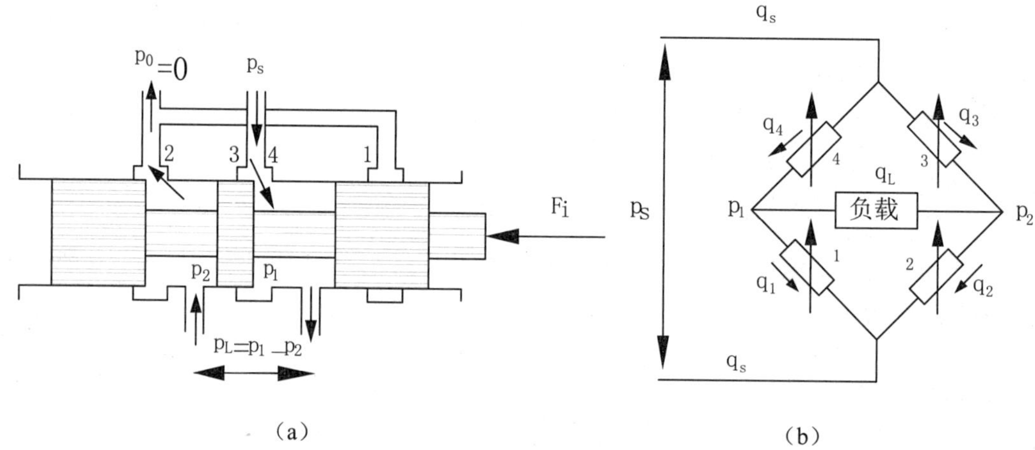

(a) (b)

图 3-12 理想零开口四边滑阀

由于是理想零开口阀，因此当阀芯处于阀套的中间位置时，四个控制节流口全部关闭。当阀芯左移 x_V 时，$x_V > 0$，此时 $A_1 = A_3 = 0$，得出

$$p_1 = \frac{p_s + p_L}{2}$$

$$q_L = C_d \omega x_V \sqrt{\frac{2(p_s - p_1)}{\rho}} = C_d \omega x_V \sqrt{\frac{p_s - p_L}{\rho}} \tag{3-60}$$

当阀芯右移时，$x_V < 0$，$A_2 = A_4 = 0$，得出

$$p_2 = \frac{p_s - p_L}{2}$$

$$q_L = C_d \omega x_V \sqrt{\frac{2(p_s - p_2)}{\rho}} = C_d \omega x_V \sqrt{\frac{p_s + p_L}{\rho}} \tag{3-61}$$

式中负号表示负载流量反向。因为阀是匹配对称的，所以 $A_2(x_V)=A_1(-x_V)$，可将式（3-60）和式（3-61）合并为

$$
\begin{aligned}
q_L &= C_d\omega x_V\sqrt{\frac{1}{\rho}\left(p_s-\frac{x_V}{|x_V|}p_L\right)} \\
&= C_d\omega x_{V\max}\sqrt{\frac{p_s}{\rho}}\frac{x_V}{x_{V\max}}\sqrt{\left(1-\frac{x_V}{|x_V|}\frac{p_L}{p_s}\right)}
\end{aligned}
\tag{3-62}
$$

为了使方程具有通用性，将其化成无因次形式

$$
\overline{q_L}=\overline{x_V}\sqrt{1-\frac{x_V}{|x_V|}\overline{p_L}} \tag{3-63}
$$

式中：$\overline{x_V}$ —— 无因次阀芯位移，$\overline{x_V}=\dfrac{x_V}{x_{Vm}}$ 为阀芯最大位移，程序中用 bx=$\dfrac{x_V}{x_{Vm}}$；

$\overline{p_L}$ —— 无因次负载压力，$\overline{p_L}=\dfrac{p_L}{p_s}$，程序中用 bp=$\dfrac{p_L}{p_s}$；

$\overline{q_L}$ —— 无因次负载流量，$\overline{q_L}=\dfrac{q_L}{q_{0m}}$，$q_{0m}=C_d\omega x_{Vm}\sqrt{\dfrac{1}{\rho}p_s}$ 为阀芯最大位移的空载流量，程序中用 bq=$\dfrac{x_V}{x_{Vm}}$。

对照式（3-63）编写 m 文件，其 MATLAB 程序的源代码如下：

```
x=-1
   while x<1.1
    hold on
   p=-1:0.001:1
   if x<0
      q=x*sqrt(1+p)
   else
      q=x*sqrt(1-p)
   end
subplot(121)
    plot(p,q,'b-','linewidth',1.2)
    grid on
       x=x+0.2
    end
    xlabel('p_L/p_s')
    ylabel('Q_L/Q_0')
    gtext('-1.0','fontsize',10)
    gtext('-0.8','fontsize',10)
    gtext('-0.6','fontsize',10)
```

```
gtext('-0.4','fontsize',10)
gtext('-0.2','fontsize',10)
gtext('0.0','fontsize',10)
gtext('0.2','fontsize',10)
gtext('0.4','fontsize',10)
gtext('0.6','fontsize',10)
gtext('0.8','fontsize',10)
gtext('1.0','fontsize',10)
gtext('x_v/x_{vmax}','fontsize',10)
```

运行程序，得到无因次压力-流量曲线如图 3-13 所示。因为阀窗口是匹配且对称的，所以压力-流量曲线对称与原点。当$\frac{p_L}{p_s}\leq\frac{2}{3}$范围内，流量-压力特性曲线的线性度最好，通常希望工作在该区域。

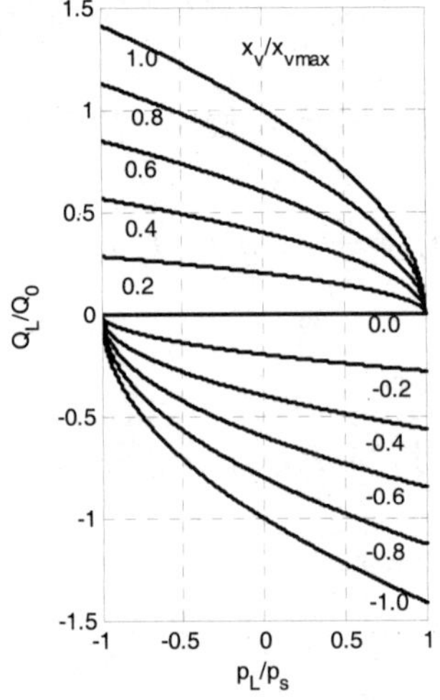

图 3-13　理想零开口四边滑阀压力-流量曲线

2. 理想零开口四边滑阀的阀系数

理想零开口四边滑阀的阀系数可由式（3-61）求得。

3. 流量增益

$$K_q=\frac{\partial q_L}{\partial x_V}=C_d\omega\sqrt{\frac{1}{\rho}\left(p_s-p_L\right)} \tag{3-64}$$

流量-压力系数

$$K_c=-\frac{\partial q_L}{\partial p_L}=\frac{C_d\omega x_V\sqrt{\frac{1}{\rho}\left(p_s-p_L\right)}}{2\left(p_s-p_L\right)} \tag{3-65}$$

压力增益

$$K_p = \frac{\partial p_L}{\partial x_V} = \frac{2(p_s - p_L)}{x_V} \tag{3-66}$$

理想零开口四边滑阀的零位阀系数为

$$K_{q0} = C_d\omega\sqrt{p_s/\rho} \tag{3-67}$$

$$K_{c0} = 0 \tag{3-68}$$

$$K_{p0} = \infty \tag{3-69}$$

由式（3-67）可以看出，理想零开口四边滑阀的零位流量增益决定于供油压力 p_s 和面积梯度 W，因此 ω 是这种阀的最重要的参数。由于 p_s 和 ω 是很容易控制的量，因此零位流量增益也比较容易计算和控制。零位流量增益直接影响系统的稳定性，由于 K_{q0} 值容易计算和控制，因此可使液压控制系统具有可靠的稳定性。按式（3-67）计算出的 K_{q0} 值与实际零开口阀的试验值相差很大，原因是没有考虑阀芯与阀套之间的径向间隙的影响，而实际零开口存在泄漏流量。

3.6 实际零开口四边滑阀的静态特性

实际零开口滑阀因有径向间隙，往往还有很小的正的或负的重叠量，同时阀口工作边也不可避免地存在小圆角，所以在中位附近某个微小位移范围内（如 $|x_V| < 0.025mm$ ），阀地泄漏不可忽略，泄漏特性决定了阀的性能。而在此范围以外，由于径向间隙等影响可以忽略，理想的和实际的零开口滑阀的特性才相互吻合。

实际零开口滑阀中位附近的特性（零区特性）可以通过实验确定。参看图 3-11，假设阀的节流窗口是匹配和对称的，将其负载通道关闭 $(q_L = 0)$，在负载通道和供油口分别接上压力表，在回油口流量计或量杯。通过实验可得三条特性曲线。

1. 压力特性曲线

在供油压力 p_s 一定时，改变阀的位移 x_V，测出相应的负载压力 P_L，根据测得的结果作出压力特性曲线，如图 3-11（b）所示。该曲线在原点处的切线斜率就是阀的零位压力增益。由图可以看出，阀芯只要有一个很小的位移 x_V，负载压力 p_L 很快就增加到供油压力 p_s，说明这种阀的零位压力增益是很高的。

2. 泄漏流量曲线

在供油压力 p_s 一定时，改变阀芯位移 x_V，测出泄漏流量 q_L，可得泄漏流量曲线，如图

3-14（a）所示。由该曲线可以看出，阀芯在中位时的泄漏流量q_c最大，因为此时阀的密封长度最短，随着阀芯位移回油密封长度增大，泄漏流量急剧减小。泄漏流量曲线可用来度量阀芯在中位时的液压功率损失大小。

3. 中位泄漏流量曲线

如果使阀芯处于阀套的中间位置不动，改变供油压力p_s，测量出相应的泄漏流量q_c，可得中位泄漏量曲线，如图3-14（b）所示。

中位泄漏流量曲线除了可用来判断阀的加工配合质量外，还可用来确定阀的零位流量-压力系数。

$$\frac{\partial q_s}{\partial p_s}=-\frac{\partial q_L}{\partial p_L}=K_c \tag{3-70}$$

这个结果对任何一个匹配和对称的阀都是适用的，在切断负载时，泄漏流量q_L就是供油流量q_s，因为中位泄漏流量曲线是在$q_L=p_L=x_V=0$的情况下测出的。由式（3-70）可知，在特定供油压力下的中位泄漏流量曲线的切线斜率就是阀在该供油压力下的零位流量-压力系数。

上面介绍了用实验方法来测定阀的零位压力增益和零位流量-压力系数。下面利用式（3-70）的关系给出实际零开口四边滑阀K_{C0}和K_{p0}的近似计算公式。

由图3-14（b）可以看出，新阀的中位（零位）泄漏流量小，且流动为层流型的，已磨损的旧阀（阀口节流边被流冲蚀）的中位泄漏流量增大，且流动为紊流型的。阀磨损后在特定供油压力下的中位泄漏流量虽然急剧增加，但曲线斜率增加却不大，即流量-压力系数变化不大（约2～3倍），可按新阀状态来计算阀的流量-压力系数。

层流状态下液体通锐边小缝隙的流量公式可写为

$$q=\frac{\pi r_c^2\omega}{32\mu}\Delta p \tag{3-71}$$

式中：r_c—— 阀芯与阀套间的径向间隙；

W—— 阀的面积梯度；

μ—— 油液的动力黏度；

Δp—— 节流口两边的压力差。

阀的零位泄漏流量为两个窗口（图3-12中的3、4两个窗口）泄漏流量之和。零位时每个窗口的压降为$p_s/2$，泄漏流量为$q_c/2$。在层流状态下，零位泄漏流量为

$$q_c=q_s=\frac{\pi r_c^2\omega}{32\mu}p_s \tag{3-72}$$

由式（3-70）和式（3-72）可求得实际零开口四边滑阀的零位流量-压力系数为

$$K_{c0}=\frac{q_c}{p_s}=\frac{\pi r_c^2\omega}{32\mu} \tag{3-73a}$$

实际零开口四边滑阀的零位压力增益为

$$K_{p0}=\frac{K_{q0}}{K_{c0}}=\frac{32\mu C_d\sqrt{p_s/\rho}}{\pi r_c^2} \tag{3-73b}$$

上式表明，实际零位开口阀的零位压力增益主要取决于阀的径向间隙值，与阀的面积梯度无关。实际零开口四边滑阀的零位压力增益可以达到很大的数值。

为了对零位压力增益有一个数量概念，下面进行一个典型计算。取 $\mu=1.4\times10^{-2}Pa\cdot s$，$\rho=870\,kg/m^3$，$C_d=0.62$，$r_c=5\times10^{-6}m$，可得出

$$K_{p0}=1.2\times10^8\sqrt{p_s}$$

当 $p_s=7MPa$ 时，$K_{p0}=3.175\times10^{11}\,Pa/m$。实践证明，当供油压力为 $7MPa$ 时，$10^{11}\,Pa/m$ 这个数量级是很容易达到的。

式（3-72）和式（3-73）只是近似的计算公式。试验研究证明，由此得到的计算值与试验值是比较吻合的。

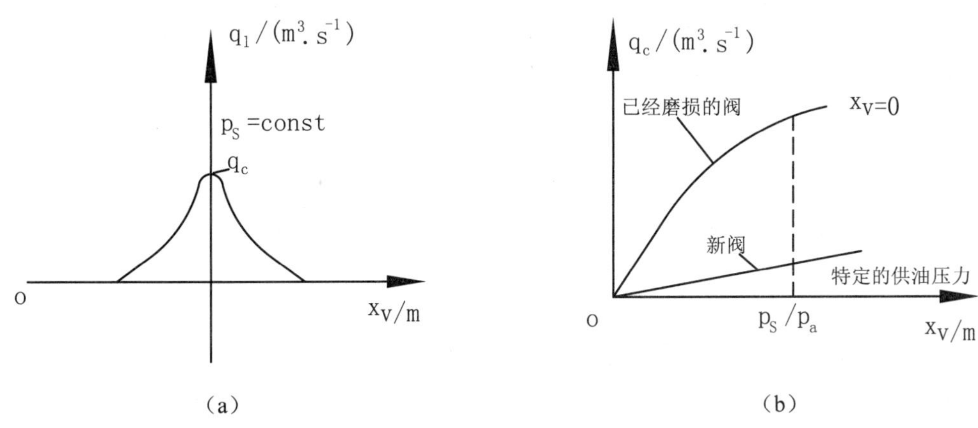

图 3-14　泄漏流量曲线和中位泄漏流量曲线

3.7　正开口四边滑阀的静态特性

参看图 3-9，当阀芯在阀套的中间位置时，四个节流窗口有相同的正开口量 U，并规定阀是在正开口的范围内工作，即 $|x_V|\le U$。假设阀的匹配和对称的，当阀芯按图示方向位移 x_V 时，则有

$$A_1=A_3=\omega(U-x_V)$$

$$A_2 = A_4 = \omega(U + x_V)$$

将上两式代入式（3-50），可得出正开口四边滑阀的压力-流量特性方程式：

$$\begin{aligned} q_L &= C_d\omega(U + x_V)\sqrt{\frac{2}{\rho}(p_s - p_1)} - C_d\omega(U - x_V)\sqrt{\frac{2}{\rho}(p_s - p_2)} \\ &= C_d\omega(U + x_V)\sqrt{\frac{1}{\rho}(p_s - p_L)} - C_d\omega(U - x_V)\sqrt{\frac{1}{\rho}(p_s + p_L)} \end{aligned} \quad (3\text{-}74)$$

将上式除以 $C_d\omega U\sqrt{\frac{p_s}{\rho}}$，得出

$$\frac{q_L}{C_d\omega U\sqrt{p_s/\rho}} = \left(1+\frac{x_V}{U}\right)\sqrt{1-\frac{p_L}{p_s}} - \left(1-\frac{x_V}{U}\right)\sqrt{1+\frac{p_L}{p_s}} \quad (3\text{-}75)$$

无因次压力-流量方程为

$$\overline{q_L} = \left(1+\overline{x_V}\right)\sqrt{1-\overline{p_L}} - \left(1-\overline{x_V}\right)\sqrt{1+\overline{p_L}} \quad (3\text{-}76)$$

式中：$\overline{q_L}$ —— 无因次负载流量，$\overline{q_L} = \dfrac{q_L}{C_d\omega U\sqrt{p_s/\rho}}$，程序中用 bq 表示；

$\overline{p_L}$ —— 无因次负载压力，$\overline{p_L} = p_L/p_s$，程序中用 bp 表示；

$\overline{x_V}$ —— 无因次阀芯位移，$\overline{x_V} = x_V/U$，程序中用 bx 表示。

无因次压力-流量特性曲线如图 3-15 所示，这些曲线的线性度比零开口四边滑阀要好得多。正开口四边滑阀是比较理想的线性元件，这是四个桥臂高度对称的结果。在正开口区域以外，因为同一时刻只有两个节流窗口起到控制作用，所以其压力-流量特性和零开口阀是一样的。

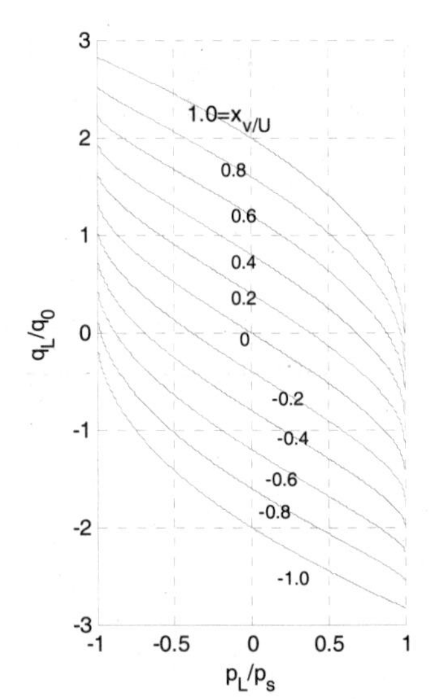

图 3-15　正开口四边滑阀的压力-流量曲线

对照式（3-76）编写 m 文件，其 MATLAB 程序的源代码如下：

```
% 正开口四通滑阀
subplot(121)
bx=-1
    while bx<1.1
```

```
    hold on
    bp=-1:0.001:1
    bq=(1+bx)*sqrt(1-bp)-(1-bx)*sqrt(1+bp)
   plot(bp,bq,'r-','linewidth',1)
    bx=bx+0.2
  grid on
  end
   xlabel('p_L/p_s')
   ylabel('q_L/q_0')
   gtext('-1.0','fontsize',8)
   gtext('-0.8','fontsize',8)
   gtext('-0.6','fontsize',8)
   gtext('-0.4','fontsize',8)
   gtext('-0.2','fontsize',8)
   gtext('0','fontsize',8)
   gtext('0.2','fontsize',8)
   gtext('0.4','fontsize',8)
   gtext('0.6','fontsize',8)
   gtext('0.8','fontsize',8)
   gtext('1.0=x_{v/U}','fontsize',10)
```

正开口四边滑阀的零位系数可通过对式（3-74）微分，并在$q_L = p_L = x_V = 0$处取导数值得到。即

$$K_{q0} = 2C_d\omega\sqrt{\frac{p_s}{\rho}} \tag{3-77}$$

$$K_{c0} = \frac{C_d\omega U\sqrt{p_s/\rho}}{p_s} \tag{3-78}$$

$$K_{p0} = \frac{2p_s}{U} \tag{3-79}$$

从这些公式可以看出，正开口四边滑阀的K_{q0}值是理想零开口四边滑阀的两倍，这是因为负载流量同时受两个窗口的控制，而且它们是差动变化的。例如，阀芯正向移动一个距离x_V，节流窗口 4 的面积变大了ωx_V，同时窗口 1 的面积减小了同一数值，故节流面积的总变化量为$2\omega x_V$，窗口 2、3 的变化与此相同。因此，正开口四边滑阀可以提高零位流量增益并改善压力-流量曲线的线性度。K_{c0}取决于面积梯度，而K_{p0}与面积梯度无关，这也说明，式（3-73a）和式（3-73b）的结论是正确的，因为在零位附近零开口类似于正开口阀。

正开口四边滑阀的零位（中位）泄漏流量应是窗口 3、4（见图 3-12）泄漏流量之和，即

$$q_c = 2C_d \omega U \sqrt{\frac{p_s}{\rho}} \tag{3-80}$$

因为这种阀零位泄漏流量比较大，所以不适合大功率控制的场合。

正开口四边滑阀的 K_{q0} 和 K_{c0} 也可以用零位泄漏流量来表示，即

$$K_{q0} = \frac{q_c}{U}$$

在实际应用中，有时采用部分正开口的阀，即把正开口量规定为阀的最大行程的一部分，以便增加阻尼作用。但这要使压力增益降低和零位泄漏流量增大，而且这种阀的流量增益是非线性的。

3.8 双边滑阀的静态特性

双边滑阀用于控制差动液压缸，如图 3-16 所示。下面分别讲解零开口和正开口双边滑阀的静态特性。

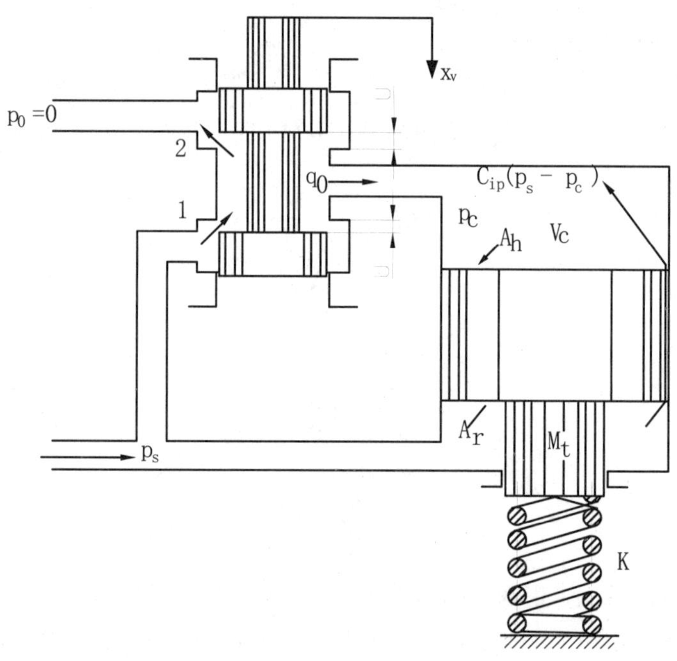

图 3-16 带差动液压缸的双边滑阀

1. 零开口双边滑阀的静态特性

在图 3-16 中，令 $U=0$，即得零开口双边滑阀。当阀芯离开中间位置时，只有一个节流窗口通流，另一个节流窗口关闭，则压力-流量方程可直接写出

当 $x_v \geqslant 0$ 时

$$q_L = C_d \omega x_V \sqrt{\frac{2}{\rho}(p_s - p_c)} \tag{3-81}$$

当 $x_V \le 0$ 时

$$q_L = -C_d \omega x_V \sqrt{\frac{2}{\rho} p_c} \tag{3-82}$$

写成无因次形式

$$\overline{q_L} = \overline{x_V}\sqrt{1-\overline{p_c}} \qquad x_V \ge 0 \tag{3-83}$$

$$\overline{q_L} = \overline{x_V}\sqrt{\overline{p_c}} \qquad x_V \le 0 \tag{3-84}$$

式中：$\overline{q_L}$—— 无因次负载流量，$\overline{q_L} = \dfrac{q_L}{C_d \omega x_{Vm}\sqrt{\dfrac{2}{\rho}p_s}}$；

$\overline{p_c}$—— 无因次控制压力，$\overline{p_c} = \dfrac{p_c}{p_s}$；

$\overline{x_V}$—— 无因次阀芯位移，$\overline{x_V} = \dfrac{x_V}{x_{Vm}}$。

无因次压力-流量曲线与零开口四边滑阀一样，只是坐标要加以改变，将横坐标轴的 $\dfrac{p_L}{p_s}=-1$ 改为 $\dfrac{p_c}{p_s}=0$，$\dfrac{p_L}{p_s}=0$ 改为 $\dfrac{p_c}{p_s}=0.5$，$\dfrac{p_L}{p_s}=1$ 改为 $\dfrac{p_c}{p_s}=1$，同时纵坐标要乘以 $\dfrac{1}{\sqrt{2}}$。

双边滑阀的零位工作点可由 $x_V = q_L = 0$ 和 $p_{c0} = \dfrac{p_s}{2}$ 来确定，压力-流量曲线对称于这一点。在该点工作时，阀控液压缸在两个方向的控制性能一样，可得到相同的加速和减速能力及相同的运动速度。为了使阀在这一点工作，必须使液压缸两腔活塞有效面积满足

$$p_{c0} = \frac{1}{2} p_s \tag{3-85}$$

的关系。在没有外负载力作用时，只要使活塞头一侧的面积 A_h 等于活塞杆一侧面积 A_r 的两倍，即

$$A_h = 2A_r \tag{3-86}$$

就可以使式（3-85）得到满足。通常都是按这个原则来确定液压缸活塞的面积的，甚至在有外负载力的情况下，也是可行的。不过，如果有单向恒定外负载力时，活塞面积就应该设计成满足式（3-85），即

$$\frac{A_r}{A_h} = \frac{1}{2} \mp \frac{F_L}{p_s A_h} \tag{3-87}$$

式中，F_L 为单向恒定外负载力，F_L 的方向与 $p_s A_r$ 方向相同时取负号，反之取正号。

在零位工作点 $\left(x_V = q_L = 0 \text{和} p_{c0} = \dfrac{1}{2} p_s \right)$ 对式（3-83）或（3-84）求偏导数值，可得零开口

双边滑阀的零位系数为

$$K_{q0} = \left.\frac{\partial q_L}{\partial x_V}\right|_0 = C_d \omega \sqrt{\frac{p_s}{\rho}} \tag{3-88}$$

$$K_{c0} = -\left.\frac{\partial q_L}{\partial p_c}\right|_0 = \left.\frac{C_d \omega x_V \sqrt{p_s / \rho}}{p_s}\right|_{x_V=0} = 0 \tag{3-89}$$

$$K_{p0} = \left.\frac{\partial p_c}{\partial x_V}\right|_0 = \left.\frac{p_s}{x_V}\right|_{x_V=0} = \infty \tag{3-90}$$

与零开口四边滑阀的零位系数相比，流量增益是一样的，而压力增益为零开口四边阀的一半。因此，对双边滑阀来说，常值负载力和摩擦负载力在系统中引起的稳态误差是四边滑阀的两倍。双边滑阀一般适用于机-液伺服系统，因为这种系统的负载力小，或者允许误差较大。

2. 正开口双边滑阀的静态特性

可参看图 3-16，流过节流窗口 1、2 的流量分别为

$$q_L = C_d \omega \left(U + x_V\right) \sqrt{\frac{2}{\rho}\left(p_s - p_c\right)}$$

$$q_2 = C_d \omega \left(U - x_V\right) \sqrt{\frac{2}{\rho} p_c}$$

压力-流量方程为

$$q_L = q_1 - q_2 = C_d \omega \left(U + x_V\right) \sqrt{\frac{2}{\rho}\left(p_s - p_c\right)} - C_d \omega \left(U - x_V\right) \sqrt{\frac{2}{\rho} p_c} \tag{3-91}$$

写成无因次形式为

$$q_L = \left(1 + \overline{x_V}\right) \sqrt{1 - \overline{p_c}} - \left(1 - \overline{x_V}\right) \sqrt{\overline{p_c}} \tag{3-92}$$

式中：$\overline{q_L}$ —— 无因次负载流量，$\overline{q_L} = \dfrac{q_L}{C_d \omega U \sqrt{\dfrac{2 p_s}{\rho}}}$，程序中用 bq 表示；

$\overline{p_c}$ —— 无因次控制压力，$\overline{p_c} = \dfrac{p_c}{p_s}$，程序中用 bp 表示；

$\overline{x_V}$ —— 无因次阀芯位移，$\overline{x_V} = \dfrac{x_V}{x_{Vm}}$，程序中用 bx 表示。

压力-流量曲线（图 3-17）与图 3-15 相同，只是坐标需要加以改变，横坐标的 $\dfrac{p_L}{p_s} = -1$ 改

为$\dfrac{p_c}{p_s}=0$，$\dfrac{p_L}{p_s}=0$改为$\dfrac{p_c}{p_s}=0.5$，$\dfrac{p_L}{p_s}=1$改为$\dfrac{p_c}{p_s}=1$，纵坐标要乘以$\dfrac{1}{\sqrt{2}}$。

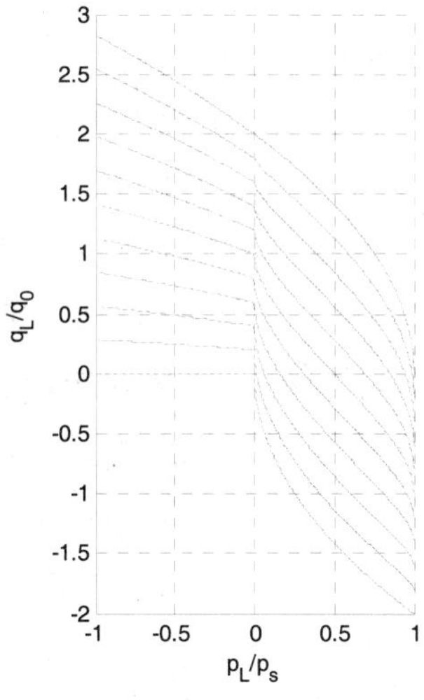

图 3-17　压力-流量曲线

阀的零位系数为

$$K_{q0}=\left.\frac{\partial q_L}{\partial x_V}\right|_0=2C_d\omega\sqrt{\frac{p_s}{\rho}} \tag{3-93}$$

$$K_{c0}=-\left.\frac{\partial q_L}{\partial p_c}\right|_0=\frac{2C_d\omega U\sqrt{\dfrac{p_s}{\rho}}}{p_s} \tag{3-94}$$

$$K_{c0}=\left.\frac{\partial p_c}{\partial x_V}\right|_0=\frac{p_s}{U} \tag{3-95}$$

与正开口四边滑阀的零位系数进行比较后可以看出零位流量增益是一样的，零位压力增益是四边滑阀的一半，因为四边滑阀有两个控制通道且为差动工作，而双边滑阀仅有一个控制通道。

零位泄漏流量为

$$q_c=C_d\omega U\sqrt{\frac{p_s}{\rho}} \tag{3-96}$$

3.9　喷嘴挡板阀

与滑阀相比，喷嘴挡板阀具有机构简单、加工容易、运动部件质量小、对油液污染不太敏感等优点。但因为零位泄漏流量大，所以只适用于小功率系统。在两级液压放大器中，多采用喷嘴挡板阀作为第一级。

3.9.1 单喷嘴挡板阀的静态特性

单喷嘴挡板阀的原理图如图 3-18 所示，由固定节流孔、喷嘴和挡板组成。喷嘴与挡板间的环形面积构成了可变节流口，用于控制固定节流口与可变节流口之间的压力 p_c 。单喷嘴挡板阀是三通阀，只能用于控制差动液压缸。控制压力 p_c 与负载腔（液压缸无杆腔）相连，而供油压力 p_s（恒压源）与液压缸的有杆腔相连。当挡板与喷嘴端面之间的间隙减小时，由于可变液阻增大，使通过固定节流孔的流量减小，在固定节流孔处压降也减小，因此控制压力 p_c 增大，推动负载运动，反之亦然。为了减小油温变化的影响，固定节流孔通常是短管形的，喷嘴端部也是近于锐边形的。

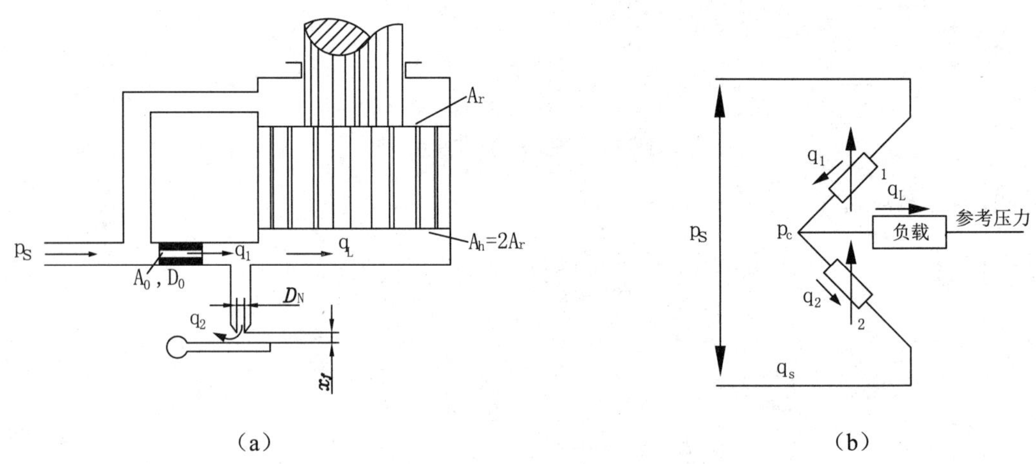

（a）　　（b）

图 3-18　单喷嘴挡板阀的原理图

1. 压力特性

根据液流的连续性方程可得出负载流量为

$$q_L = q_1 - q_2$$

将固定节流孔和可变节流口的流量方程代入上式，可得出

$$q_L = C_{d0}A_0\sqrt{\frac{2}{\rho}(p_s - p_c)} - C_{df}A_f\sqrt{\frac{2}{\rho}p_c} \tag{3-97}$$

式中：C_{d0} —— 固定节流孔流量系数；

A_0 —— 固定节流孔的通流面积；

C_{df} —— 可变节流口的流量系数；

A_f —— 可变节流口的通流面积。

将 $A_0=\frac{\pi}{4}D_0^2$，$A_f=\pi D_N\left(x_{f0}-x_f\right)$ 代入上式，得出

$$q_L=C_{d0}\frac{\pi}{4}D_0^2\sqrt{\frac{2}{\rho}(p_s-p_c)}-C_{df}\pi D_N\left(x_{f0}-x_f\right)\sqrt{\frac{2}{\rho}p_c} \tag{3-98}$$

式中：D_0—— 固定节流孔直径；

D_N—— 喷嘴孔直径；

x_{f0}—— 挡板与喷嘴之间得零位间隙；

x_f—— 挡板偏离零位得位移。

压力特性是指切断负载$(q_L=0)$时，控制压力 p_c 随挡位移 x_f 的变化特性。令 $q_L=0$，由式（3-98）可得出压力特性方程式

$$\frac{p_c}{p_s}=\left(1+\left(\frac{C_{df}A_f}{C_{d0}A_0}\right)^2\right)^{-1} \tag{3-99}$$

在程序设计时，令 bp=$\frac{p_c}{p_s}$，bcd=$\frac{C_{df}A_f}{C_{d0}A_0}$，编制程序，得到程序代码和运行结果，其特性曲线如图 3-19（a）所示。

式（3-99）可改写为

$$\frac{p_c}{p_s}=\left(1+\left(\frac{C_{df}\pi D_N x_{f0}-C_{df}\pi D_N x_f}{C_{d0}A_0}\right)^2\right)^{-1} \tag{3-100}$$

令 $a=\frac{C_{df}\pi D_N x_{f0}}{C_{d0}A_0}$ 则

$$\frac{p_c}{p_s}=\left(1+\left(a-\frac{C_{df}\pi D_N x_{f0}x_f}{C_{d0}A_0 x_{f0}}\right)^2\right)^{-1}=\left(1+a^2\left(1-\frac{x_f}{x_{f0}}\right)^2\right)^{-1} \tag{3-101}$$

上式表明，p_c 不仅随 x_f 而变，而且与 a 有关。下面求 a 为何值时，零位压力灵敏度最高。零位压力灵敏度为

$$\left.\frac{dp_c}{dx_f}\right|_{x_f=0}=\frac{p_s}{x_{f0}}\frac{2a^2}{(1+a^2)^2}$$

为使 a 为何值时零位压力灵敏度最高，应使

$$\frac{d}{da}\left(\left.\frac{dp_c}{dx_f}\right|_{x_f=0}\right)=\frac{p_s}{x_{f0}}\frac{2a(1-a^2)}{(1+a^2)^3}=0$$

即
$$a = \frac{C_{df}\pi D_N x_{f0}}{C_{d0}A_0} = 1 \tag{3-102}$$

此时，由式（3-99）可得零位时的控制压力为

$$p_{c0} = \frac{p_s}{2} \tag{3-103}$$

这一点，不但零位压力灵敏度高，而且控制压力 p_c 能充分地调节，在 $|x_f| \leqslant x_{f0}$ 时，$0.2p_s \leqslant p_c \leqslant p_s$。因此，通常取 $p_{c0} = \frac{p_s}{2}$ 作为设计准则，根据这个准则，要求单喷嘴挡板阀一起工作的差动液压缸活塞两边的面积比为 2 : 1。

2. 压力-流量特性

将式（3-102）代入式（3-98）可得出压力-流量方程为

$$\frac{q_L}{C_{d0}A_0\sqrt{2p_s/\rho}} = \sqrt{1-\frac{p_c}{p_s}} - (1-\frac{x_f}{x_{f0}})\sqrt{\frac{p_c}{p_s}} \tag{3-104}$$

用 $\frac{q_L}{C_{d0}A_0\sqrt{2p_s/\rho}}$=bq，$\frac{p_c}{p_s}$=bp，$\frac{x_f}{x_{f0}}$=bx 编制程序绘制压力-流量特性曲线如图 3-19（b）所示。MATLAB 程序的源代码如下：

```
   subplot(121)
% 绘制单喷嘴挡板阀切断负载时的特性
   fplot('1/(1+bcd*bcd)',[0 2.8 0 1],'black-')
    grid on
    xlabel('C_{df}A_f/C_{d0}A_0')
    ylabel('q_L/p_s')
    subplot(122)
%绘制压力-流量特性曲线
Xz=-1
    while Xz<1.1
    hold on
    Pz=0:0.001:1
    Qz=sqrt(1-Pz)-(1-Xz)*sqrt(Pz)
   semilogy(Pz,Qz,'black-','linewidth',2)
    Xz=Xz+0.2
  grid on
  end
   xlabel('p_L/p_s')
   ylabel('qL/q0')
   gtext('-1.0','fontsize',8)
   gtext('-0.8','fontsize',8)
```

```
gtext('-0.6','fontsize',8)
gtext('-0.4','fontsize',8)
gtext('-0.2','fontsize',8)
gtext('0','fontsize',8)
gtext('0.2','fontsize',8)
gtext('0.4','fontsize',8)
gtext('0.6','fontsize',8)
gtext('0.8','fontsize',8)
gtext('1.0=xf/xf0','fontsize',10)
```

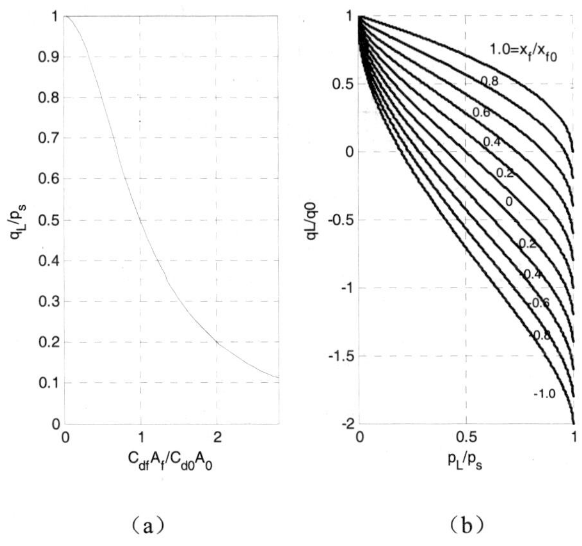

（a）　　（b）

图 3-19　单喷嘴挡板阀切断压力和压力-流量特性曲线

阀的零位($x_f = q_L = 0, p_{c0} = \dfrac{1}{2} p_s$)时的三个系数为

$$K_{q_0} = \frac{\partial q_L}{\partial x_f}\Big|_0 = C_{df}\pi D_N \sqrt{\frac{1}{\rho} p_s} \tag{3-105a}$$

$$K_{p_0} = \frac{\partial p_c}{\partial x_f}\Big|_0 = \frac{p_s}{\partial x_{f_0}} \tag{3-105b}$$

$$K_{c_0} = \frac{\partial q_L}{\partial x_f}\Big|_0 = \frac{2C_{df}\pi D_N \partial x_{f0}}{\sqrt{\rho p_s}} \tag{3-105c}$$

阀在零位时泄漏流量为

$$q_c = C_{df}\pi D_N x_{f0}\sqrt{\frac{p_s}{\rho}} \tag{3-106}$$

该流量决定了阀在零位时的功率损失。

3.9.2 双喷嘴挡板阀的静态特性

1. 压力-流量特性

双喷嘴挡板阀是由两个结构相同的单喷嘴挡板阀组合在一起按差动原理工作的，如图3-20所示。由于双喷嘴挡板阀是四通阀，因此可用于控制双作用液压缸。

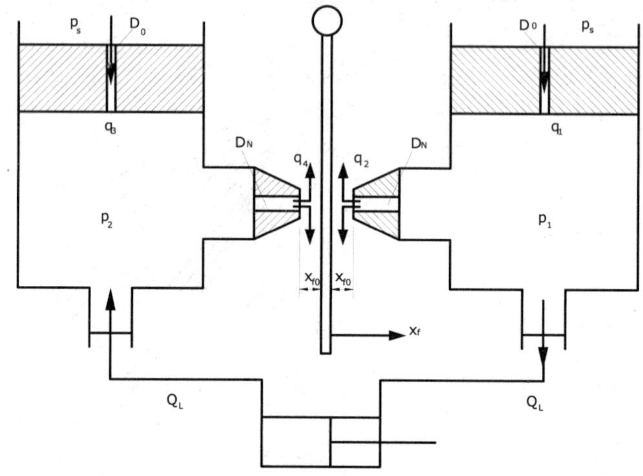

图3-20 双喷嘴挡板阀结构示意图

根据流体力学可得出

$$q_1 = C_{d0} A_0 \sqrt{\frac{2}{\rho}(p_s - p_1)}$$

$$q_2 = C_{df} \pi D_N (x_{f0} - x_f) \sqrt{\frac{2}{\rho} p_1}$$

$$q_3 = C_{d0} A_0 \sqrt{\frac{2}{\rho}(p_s - p_2)}$$

$$q_4 = C_{df} \pi D_N (x_{f0} + x_f) \sqrt{\frac{2}{\rho} p_2}$$

根据流量连续性有

$$q_{L1} = q_1 - q_2 = C_{d0} A_0 \sqrt{\frac{2}{\rho}(p_s - p_1)} - C_{df} \pi D_N (x_{f0} - x_f) \sqrt{\frac{2}{\rho} p_c}$$

$$q_{L2} = q_4 - q_3 = C_{df} \pi D_N (x_{f0} + x_f) \sqrt{\frac{2}{\rho} p_2} - C_{d0} A_0 \sqrt{\frac{2}{\rho}(p_s - p_2)}$$

通过上面两式可得到

$$\frac{q_{L1}}{C_{d0}A_0\sqrt{\frac{2}{\rho}p_s}}=\sqrt{2(1-\frac{p_1}{p_s})}-(1-\frac{x_f}{x_{f0}})\sqrt{2\frac{p_1}{p_s}} \tag{3-107}$$

$$\frac{q_{L2}}{C_{d0}A_0\sqrt{\frac{2}{\rho}p_s}}=(1+\frac{x_f}{x_{f0}})\sqrt{\frac{2}{p_s}p_2}-\sqrt{2(1-\frac{p_2}{p_s})} \tag{3-108}$$

将上述两个方程与关系式

$$\frac{p_L}{p_s}=\frac{p_{L1}}{p_s}-\frac{p_{L2}}{p_s} \tag{3-109}$$

结合起来，就完全确定了双喷嘴挡板阀的压力-流量曲线。程序设计时，用 bq1=$\frac{q_{L1}}{C_{d0}A_0\sqrt{\frac{2}{\rho}p_s}}$，bq2=$\frac{q_{L2}}{C_{d0}A_0\sqrt{\frac{2}{\rho}p_s}}$ bx=$\frac{x_f}{x_{f0}}$，bp1=$\frac{p_1}{p_s}$，bp2=$\frac{p_2}{p_s}$，给定不同的流量值绘制四条曲线的 MATLAB 程序源代码如下：

```
clear
 bx=1
 QL(1)=1.2
 [p1,p2]=solve('1.2=sqrt(2-2*p1)-(1-1)*sqrt(2*p1)',
'1.2=(1+1)*sqrt(2*p2)-sqrt(2-2*p2)')
 pL1(1)=p1-p2
 QL(2)=1.0
 [p1,p2]=solve('1.0=sqrt(2-2*p1)-(1-1)*sqrt(2*p1)',
'1.0=(1+1)*sqrt(2*p2)-sqrt(2-2*p2)')
 pL1(2)=p1-p2
 QL(3)=0.8
 [p1,p2]=solve('0.8=sqrt(2-2*p1)-(1-1)*sqrt(2*p1)',
'0.8=(1+1)*sqrt(2*p2)-sqrt(2-2*p2)')
 pL1(3)=p1-p2
 QL(4)=0.6
 [p1,p2]=solve('0.6=sqrt(2-2*p1)-(1-1)*sqrt(2*p1)',
'0.6=(1+1)*sqrt(2*p2)-sqrt(2-2*p2)')
 pL1(4)=p1-p2
 QL(5)=0.4
 [p1,p2]=solve('0.4=sqrt(2-2*p1)-(1-1)*sqrt(2*p1)',
'0.4=(1+1)*sqrt(2*p2)-sqrt(2-2*p2)')
 pL1(5)=p1-p2
 QL(6)=0.2
```

```
    [p1,p2]=solve('0.2=sqrt(2-2*p1)-(1-1)*sqrt(2*p1)',
'0.2=(1+1)*sqrt(2*p2)-sqrt(2-2*p2)')
    pL1(6)=p1-p2
    QL(7)=0
    [p1,p2]=solve('0=sqrt(2-2*p1)-(1-1)*sqrt(2*p1)',
'0=(1+1)*sqrt(2*p2)-sqrt(2-2*p2)')
    pL1(7)=p1-p2

    bx=0.6

    QL(1)=1.2
    [p1,p2]=solve('1.2=sqrt(2-2*p1)-(1-0.6)*sqrt(2*p1)',
'1.2=(1+0.6)*sqrt(2*p2)-sqrt(2-2*p2)')
    pL2(1)=p1-p2
    QL(2)=1.0
    [p1,p2]=solve('1.0=sqrt(2-2*p1)-(1-0.6)*sqrt(2*p1)',
'1.0=(1+0.6)*sqrt(2*p2)-sqrt(2-2*p2)')
    pL2(2)=p1-p2
    QL(3)=0.8
    [p1,p2]=solve('0.8=sqrt(2-2*p1)-(1-0.6)*sqrt(2*p1)',
'0.8=(1+0.6)*sqrt(2*p2)-sqrt(2-2*p2)')
    pL2(3)=p1-p2
    QL(4)=0.6
    [p1,p2]=solve('0.6=sqrt(2-2*p1)-(1-0.6)*sqrt(2*p1)',
'0.6=(1+0.6)*sqrt(2*p2)-sqrt(2-2*p2)')
    pL2(4)=p1-p2
    QL(5)=0.4
    [p1,p2]=solve('0.4=sqrt(2-2*p1)-(1-0.6)*sqrt(2*p1)',
'0.4=(1+0.6)*sqrt(2*p2)-sqrt(2-2*p2)')
    pL2(5)=p1-p2
    QL(6)=0.2
    [p1,p2]=solve('0.2=sqrt(2-2*p1)-(1-0.6)*sqrt(2*p1)',
'0.2=(1+0.6)*sqrt(2*p2)-sqrt(2-2*p2)')
    pL2(6)=p1-p2
    QL(7)=0
    [p1,p2]=solve('0=sqrt(2-2*p1)-(1-0.6)*sqrt(2*p1)',
'0=(1+0.6)*sqrt(2*p2)-sqrt(2-2*p2)')
    pL2(7)=p1-p2

    bx=0.2

    QL(1)=1.2
    [p1,p2]=solve('1.2=sqrt(2-2*p1)-(1-0.2)*sqrt(2*p1)',
```

```
'1.2=(1+0.2)*sqrt(2*p2)-sqrt(2-2*p2)')
      pL3(1)=p1-p2
      QL(2)=1.0
      [p1,p2]=solve('1.0=sqrt(2-2*p1)-(1-0.2)*sqrt(2*p1)',
'1.0=(1+0.2)*sqrt(2*p2)-sqrt(2-2*p2)')
      pL3(2)=p1-p2
      QL(3)=0.8
      [p1,p2]=solve('0.8=sqrt(2-2*p1)-(1-0.2)*sqrt(2*p1)',
'0.8=(1+0.2)*sqrt(2*p2)-sqrt(2-2*p2)')
      pL3(3)=p1-p2
      QL(4)=0.6
      [p1,p2]=solve('0.6=sqrt(2-2*p1)-(1-0.2)*sqrt(2*p1)',
'0.6=(1+0.2)*sqrt(2*p2)-sqrt(2-2*p2)')
      pL3(4)=p1-p2
      QL(5)=0.4
       [p1,p2]=solve('0.4=sqrt(2-2*p1)-(1-0.2)*sqrt(2*p1)',
'0.4=(1+0.2)*sqrt(2*p2)-sqrt(2-2*p2)')
       pL3(5)=p1-p2
       QL(6)=0.2
       [p1,p2]=solve('0.2=sqrt(2-2*p1)-(1-0.2)*sqrt(2*p1)',
'0.2=(1+0.2)*sqrt(2*p2)-sqrt(2-2*p2)')
       pL3(6)=p1-p2
       QL(7)=0
       [p1,p2]=solve('0=sqrt(2-2*p1)-(1-0.2)*sqrt(2*p1)',
'0=(1+0.2)*sqrt(2*p2)-sqrt(2-2*p2)')
       pL3(7)=p1-p2

       bx=0.0

       QL(1)=1.2
      [p1,p2]=solve('1.2=sqrt(2-2*p1)-(1-0)*sqrt(2*p1)',
'1.2=(1+0)*sqrt(2*p2)-sqrt(2-2*p2)')
      pL4(1)=p1-p2
      QL(2)=1.0
      [p1,p2]=solve('1.0=sqrt(2-2*p1)-(1-0)*sqrt(2*p1)',
'1.0=(1+0)*sqrt(2*p2)-sqrt(2-2*p2)')
      pL4(2)=p1-p2
      QL(3)=0.8
      [p1,p2]=solve('0.8=sqrt(2-2*p1)-(1-0)*sqrt(2*p1)',
'0.8=(1+0)*sqrt(2*p2)-sqrt(2-2*p2)')
      pL4(3)=p1-p2
      QL(4)=0.6
      [p1,p2]=solve('0.6=sqrt(2-2*p1)-(1-0)*sqrt(2*p1)',
```

```
'0.6=(1+0)*sqrt(2*p2)-sqrt(2-2*p2)')
      pL4(4)=p1-p2
      QL(5)=0.4
       [p1,p2]=solve('0.4=sqrt(2-2*p1)-(1-0)*sqrt(2*p1)',
'0.4=(1+0)*sqrt(2*p2)-sqrt(2-2*p2)')
       pL4(5)=p1-p2
       QL(6)=0.2
       [p1,p2]=solve('0.2=sqrt(2-2*p1)-(1-0)*sqrt(2*p1)',
'0.2=(1+0)*sqrt(2*p2)-sqrt(2-2*p2)')
       pL4(6)=p1-p2
       QL(7)=0
       [p1,p2]=solve('0=sqrt(2-2*p1)-(1-0)*sqrt(2*p1)',
'0=(1+0)*sqrt(2*p2)-sqrt(2-2*p2)')
    pL4(7)=p1-p2
    QL
        pL1=vpa(pL1,3)
    pL2=vpa(pL2,3)
    pL3=vpa(pL3,3)
    pL4=vpa(pL4,3)
```

运行上述程序得到如下结果。

```
QL =
[ 6/5,    1, 4/5, 3/5, 2/5, 1/5,    0];
pL1 =
 [ -.287,      0.,   .246,   .449,   .610,   .727,   .800]
pL2 =
[ -.653, -.446, -.223,      0.,   .213,   .409,   .581]
pL3 =
 [ -.882, -.750, -.585, -.400, -.202,      0.,   .200]
pL4 =
 [ -.960, -.866, -.733, -.572, -.392, -.199,      0.]
```

把得到的数据写入下面的程序，绘制曲线。

```
subplot(121)
QL =[ 6/5,   1, 4/5, 3/5, 2/5, 1/5,   0];
pL1 = [ -.287,    0.,  .246,  .449,  .610,  .727,  .800]
pL2 = [ -.653, -.446, -.223,    0.,  .213,  .409,  .581]
pL3 = [ -.882, -.750, -.585, -.400, -.202,    0.,  .200]
pL4 = [ -.960, -.866, -.733, -.572, -.392, -.199,    0.]
plot(QL,pL1,QL,pL2,QL,pL3,QL,pL4)
grid on
 xlabel('p_L/p_s')
 ylabel('q_L/q_0')
```

```
gtext('x_f/x_{f0}=1.0','fontsize',12)
gtext('0.6','fontsize',12)
gtext('0.2','fontsize',12)
gtext('0.1','fontsize',12)
%绘制压力特性曲线
 subplot(122)
fplot('1/(1+(1-bx)^2)-1/(1+(1+bx)^2)',[-1 1 -1 1],'black-')
 grid on
 ylabel('p_L/p_s')
 xlabel('x_f/x_{f0}')
```

但是这些方程不能用简单的方法合成一个关系式。因此，分别绘制压力 p1 和 p2 与流量曲线，可以看出二者是对称图形，如图 3-21（a）所示。与单喷嘴挡板阀相比，其压力-流量曲线的线性度好，线性范围较大，特性曲线对称性好。

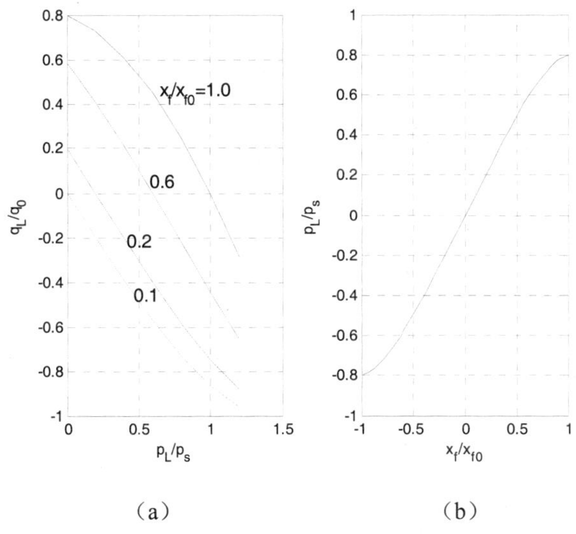

（a）　　　　　　　　（b）

图 3-21　双喷嘴挡板阀压力-流量和压力特性曲线

2. 压力特性

双喷嘴挡板阀在挡板偏离零位时，一个喷嘴腔内压力升高，另一个喷嘴的压力降低。在切断负载时（qL=0）时，每个喷嘴腔的控制压力 p1 和 p2 可由式（3-107）和式（3-108）求得，当满足式（3-106）的设计准则时，可求得 p1 和 p2 分别为

$$\frac{p_1}{p_s}=\frac{1}{1+(1-\frac{x_f}{x_{f0}})^2}$$

$$\frac{p_2}{p_s}=\frac{1}{1+(1+\frac{x_f}{x_{f0}})^2}$$

将以上两式相减，可得出压力特性方程式

$$\frac{p_1-p_2}{p_s}=\frac{p_L}{p_s}=\frac{1}{1+(1-\dfrac{x_f}{x_{f0}})^2}-\frac{1}{1+(1+\dfrac{x_f}{x_{f0}})^2} \tag{3-110}$$

令 bp=$\dfrac{p_L}{p_s}$，bx=$\dfrac{x_f}{x_{f0}}$，编制程序，得到双喷嘴挡板阀的压力特性曲线如图 3-21（b）所示。

3. 阀的零位系数

为了求得阀的零位系数，可将

$$q_L=q_1-q_2=C_{d0}A_0\sqrt{\frac{2}{\rho}(p_s-p_1)}-C_{df}\pi D_N(x_{f0}-x_f)\sqrt{\frac{2}{\rho}p_c}$$

$$q_L=q_4-q_3=C_{df}\pi D_N(x_{f0}+x_f)\sqrt{\frac{2}{\rho}p_2}-C_{d0}A_0\sqrt{\frac{2}{\rho}(p_s-p_2)}$$

在零位（$x_f=q_L=p_L=0$和$p_1=p_2=p_s/2$）附近线性化，即

$$\Delta q_L=C_{df}\pi D_N\sqrt{\frac{p_s}{\rho}}\Delta x_f-\frac{2C_{df}\pi D_N x_{f0}}{\sqrt{\rho p_s}}\Delta p_1 \tag{3-111}$$

$$\Delta q_L=C_{df}\pi D_N\sqrt{\frac{p_s}{\rho}}\Delta x_f+\frac{2C_{df}\pi D_N x_{f0}}{\sqrt{\rho p_s}}\Delta p_2 \tag{3-112}$$

将式（3-111）和式（3-112）相加除以 2，并与$\Delta p_L=\Delta p_1-\Delta p_2$合并，可得出

$$\Delta q_L=C_{df}\pi D_N\sqrt{\frac{p_s}{\rho}}\Delta x_f-\frac{C_{df}\pi D_N x_{f0}}{\sqrt{\rho p_s}}\Delta p_L \tag{3-113}$$

这就是双喷嘴挡板阀在零位附近工作时的压力-流量方程的线性化表达式。由该方程可直接得到阀的零位系数

$$K_{q0}=\left.\frac{\Delta q_L}{\Delta x_f}\right|_{\Delta p_L=0}=C_{df}\pi D_N\sqrt{\frac{p_s}{\rho}} \tag{3-114}$$

$$K_{p0}=\left.\frac{\Delta p_L}{\Delta x_f}\right|_{\Delta q_L=0}=\frac{p_s}{x_{f0}} \tag{3-115}$$

$$K_{c0}=\left.\frac{\Delta q_L}{\Delta p_L}\right|_{\Delta x_f=0}=\frac{C_{df}\pi D_N x_{f0}}{\sqrt{\rho p_s}} \tag{3-116}$$

零位泄漏流量或中间位置流量为

$$q_c = 2C_{df}\pi D_N x_{f0}\sqrt{\frac{p_s}{\rho}}$$

将这些关系式与单喷嘴挡板阀的相应关系式相比较，可以看出两者的流量增益是一样的，而压力灵敏度增加了一倍，使零位泄漏流量也增加了一倍。与单喷嘴挡板阀相比，双喷嘴挡板阀由于结构对称还具有以下优点：

- 因温度和供油压力变化而产生的零漂小，即零位工作点变动小；
- 挡板在零位时所受的液压力和液动力是平衡的。

3.9.3　作用在挡板上的液流力

首先来看单喷嘴挡板阀的情况，可参看图 3-22。对于锐边喷嘴，在喷嘴端面由喷嘴孔直径 D_N 到喷嘴端面外径 D 之间的环形面积上，液流的静压力对挡板的作用力可以忽略。这样作用在挡板上的液流力主要由两部分组成：一部分是喷嘴孔处的静压力对挡板产生的液压力；另一部分是射流动量的变化对挡板产生的反作用力。即

$$F = p_N A_N + \rho q_N v_N \tag{3-117}$$

式中：F —— 作用在挡板上的液流力；

p_N —— 喷嘴孔出口处的压力；

A_N —— 喷嘴孔的面积，$A_N = \frac{\pi D_N^2}{4}$；

q_N —— 通过喷嘴孔的流量，$q_N = v_N A_N$；

v_N ——喷嘴孔出口断面上的流速。

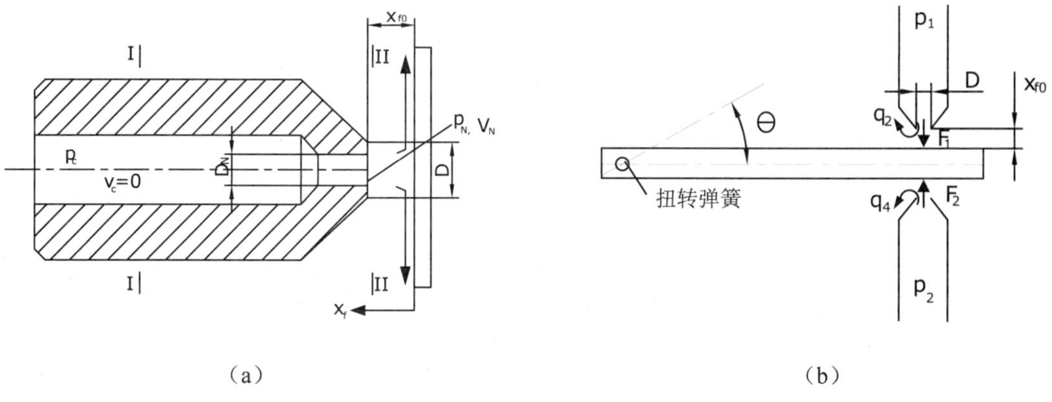

图 3-22　单喷嘴挡板阀作用在挡板上的液压力

压力 p_N 可由断面 I 和断面 II 的柏努力方程求出

$$p_N = p_c - \frac{1}{2}\rho v_N^2 \tag{3-118}$$

将上式代入式（3-117），可得出

$$F=\left(p_c-\frac{1}{2}\rho v_N^2\right)A_N \tag{3-119}$$

喷嘴孔出口断面上的流速可由下式求出

$$v_N=\frac{q_N}{A_N}=\frac{C_{df}\pi D_N\left(x_{f0}-x_f\right)\sqrt{\frac{2}{\rho}p_c}}{\pi D_N^2/4}=\frac{4C_{df}\left(x_{f0}-x_f\right)\sqrt{\frac{2}{\rho}p_c}}{D_N} \tag{3-120}$$

将上式代入式（3-119），可得出挡板所受的液流力为

$$F=p_cA_N\left[1-\frac{16C_{df}^2\left(x_{f0}-x_f\right)^2}{D_N^2}\right] \tag{3-121}$$

在喷嘴与挡板之间的间隙$\left(x_{f0}-x_f\right)$很小时，式（3-121）中括号内的第二项可以忽略，作用在挡板上的液流力就近似地等于液压力p_cA_N。

将式（3-121）对x_f求导，并在零位$\left(x_f=0, p_c=\frac{1}{2}p_s\right)$求值，可得出单喷嘴挡板阀地零位液动力刚度为

$$\left.\frac{dF}{dx_f}\right|_0=-4\pi C_{df}^2p_sx_{f0} \tag{3-122}$$

这是个负弹簧刚度，对挡板运动的稳定性不利。

双喷嘴挡板阀所受的液流力，如图3-22（b）所示。利用式（3-121）可求得每个喷嘴作用于挡板上的液流力分别为

$$F_1=p_1A_N\left[1-\frac{16C_{df}^2\left(x_{f0}-x_f\right)^2}{D_N^2}\right] \tag{3-123a}$$

$$F_2=p_2A_N\left[1-\frac{16C_{df}^2\left(x_{f0}+x_f\right)^2}{D_N^2}\right] \tag{3-123b}$$

作用在挡板上的净液流力为

$$F_1-F_2=\left(p_1-p_2\right)A_N+4\pi C_{df}^2x_{f0}^2\times\left(p_1-p_2\right)+4\pi C_{df}^2x_f^2\left(p_1-p_2\right)-8\pi C_{df}^2x_{f0}\left(p_1+p_2\right)x_f$$

由于$p_1-p_2=p_L$，并近似认为$p_1+p_2=p_s$，则上式可改写为

$$F_1-F_2=p_LA_N+4\pi C_{df}^2x_{f0}^2p_L+4\pi C_{df}^2x_f^2p_L-8\pi C_{df}^2x_{f0}p_sx_f \tag{3-124}$$

在喷嘴挡板阀的设计中，通常使$\dfrac{x_{f0}}{D_N}<\dfrac{1}{16}$，故式中第二项与第一项相比可以忽略。由于$x_f<x_{f0}$，因此式中第三项也可以忽略。式（3-124）可简化为

$$F_1-F_2=p_L A_N-8\pi C_{df}^2 x_{f0} p_s x_f \tag{3-125}$$

上式中，等号右边第一项是喷嘴孔处的静压力对挡板产生的液压力，第二项近似为射流动量变化对挡板产生的液动力。液动力刚度为$-8\pi C_{df}^2 p_s x_{f0}$，是单喷嘴挡板阀的两倍。

3.9.4 喷嘴挡板阀的设计

喷嘴挡板阀的主要结构参数是喷嘴直径D_N、零位间隙x_{f0}、固定节流孔直径D_0，其次是喷嘴孔的长度l_N、固定节流孔长度l_0、喷嘴孔端面壁厚l（外圆直径D）及喷嘴前端的锥角α等。

1. 喷嘴孔直径 D_N

喷嘴孔直径可根据系统要求的零位流量增益确定，由式（3-114）可得出

$$D_N=\frac{K_{q0}}{C_{df}\pi\sqrt{p_s/\rho}} \tag{3-126}$$

2. 喷嘴挡板的零位间隙 x_{f0}

x_{f0}可以这样确定：使喷嘴孔面积比喷嘴与挡板间的环形节流面积充分大，以保证环形节流面积是可控的节流孔，避免产生流量饱和现象。通常取

$$\pi D_N x_{f0}\le\frac{1}{4}\frac{\pi D_N^2}{4} \tag{3-127}$$

简化后，可得出

$$x_{f0}\le\frac{D_N}{16} \tag{3-128}$$

为了提高压力灵敏度和减少零位泄漏流量，x_{f0}应取得小一些。但x_{f0}过小，对油中污物敏感，容易堵塞。x_{f0}一般可在 0.025~0.125mm 选取。

3. 固定节流孔直径 D_0

当D_N和x_{f0}确定后，流量系数C_{d0}、C_{df}已知时，可由式（3-98）求得固定节流孔直径D_0。

即

$$D_0=2\left(\frac{C_{df}}{C_{d0}}D_N x_{f0}\right)^{\frac{1}{2}}\left[\left(\frac{p_{c0}}{p_s}\right)^{-1}-1\right]^{-\frac{1}{4}} \tag{3-129}$$

当取$\dfrac{p_{c0}}{p_s}=\dfrac{1}{2}$时，则得出

$$D_0 = 2\left(\frac{C_{df}}{C_{d0}} D_N x_{f0}\right)^{\frac{1}{2}} \tag{3-130}$$

若取 $\dfrac{C_{df}}{C_{d0}} = 0.8$，$\dfrac{x_{f0}}{D_N} = \dfrac{1}{16}$，可得出

$$D_0 = 0.44 D_N \tag{3-131}$$

4. 其他参数

工程中都采用锐边喷嘴挡板阀，可以减小油温变化对流量系数的影响，并可以减小作用在挡板上的液压力，且容易计算。实验证明，当喷嘴孔端面壁厚与零位间隙之比 $l/x_{f0} < 2$ 时，可变节流口可以认为是锐边的。此时节流口出流情况比较稳定，流量系数 C_{df} 为 0.6。喷嘴前端的斜角 α 应大于 $30°$，此时它对流量系数无显著影响。喷嘴孔长度 l_N 一般等于其直径 D_N。

固定节流孔的长度与其直径之比 $l_0/D_0 \leqslant 3$，属于短孔且具有少量长孔成分，其流量系数 C_{d0} 一般为 0.8～0.9。在初步设计时，可取 $C_{df}/C_{d0} = 0.8$。

3.10 滑阀的输出功率及效率

在液压控制系统中，滑阀经常作为功率放大元件使用，从经济指标出发应该研究其输出功率和效率，但在伺服系统中，效率问题相对来说是次要的，特别是在中、小功率的伺服系统中。因为在伺服系统中，效率是随负载变化而变化的，而负载并非恒定，所以系统效率不可能经常保持在最高值。另外，作为控制系统，系统的稳定性、响应速度和精度等指标往往比效率更重要。为了保证这些指标，经常不得不牺牲一部分效率指标。

下面讲解零开口四边滑阀的输出功率和效率问题。假设液压泵的供油压力为 p_s，供油流量为 q_s，阀的负载压力为 p_L，负载流量为 q_L，则阀的输出功率（负载功率）为

$$N_L = p_L q_L = p_L C_d \omega x_V \sqrt{\frac{1}{\rho}(p_s - p_L)} \tag{3-132}$$

由式（3-132）可知，当 $p_L = 0$ 时，$N_L = 0$，$p_L = p_s$ 时，$N_L = 0$。通过 $\dfrac{dN_L}{dP_L} = 0$，可求得输出功率为最大值时的 p_L 值为

$$p_L = \frac{2}{3} p_s$$

阀在最大开度 x_{Vm} 和负载压力 $p_L = \dfrac{2}{3} p_s$ 时，输出最大功率为

$$N_{Lm} = \frac{2}{3\sqrt{3}} C_d \omega x_{Vm} \sqrt{\frac{1}{\rho} p_s^3} \tag{3-133}$$

液压控制系统的效率与液压能源的形式及管路损失有关。下面的分析是忽略管路的压力损失，因此液压泵的供油压力 p_s 也就是阀的供油压力。

$$N_L = C_d \omega x_{Vm} \sqrt{\frac{p_s}{\rho}} p_s \frac{p_L}{p_s} \sqrt{1 - \frac{p_L}{p_s}}$$

$$\frac{N_L}{C_d \omega x_{Vm} p_s \sqrt{p_s / \rho}} = \frac{p_L}{p_s} \sqrt{1 - \frac{p_L}{p_s}}$$

令 bN=$\dfrac{N_L}{C_d \omega x_V p_s \sqrt{p_s / \rho}}$，bp=$\dfrac{p_L}{p_s}$，编制程序，MATLAB 程序的源代码如下：

```
fplot('x*sqrt(1-x)',[0 1 0 0.4],'black-')
 hold on
 x=2/3*ones(1,6)
 y=0:0.3:1.5
 hold on
 plot(x,y,'black--')
 hold off
 grid on
 xlabel('p_L/p_s')
 ylabel('N_L/N_0 ')
```

其无因次曲线如图 3-23 所示。

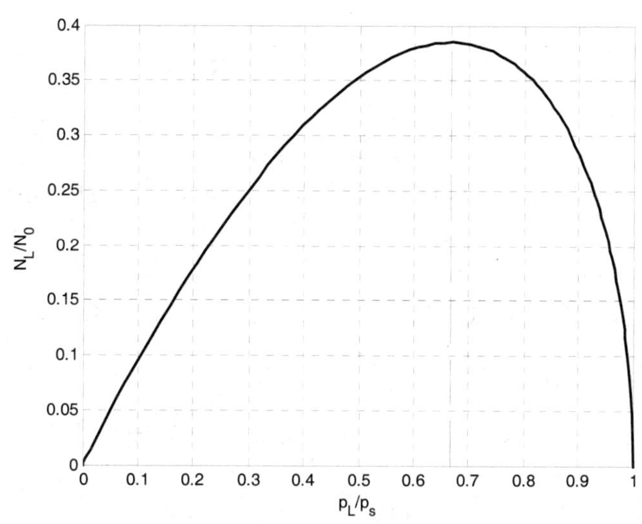

图 3-23　负载功率随负载压力变化曲线

采用变量泵供油时，由于变量泵可自动调节其供油流量 q_s 来满足负载流量 q_L 的要求，因此 $q_s = q_L$。阀在最大输出功率时的最高效率为

$$\eta = \frac{(p_L q_L)_{\max}}{p_s q_s} = \frac{\frac{2}{3} p_s q_s}{p_s q_s} = \frac{2}{3} = 0.667 \tag{3-134}$$

采用变量泵供油时，因为不存在供油流量损失，因此这个效率也是滑阀本身所能达到的最高效率。

当采用定量泵加溢流阀作液压能源时，定量泵的供油流量应等于或大于阀的最大负载流量 $q_{L\max}$（即阀的最大空载流量 q_{om}）。阀在最大输出功率时的系统最高效率为

$$\eta = \frac{(p_L q_L)_{\max}}{p_s q_s} = \frac{\frac{2}{3} p_s C_d x_{Vm} \sqrt{\frac{1}{\rho}\left(p_s - \frac{2}{3} p_s\right)}}{p_s C_d W x_{Vm} \sqrt{p_s / \rho}} = 0.385 \tag{3-135}$$

在这个效率中，除了滑阀本身的节流损失外，还包括溢流阀的溢流损失，即供油流量损失，因此是整个液压控制系统的效率。这种系统的效率是很低的，但由于其结构简单、成本低、维护方便，特别是在中、小功率的系统中，仍然获得广泛应用。

上述分析结果表明，在 $p_L = \frac{2}{3} p_s$ 时，整个液压控制系统的效率最高，同时阀的输出功率也最大，故通常取 $p_L = \frac{2}{3} p_s$ 作为阀的设计负载压力。限制 p_L 值的另一个原因是在 $p_L \leqslant \frac{2}{3} p_s$ 的范围内，阀的流量增益和流量-压力系数的变化也不大。因为流量增益降低和流量-压力系数增大会影响系统的性能，所以一般都是将 p_L 限制在 $\frac{2}{3} p_s$ 的范围内。

3.11 滑阀的设计

滑阀设计的主要内容包括结构形式的选择和基本参数的确定。在设计时，首先考虑满足负载和执行元件对滑阀提出的稳态特性要求，以及对伺服系统动态特性的影响。同时也要使滑阀结构简单、工艺性好、驱动力小及工作可靠等。

3.11.1 滑阀的选择

1. 滑阀工作边数的选择

滑阀工作边数（或通路边数）的选择要考虑液压执行元件的形式。双边滑阀只能控制差动液压缸，而四边滑阀可以控制双作用液压缸和液压马达。从性能上看，四边滑阀优于双边滑，两者的零位流量增益是一样的，但双边阀的压力增益只有四边阀的一半。从结构工艺上看，双边阀优于四边阀。通常，双边滑阀多用于机液伺服系统，而四边滑阀多用于电液伺服系统。

2. 节流窗口形状的选择

节流窗口的形状一般是根据系统要求的流量增益特性来选择的。在大多数情况下，希望

采用矩形窗口以获得线性的流量增益。圆孔形窗口加工虽然简单，但其流量增益特性是非线性的，只在一些要求不高的场合使用。

3. 预开口形式的选择

零开口阀（矩形窗口）具有线性的流量增益特性，压力增益高，零位泄漏量小，因此得到广泛应用。正开口阀（指部分正开口）由于流量增益是非线性的，压力增益低，零位泄漏流量大，因此只在一些特殊的情况下使用。因负开口阀在零位附近具有死区特性，故而很少采用。

4. 阀芯凸肩数的选择

二通阀可采用两个凸肩，三通阀可采用两个或三个凸肩，四通阀可采用三个或四个凸肩。凸肩数与阀的通路数、工作边的布置、供油密封及回油密封等有关。

3.11.2 主要参数的确定

根据负载的工作要求可以确定阀的额定流量和供油压力。通常，阀的额定流量是指阀的最大空载流量。即

$$q_e = q_{0m} = C_d A_{V\max} \sqrt{\frac{p_s}{\rho}}$$

阀的最大开口面积为

$$A_{V\max} = \frac{q_{0m}}{C_d \sqrt{p_s / \rho}}$$

在供油压力 p_s 一定时，阀的规格也可以用最大开口面积 $A_{V\max}$ 表示。对矩形阀口，$A_{V\max} = \omega x_{V\max}$。在 $A_{V\max}$ 一定时，可以有 ω 和 $x_{V\max}$ 的不同组合，而 ω 和 $x_{V\max}$ 对阀的参数和性能都有影响，如何正确选择它们的大小是非常重要的。

1. 面积梯度 ω

在供油压力 一定时，因为面积梯度 的大小决定了阀的零位流量增益，故 ω 的值影响着液压控制系统的稳定性等。一般来说，阀的流量增益必须与系统中其他元件的增益相配合，以得到所需要的开环增益。阀的流量增益确定后， 的数值也就确定了。

在机-液伺服系统中，改变 ω 是调节系统开环增益的主要方法，有时也是唯一的方法（单位反馈系统）。在电液伺服系统中，因为调整电子放大器的增益可以很方便地改变回路增益，所以阀流量或面积梯度的确定就不是十分重要了，而阀芯的最大位移 $x_{V\max}$ 往往要受电磁操作元件输出位移的限制，$x_{V\max}$ 的选择就显得更为重要。

2. 阀芯最大位移 $x_{V\max}$

通常希望适当降低 ω 以增加 $x_{V\max}$ 值，这样可以提高阀的抗污染能力，减少出现堵塞现象；同时可以避免在小开口时因堵塞而造成的流量增益下降，可以降低阀芯轴向尺寸加工公差的要

求。但是$x_{V\max}$较大时，要受电磁操纵元件输出位移和输出力的限制。在机-液伺服系统中，由于操纵机构的输出力和输出位移较大，可以有较大的$x_{V\max}$值。

3. 阀芯直径d

为了保证阀芯有足够的刚度，应使阀芯颈部直径d_r不小于$0.5d$。另外，为了确保节流窗口为可控的节流口以避免流量饱和现象，阀腔通道内的流速不应过大。因此，应使阀腔通道的面积为控制窗口最大面积的4倍以上，即

$$\frac{\pi}{4}\left(d^2-d_r^2\right)>4\omega x_{V\max}$$

将$d_r=\frac{1}{2}d$代入上式，经整理后得出

$$\frac{3}{64}\pi d^2>\omega x_{V\max}$$

对于全周开口滑阀，$\omega=\pi d$，代入上式得出

$$\frac{\omega}{x_{V\max}}>67$$

这是全周开口滑阀不产生流量饱和的条件。若此条件不满足，则不能采用全周开口滑阀，应加大阀芯直径d，然后采用非全周开口滑阀结构，通常是在阀套上对称地开两个或四个矩形窗口。

滑阀的其他尺寸，如阀芯长度L、凸肩宽度b、阻尼长度L_1+L_2等与阀芯直径d之间有一定的经验比例关系。例如，$L=(4\sim7)d$、阻尼长度$L_1+L_2\approx 2d$、两端密封凸肩宽度约为$0.7d$；中间凸肩宽度可小于$0.7d$，因为它不起密封作用。

3.12 习　　题

1. 为什么说液压控制阀是液压控制系统中重要的控制元件？
2. 常用的液压控制阀分为哪几种，它们具有哪些特点？
3. 试简述圆柱滑阀的分类。
4. 什么叫液压控制阀？它的主要作用是什么？
5. 什么叫理想的阀、理想的流体及理想的能源压力？
6. 阀的稳态特性是研究哪些物理量之间的数学关系，它描述了阀本身的什么性质？
7. 当能源压力ps为一定的条件下，通常希望阀工作在哪个区域，为什么？
8. 试简述流量增益、流量-压力系数、压力增益的物理意义，它们分别对液压控制系统的控制性能有哪些影响？
9. 阀系数的大小与哪些因素有关？为什么采用零位阀系数分析与设计液压控制系统？

10. 稳态液动力、瞬态液动力分别是由什么产生的？它们在液压控制系统中相当于什么力？

11. 什么叫阻尼长度？什么叫正阻尼长度？什么叫负阻尼长度？如何确定瞬态液动力的作用力方向？设计液压阀的基本原则是什么？

12. 与零开口阀相比，正开口阀有哪些特点？

13. 与四通阀相比，三通阀有哪些特点？

14. 与滑阀相比，喷嘴挡板阀有哪些特点？

15. 为什么三通阀只能控制两边有效满级不等的液压缸？用三通阀控制不对称液压缸时，不对称液压缸的设计原则什么？

第 4 章　液压动力机构

导言

本章主要介绍液压动力机构（包括四通阀控液压缸、四通阀控液压马达、三通阀控液压缸、泵控液压马达等，讨论动力机构的基本方程、传递函数频率特性及其主要性能分析。本章要求读者熟练掌握动力机构基本方程、系统 Simulink 模型图的绘制、传递函数的推导及其频率特性的分析；熟悉动力机构参数对性能参数的影响、负载折算及其负载最佳匹配、阀控系统的无干扰传递函数模型等。

由液压放大元件和执行元件组成直接控制负载的液压拖动装置，称为液压动力元件或液压动力结构。

拖动负载的执行元件有直线运动式的液压缸和旋转运动式的液压马达两种。摆动液压缸虽作周向运动，但它仅作有限角度（小于一周）的往复摆动，实质上和作直线运动的液压缸的动作相同。控制元件是液压控制阀或伺服变量泵。

根据动力机构所用控制元件的不同，分为泵控动力机构和阀控动力机构两种控制方式。

泵控动力机构又称容积控制机构，有泵控液压缸和泵控液压马达两种方式，是靠改变伺服变量泵的排量来控制输入到执行元件的流量，以改变执行元件的输出速度。在泵控系统中，工作压力取决于外负载。

阀控动力机构又称节流控制动力机构，有阀控液压缸和阀控液压马达两种方式，是靠伺服阀控制从液压源输入到执行元件的流量，来控制执行元件的输出速度。在阀控系统中，油源压力通常都是恒定的。

在液压伺服系统中，动力机构是动态元件。动力机构的动态特性，很大程度上决定着整个液压伺服系统的性能。本章的主要任务是结合 MATLAB 分析动力机构的静态特性，以及分析其动态特性、传递函数和主要性能参数。

4.1　液压动力机构与负载的匹配

液压动力机构是拖动负载的装置，根据负载的要求来选择液压动力机构的参数，称为液压动力机构与负载的匹配。

液压动力机构的主要参数是伺服阀的流量、液压能源的压力和液压缸的有效面积（或液压马达的排量），对泵控系统则是泵和马达的排量。这些参数选择的合理与否，不仅涉及能源利用率（效率），还极大地影响了系统的动、静态品质。因此，液压动力与负载的匹配是液压伺服系统设计中的重要问题。

一般来说，无论是阀控还是泵控动力机构，只要动力机构的静特性曲线能够包围负载轨迹，就能完成拖动负载的任务，但是它们的匹配不一定是最佳的。最佳的匹配是选择的参数使动力机构不仅满足系统的需要，而且还能使某项指标最佳（如耗能最小）。

讨论动力机构与负载匹配时，应先知道负载特性。负载特性是负载运动时所需的力（力矩）与负载本身的位置、速度、加速度之间的关系，可用图像的形式，也可用分析的形式来描述，通常用力（力矩）—— 速度图来表示，相应的变化曲线就是负载轨迹。负载图像与负载类型、负载本身的运动形式有关。当采用频率法分析时，可以认为负载是做正弦运动。

4.1.1　负载的类型及特性

1. 惯性负载 F

$$F = m\frac{d^2x_p}{dt^2} = m\frac{dv}{dt} \tag{4-1}$$

式中：m—— 负载质量，Kg;

xp—— 负载位移，m;

假设负载作简谐运动，其运动速度方程为

$$v = v_m \sin \omega t \tag{4-2}$$

则运动速度和力方程分别为

$$v = v_m \sin \omega t \tag{4-3a}$$

$$F = m\frac{d^2x_p}{dt^2} = m\frac{dv}{dt} = mv_m \omega \cos \omega t \tag{4-3b}$$

$$F_{\max} = mv_m \omega \tag{4-3c}$$

式中：ω—— 振动角频率；

v_m—— 负载运动最大速度。

由式（4-3）可得出

$$(\frac{v}{v_m})^2 + (\frac{F}{m\omega\, v_m})^2 = 1 \tag{4-4}$$

由上式可知惯性负载为正椭圆曲线，当 $v_m = 0.025m/s, m = 8kg, \omega = 0.628rad/s$ 时，编制 MATLAB 程序如下：

```
t=0:0.01:10;
v=0.025*sin(0.628*t);
f=8*0.025*cos(0.628*t);
plot(f,v)
```

```
grid
xlabel('F/N')
ylabel('v m/s')
```

运行上述程序后，得到如图 4-1 所示的曲线。

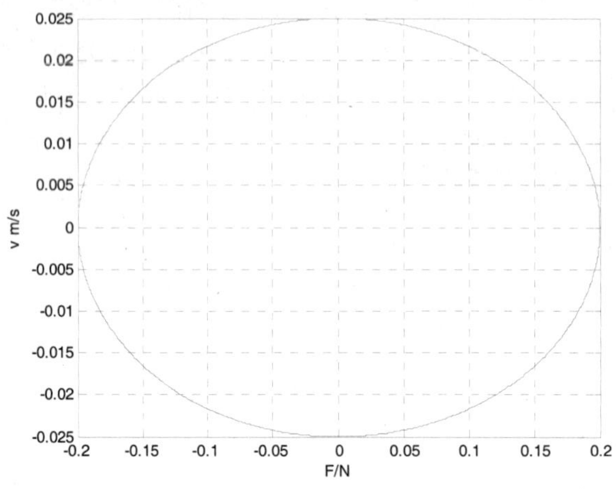

图 4-1　惯性负载轨迹

2. 惯性负载与黏性负载合成的负载轨迹

在实际系统中，负载往往是很复杂的，可能由许多典型负载耦合而成。这里以惯性负载与黏性负载的合成为例进行说明。

设质量运动方程为

$$v = v_m \sin \omega t \tag{4-5}$$

加速度为

$$\frac{dv}{dt} = v_m \omega \cos \omega t \tag{4-6}$$

负载的力方程为

$$F - Bv = mv_m \omega \cos \omega t \tag{4-7}$$

由式 4-5 和式 4-6 得到

$$(\frac{v}{v_m})^2 + (\frac{F - Bv}{mv_m \omega})^2 = 1 \tag{4-8}$$

由上式可知惯性与黏性负载合成的负载轨迹方程为斜椭圆轨迹，当 $B = 8N/(m/s)$，$\omega = 0.628, m = 8kg, \omega = 0.628rad/s, v_m = 0.025, 0.05, 0.025m/s$ 时，在 MATLAB 中编制程序如下：

```
subplot(121)
t=0:0.01:40;
v1=0.05*sin(0.157*t);
```

```
v2=0.05*sin(0.314*t);
v3=0.05*sin(0.628*t);
f1=8*0.05*0.157*cos(0.157*t)+8*0.05*sin(0.157*t);
f2=8*0.05*0.314*cos(0.314*t)+8*0.05*sin(0.314*t);
f3=8*0.05*0.628*cos(0.628*t)+8*0.05*sin(0.628*t);
plot(f1,v1,f2,v2,f3,v3)
grid
title('相同速度幅值不同频率时的负载轨迹')
xlabel('F(N)')
ylabel('v(m/s)')
gtext('\omega=0.628')
gtext('\omega=0.314')
gtext('\omega=0.157')
subplot(122)
t=0:0.01:40;
v1=0.1*sin(0.628*t);
v2=0.05*sin(0.628*t);
v3=0.025*sin(0.628*t);
f1=8*0.1*0.628*cos(0.628*t)+8*0.1*sin(0.628*t);
f2=8*0.05*0.628*cos(0.628*t)+8*0.05*sin(0.628*t);
f3=8*0.025*0.628*cos(0.628*t)+8*0.05*sin(0.628*t);
plot(f1,v1,f2,v2,f3,v3)
grid
title('不同速度幅值相同频率时的负载轨迹')
xlabel('F(N)')
ylabel('v(m/s)')
gtext('v_m=0.1')
gtext('v_m=0.05')
gtext('v_m=0.025')
```

运行上述程序后，得到的负载轨迹如图 4-2 所示。

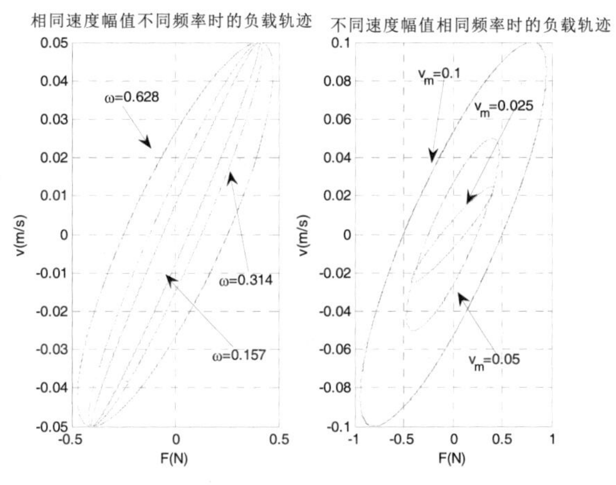

图 4-2　惯性负载与黏性负载合成的负载轨迹

3. 弹性负载特性

弹性负载力为

$$F_p = Kx \tag{4-9}$$

假设 $x = x_0 \sin \omega t$，则负载轨迹方程为

$$\dot{x} = x_0 \omega \cos \omega t \tag{4-10}$$

$$F_p = Kx_0 \sin \omega t \tag{4-11}$$

或写成

$$\left(\frac{F_p}{Kx_0}\right)^2 + \left(\frac{\dot{x}}{x_0 \omega}\right)^2 = 1 \tag{4-12}$$

```
k=1000;w=0.628;x0=10;
t=0:0.01:10;
v=x0*w*sin(w*t);
f=k*x0*cos(w*t);
plot(f,v,'k')
grid
xlabel('F/N')
ylabel('v m/s')
```

弹性负载轨迹也是一个正椭圆，如图 4-3 所示。其中最大负载力 $F_{p\max} = Kx_0$ 与 ω 无关，而最大负载速度 $\dot{x}_{\max} = x_0\omega$ 与 ω 成正比，故 ω 增加时椭圆横轴不变，纵轴与 ω 成比例增加。因为弹簧变形速度减小时弹簧力增大，所以负载轨迹上的点是顺时针变化的。

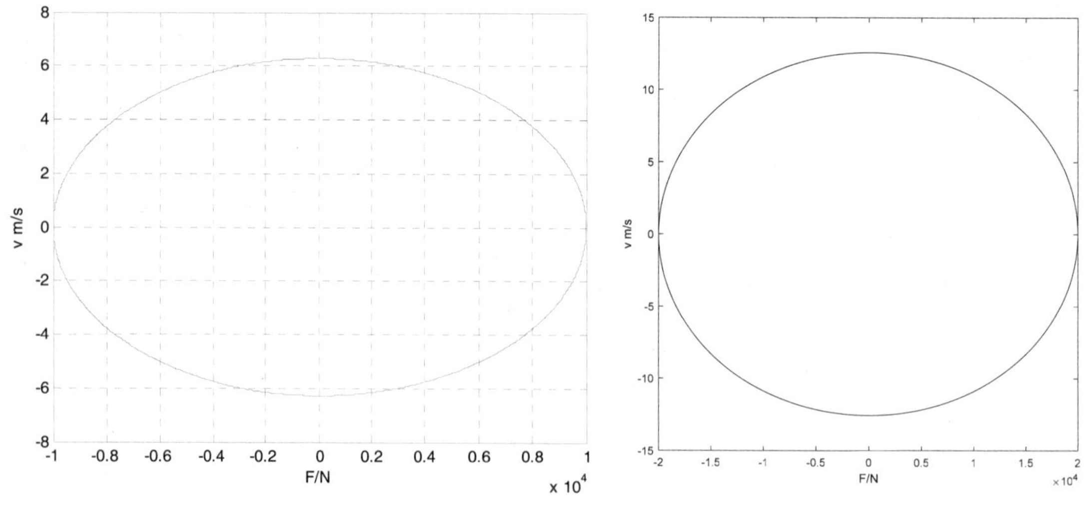

图 4-3　弹性负载轨迹

4. 摩擦负载特性

摩擦力包括静摩擦力和动摩擦力。静摩擦力与动摩擦力之和构成干摩擦力。当静摩擦力与动摩擦力近似相等时的干摩擦力称为库仑摩擦力。

5. 合成负载特性

实际系统的负载常常是上述若干负载的组合，如惯性负载、黏性阻尼负载与弹性负载组合。此时负载力为

$$F_t = m\ddot{x} + B\dot{x} + Kx \tag{4-13}$$

若负载位移 $x = x_0 \sin \omega t$，则负载轨迹方程为

$$\dot{x} = x_0 \omega \cos \omega t \tag{4-14}$$

$$F_t = \left(K - m\omega^2\right) x_0 \sin \omega t + Bx_0 \omega \cos \omega t \tag{4-15}$$

对上述两式编制的 MATLAB 程序如下：

```
k=1000;w=0.628;x0=10;m=10;B=0.01
t=0:0.01:10;
v=x0*w*cos(w*t);
A=atan(B*w/(k-m*w*w))
f=x0*sqrt((k-m*w^2)^2+B^2*w^2)*sin(w*t+A)
% f=(k-m*w^2)*x0*sin(w*t)+B*x0*w*cos(w*t);
plot(f,v,'k')
grid
xlabel('F/N')
ylabel('v m/s')
```

运行上述程序后，得到的负载轨迹如图 4-4 所示。

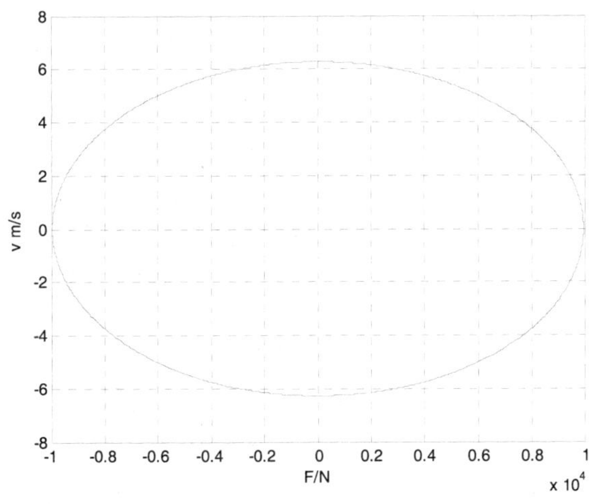

图 4-4　惯性、黏性阻尼和弹性组合负载轨迹

对惯性负载、弹性负载、黏性阻尼负载或由它们组合的负载，随频率增加负载轨迹加大，在设计中应考虑最大工作频率时的负载轨迹。

当存在外干扰力或负载运动规律不是正弦形式时，负载轨迹就复杂了，有时只能知道部分工况点的情况。在负载轨迹上，对设计有用的工况点是：最大功率、最大速度和最大负载力工况。一般对功率的要求很难满足，因此也是非常重要的要求。

4.1.2 等效负载的计算

液压执行元件有时通过机械传动装置与负载相联，如齿轮传动装置、滚珠丝杠等。为了分析计算方便，需要将负载惯性、负载阻尼、负载刚度等折算到液压执行元件的输出端，或者将液压执行元件的惯量、阻尼等折算到负载端。如果还要考虑结构柔度的影响，其负载模型就为二自由度或多自由度系统。

图 4-5（a）所示为液压马达负载原理图。图中用惯量为J_m的液压马达驱动惯量为J_L的负载，两者之间的齿轮传动比为n，轴 1（液压马达轴）的刚度为K_{s1}，轴 2（负载轴）的刚度为K_{s2}。假设齿轮是绝对刚性的，则齿轮的惯量和游隙为零。

图 4-5（a）所示的系统可简化成图 4-5（c）所示的等效系统。其方法如下：

第一步简化是将挠性轴 2 换成绝对刚性轴，并用改变轴 1 的刚度来等效原系统，如图 4-5（b）所示。在图 4-5（a）中，首先把惯量J_L刚性地固定起来，并对惯量J_m施加一个力矩T_m，由此，在大齿轮 2 上产生一个偏转角nT_m/K_{s2}。在力矩T_m作用下轴 1 转过角度为T_m/K_{s1}。则惯量J_m的总偏转角为$T_m\left(\frac{1}{K_{s1}}+\frac{n^2}{K_{s2}}\right)$。由此得出，对轴 1 系统的等效刚度为$K_{se}$，则

$$\frac{1}{K_{se}}=\frac{1}{K_{s1}}+\frac{n^2}{K_{s2}} \tag{4-16}$$

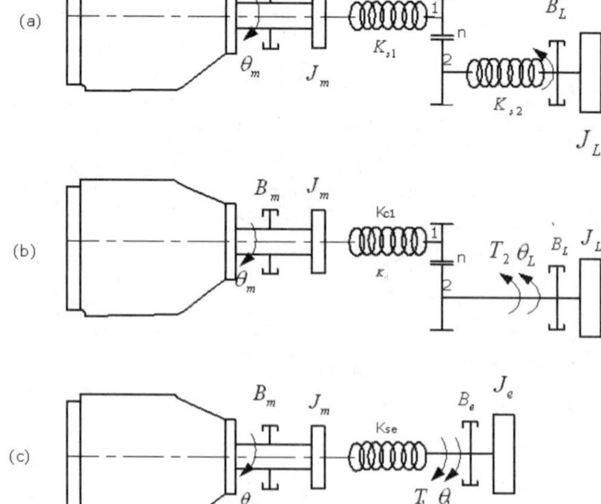

图 4-5　负载的简化模型

由于刚度的倒数为柔度，因此系统的总柔度等于轴 1 的柔度加轴 2 的柔度与传动比的平方的乘积。

第二步简化是将轴 2 上的负载惯量J_L和黏性阻尼系数B_L折算到轴 1 上。假设J_L折算到轴 1 上的等效惯量为J_e，B_L折算到轴 1 上的等效黏性阻尼系数为B_e，由图 4-5（c）和图 4-5（b）根据牛顿第二定律，可写出以下两个方程。

$$T_1 = J_e\ddot{\theta}_1 + B_e\dot{\theta}_1 \tag{4-17}$$

$$T_2 = J_L\ddot{\theta}_L + B_L\dot{\theta}_L \tag{4-18}$$

式中：T_1—— 液压马达作用在轴 1 上的力矩；

T_2—— 齿轮 1 作用在轴 2 上的力矩；

θ_1—— 轴 1 的转角；

θ_2—— 轴 2 的转角。

考虑到$T_2 = nT_1$，$\theta_1 = n\theta_L$，由式（4-18）得到：

$$T_1 = \frac{J_L}{n^2}\ddot{\theta}_1 + \frac{B_L}{n^2}\dot{\theta}_1 \tag{4-19}$$

将式（4-17）与（4-19）进行比较，可得出

$$J_e = \frac{J_L}{n^2} \tag{4-20}$$

$$B_e = \frac{B_L}{n^2} \tag{4-21}$$

根据以上分析可得出：将系统一部分惯量、黏性阻尼系数和刚度折算到转数高i倍的另一部分时，只需将它们除以i^2即可。相反地，将惯量、黏性阻尼系数和刚度折算到转数低i倍的另一部分时，只需乘以i^2即可。

机床液压驱动系统原理如图 4-6（a）所示。假设工作台运动部分的质量为 m，导轨黏性系数为 Be，马达轴与丝杠间的传动比为 n，丝杠的螺距为 L，工作台的运动速度为 v，马达转轴的角速度为ω_m，根据动能不变的原理，可将机床工作台的质量、丝杠的刚度折算到马达轴上。

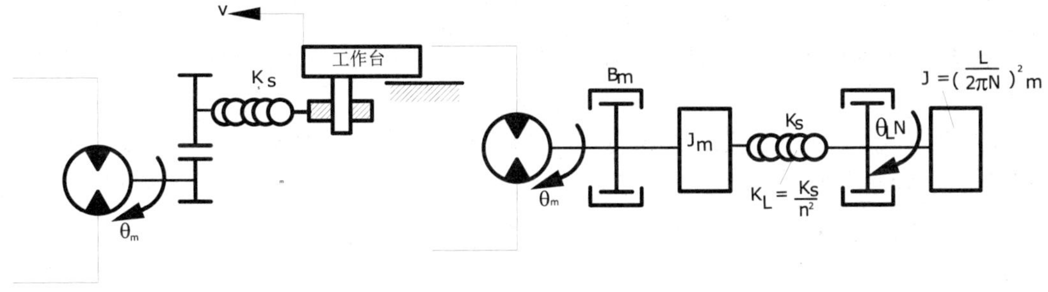

（a）机床液压驱动系统原理图　　（b）折算到马达轴上的等效负载模型

图 4-6　机床液压驱动系统的负载折算

即有
$$\frac{J_m\omega^2{}_m}{2}+\frac{mv^2}{2}=\frac{J_m\omega^2{}_m}{2}+\frac{J_L\omega^2{}_m}{2}$$

则有
$$mv^2=J_L\omega^2{}_m$$

由于$v=\dfrac{\omega_m L}{2\pi n}$，可得出：
$$J_L=(\frac{L}{2\pi n})^2 m$$

根据形变能不变的原则，可得折算到马达轴上的刚度为

$$K_L=\frac{K_s}{n^2}$$

根据阻尼能不变的原则，可得

$$B_e vs=B_L\omega_m\theta_m$$

式中：θ_m—— 马达转动的转角；

s—— 导轨移动的距离。

其中导轨移动的距离 s 与马达转动的转角θ_m、导轨移动速度 v 与马达转动的角速度ω_m之间的关系为

$$\frac{v}{\omega_m}=\frac{L}{2\pi n}\text{，}\frac{s}{\theta_m}=\frac{L}{2\pi n}$$

则由导轨处的黏性系数 Be 折算到马达轴上的黏性系数 BL 为：

$$B_L=\frac{B_e vs}{\omega_m\theta_m}=(\frac{L}{2\pi n})^2 B_e$$

4.1.3 液压动力元件的输出特性

根据伺服阀的稳态特性方程，经坐标变换，即取横坐标为$F=Ap_L$，纵坐标为$v=\dfrac{Q_L}{A}$，所绘出的稳态特性曲线为动力机构稳态时的输出特性，如图 4-7 所示。

（1）提高供油压力，使整个抛物线右移，输出功率增大，如图 4-7（a）所示。

（2）增大阀的最大开口面积，使抛物线变宽，顶点不动，输出功率增大，如图 4-7（b）所示。

（3）增大液压缸活塞面积，使抛物线顶点右移，同时使抛物线变窄，最大输出功率比不变，如图 4-7（c）所示。

这样可以调整p_s、$\omega x_{V\max}$、A_p三个参数，使之与负载匹配。

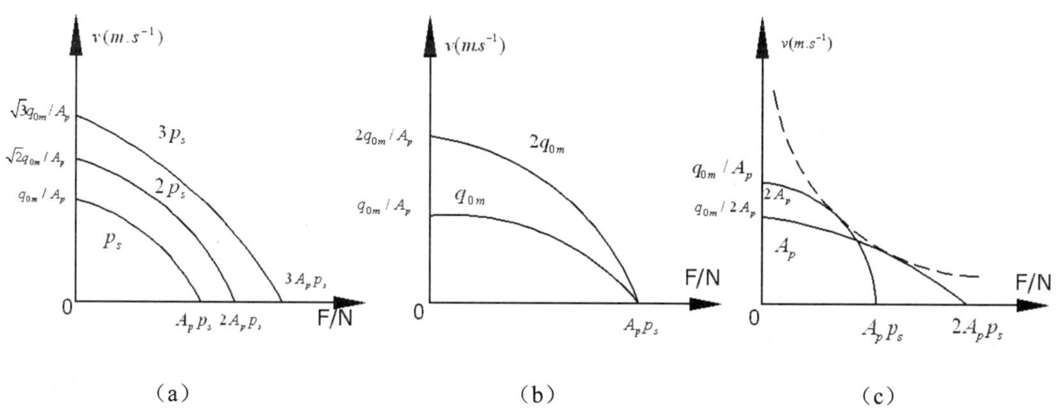

图 4-7　液压动力元件输出特性的变化

4.1.4　动力机构与负载匹配

1. 阀控液压缸动力机构与负载的匹配

以四通阀控双作用液压缸动力机构与质量＋黏性负载为例说明它们之间的匹配关系。

式（4-8），经整理可写成

$$(\frac{v}{v_m})^2+(\frac{F-Bv}{Mv_m\omega})^2=1 \tag{4-22}$$

如果负载轨迹已经确定，为了达到动力机构输出弹性与负载匹配，应该设置动力机构的参数来调整其输出特性。以阀控液压缸而言，动力机构输出特性（静特性）为

$$q_L=h\sqrt{p_s-p_L} \tag{4-23}$$

$$h=C_d\omega x_{\max}\sqrt{\frac{1}{\rho}}$$

式中：$x_{\max}$ —— 阀芯最大开口量

故其功率方程为

$$P_{阀}=q_Lp_L=hp_L\sqrt{p_s-p_L}$$

对上式两边求导令其为零，可得出：

$$\frac{dP_{阀}}{p_L}=h\sqrt{p_s-p_L}-\frac{hpL}{2\sqrt{p_s-p_L}}=0$$

故最大功率点处的负载压力为

$$p_L=\frac{2}{3}p_s$$

$$q_L = h\sqrt{p_s - \frac{2}{3}p_s} = \frac{h\sqrt{p_s}}{\sqrt{3}} = \frac{q_{0m}}{\sqrt{3}} \tag{4-24}$$

若负载轨迹为正椭圆，则

$$(\frac{q_L}{C})^2 + (\frac{p_L}{B})^2 = 1$$

式中：C —— $A_p v_m$；

B —— $\frac{A_p}{F_{\max}}$。（4-25）

则
$$q_L = C\sqrt{1-(\frac{p_L}{B})^2} \tag{4-26}$$

其功率方程为

$$P_{负}=Cp_L\sqrt{1-(\frac{p_L}{B})^2}$$

对上式两边取导数并令其为零，可得出

$$\frac{dP_{负}}{dp_L}=C\sqrt{1-(\frac{p_L}{B})^2} - \frac{C(\frac{p_L}{B})^2}{\sqrt{1-(\frac{p_L}{B})^2}} = 0$$

故最大功率点的负载压力为

$$p_L = B/\sqrt{2} \tag{4-27}$$

将式（4-27）带入（4-26），可得出

$$q_L = \frac{C}{\sqrt{2}} = \frac{v_m A_p}{\sqrt{2}} \tag{4-28}$$

由式（4-27）与式（4-24）式相等可得出

$$A_p = \frac{2}{3}p_s F_{\max}\sqrt{2} \tag{4-29a}$$

由式（4-28）与式（4-26）相等可得出

$$q_{0m} = \sqrt{\frac{3}{2}}v_m A_p \tag{4-29b}$$

例如：某位置系统的负载力为$F_L = m\ddot{y}$，而$y = 2\sin 31.4t$，求动力机构的最佳匹配参数qM和Ap。这里Ps=14MPa，A_p=0.400m2。m=1kg

解：由$y = 2\sin 31.4t$得出

$$\dot{y} = 62.8\cos 31.4t \qquad \ddot{y} = -788.8\sin 31.4t$$

则
$$v_m = 62.8(m/s) \quad F_{L\max} = m\ddot{y} = 788.8(N)$$

由式（4-29a）得出
$$A_p = \frac{3\times 788.8}{2\times\sqrt{2}\times 14\times 10^6} = 59.77\times 10^{-6}(m^2)$$

由式（4-29b）得出
$$q_{0m} = \sqrt{\frac{3}{2}}\times 62.8\times 0.4 = 30.77(m^3/s)$$

2. 阀控液压马达式动力机构

若令（4-31）中的 $B = T_{\max}/V_m$，把线速度 vm 变为 $\ddot{\theta}_m = \dfrac{d^2\theta}{dt^2}$ 的模的最大值

则
$$p_L = \frac{T_{\max}}{\sqrt{2}V_m}$$

式中：$T_{\max}$—— 负载力矩的模的最大值；

V_m—— 马达排量。

则式（4-34a）和（4-34b）可以写成

$$A_p = \frac{B}{\sqrt{2}} = \frac{3T_{\max}}{2p_s\sqrt{2}} \tag{4-30a}$$

$$q_{0m} = \sqrt{\frac{3}{2}}\,\ddot{\theta}_m V_m \tag{4-30b}$$

根据负载轨迹进行负载匹配时，只要使动力元件的输出特性曲线能够包围负载轨迹，同时使输出特性曲线与负载轨迹之间地区域尽量小，便可认为液压动力元件与负载相匹配。只要输出特性曲线能够包围负载轨迹，动力元件便能够满足负载的需要。尽量减小输出特性曲线与负载轨迹之间的区域，就能减小功率损失，提高效率。如果动力元件的输出特性曲线不但包围负载轨迹，而且动力元件的最大输出功率点与负载的最大功率点相重合，就认为动力元件与负载是最佳匹配。此时，功率利用最好。

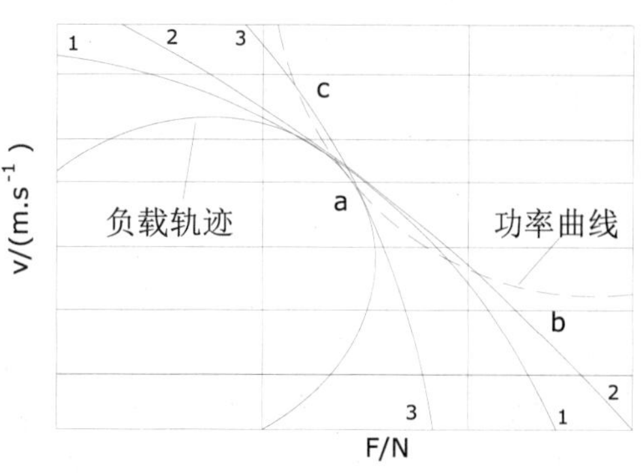

图 4-8　动力元件与负载的匹配

在图 4-8 中，输出特性曲线 1、2、3 均包围负载轨迹，都能够拖动负载。曲线 1 的最大输出功率点（a 点）与负载的最大功率点相重合，满足最佳匹配条件。曲线 2 表明，若液压缸活塞面积太大或控制阀小，则供油压力过高。该曲线的斜率小，动力元件的静态速度刚度大，线性好，响应速度快。但动力元件的最大输出功率（b 点）大于负载的最大功率（a 点），动力元件的功率没有充分利用。曲线 3 表明，若液压缸活塞面积

太小或控制阀大，则供油压力低。曲线斜率大，静态速度刚度小，线性和响应速度都差。动力元件的最大输出功率（c 点）仍大于负载的最大功率。

4.2　对称阀四通阀控对称液压缸

四通阀控制液压缸的原理图如图 4-9 所示，是由零开口四边滑阀和对称液压缸组成的，也是常用的一种液压动力元件。

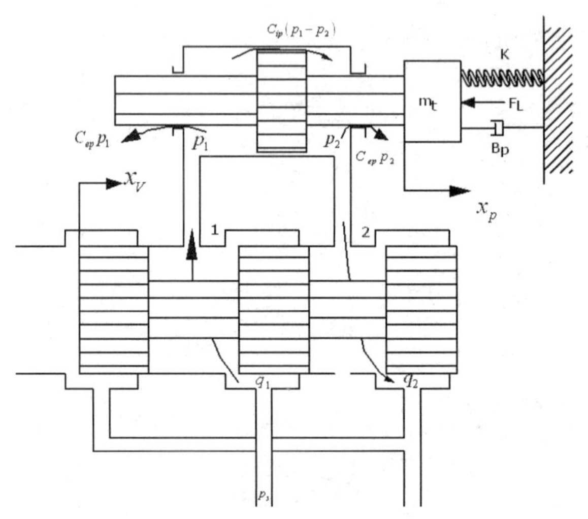

图 4-9　四通阀控制液压缸原理图

4.2.1　基本方程

为了推导液压动力元件的传递函数，首先要列出基本方程，即液压控制阀的流量方程、液压缸流量连续性方程和液压缸与负载的力平衡方程。

1. 滑阀的流量方程

假设阀是零开口四边滑阀，四个节流窗口是匹配和对称的，供油压力 p_s 恒定，回油压力 p_0 为零。

阀的线性化流量方程为

$$\Delta q_L = K_q \Delta x_V - K_c \Delta p_L$$

为了简单起见，仍用变量本身表示它们从初始条件下的变化量，则上式可写成

$$q_L = K_q x_V - K_c p_L \tag{4-31}$$

位置伺服系统动态分析经常是在零位工作条件下进行的，此时增量和变量相等。

在上一章分析阀的静态特性时，没有考虑泄漏和油液压缩性的影响。因此，对匹配和对称的零开口四边滑阀来说，两个控制通道的流量 q_1、q_2 均等于负载流量 q_L。在动态分析时，

需要考虑泄漏和油液压缩性的影响。由于液压缸外泄漏和压缩性的影响，使流入液压缸的流量 q_1 和流出液压缸的流量 q_2 不相等，即 $q_1 \neq q_2$，因此为了简化分析，定义负载流量为

$$q_L = \frac{q_1 + q_2}{2} \tag{4-32}$$

2. 液压缸流量连续性方程

假设阀与液压缸的连接管道对称且短而粗，管道中的压力损失和管道动态可以忽略；液压缸每个工作腔内各处压力相等，油温和体积弹性模量为常数；液压缸内、外泄漏均为层流流动。

流入液压缸进油腔的流量 q_1 为

$$q_1 = A_p \frac{dx_p}{dt} + C_{ip}\left(p_1 - p_2\right) + C_{ep} p_1 + \frac{V_1}{\beta_e}\frac{dp_1}{dt} \tag{4-33}$$

从液压缸回油腔流出的流量 q_2 为

$$q_2 = A_p \frac{dx_p}{dt} + C_{ip}\left(p_1 - p_2\right) - C_{ep} p_2 - \frac{V_2}{\beta_e}\frac{dp_2}{dt} \tag{4-34}$$

式中：A_p—— 液压缸活塞有效面积；

x_p—— 活塞位移；

C_{ip}—— 液压缸内泄漏系数；

C_{ep}—— 液压缸外泄漏系数；

β_e—— 有效体积弹性模量（包括油液、连接管道和缸体的机械柔度）；

V_1—— 液压缸进油腔的容积（包括阀、连接管道和进油腔）；

V_2—— 液压缸回油腔的容积（包括阀、连接管道和回油腔）。

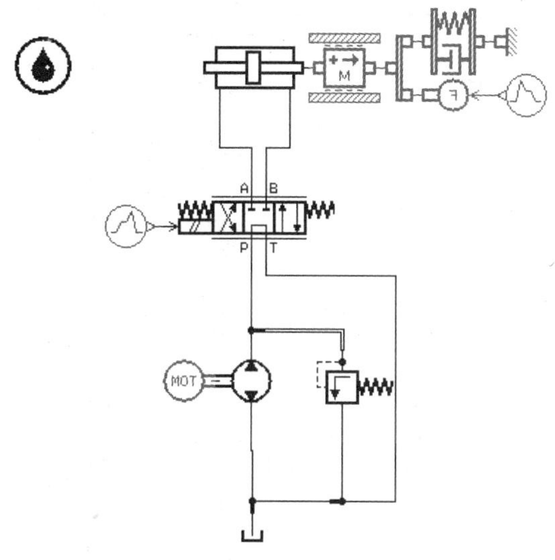

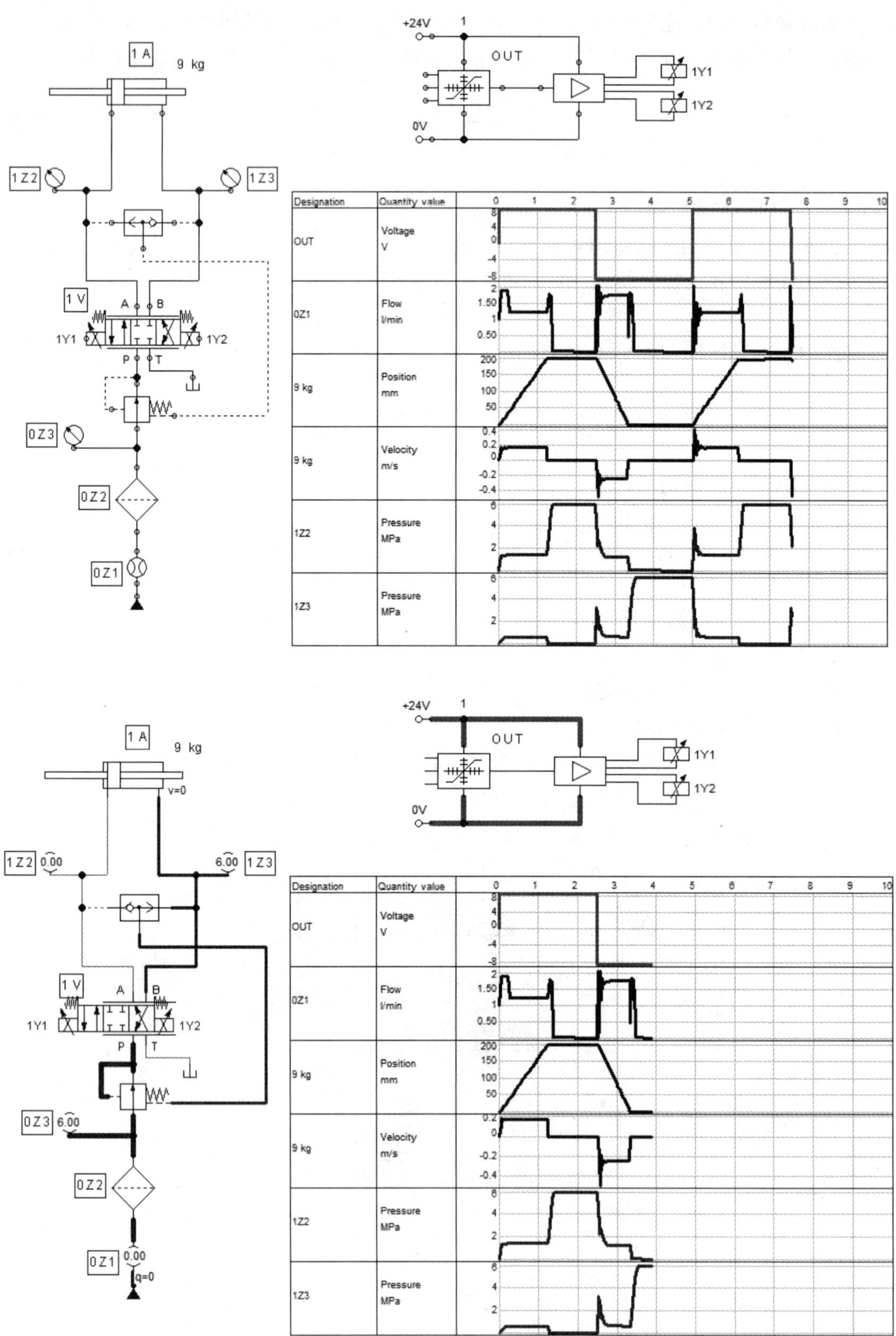
1A
9 kg
1Z2
1Z3
1V
A
B
1Y1
1Y2
P
T
0Z3
0Z2
0Z1
+24V
1
OUT
0V
Designation
Quantity value
OUT
Voltage
V
0Z1
Flow
l/min
9 kg
Position
mm
9 kg
Velocity
m/s
1Z2
Pressure
MPa
1Z3
Pressure
MPa
v=0
0.00
6.00
q=0

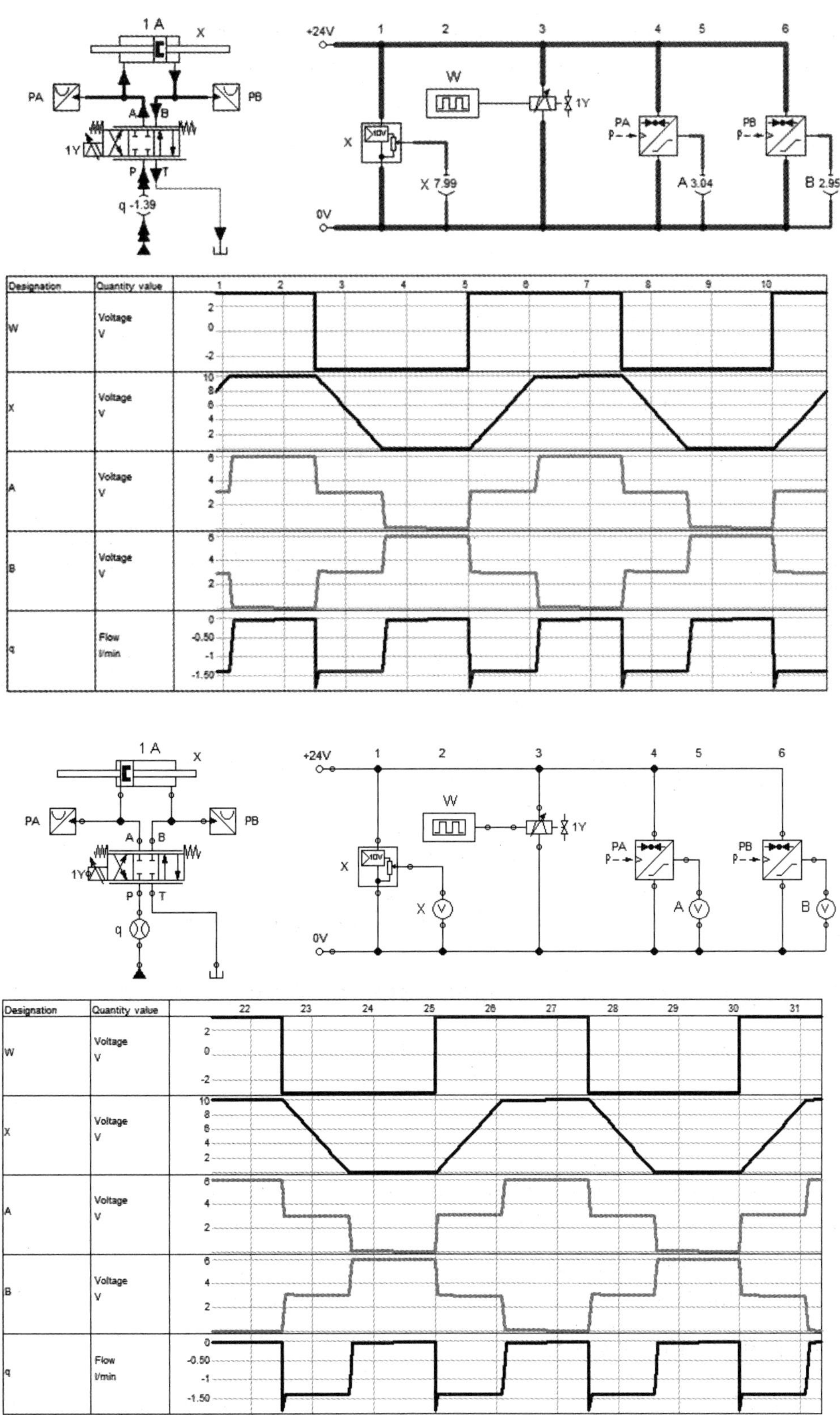
1 A
X
PA
PB
A
B
1Y
P
T
q -1.39
+24V
0V
W
X 7.99
A 3.04
B 2.95
Designation
Quantity value
Voltage
V
Flow
l/min
q
1 A
X
PA
PB
A
B
1Y
P
T
q
+24V
0V
W
Designation
Quantity value
Voltage
V
Flow
l/min

在式（4-33）和（4-34）中，等号右边第一项是推动活塞运动所需的流量，第二项是经过活塞密封的内泄漏流量，第三项是经过活塞杆密封处的外泄漏流量，第四项是油液压缩和腔体变形所需的流量。

液压缸工作腔的容积可写为

$$V_1 = V_{01} + A_p x_p \tag{4-35}$$

$$V_2 = V_{02} - A_p x_p \tag{4-36}$$

式中：V_{01}—— 进油腔的初始容积；

V_{02}—— 回油腔的初始容积。

由式（4-32）～（4-36）可得流量连续性方程为

$$q_L = \frac{q_1 + q_2}{2} = A_p \frac{dx_p}{dt} + (C_{ip} + \frac{C_{ep}}{2}) p_L + \frac{(V_{01} + A_p x_p)}{2\beta_e} \frac{dp_1}{dt} - \frac{(V_{02} - A_p x_p)}{2\beta_e} \frac{dp_2}{dt} \tag{4-37}$$

动态时，$p_s = p_1 + p_2$ 仍近似适用。由于 $p_L = p_1 - p_2$，所以 $p_1 = \frac{p_s + p_L}{2}$，$p_2 = \frac{p_s - p_L}{2}$。从而有

$$\frac{dp_1}{dt} = \frac{1}{2} \frac{dp_L}{dt} = -\frac{dp_2}{dt} \tag{4-38}$$

$$q_L = \frac{q_1 + q_2}{2} = A_p \frac{dx_p}{dt} + (C_{ip} + \frac{C_{ep}}{2}) p_L + \frac{(V_{01} + A_p x_p + V_{02} - A_p x_p)}{4\beta_e} \frac{dp_L}{dt} \tag{4-39}$$

而

$$V_{01} + V_{02} = V_t$$

$$q_L = \frac{q_1 + q_2}{2} = A_p \frac{dx_p}{dt} + C_{tp} p_L + \frac{V_t}{4\beta_e} \frac{dp_L}{dt} \tag{4-40}$$

式中，V_0 是活塞在中间位置时每一个工作腔的容积，C_{tp} 是液压缸总泄漏系数，如

$$C_{tp} = C_{ip} + \frac{C_{ep}}{2}$$

V_t 是总压缩容积。

当活塞在中间位置时，液体压缩性影响最大，动力元件固有频率最低，阻尼比最小，系统稳定性最差。因此在分析时，应取活塞的中间位置为初始位置。

式（4-40）是液压动力元件流量连续性方程的常用形式。式中，等式右边第一项是推动液压缸活塞运动所需的流量，第二项是总泄漏流量，第三项是总压缩流量。

3. 液压缸和负载的力平衡方程

液压动力元件的动态特性受负载特性的影响。负载力一般包括惯性力、黏性阻尼力、弹性力和任意外负载力。

液压缸的输出力与负载力的平衡方程为

$$A_p p_L = m_t \frac{d^2 x_p}{dt^2} + B_p \frac{dx_p}{dt} + Kx_p + F_L \tag{4-41}$$

式中：m_t—— 活塞及负载折算到活塞上的总质量；

B_p—— 活塞及负载的黏性阻尼系数；

K—— 负载弹簧刚度；

F_L—— 作用在活塞上的任意外负载力。

此外，还存在库仑摩擦等非线性负载，但采用线性化的方法分析系统的动态特性时，必须将这些非线性负载忽略。

4.2.2　方块图与传递函数

式（4-31）、（4-40）和式（4-41）是阀控液压缸的三个基本方程，完全描述了阀控液压缸的动态特性。三式的拉氏变换式为

$$Q_L = K_q X_V - K_c P_L \tag{4-42a}$$

$$Q_L = A_p s X_p + C_{tp} P_L + \frac{V_t}{4\beta_e} s P_L \tag{4-42b}$$

$$A_p P_L = m_t s^2 X_p + B_p s X_p + K X_p + F_L \tag{4-42c}$$

由这三个基本方程可以画出阀控液压缸的方块图，如图 4-10 所示。其中，图 4-10（a）是由负载流量获得液压缸位移的方块图，图 4-10（b）是由负载压力获得液压缸位移的方块图，这两个方块图是等效的。

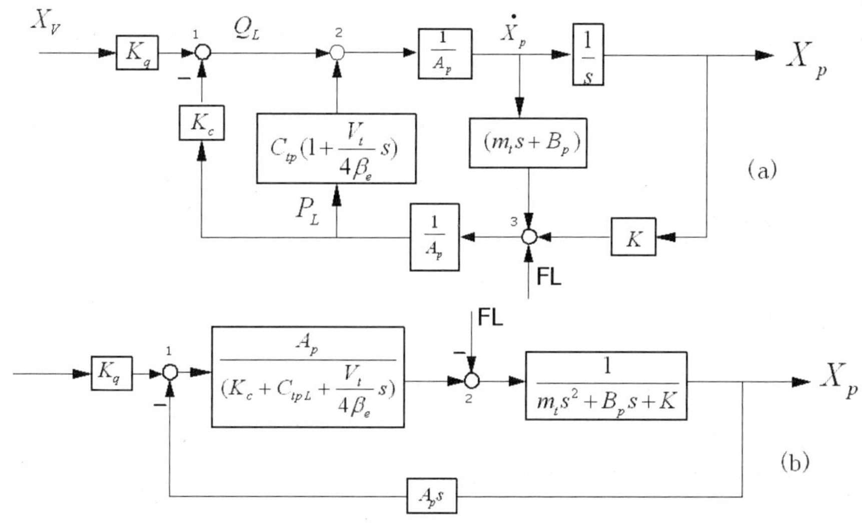

图 4-10　阀控液压缸的方框图

以上方块图可用于模拟计算。从负载流量获得的方块图适合负载惯量较小、动态过程较快的场合。而从负载压力获得的方块图特别适合负载惯量和泄漏系数都较大，动态过程比较缓慢的场合。

由负载流量获得液压缸活塞位移的方框图（图 4-10（b）），由负载压力获得液压缸活塞位移的方框图。

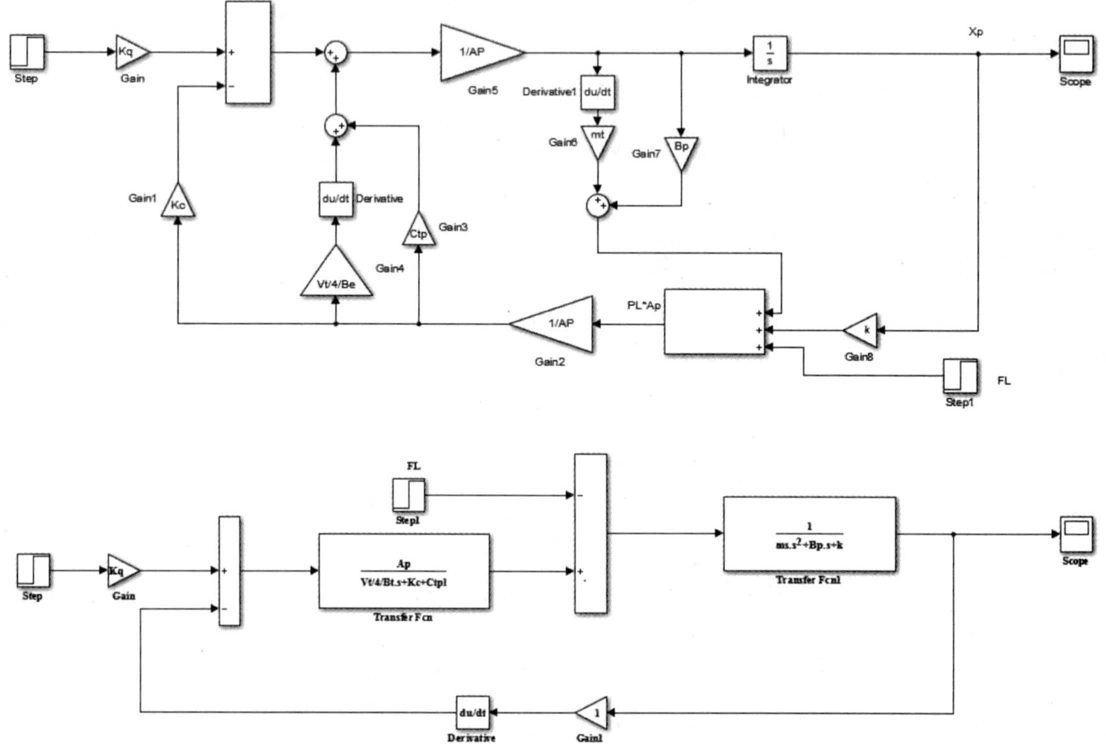

由式（4-42a）、（4-42b）和式（4-42c）消去中间变量 Q_L 和 p_L，或通过方块图变换，都可以求得阀芯输入位移 x_V 和外负载力 F_L 同时作用时液压缸活塞的总输出位移为

$$X_p=\frac{\dfrac{K_q}{A_p}X_V-\dfrac{K_{ce}}{A_p^2}\left(1+\dfrac{V_t}{4\beta_e K_{ce}}s\right)F_L}{\dfrac{m_t V_t}{4\beta_e A_p^2}s^3+\left(\dfrac{m_t K_{ce}}{A_p^2}+\dfrac{B_p V_t}{4\beta_e A_p^2}\right)s^2+\left(1+\dfrac{B_p K_{ce}}{A_p^2}+\dfrac{K V_t}{4\beta_e A_p^2}\right)s+\dfrac{K K_{ce}}{A_p^2}} \tag{4-43}$$

式中：K_{ce}—— 总流量-压力系数，$K_{ce}=K_c+C_{tp}$。

上式是流量连续性方程的另一种表现形式。式中，分子的第一项是液压缸活塞的空载速度，第二项是外负载力作用引起的速度降低。将分母特征多项式与等号左边的 X_p 相乘后，其第一项 $\dfrac{V_t m_t}{4\beta_e A_p^2}s^3X_p$ 是惯性力变化引起的压缩流量所产生的活塞速度；第二项 $\dfrac{K_{ce}m_t}{A_p^2}s^2X_p$ 是惯性力引起的泄漏流量所产生的活塞速度；第三项 $\frac{V_t B_p}{4\beta_e A_p^2} s^2 X_p$ 是黏性力变化引起的压缩流量所产生的活塞速度；第四项是活塞运动速度；第五项 $\frac{K_{ce} B_p}{A_p^2} s X_p$ 是黏性力引起的泄漏流量所产生的活塞速度；第六项 $\frac{V_t K}{4\beta_e A_p^2} s X_p$ 是弹性力变化引起的压缩流量所产生的活塞速度；第七项 $\frac{K_{ce} K}{A_p^2} X_p$ 是弹性力引起的泄漏流量所产生的活塞速度。了解特征方程各项所代表的物理意义，对以后简化传递函数是有益的。

式中（4-43）中的阀芯位移 X_V 是指令信号，外负载力 F_L 是干扰信号。由该式可以求出液压缸活塞位移对阀芯位移的传递函数 $\frac{X_p}{X_V}$ 和对外负载力的传递函数 $\frac{X_p}{F_L}$。

只考虑系统输入时系统的传递函数为

$$G(s)=\frac{X_p}{X_V}=\frac{\dfrac{K_q}{A_p}}{\dfrac{m_t V_t}{4\beta_e A_p^2} s^3+\left(\dfrac{m_t K_{ce}}{A_p^2}+\dfrac{B_p V_t}{4\beta_e A_p^2}\right) s^2+\left(1+\dfrac{B_p K_{ce}}{A_p^2}+\dfrac{K V_t}{4\beta_e A_p^2}\right) s+\dfrac{K K_{ce}}{A_p^2}}$$

不考虑系统输入，考虑系统干扰时系统的传递函数为

$$G(s)=\frac{X_p}{F_L}=\frac{-\dfrac{K_{ce}}{A_p^2}\left(1+\dfrac{V_t}{4\beta_e K_{ce}} s\right)}{\dfrac{m_t V_t}{4\beta_e A_p^2} s^3+\left(\dfrac{m_t K_{ce}}{A_p^2}+\dfrac{B_p V_t}{4\beta_e A_p^2}\right) s^2+\left(1+\dfrac{B_p K_{ce}}{A_p^2}+\dfrac{K V_t}{4\beta_e A_p^2}\right) s+\dfrac{K K_{ce}}{A_p^2}}$$

1. 没有弹性负载时的频率响应分析

（1）对指令输入 X_V 的频率响应分析

对指令输入 X_V 的动态响应特性由传递函数式（4-43）表示，它由比例、积分和二阶振荡环节组成，主要的性能参数为速度放大系数 K_q/A_p，液压固有频率 ω_h 和液压阻尼比 ξ_h。其伯德图如图 4-11 所示。由图中德几何关系可知，穿越频率 $\omega_c=\frac{K_q}{A_p}$。

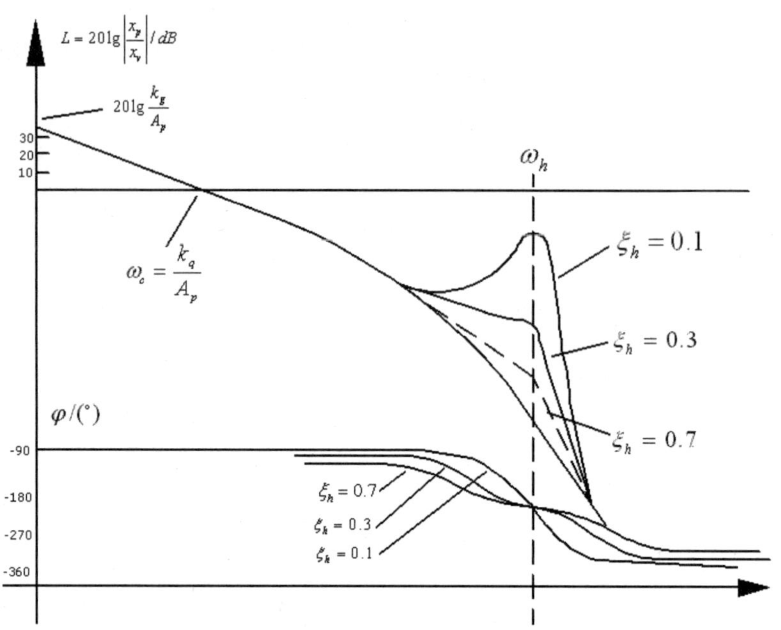

图 4-11　无弹性负载时的 bode 图

1）速度放大系数。由于传递函数中包含一个积分环节，因此在稳态时，液压缸活塞的输出速度与阀的输入位移成比例，比例系数 K_q/A_p 即为速度放大系数（速度增益）。它表示阀对液压缸活塞速度控制的灵敏度。速度放大系数直接影响系统的稳定性、响应速度和精度。提高速度放大系数可以提高系统的响应速度和精度，但使系统的稳定性变坏。速度放大系数随阀的流量增益变化而变化。在零位工作点，阀的流量增益 K_{q0} 最大，而流量-压力系数 K_{c0} 最小，所以系统的稳定性最差。故在计算系统的稳定性时，应取零位流量增益 K_{q0}。阀的流量增益 K_q 随负载压力增加而降低，当 $p_L=\frac{2}{3}p_s$ 时，K_q 下降到 K_{q0} 的 57.7%。K_q 下降（ω_c 也下降）使系统的响应速度和精度也下降。为了保证执行机构的工作速度和良好的控制性能，通常将负载压力限制在 $p_L\le\frac{2}{3}p_s$ 的范围内。在计算系统的静态精度时，应取最小的流量增益，通常取 $p_L=\frac{2}{3}p_s$ 时的流量增益。

2）液压固有频率。液压固有频率是负载质量与液压缸工作腔中的油液压缩性所形成的液压弹簧相互作用的结果。假设液压缸是无摩擦无泄漏的，两个工作腔充满高压液体并被完全封闭，如图 4-12 所示。由于液体的压缩性，当活塞受到外力作用时产生位移 Δx_p，使一腔压力升高 Δp_1，另一腔的压力降低 Δp_2，Δp_1 和 Δp_2 分别为

$$\Delta p_1=\frac{\beta_e A_p}{V_1}\Delta x_p$$

$$\Delta p_1=\frac{-\beta_e A_p}{V_2}\Delta x_p$$

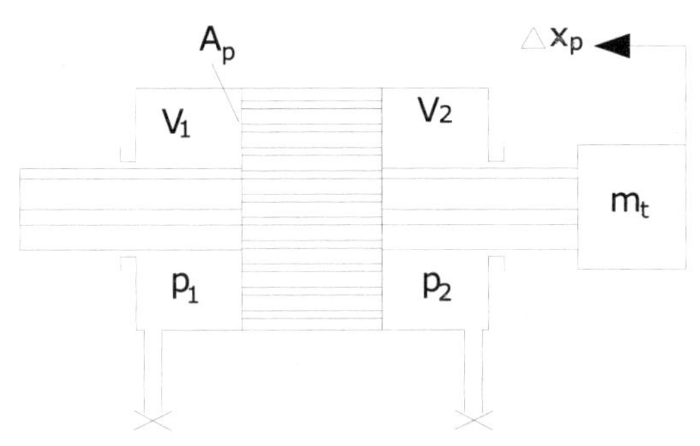

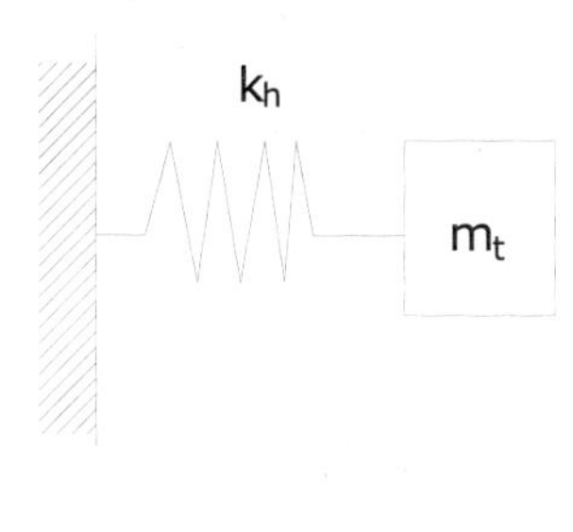

图 4-12　液压弹簧原理图

被压缩液体产生的复位力为

$$A_p\left(\Delta p_1-\Delta p_2\right)=\beta_e A_p^2\left(\frac{1}{V_1}+\frac{1}{V_2}\right)\Delta x_p \tag{4-44}$$

上式表明，被压缩液体产生的复位力与活塞位移成比例，因此被压缩液体的作用相当于一个线性液压弹簧，其刚度称为液压弹簧刚度。由式（4-44）得出总液压弹簧刚度为

$$K_h=\beta_e A_p^2\left(\frac{1}{V_1}+\frac{1}{V_2}\right)$$

它是液压缸两腔被压缩液体形成得两个液压弹簧刚度之和。上式表明 K_h 和活塞在液压缸中得位置有关，当活塞处在中间位置时，即 $V_1=V_2=V_0=\dfrac{V_t}{2}$ 时，

$$K_h=\frac{2\beta_e A_p^2}{V_0}=\frac{4\beta_e A_p^2}{V_t} \tag{4-45}$$

此时液压弹簧刚度最小。当活塞处在液压缸两端时，V_1 或 V_2 接近于零，液压弹簧刚度最大。

液压弹簧刚度是在液压缸两腔完全封闭的情况下推导出来的。实际上，由于阀的开度和液压缸的泄漏的影响，液压缸不可能完全封闭，因此在稳态下这个弹簧刚度是不存在的。但在动态时，在一定的频率范围内泄漏来不及起作用，相当于一个封闭状态。液压弹簧应理解为动态弹簧而不是稳态弹簧。

液压弹簧与负载质量相互作用构成一个液压弹簧-质量系统，该系统的固有频率（活塞在中间位置时）为

$$\omega_h=\sqrt{\frac{K_h}{m_t}}=\sqrt{\frac{2\beta_e A_p^2}{V_0 m_t}}=\sqrt{\frac{4\beta_e A_p^2}{V_t m_t}} \tag{4-46}$$

在计算液压固有频率时，通常取活塞在中间位置时的值，因为此时 ω_h 最低，系统稳定性最差。

液压固有频率表示液压动力元件的响应速度。在液压伺服系统中，液压固有频率往往是整个系统中最低的频率，它限制了系统的响应速度。为了提高系统的响应速度，应提高液压固有频率。

由式（4-46）可见，提高固有频率的方法有：

① 增大液压缸活塞面积 A_p。但 ω_h 与 A_p 不成比例关系，因为 A_p 增大压缩体积 V_t 也随之增加。增大 A_p 的缺点是，为了满足同样的负载速度，需要的负载流量增大了，使阀、连接管道和液压能源装置的尺寸重量也随之增大。活塞面积 A_p 主要是由负载决定的，有时为满足响应速度的要求，也采用增大 A_p 的办法来提高 ω_h。

② 减小总压缩容积 V_t，主要是减小液压缸的无效容积和连接管道的容积。应使阀靠近液压缸，最好将阀和液压缸装在一起。另外，也应考虑液压执行元件形式的选择，长行程、输出力小时可选用液压马达，短行程、输出力大时可选用液压缸。

③ 减小折算到活塞上的总质量 m_t。m_t 包括活塞质量、负载折算到活塞上的质量、液压缸两腔的油液质量。负载质量由负载决定，改变的余地不大。当连接管道细而长时，管道中的油液质量对 ω_h 的影响不容忽视，否则将造成比较大的计算误差。假设管道过流面积为 a，管道中的总质量为 m_0，则折算到液压缸活塞上的等效质量为 $m_0\dfrac{A_p^2}{a^2}$。

④ 提高油液的有效体积弹性模量 β_e。在 ω_h 所包含的物理量中，β_e 是最难确定的。β_e 值受油液的压缩性、管道及缸体机械柔性和油液中所含空气的影响，其中以混入油液中的空气的影响最为严重。为了提高 β_e 值，应当尽量减少混入空气，并避免使用软管。一般取 $\beta_e(700\sim1400)MPa$，有条件时取实测值最好。

3）液压阻尼比。液压阻尼比 ξ_h 主要有总流量-压力系数 K_{ce} 和负载的黏性阻尼系数 B_p 决定，式中其他参数是考虑其他因素确定的。在一般的液压伺服系统中，B_p 较 K_{ce} 小的多，故 B_p 可以忽略不计。在 K_{ce} 中，液压缸的总泄漏系数 C_{tp} 又较阀的流量-压力系数 K_c 小的多，所以 ξ_h 主要由 K_c 值决定。在零位时 K_c 最小，从而给出最小的阻尼比。在计算系统的稳定性时应取零位时的 K_c 值，因为此时系统的稳定性最差。由 K_{c0} 计算出的零位阻尼比一般都很小。由于库仑摩擦等的因素的影响，实际的零位阻尼比要比计算值大。文献[1]给出零位阻尼比的实测值至少为 0.1～0.2，或更高一些。

K_c 值随工作点不同会有很大的变化。在阀芯位移 x_V 和负载压力 p_L 较大时，由于 K_c 值增大使液压阻尼比急剧增大，可使 $\xi_h>1$，其变化范围达 20～30 倍。液压阻尼比是一个难以准确计算的“软量”。零位阻尼比小、阻尼比变化范围大，是液压伺服系统的一个特点。在进行系统分析和设计时，特别是在进行系统校正时，应该注意这一点。

液压阻尼比表示系统的相对稳定性。为获得满意的性能，液压阻尼比应具有适当的值。一般液压伺服系统是低阻尼的，因此提高液压阻尼比对改善系统性能是十分重要的。其方法有：

① 设置旁路泄漏通道。在液压缸两个工作腔之间设置旁路通道增加泄漏系数 C_{tp}。缺点是增大了功率损失，降低了系统的总压力增益和系统的刚度，增加外负载力引起的误差。另外，系统性能受温度变化的影响较大。

② 采用正开口阀，正开口阀的K_{c0}值大，可以增加阻尼，但也要使系统刚度降低，而且零位泄漏量引起的功率损失比第一种办法还要大。另外正开口阀还要带来非线性流量增益、稳态液动力变化等问题。

③ 增加负载的黏性阻尼。需要另外设置阻尼器，增加了结构的复杂性。

2. 对干扰输入F_L的频率响应分析

负载干扰力F_L对液压缸的输出位移X_p和输出速度X_p有影响，这种影响可以用刚度来表示。下面分别研究阀控液压缸的动态位置刚度和动态速度刚度。

（1）动态位置刚度特性

传递函数式（4-45）表示阀控液压缸的动态位置柔度特性，其倒数即为动态位置刚度特性，可写为

$$\frac{F_L}{X_p}=-\frac{\dfrac{A_p^2}{K_{ce}}s\left(\dfrac{s^2}{\omega_h^2}+\dfrac{2\xi_h}{\omega_h}+1\right)}{\dfrac{V_t}{4\beta_e K_{ce}}s+1}$$

当$B_p=0$时，$\dfrac{4\beta_e K_{ce}}{V_t}=2\xi_h\omega_h$，则上式可改写成

$$\frac{F_L}{X_p}=-\frac{\dfrac{A_p^2}{K_{ce}}s\left(\dfrac{s^2}{\omega_h^2}+\dfrac{2\xi_h}{\omega_h}s+1\right)}{\dfrac{s}{2\xi_h\omega_h}+1} \tag{4-47}$$

上式表示的动态位置刚度特性由惯性环节、比例环节、理想微分环节和二阶微分环节组成。由于ξ_h很小，因此转折频率$2\xi_h\omega_h<\omega_h$。式中的负号表示负载力增加使输出减小。式（4-47）的幅频特性如图 4-13（a）所示。

动态位置刚度与负载干扰力F_L的变化频率ω有关。在$\omega<2\xi_h\omega_h$的低频段上，惯性环节和二阶微分环节不起作用，由式（4-47）可得

$$\left|-\frac{F_L}{X_p}\right|=\frac{A_p^2}{K_{ce}}\omega \tag{4-48}$$

当$\omega=0$时，得静态位置刚度$\left|-F_L/X_p\right|_{\omega=0}=0$。因为在恒定得外负载力作用下，由于泄漏的影响，活塞将连续不断移动，没有确定的位置。随着频率增加，泄漏的影响越来越小，动态位置刚度随频率成比例增大。

在$2\xi_h\omega_h<\omega<\omega_h$的中频段上，比例环节、惯性环节和理想微分环节同时起作用，动态位置刚度为一常数，其值为

$$\left|-\frac{F_L}{X_p}\right| = \frac{A_p^2}{K_{ce}}s\Bigg|_{s=j2\xi_h\omega_h} = \frac{4\beta_e A_p^2}{V_t} = K_h \tag{4-49}$$

在中频段上，由于负载干扰力的变化频率较高，液压缸工作腔的油液来不及泄漏，可以看成是完全封闭的，其动态位置刚度就等于液压刚度。

在 $\omega > \omega_h$ 的高频段上，二阶微分环节起主要作用，动态位置刚度由负载惯性所决定。动态位置刚度随频率的二次方增加，但一般很少在此频率范围工作。

（2）动态速度刚度特性

由式（4-47）或式（4-48）可求得低频段 $(\omega < 2\xi_h\omega_h)$ 上的动态速度刚度为

$$\left|-\frac{F_L}{X_p}\right| = \frac{A_p^2}{K_{ce}} \tag{4-50}$$

此时，液压缸相当于一个阻尼系数为 A_p^2/K_{ce} 的黏性阻尼器。从物理意义上说，在低频时因负载压差产生的泄漏流量被很小的泄漏通道所阻碍，产生黏性阻尼作用。

在 $\omega = 0$ 时，由式（4-47）可求得静态速度刚度为

$$\left|-\frac{F_L}{X_p}\right|_{\omega=0} = \frac{A_p^2}{K_{ce}} \tag{4-51a}$$

其倒数为静态速度柔度

$$\left|-\frac{X_p}{F_L}\right| = \frac{K_{ce}}{A_p^2} \tag{4-51b}$$

它是速度下降值与所加恒定外负载力之比。

有弹性负载时的频率响应分析

有弹力负载时，活塞位移对阀芯位移的传递函数可由式（4-43）求得

$$\frac{X_p}{X_V} = \frac{\dfrac{K_{ps}A_p}{K}}{\left(\dfrac{s}{\omega_r}+1\right)\left(\dfrac{s^2}{\omega_0^2}+\dfrac{2\xi_0}{\omega_0}s+1\right)} \tag{4-52}$$

其主要性能参数有 $\dfrac{K_{ps}}{K}$、ω_r、ω_0 和 ξ_0。

在稳态情况下，对于一定的阀芯位移 X_V，液压缸活塞有一个确定的输出位移 X_p，两者之间的比例系数 $\dfrac{K_{ps}A_p}{K}$ 即为位置放大系数。位置放大系数中的总压力增益 K_{ps} 包含阀的压力增益 K_p，K_p 随工作点在很大的范围内变化，因此位置放大系数也随工作点在很大范围内变化。在零位时其值最大。另外，位置放大系数和负载刚度有关，这和无弹性负载的情况不同。

综合固有频率 ω_0 见式（4-46），它是液压弹簧与负载弹簧并联时的刚度与负载质量之比。负载刚度提高了二阶振荡环节的固有频率 ω_0，ω_0 是 ω_h 的 $\sqrt{1+\frac{K}{K_h}}$ 倍。综合阻尼比 ξ_0 见式（4-47）。负载刚度降低了二阶振荡环节的阻尼比。在 $B_p=0$ 时，ξ_0 是 ξ_h 的 $\frac{1}{\left(1+K/K_h\right)^{1.5}}$。

惯性环节的转折频率 ω_r 见式（4-47）。它是液压弹簧与负载弹簧串联时的刚度与阻尼系数之比。ω_r 随负载刚度变化，如果负载刚度很小，则 ω_r 很低，惯性环节可以近似看成积分环节。这种近似动态分析不会有什么影响，但对稳态误差分析是有影响的。

根据式（4-52）可以做出有弹性负载时的波德图，如图 4-13（b）所示。由图中的几何关系可得出穿越频率 ω_c 为

$$\omega_c=\frac{K_q}{A_p\left(1+\frac{K}{K_h}\right)} \tag{4-53}$$

上式表明，负载刚度使穿越频率降低了。负载刚度越大，穿越频率越低。当 $\frac{K}{K_h}$<<1 时，$\omega_c\approx\frac{K_q}{A_p}$。这再次说明，当负载刚度比较小时，它对动态特性的影响是可以忽略的。

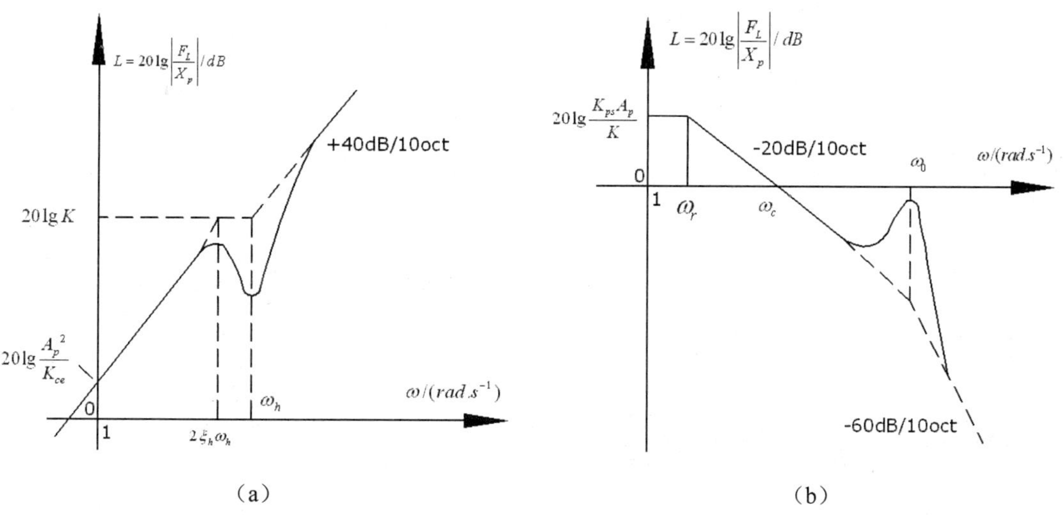

图 4-13 动态位置刚度的幅频特性和有弹性负载的 bode 图

在有弹性负载时，总流量-压力系数 K_{ce} 变化时，使位置放大系数和惯性环节的转折频率同时发生变化，但对穿越频率没有影响。所以 K_{ce} 变化时，惯性环节的转折点是沿斜率为 $-20dB/10oct$ 的增益线移动的。另外，K_{ce} 变化也使 ξ_0 改变，从而使高频率段谐振峰值和相频特性形状改变。所以，K_{ce} 变化对系统的快速影响不大，但影响系统的幅值裕量。

4.3 对称阀控非对称液压缸

由于非对称液压缸系统具有占用空间小、构造简单、结构紧凑、成本低廉、承载能力大等优点，所以在液压控制系统中得到了广泛的应用。但是这种非对称液压缸在换向时，容易产生较大的液压力突跳、系统振动，还具有一定的动态不对称性，这些严重影响液压控制系统的动态性能。本节主要对四通对称阀控非对称液压缸液压动力机构进行分析研究，并给出分析结果。

4.3.1 对称阀控非对称液压动力机构的基本方程

假设条件如下：

（1）控制阀为理想的零开口四通滑阀，四个节流口是对称且匹配；

（2）节流窗口的流动为湍流流动，阀中的流体压缩性影响可以忽略不计；

（3）阀具有理想的响应能力，阀芯的位移、阀压降的变化所产生的流量变化能在瞬间发生；

（4）液压缸为理想的单出杆液压缸；

（5）供油压力 ps 恒定，回油压力 p0 为零；

（6）所有管道都短而粗，流体质量影响和管道的动态忽略不计；

（7）液压缸的每个工作腔内压力处处相等，油液温度和容积弹性模量可看作常数；

（8）液压缸的内外泄漏为层流流动。

基本设置如下：

如图 4-14 所示为四通阀控制非对称液压缸动力机构，假设液压缸左右两腔有效面积比为 $n=\dfrac{A_2}{A_1}$，当 n=1 时，液压缸为对称液压缸。

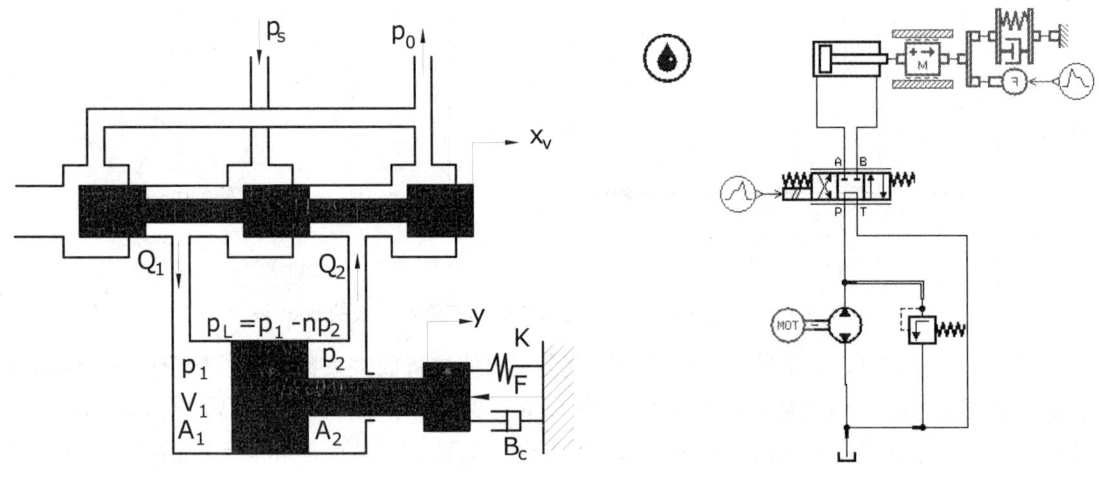

图 4-14 四通阀控制非对称液压缸动力机构

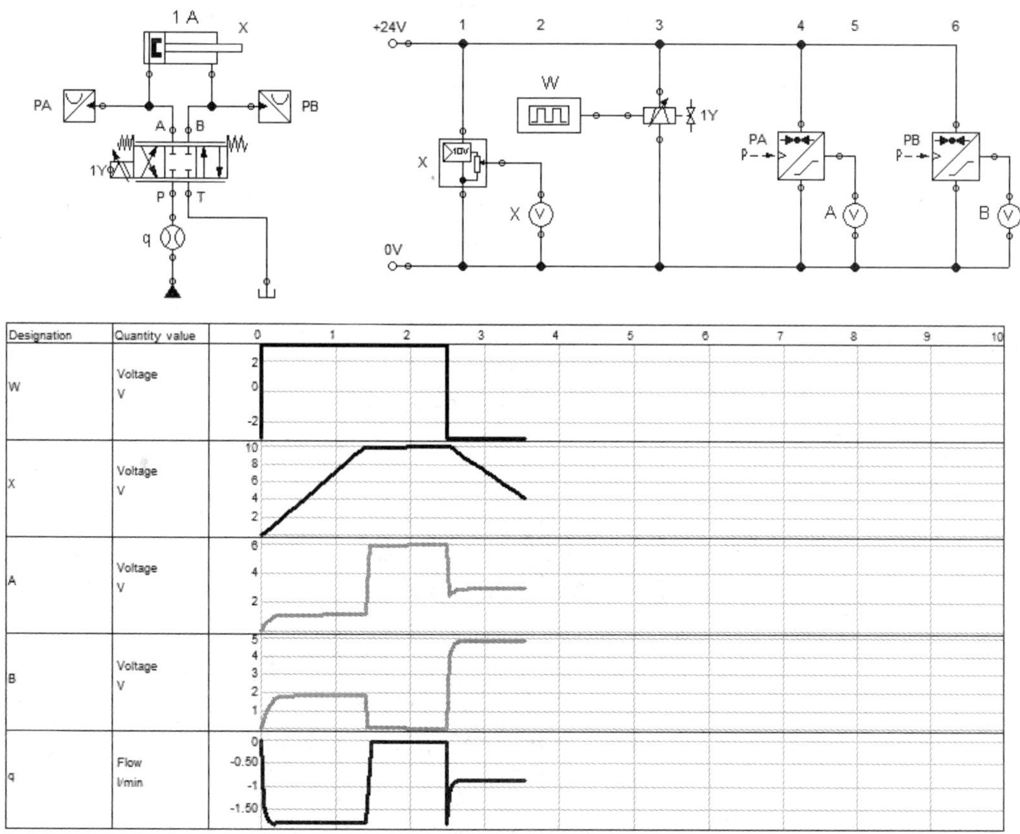

液压缸稳态时满足力平衡方程和流量连续方程，即有

$$p_1A_1 - p_2A_2 = F$$

$$v = \frac{q_1}{A_1} = \frac{q_2}{A_2} \Rightarrow q_2 = nq_1$$

定义负载压力 p_L 为

$$p_L = \frac{F}{A_1} = p_1 - p_2\frac{A_2}{A_1} \Rightarrow p_L = p_1 - p_2 n \tag{4-54}$$

4.3.2　基本方程

在对称阀控非对称液压缸系统中，由于液压缸两腔的面积不等，使液压缸在左右两个方向上的运动系统的开环增益不相等，造成活塞正反向运动时传递函数不一致，因此在列出动力机构的基本方程时，需要分别加以考虑。

当活塞运动速度 $\dot{y} > 0 \quad (x_v > 0)$

（1）节流方程

根据流体力学，流入液压缸左腔的流量 Q1 为

$$q_1 = c_d \omega x_v \sqrt{\frac{2}{\rho}(p_s - p_1)} \tag{4-55}$$

流出液压缸右侧的流量 Q2 为

$$q_2 = c_d \omega x_v \sqrt{\frac{2}{\rho} p_2} \tag{4-56}$$

当活塞匀速运动时，有

$$q_1 = A_1 \dot{y} \quad q_2 = A_2 \dot{y}$$

由上述四式，可得出

$$\frac{q_2}{q_1} = \frac{A_2 \dot{y}}{A_1 \dot{y}} = \sqrt{\frac{p_2}{p_s - p_1}} \Rightarrow \sqrt{\frac{p_2}{p_s - p_1}} = n$$

有上式可得出

$$p_s = \frac{p_2}{n^2} - p_1 \tag{4-57}$$

由式（4-54）和式（4-57）可得出

$$p_1 = \frac{p_L + n^3 p_s}{1 + n^3} \tag{4-58}$$

$$p_2 = \frac{p_s - n^2 p_L}{1 + n^3} \tag{4-59}$$

将上述两式代入式（4-55）和式（4-56）中，可得出

$$q_1 = c_d \omega x_v \sqrt{\frac{2(p_s - p_L)}{\rho(1 + n^3)}}$$

$$q_2 = c_d \omega x_v \sqrt{\frac{2n^2(p_s - p_L)}{\rho(1 + n^3)}}$$

由负载流量的定义可得出

$$q_L = c_d \omega x_v \sqrt{\frac{2(p_s - p_L)}{\rho(1 + n^3)}}$$

由上式可得出

$$K_{q1}=\frac{\partial Q_L}{\partial x_v}=c_d\omega\sqrt{\frac{2(p_s-p_L)}{\rho(1+n^3)}}$$

$$K_{c1}=\frac{\partial Q_L}{\partial p_L}=c_d\omega x_v\sqrt{\frac{2(p_s-p_L)}{\rho(1+n^3)}}/(2p_s-2p_L)$$

式中：K_{q1}——$\dot{y}>0$ 时的流量增益，零位流量增益为：$K_{q10}=\frac{\partial Q_L}{\partial x_v}=c_d\omega\sqrt{\frac{2p_s}{\rho(1+n^3)}}$；

K_{c1}——$\dot{y}>0$ 时的流量压力增益，零位流量增益为：$K_{c10}=0$

于是可求出 $\dot{y}>0$ 时的线性化流量方程为

$$q_L=K_{q1}x_v-K_{c1}p_L \tag{4-60}$$

（2）流量连续性方程

无杆腔流量连续性方程为

$$q_1=\frac{dV_1}{dt}+\frac{V_1}{\beta_e}\frac{dp_1}{dt}+C_{ec}p_1+C_{ic}(p_1-p_2)\Rightarrow$$

$$q_1=A_1\frac{dy}{dt}+\frac{(V_{01}+A_1y)}{\beta_e}\frac{dp_1}{dt}+(C_{ec}+C_{ic})p_1-C_{ic}p_2\Rightarrow$$

$$q_1=A_1\frac{dy}{dt}+\frac{V_{01}}{\beta_e}\frac{dp_1}{dt}+(C_{ec}+C_{ic})p_1-C_{ic}p_2\qquad(A_1y<<V_{01})$$

有杆腔流量连续性方程为

$$q_2=-\frac{dV_2}{dt}-\frac{V_2}{\beta_e}\frac{dp_2}{dt}-C_{ec}p_2+C_{ic}(p_1-p_2)\Rightarrow$$

$$q_2=A_2\frac{dy}{dt}-\frac{(V_{02}-A_2y)}{\beta_e}\frac{dp_2}{dt}-(C_{ec}+C_{ic})p_2+C_{ic}p_1\Rightarrow$$

$$q_2=A_2\frac{dy}{dt}-\frac{V_{02}}{\beta_e}\frac{dp_2}{dt}-(C_{ec}+C_{ic})p_2+C_{ic}p_1(A_2y<<V_{02})$$

假设活塞两腔的初始容积相等，即 $V_{01}=V_{02}=V_0=V_t/2$，以上两式简化为

$$q_1=A_1\frac{dy}{dt}+\frac{V_0}{\beta_e}\frac{dp_1}{dt}+(C_{ec}+C_{ic})p_1-C_{ic}p_2$$

$$q_2=A_2\frac{dy}{dt}-\frac{V_0}{\beta_e}\frac{dp_2}{dt}-(C_{ec}+C_{ic})p_2+C_{ic}p_1$$

取其均值为负载流量

$$q_L = (q_1 + q_2)/2 \Rightarrow$$

$$q_L = \frac{(A_1 + A_2)}{2}\frac{dy}{dt} + \frac{V_0}{2\beta_e}(\frac{dp_1}{dt} - \frac{dp_2}{dt}) + (C_{ec}/2 + C_{ic})p_L$$

由式（4-58）和（4-59）可得出

$$\frac{dp_1}{dt} - \frac{dp_2}{dt} = (\frac{1+n^2}{1+n^3})\frac{dp_L}{dt}$$

代入上式可得出

$$q_L = \frac{(A_1 + A_2)}{2}\frac{dy}{dt} + \frac{V_t}{4\beta_e}\frac{1+n^2}{1+n^3}\frac{dp_L}{dt} + C_t p_L \tag{4-61}$$

式中：$C_t = C_{ec}/2 + C_{ic}$

（3）液压缸力平衡方程

$$A_1 p_1 - A_2 p_2 = m\frac{d^2 y}{dt^2} + B_c\frac{dy}{dt} + Ky + F$$

由式（4-58）和（4-59）可得出

$$\frac{(A_1 + n_2 A_2)p_L + n^3 A_1 p_s - A_2 p_s}{1+n^3} = m\frac{d^2 y}{dt^2} + B_c\frac{dy}{dt} + Ky + F \tag{4-62}$$

对式（4-60）~式（4-62）进行 Laplace 变换，可得出

$$Q_L = K_{q1}X_v - K_{c1}P_L \tag{4-63}$$

$$Q_L = \frac{(A_1 + A_2)}{2}sY(s) + (\frac{V_t}{4\beta_e}\frac{1+n^2}{1+n^3}s + C_t)P_L \tag{4-64}$$

$$\frac{(A_1 + nA_2)P_L}{1+n^3} = (ms^2 + B_c s + K)Y(s) + F \tag{4-65}$$

如果不计干扰力 F，式（4-65）可变化为

$$P_L = \frac{(1+n^3)(ms^2 + B_c s + K)Y(s)}{(A_1 + nA_2)}$$

由式（4-62）与式（4-63）合并并带入上式，得出系统的传递函数为

$$G(s)=\frac{Y(s)}{X_v}=\frac{K_{q1}}{\frac{(A_1+A_2)}{2}s+(\frac{V_t}{4\beta_e}\frac{1+n^2}{1+n^3}s+C_t+K_{c1})\frac{(1+n^3)(ms^2+B_c s+K)}{(A_1+nA_2)}}$$

为了说明问题，在动态特性分析过程中，假设对称阀控非对称缸动力机构参数如表 4-1 所示。

表 4-1　对称阀控液压缸动力机构参数

参数	数值	单位	参数	数值	单位
A1	7.854e-3	m2	cd	0.61	
A2	4.7124e-3	m2	ω	0.0237	
n	0.6		β_e	6.85e8	
ps	2.5e6	pa	Bc	800	
m	150	kg	ρ	850	Kg/m3
FL	1000	N	K	40000	N/m
Vt	2.3562e-3	M3	Cic	3e-11	
p0	0	pa	Cec	0	
rc	5e-5	m	μ	137e-4	Pa.s

根据表 4-1 中数据编写 m 文件。

```
n=0.6;a1=7.854e-3;a2=4.712e-3;cd=0.61;w=0.0237;beta=6.85e8;
ps=2.8e6;m=150;FL=1000;vt=2.3562e-3;rc=5e-5;Bc=800;lou=850;K=40000;
cip=3e-11;niandu=137e-4;
Kq1=cd*w*sqrt(2*ps/(lou*(1+n^2)))
Kc1=pi*w*rc^2/(32*niandu)
a=a1+a2;a=a/2
v1=vt*(1+n^2)/(4*beta*(1+n^3))
kc=Kc1+0.5*0+cip
am=(1+n^3)*m/(a1+n*a2)
ab=(1+n^3)*Bc/(a1+n*a2)
ak=(1+n^3)*K/(a1+n*a2)
s=tf('s')
sys=Kq1/(a*s+(v1*s+kc)*(am*s^2+ab*s+ak))
subplot(121)
step(sys,'k')
grid
subplot(122)
impulse(sys,'k')
grid
```

运行上述程序后，得到如图 4-15 所示的时域响应曲线，可以看出系统是稳定的。

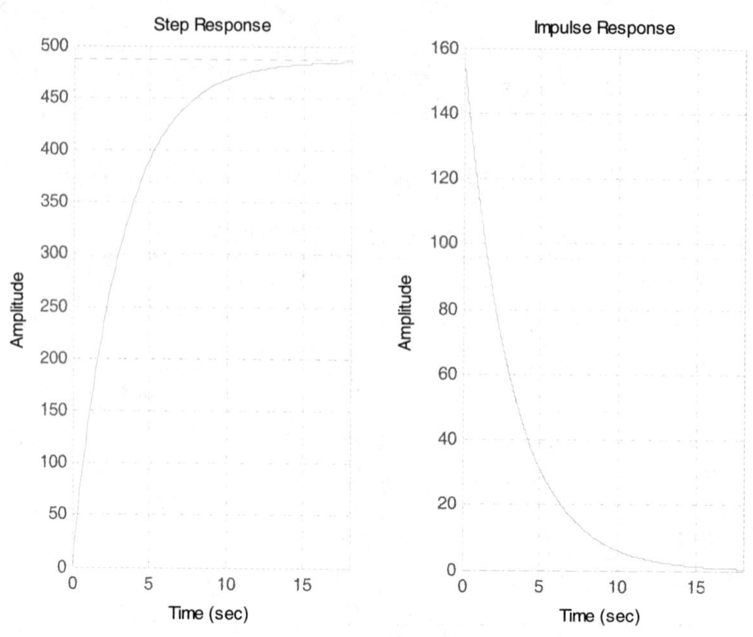

图 4-15　系统时域响应曲线

4.4　四通阀控液压马达

阀控液压马达也是一种常用的液压动力元件，其分析方法与阀控液压缸相同。

阀控液压马达原理图如图 4-16 所示。利用上一节分析阀控液压缸的方法，可以得到阀控液压马达的三个基本方程的拉氏变换式：

$$Q_L = K_q X_V - K_c P_L \tag{4-66a}$$

$$Q_L = D_m s\theta_m + C_{tm} P_L + \frac{V_t}{4\beta_e} sP_L \tag{4-66b}$$

$$P_L D_m = J_t s^2\theta_m + B_m s\theta_m + G\theta_m + T_L \tag{4-66c}$$

式中：θ_m —— 液压马达的转角；

D_m —— 液压马达的排量；

C_{tm} —— 液压马达的总泄漏系数，$C_{tm} = C_{im} + \frac{1}{2}C_{em}$，$C_{im}$、$C_{em}$ 分别为内、外泄漏系数；

V_t —— 液压马达两腔及连接管道总容积；

J_t —— 液压马达和负载折算到马达轴上的总惯性；

B_m —— 液压马达和负载的黏性阻尼系数；

G —— 负载的扭转弹簧刚度；

T_L —— 作用在马达轴上的任意外负载力矩。

将式（4-66a）、（4-66b）、（4-66c）与式（4-42a）、（4-42b）、（4-42c）相比较，可以看出它们的形式相同。只要将阀控液压缸基本方程中的结构参数和负载参数改成液压马达的相应参数，就可以得到阀控液压马达的基本方程。由于基本方程的形式相同，所以只要将式（4-66）中的液压缸参数改成液压马达参数，即可得出阀控液压马达在阀芯位移 X_V 和外负载力矩 T_L 同时输入时的总输出。

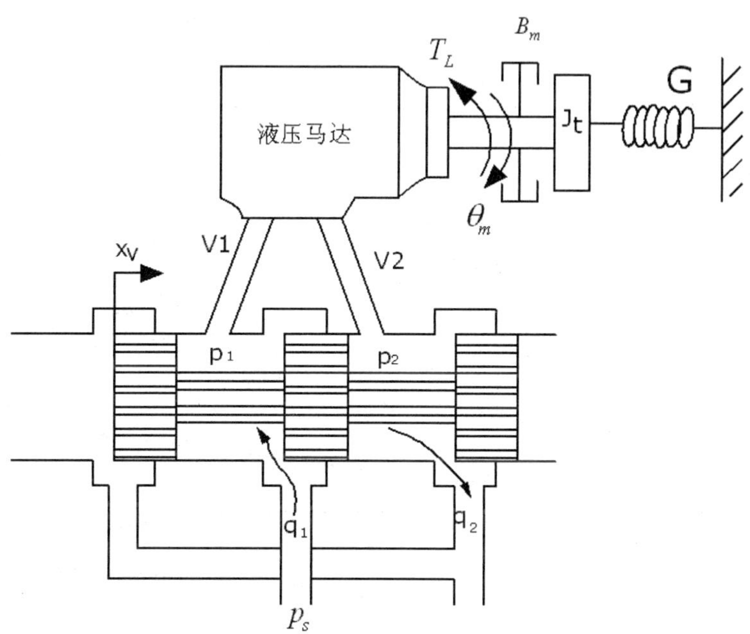

图 4-16　阀控液压马达原理图

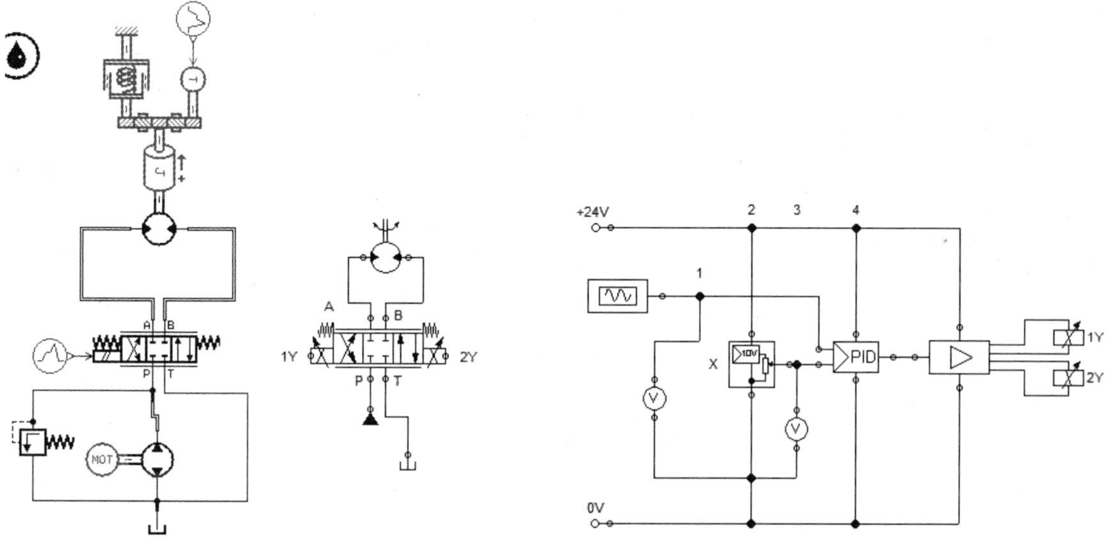

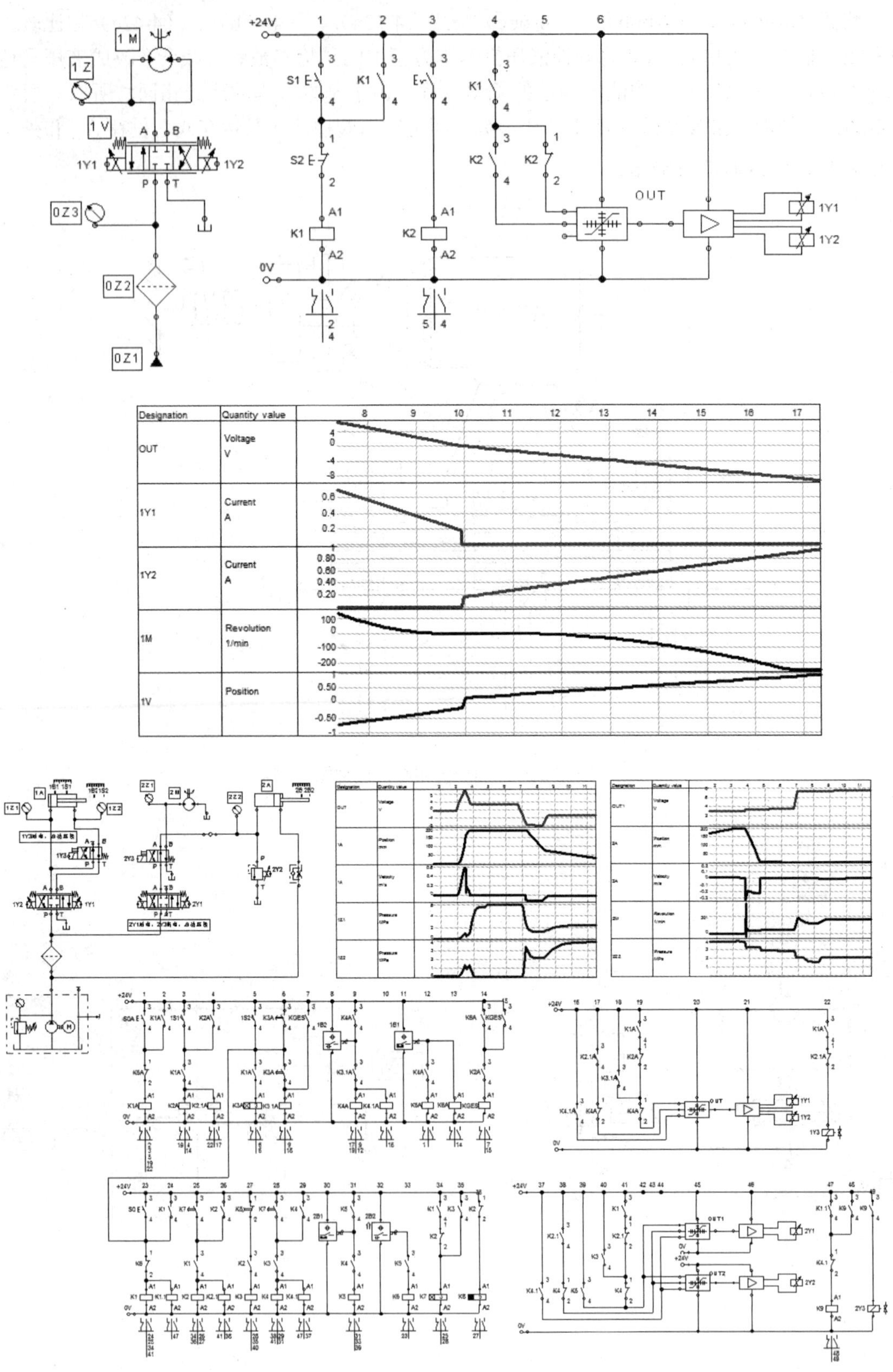
1M
1Z
1V
1Y1
1Y2
A
B
P
T
0Z3
0Z2
0Z1
+24V
0V
S1
S2
K1
K2
A1
A2
OUT
Designation
Quantity value
Voltage
Current
Revolution
1/min
Position

$$\theta_m=\frac{\frac{K_q}{D_m}X_V-\frac{K_{ce}}{D_m^2}\left(1+\frac{V_t}{4\beta_e K_{ce}}s\right)T_L}{\frac{V_t J_t}{4\beta_e D_m^2}s^3+\left(\frac{J_t K_{ce}}{D_m^2}+\frac{B_m V_t}{4\beta_e D_m^2}\right)s^2+\left(1+\frac{B_m K_{ce}}{D_m^2}+\frac{G V_t}{4\beta_e D_m^2}\right)s+\frac{G K_{ce}}{D_m^2}} \tag{4-67}$$

式中：K_{ce}—— 总流量-压力系数，$K_{ce}=K_c+C_{tm}$。

对阀控液压马达弹簧负载很少见。当$G=0$，且$\frac{B_m K_{ce}}{D_m^2}<<1$时，式（4-67）可简化为

$$\theta_m=\frac{\frac{K_q}{D_m}X_V-\frac{K_{ce}}{D_m^2}\left(1+\frac{V_t}{4\beta_e K_{ce}}s\right)T_L}{s\left(\frac{s^2}{\omega_h^2}+\frac{2\xi_h}{\omega_h}s+1\right)} \tag{4-68}$$

式中：
$$\omega_h=\sqrt{\frac{4\beta_e D_m^2}{V_t J}} \tag{4-69}$$

$$\xi_h=\frac{K_{ce}}{D_m}\sqrt{\frac{\beta_e J_t}{V_t}}+\frac{B_m}{4D_m}\sqrt{\frac{V_t}{\beta_e J_t}} \tag{4-70}$$

通常负载黏性阻尼系数B_m很小，ξ_h可用下式表示：

$$\xi_h=\frac{K_{ce}}{D_m}\sqrt{\frac{\beta_e J_t}{V_t}} \tag{4-71}$$

液压马达轴的转角对阀芯位移的传递函数为

$$\frac{\theta_m}{X_V}=\frac{K_q/D_m}{s\left(\frac{s^2}{\omega_h^2}+\frac{2\xi_h}{\omega_h}s+1\right)} \tag{4-72}$$

液压马达轴的转角对外负载力矩的传递函数为

$$\frac{\theta_m}{T_L}=\frac{-\frac{K_{ce}}{D_m^2}\left(1+\frac{V_t}{4\beta_e K_{ce}}s\right)}{s\left(\frac{s^2}{\omega_h^2}+\frac{2\xi_h}{\omega_h}s+1\right)} \tag{4-73}$$

有关阀控液压马达的方块图、传递函数简化和动态特性分析与阀控液压缸类似，这里不再赘述。

4.5 三通阀控制液压缸

三通阀控制差动液压缸经常用作机液位置伺服系统的动力元件，如用于仿形机床和助力操纵系统中。

4.5.1 基本方程

阀的线性化流量方程为

$$Q_L(s)=K_q X_V(s)-K_c P_c(s) \tag{4-74}$$

式中：p_c—— 液压缸控制腔的控制压力。

液压缸控制腔的流量连续性方程为

$$q_L+C_{ip}\left(p_s-p_c\right)=A_h\frac{dx_p}{dt}+\frac{V_c}{\beta_e}\frac{dp_c}{dt} \tag{4-75}$$

式中：C_{ip}—— 液压缸内部泄漏系数；

A_h—— 液压缸控制腔的活塞面积；

V_c—— 液压缸控制腔的容积。

$$V_c=V_0+A_h x_p \tag{4-76}$$

式中：V_0—— 液压缸控制腔的初始容积。

假设活塞位移很小，即$\left|A_h x_p\right|<<V_0$，则$V_c\approx V_0$。将式（4-75）与式（4-76）合并，得到

$$q_L+C_{ip}p_s=A_h\frac{dx_p}{dt}+C_{ip}p_c+\frac{V_0}{\beta_e}\frac{dp_c}{dt}$$

其增量的拉氏变换为

$$Q_L=A_h sX_p+C_{ip}P_c+\frac{V_0}{\beta_e}sP_c \tag{4-77}$$

活塞和负载的力平衡方程为

$$p_c A_h-p_s A_r=m_t\frac{d^2x_p}{dt^2}+B_p\frac{dx_p}{dt}+Kx_p+F_L \tag{4-78}$$

式中：A_r—— 活塞杆侧的活塞有效面积；

m_t—— 活塞和负载的总质量；

B_p—— 黏性阻尼系数；

K—— 负载弹簧刚度；

F_L—— 任意外负载力。

其增量的拉氏变换式为

$$P_c A_h = m_t s^2 X_p + B_p s X_p + K X_p + F_L \tag{4-79}$$

4.5.2　传递函数

由式（4-74）、（4-75）、（4-78）消去中间变量 Q_L 和 P_c，可得出 X_V 和 F_L 同时作用时活塞的总输出位移。

$$X_p = \frac{\dfrac{K_q}{A_h} X_V - \dfrac{K_{ce}}{A_h^2}\left(1 + \dfrac{V_0}{\beta_e K_{ce}} s\right) F_L}{\dfrac{V_0 m_t}{\beta_e A_h^2} s^3 + \left(\dfrac{m_t K_{ce}}{A_h^2} + \dfrac{B_p V_0}{\beta_e A_h^2}\right) s^2 + \left(1 + \dfrac{B_p K_{ce}}{A_h^2} + \dfrac{K V_0}{\beta_e A_h^2}\right) s + \dfrac{K_{ce} K}{A_h^2}} \tag{4-80}$$

式中：K_{ce}—— 总流量-压力系数，$K_{ce} = K_c + C_{ip}$。

如前所述，通常 B_p 比阻尼系数 A_h^2/K_{ce} 小得多，即 $\dfrac{B_p K_{ce}}{A_h^2} << 1$，上式可简化为

$$X_p = \frac{\dfrac{K_q}{A_h} X_V - \dfrac{K_{ce}}{A_h^2}\left(1 + \dfrac{V_0}{\beta_e K_{ce}} s\right) F_L}{\dfrac{s^3}{\omega_h^2} + \dfrac{2\xi_h}{\omega_h} s^2 + \left(1 + \dfrac{K}{K_h}\right) s + \dfrac{K_{ce} K}{A_h^2}} \tag{4-81}$$

式中：K_h—— 液压弹簧刚度，$K_h = \dfrac{\beta_e A_h^2}{V_0}$；

ω_h—— 液压固有频率，

$$\omega_h = \sqrt{\frac{K_h}{m_t}} = \sqrt{\frac{\beta_e A_h^2}{V_0 m_t}} \tag{4-82a}$$

ξ_h—— 液压阻尼比。

$$\xi_h = \frac{K_{ce}}{2A_h}\sqrt{\frac{\beta_e m_t}{V_0}} + \frac{B_p}{2A_h}\sqrt{\frac{V_0}{\beta_e m_t}} \tag{4-82b}$$

式（4-81）与式（4-82）的分母多项式在形式上是一样的。因此，在满足下列条件时

$$\frac{K}{K_h} << 1$$

$$\left[\frac{K_{ce}\sqrt{m_t K}}{A_h^2}\right]^2 << 1$$

式（4-81）可近似简化为

$$X_p=\frac{\frac{K_q}{A_h}X_V-\frac{K_{ce}}{A_h^2}\left(1+\frac{V_0}{\beta_e K_{ce}}s\right)F_L}{\left(s+\frac{K_{ce}K}{A_h^2}\right)\left(\frac{s^2}{\omega_h^2}+\frac{2\xi_h}{\omega_h}s+1\right)}$$

上式可改写为

$$X_p=\frac{\frac{K_qA_h}{K_{ce}K}X_V-\frac{1}{K}\left(1+\frac{V_0}{\beta_e K_{ce}}s\right)F_L}{\left(\frac{s}{\omega_r}+1\right)\left(\frac{s^2}{\omega_h^2}+\frac{2\xi_h}{\omega_h}s+1\right)} \tag{4-83}$$

式中：$\frac{K_q}{K_{ce}}$—— 总压力增益；

ω_r—— 惯性环节的转折频率，$\omega_r=\frac{K_{ce}K}{A_h^2}$。

当负载刚度$K=0$时，式（4-83）可简化为

$$X_p=\frac{\frac{K_q}{A_h}X_V-\frac{K_{ce}}{A_h^2}\left(1+\frac{V_0}{\beta_e K_{ce}}s\right)F_L}{s\left(\frac{s^2}{\omega_h^2}+\frac{2\xi_h}{\omega_h}s+1\right)} \tag{4-84}$$

活塞位移对阀芯位移的传递函数为

$$\frac{X_p}{X_V}=\frac{\frac{K_q}{A_h}}{s\left(\frac{s^2}{\omega_h^2}+\frac{2\xi_h}{\omega_h}s+1\right)} \tag{4-85}$$

可以看出，三通阀控制液压缸和四通阀控制液压缸的传递函数式形式是一样的，但液压固有频率和阻尼比不同。前者的液压固有频率是后者$1/\sqrt{2}$，在不考虑B_p的影响下阻尼比也是后者的$1/\sqrt{2}$。其原因是，在三通阀控制差动液压缸中只有一个控制腔，只形成一个液压弹簧，而在四通阀控制双作用液压缸中有两个控制腔，形成两个液压弹簧，其总刚度是一个控制腔的两倍。所以，在其他参数相同时，四通阀控制液压缸的动态响应要比三通阀控制液压缸的动态响应好得多。

4.6 泵控液压马达

泵控液压马达是由变量泵和定量马达组成的，如图 4-17 所示。变量泵 1 以恒定的转速ω_p旋转，通过改变变量泵 1 的排量来控制液压马达 2 的转速和旋转方向。补油系统是一个小流量

的恒压源，辅助泵 7 的压力由补油溢流阀 5 调定。辅助泵通过单向阀 4 向低压管补油，用以补偿液压泵和液压马达的泄漏，并保证低压管道有一个恒定的压力值，以防止出现气穴现象和空气渗入系统，同时也能帮助系统散热，辅助泵通常可作为液压泵变量控制机构的液压源。

在正常工作下，一根管道的压力等于补油压力，另一根管道的压力由负载决定，反向时两根管道的压力随之转换。为了保证液压元件不受压力冲击的损坏，在两根管道之间通过单向阀接了一个安全阀 3。安全阀的规格要足够大，响应速度要足够快，以便在过载时能够使液压泵的最大流量从高压管道迅速泄入低压管道。

在泵控液压马达系统中，由于液压泵的输出流量和工作压力与负载相适应，因此工作效率非常高，最大效率可达 90%，适用于大功率液压伺服系统。

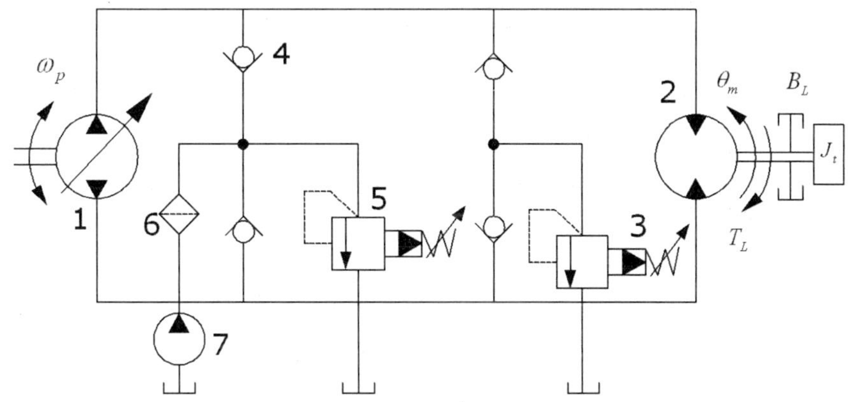

1—变量泵；2—液压马达；3—高压安全阀；4—单向阀；5—补油溢流阀；6—过滤器；7—辅助泵

图 4-17　泵控液压马达系统

4.6.1　基本方程

在推导液压马达转角与液压泵摆角的传递函数时，假设：

（1）连接管道较短，可以忽略管道中的压力损失和管道动态，并设两根管道完全相同，液压泵和液压马达腔的容积为常数。

（2）液压泵和液压马达的泄漏为层流，壳体内压力为大气压，忽略低压腔向壳体内的外泄漏。

（3）每个腔室内的压力是均匀相等的，液体油度和密度为常数。

（4）补油系统工作无滞后，补油压力为常数。在工作中，低压管道压力不变，等于辅助泵的补油压力，只有高压管道压力变化。

（5）输入信号较小，不发生压力饱和现象。

（6）液压泵的转速恒定。

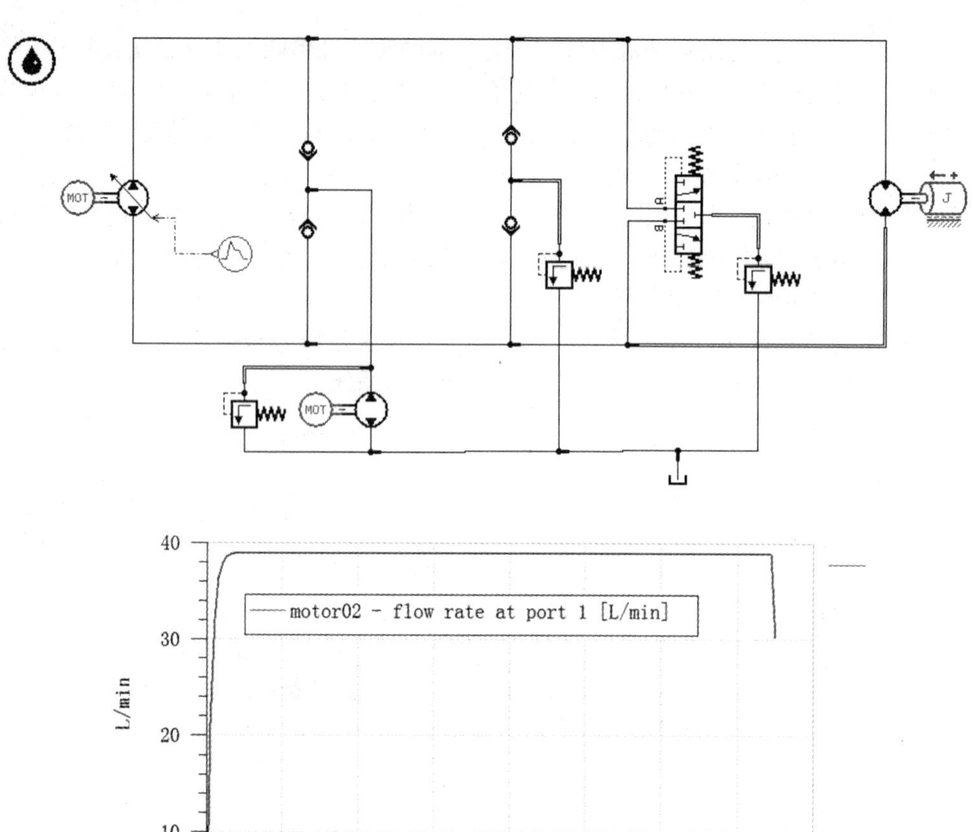

变量泵的排量为

$$D_p = K_p \gamma$$

式中：K_p—— 变量泵的排量梯度；

γ——变量泵变量机构的摆角。

变量泵的排量方程为

$$q_p = D_p \omega_p - C_{ip}\left(p_1 - p_r\right) - C_{ep} p_1$$

式中：ω_p—— 变量泵的转速；

C_{ip}—— 变量泵的内泄漏系数；

C_{ep}—— 变量泵的外泄漏系数；

p_r—— 低压管道的补油压力。

将式（4-74）代入式（4-75）中，其增量方程的拉氏变换式为

$$Q_p = K_{qp}\gamma - C_{tp}P_1$$

式中：K_{qp}—— 变量泵的流量增益，$K_{qp} = K_p\omega_p$；

C_{ip}—— 变量泵的总泄漏系数，$C_{tp} = C_{ip} + C_{ep}$。

液压马达高压腔的流量连续性方程为

$$q_p = C_{im}\left(p_1 - p_r\right) + C_{em}p_1 + D_m\frac{d\theta_m}{dt} + \frac{V_0}{\beta_e}\frac{dp_1}{dt}$$

式中：C_{im}——液压马达的内泄漏系数；

C_{em}——液压马达的外泄漏系数；

D_m——液压马达的排量；

θ_m——液压马达的转角；

V_0—— 一个腔室的总容积（包括液压泵和液压马达的一个工作腔、一根连接管道及与此相连的非工作容积）。

其增量方程的拉氏变换式为

$$Q_p = C_{tm}P_1 + D_m s\theta_m + \frac{V_0}{\beta_e}sP_1$$

式中：C_{tm}—— 液压马达的总泄漏系数，$C_{tm} = C_{im} + C_{em}$。

液压马达和负载的力矩平衡方程为

$$D_m\left(p_1 - p_r\right) = J_t\frac{d^2\theta_m}{dt^2} + B_m\frac{d\theta}{dt} + G\theta_m + T_L$$

式中：J_t—— 液压马达和负载（折算到液压马达轴上）的总惯量；

B_m—— 黏性阻尼系数；

G—— 负载弹簧刚度；

T_L—— 作用在液压马达轴上的任意外负载力矩。

其增量方程的拉氏变换式为

$$D_m P_1 = J_t s^2\theta_m + B_m s\theta_m + G\theta_m + T_L$$

4.6.2 传递函数

由上述基本方程式消去中间变量 Q_p、P_1，可得出

$$\theta_m = \frac{\dfrac{K_{qp}}{D_m}\gamma - \dfrac{C_t}{D_m^2}\left(1 + \dfrac{V_0}{\beta_e C_t}s\right)T_L}{\dfrac{V_0 J_t}{\beta_e D_m^2}s^3 + \left(\dfrac{C_t J_t}{D_m^2} + \dfrac{B_m V_0}{\beta_e D_m^2}\right)s^2 + \left(1 + \dfrac{C_t B_m}{D_m^2} + \dfrac{G V_0}{\beta_e D_m^2}\right)s + \dfrac{G C_t}{D_m^2}}$$

式中：C_t—— 总的泄漏系数，$C_t = C_{tp} + C_{tm}$。

当$\frac{C_t B_m}{D_m^2} << 1$和$G = 0$时，上式可简化为

$$\theta_m = \frac{\frac{K_{qp}}{D_m}\gamma - \frac{C_t}{D_m^2}\left(1 + \frac{V_0}{\beta_e C_t}\right)T_L}{s\left(\frac{s^2}{\omega_h^2} + \frac{2\xi_h}{\omega_h}s + 1\right)}$$

式中：ω_h—— 液压固有频率

$$\omega_h = \sqrt{\frac{\beta_e D_m^2}{V_0 J_t}}$$

ξ_h—— 液压阻尼比

$$\xi_h = \frac{C_t}{2D_m}\sqrt{\frac{\beta_e J_t}{V_0}} + \frac{B_m}{2D_m}\sqrt{\frac{V_0}{\beta_e J_t}}$$

液压马达轴转角对变量泵摆角的传递函数为

$$\frac{\theta_m}{\gamma} = \frac{\frac{K_{qp}}{D_m}}{s\left(\frac{s^2}{\omega_h^2} + \frac{2\xi_h}{\omega_h}s + 1\right)}$$

液压马达轴转角对任意外负载力矩的传递函数为

$$\frac{\theta_m}{T_L} = \frac{-\frac{C_t}{D_m^2}\left(1 + \frac{V_0}{\beta_e C_t}s\right)}{s\left(\frac{s^2}{\omega_h^2} + \frac{2\xi_h}{\omega_h} + 1\right)}$$

4.6.3 泵控液压马达与阀控液压马达的比较

将式（4-79）与（4-56）进行比较，可以看出这两个方程的形式是一样的，两种动力元件的动态特性没有什么根本的差别，但相应参数的数值及变化范围却有很大的不同。

（1）泵控液压马达的液压固有频率较低。当一根管道的压力等于常数时，因为只有一个控制管道压力发生变化，所以液压弹簧刚度为阀控液压马达的一半，液压固有频率是阀控液压马达的$1/\sqrt{2}$。另外，液压泵的工作腔容积较大，这使液压固有频率进一步降低。

（2）泵控液压马达的阻尼虽然比较小，但此较稳定。由于泵控液压马达的总泄漏系数C_t比阀控液压马达的总流量-压力系数K_{ce}小，因此阻尼比小于阀控液压马达的阻尼比。泵控液压马达几乎总是欠阻尼的，为达到满意的阻尼比往往有意设置旁路泄漏通道或内部压力反馈回

路。因为泵控液压马达的总泄漏系数基本上是恒定的，所以阻尼比也比较恒定。

（3）泵控液压马达的增益 K_{qp}/D_m 和静态速度刚度 D_m^2/C_t 比较恒定。

（4）由式（4-84）所确定的动态柔度或由其倒数所确定的动态刚度§4-2 的方法做出，由于泵控液压马达的液压固有频率和阻尼比较低，因此动态刚度不如阀控液压马达好。但因 C_t 较小，故静态速度刚度是很好的。

总之，泵控液压马达是相当线性的元件，其增益和阻尼比都是比较恒定的，固有频率的变化与阀控液压马达相似。因此，泵控液压马达的动态特性比阀控液压马达更加可以预测，计算出的性能和实测的性能比较接近，而且受工作点变化的影响比较小。但是，由于液压固有频率较低，还要附加一个变量控制伺服机构，因此总的响应特性不如阀控液压马达好。

4.7 思 考 题

1. 什么是液压动力元件？有哪些控制方式？有几种基本组成类型？
2. 负载类型对液压动力元件的传递函数有什么影响？
3. 无弹性负载和有弹性负载描述传递函数的性能参数分别有哪几个？它们对系统动态特性有什么影响？
4 何谓液压弹簧刚度？为什么要把液压弹簧刚度理解为动态刚度？
5. 液压固有频率和活塞位置有关，在计算系统稳定性时，四通阀控制双作用液压缸和三通阀控制差动液压缸应取活塞的什么位置？为什么？
6. 为什么液压动力元件可以得到较大的固有频率？
7. 为什么说液压阻尼比 ξ_h 是一个“软量”？提高阻尼比的简单方法有哪几种？它们各有什么优缺点？
8. 何谓液压动力元件的刚度？ A_p^2/K_{ce} 代表什么意义？
9. 三通阀控制液压缸和四通阀控制液压缸的固有频率有什么不同？为什么？
10. 阀控液压马达和泵控液压马达的特性有何不同？为什么？
11. 为什么把 K_V 称为速度放大系数？速度放大系数的量纲是什么？
12. 何谓负载匹配？满足什么条件才算最佳匹配？
13. 如何根据最佳负载匹配确定动力元件参数？
14. 泵控液压马达系统有没有负载匹配问题？满足什么条件才是泵控液压马达的最佳匹配？
15. 在长行程时，为什么不宜采用液压缸而采用液压马达？

4.8 习　　题

1. 有一阀控液压马达系统，已知：液压马达排量 $D_m = 6\times10^{-6}\ m^3/rad$，马达容积斜率为 95%，额定流量 $q_n = 6.66\times10^{-4}\ m^3/s$，额定压力 $p_n = 140\times10^5 Pa$，高低压腔总容积

$V_t = 3\times10^{-4} m^3$。拖动纯惯性负载，负载转动惯量 $J_t = 0.2kg \cdot m^2$，阀的流量增益 $K_q = 4 m^2/s$，流量-压力系数 $K_c = 1.5\times10^{16} m^3/s \cdot Pa$，液体等效体积弹性模量 $\beta_c = 7\times10^8 Pa$，试求出以阀芯位移为输入，液压马达转角 θ_m 为输出的传递函数。

2. 阀控液压缸系统，液压缸面积 $A_p = 150\times10^{-4} m^2$，活塞行程 $L = 0.6m$，阀至液压缸的连接管路长度 $l = 1m$，管路截面积 $a = 1.77\times10^{-4} m^2$，负载质量 $m_t = 2000kg$，阀的流量-压力系数 $K_c = 5.2\times10^{-12} m^3/s$，求液压固有频率 ω_h 和液压阻尼比 ξ_h。计算时，取 $\beta_e = 7\times10^8 Pa$，$\rho = 870 kg/m^3$。

3. 变量泵控制定量马达的惯性负载 $J_t = 0.2kg \cdot m^2$，高压侧油液总容积 $V_0 = 2\times10^{-3} m^3$，泵及马达的总泄漏系数 $C_t = 0.8\times10^{-11} m^3/s$，液体等效体积弹性模量 $\beta_e = 7\times10^8 Pa$，马达排量 $D_m = 12\times10^{-6} m^3/rad$，马达机械效率 $\eta_m = 0.9$，泵转速 $\omega_p = 52.3 rad/s$，略去泵与马达间的沿程阻力损失，求此装置及马达转速 θ_m 为输出，以泵排量 D_p 为输入的传递函数。

4. 有一四边滑阀控制的双作用液压缸，直接拖动负载作简谐运动。已知：供油压力 $p_s = 140\times10^5 Pa$，负载质量 $m_t = 300kg$，负载位移规律 $x_p = x_m \sin\omega t$，负载移动的最大振幅 $x_m = 8\times10^{-2} m$，角频率 $\omega = 30 rad/s$，试根据最佳负载匹配求液压缸面积和四边阀的最大开面积 ωx_{Vm}。计算时，取 $C_d = 0.62$，$\rho = 870 kg/m^3$。

5. 变量泵控制定量马达拖动纯惯性负载作简谐运动，其运动规律为 $\theta_m = \theta_{m\max} \sin\omega t$，式中 θ_m 为负载角位移，$\theta_{m\max}$ 为负载角位移的振幅，ω 为角频率。变量泵的额定工作压力为 p_s，转速为 n_p，系统总泄漏系数为 C_t。设低压腔压力为零，根据负载匹配求泵的排量 D_p 和液压马达排量 D_m。

第 5 章　机-液伺服系统

导言

由液压放大元件和液压执行元件组成的液压动力机构，实际上是一个开环控制系统。例如，阀控液压缸动力机构是通过移动滑阀阀芯把压力油引入液压缸，使活塞产生运动。如果用活塞产生的输出位移量与阀芯的输入位移量比较后的偏差信号，控制放大元件，这就是闭环位置控制系统；如果液压缸的运动通过某种机械装置（如杠杆、齿轮、螺母-螺杆和凸轮等）反馈回来移动阀体，以减少阀芯输入所产生的误差，这种利用机械反馈的系统，称为机-液伺服控制系统。

机-液伺服系统主要用于进行位置控制。由于结构简单，工作可靠，广泛用于飞机、导弹、仿形机床、采矿机械及其他工程机械的液压控制系统中。

机-液伺服系统可以按照不同方法进行分类。按反馈方式可分为内反馈伺服系统和外反馈伺服系统（图 5-1）；按输出的物理量可分为位置伺服系统、速度伺服系统、施力伺服系统；按动力机构可分为阀控伺服系统、泵控液压伺服系统。

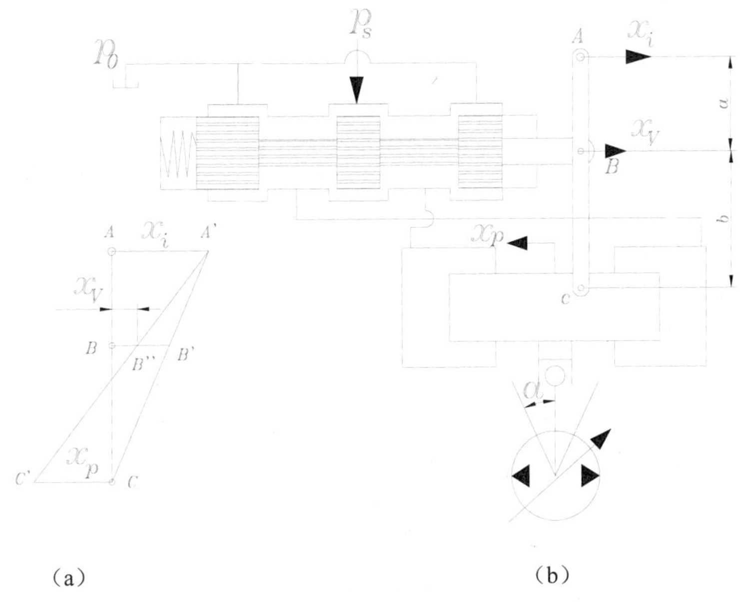

图 5-1　采煤机牵引部机-液位置伺服系统

5.1 阀控液压缸外反馈机-液位置伺服系统

如图 5-1 所示为一种采煤机液压传动牵引部伺服变量泵位置控制机-液伺服系统。恒压能源压力 ps，四通滑阀为液压放大元件，双作用液压缸为执行元件，其负载为变量泵变量机构的反力。液压缸活塞与阀芯之间用杠杆外部连接，构成外部反馈的反馈元件。

若给杠杆 A 点输入一个位移量 xi，因活塞和负载存在惯性不会立刻启动，则杠杆绕 C 点由 A 一道 A'点，B 点也移到 B'点右移 xv'。经过瞬间因为后活塞缸进入压力油液，被推向左移输出 xp，所以杠杆绕 A'点使 C 移到 C'点，B'点也反向移动 xv"到 B"。这时阀芯的实际位移量为

$$x_v = x_v' - x_v'' \tag{5-1}$$

xv 称为偏差信号。当 $x_v' = x_v''$ 时，即 xv＝0，伺服阀开口被关闭，即偏差信号为零，伺服系统的执行元件液压缸的活塞停止运动。

由此可见，当伺服阀阀芯输入一个固定值 xi 时，液压缸相应地输出位移 xp 也是一个确定值。输入信号 xi 使系统产生偏差，输出位移 xp 又反馈到输入端，与 xi 比较消除偏差，这就是利用杠杆反馈的阀控液压缸机液位置伺服系统。

使阀杆输入 xi 用力是很小的，但是通过伺服阀输送给液压缸的功率（或力）是很大的，与输入用力（功率）相比，要增大几百或几千倍，因此，伺服阀是一种力或功率的放大元件。

式（5-1）对内反馈机液伺服系统均适用。但在外反馈时，有反馈杠杆或其他机构传动，它们存在传动比，由图 5-1（b）可得出

$$x_v' = \frac{b}{a+b}x_i \qquad x_v'' = \frac{a}{a+b}x_p$$

则

$$x_v = x_v' - x_v'' = \frac{b}{a+b}x_i - \frac{a}{a+b}x_p = K_i x_i - K_f x_p \tag{5-2}$$

式中：Kf—— 传动比反馈系数；

Ki—— 放大系数。

若用四通阀阀控液压动力机构拖动惯性黏性负载，并考虑泄漏、压缩及可能出现的外干扰力，则无弹簧负载系统的传递函数简化表达式就是式（4-43）。

$$X_p = \frac{1/A_p(K_q X_V - \frac{K_{ce}}{A_p}\left(1+\frac{V_t}{4\beta_e K_{ce}}s\right)F_L)}{s\left(\frac{s^2}{\omega_h^2}+\frac{2\xi_h}{\omega_h}s+1\right)} \tag{5-3}$$

由式（5-2）、式（5-3）可绘制系统方框图，如图 5-2 所示。

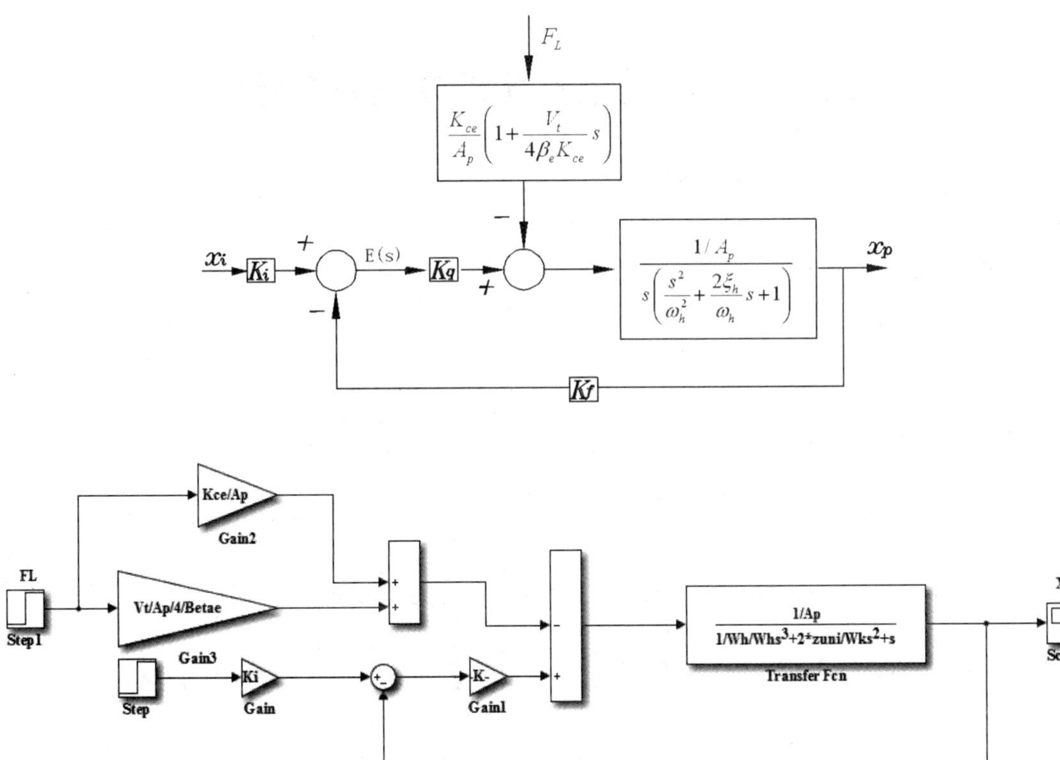

图 5-2　外反馈机-液位置伺服系统方框图

在不考虑外干扰力 FL 的影响下，系统的开环传递函数为

$$G(s)=\frac{X_p}{X_V}=\frac{K_v}{s\left(\frac{s^2}{\omega_h^2}+\frac{2\xi_h}{\omega_h}s+1\right)} \tag{5-4}$$

式中：Kv—— 速度常数（开环放大系数），$K_v=K_f K_q/A_p$。

该系统的闭环传递函数为

$$\phi(s)=\frac{G(s)}{1+G(s)}=\frac{K_v}{\left(\frac{s^3}{\omega_h^2}+\frac{2\xi_h}{\omega_h}s^2+s+K_v\right)} \tag{5-5}$$

由开环传递函数和闭环传递函数，就可以进行机-液伺服系统的动态品质分析。

5.2 机-液伺服系统的稳定性分析

5.2.1 Routh 稳定判据

1. 系统稳定的必要条件

设系统特征方程为

$$D(s)=a_n s^n+a_{n-1}s^{n-1}+\cdots+a_1 s+a_0 \tag{5-6}$$

将式（5-5）中各项除以 an 并分解因式，得出

$$s^n+\frac{a_{n-1}}{a_n}s^{n-1}+\cdots+\frac{a_1}{a_n}s+\frac{a_0}{a_n}=(s-s_1)(s-s_2)\cdots(s-s_n) \tag{5-7}$$

式中：$s_1,s_2\cdots s_n$ 为系统得的特征根。再将式（5-7）右边展开，得出

$$(s-s_1)(s-s_2)\cdots(s-s_n)=s^n-(\sum_{i=1}^{n}s_i)s^{n-1}+(\sum_{\substack{i<j\\ i=1,j=2}}^{n}s_i s_j)s^{n-2}-\cdots+(-1)^n\prod_{i=1}^{n}s_i \tag{5-8}$$

比较式（5-7）式（5-8）可看出根与系数有如下关系。

$$\left.\begin{array}{ll}\dfrac{a_{n-1}}{a_n}=-(\sum\limits_{i=1}^{n}s_i) & \dfrac{a_{n-2}}{a_n}=(\sum\limits_{\substack{i<j\\ i=1,j=2}}^{n}s_i s_j)\\ \dfrac{a_{n-3}}{a_n}=-\sum\limits_{\substack{i<j<k\\ i=1,j=2}}^{n}s_i s_j s_k\cdots & \dfrac{a_0}{a_n}=(-1)^n\prod\limits_{i=1}^{n}s_i\end{array}\right\} \tag{5-9}$$

从式（5-9）可知，要使全部特征根 $s_1,s_2\cdots s_n$ 均具有负实部，就必须满足以下条件，即系统稳定的必要条件。

（1）特征方程的各项系数 ai（i=0,1,2,…,n）都不等于零。若有一个系数为零，则必须出现实部为零的特征根或实部有正有负的特征根，才能满足式（5-9），此时系统为临界稳定或不稳定。

（2）特征方程的各项系数 ai 的符号都相同，这样才能满足式（5-9），一般取 ai 为正值。

上述两个条件可归纳为系统稳定的一个必要条件，即

$$a_n>0,a_{n-1},...,a_1>0,a_0>0 \tag{5-10}$$

2. 系统稳定的充要条件

将式（5-6）中系统特征方程式的系数按如下形式排列成 Routh 表。

$$
\begin{array}{l|lllll}
s^n & a_n & a_{n-2} & a_{n-4} & a_{n-6} & \cdots \\
s^{n-1} & a_{n-1} & a_{n-3} & a_{n-5} & a_{n-7} & \cdots \\
s^{n-2} & A_1 & A_2 & A_3 & A_4 & \cdots \\
s_{n-3} & B_1 & B_2 & B_3 & B_4 & \cdots \\
\vdots & \vdots & \vdots & \vdots & \vdots & \\
\vdots & \vdots & \vdots & \vdots & \vdots & \\
s^2 & D_1 & D_2 & & & \\
s^1 & E_1 & & & & \\
s^0 & F_1 & & & &
\end{array}
$$

其中，第一行与第二行由特征方程的系数直接列出。第三行（sn-2）各元 Ai（i=1,2,...）由下式计算

$$
A_1=\frac{a_{n-1}a_{n-2}-a_n a_{n-3}}{a_{n-1}} \quad A_2=\frac{a_{n-1}a_{n-4}-a_n a_{n-5}}{a_{n-1}} \quad A_3=\frac{a_{n-1}a_{n-6}-a_n a_{n-7}}{a_{n-1}}
$$

一直进行到其余的 Ai 值全部等于零为止。第四行各元由下式计算

$$
B_1=\frac{A_1 a_{n-3}-a_{n-1}A_2}{A_1} \quad B_2=\frac{A_1 a_{n-5}-a_{n-1}A_3}{A_1} \quad B_3=\frac{A_1 a_{n-7}-a_{n-1}A_4}{A_1} \quad \cdots\cdots
$$

一直进行到其余的 Bi 值全部等于零为止。利用同样的方法，递推计算第 5 行及后面各行，这一计算过程一直进行到第 n 行(s1)为止。第 n+1 行（s0）仅有一项，并等于特征方程常数项 a0。为了简化数值运算，可用一个正整数乘以或除以某一行的各项。

5.2.2 机-液伺服系统的稳定性判据和稳定裕量

系统的稳定性是系统能够可靠工作的保证，为了保证稳定性，有时需要牺牲一些响应速度。

在式（5-5）中，其特征方程为

$$
\frac{s^3}{\omega_h^2}+\frac{2\xi_h}{\omega_h}s^2+s+K_v=0 \tag{5-11}
$$

根据式（5-11）列出 Routh 表：

$$
\begin{array}{l|ll}
s^3 & \dfrac{1}{\omega_h^{\ 2}} & 1 \\
s^2 & \dfrac{2\xi_h}{\omega_h} & K_v \\
s^1 & \dfrac{\dfrac{2\xi_h}{\omega_h}-\dfrac{K_v}{\omega_h^{\ 2}}}{\dfrac{2\xi_h}{\omega_h}} &
\end{array}
$$

由式（5-10）得出

$$\frac{2\xi_h}{\omega_h}-\frac{K_v}{\omega_h^{\ 2}}>0$$

即 $$K_v<2\xi_h\omega_h \tag{5-12}$$

另外，还可以利用 Bode 图来判断系统的稳定性，并给出稳定裕量。由开环传递函数式（5-4）绘制 bode 图，如图 5-3 所示。该系统开环传递函数是由一个积分环节和一个二阶振荡环节组成的。

由图 5-3 可以看出，在低频段 $\omega<\omega_c$ 时，积分环节渐进线是斜率为$-20dB\cdot dec^{-1}$ 的直线。根据斜率，可得出速度常数 K_v 和穿越频率 ω_c 的关系式，即系统的频率特性为？

$$G_k(j\omega)=\frac{K}{(\frac{-\omega^2}{\omega^2{}_n}-2\xi\frac{\omega j}{\omega_n}+1)j\omega}$$

当 $\omega=\omega_n$ 时，其幅频特性为

$$L(\omega)=20\log\left|\frac{K}{(\frac{-\omega_n^{\ 2}}{\omega^2{}_n}-2\xi\frac{\omega_n j}{\omega_n}+1)j\omega}\right|=20\log\left|\frac{K}{2\xi\omega_n}\right|<0$$

$\frac{K}{2\xi\omega_n}<1$，即当 $K<2\xi\omega_n$ 时系统稳定，从而得证。

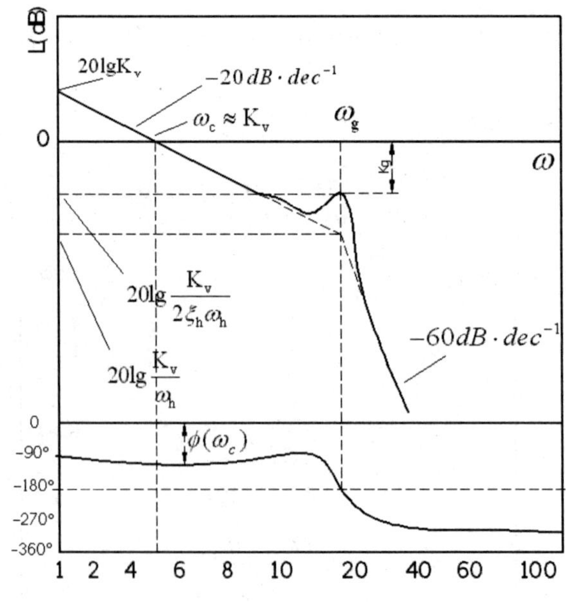

图 5-3 机-液位置伺服系统的 Bode 图

一般取 $\xi_h = (0.2 \sim 0.4)\omega_h$，这时位置伺服系统的稳定条件是

$$K_v < (0.2 \sim 0.4)\omega_h \tag{5-13}$$

也就是说，为了保证稳定性，使 K_v 限制在 ω_h 的 20%～40%，作为工程设计计算的经验法则。因此，机液位置伺服系统的控制精度不会太高。

为了防止系统中元件参数变化的影响，应保证稳定性有一定的储备，称为稳定裕度。它又分幅值裕度和相位裕度，可以利用 Bode 图得到。

已知 Bode 图曲线穿越频率 ω_c 的相位角与 180° 之和称为相位裕度，用下式表示

$$\gamma = 180^o + \phi(\omega_c) \tag{5-14}$$

式中，$\phi(\omega_c)$ 是开环频率特性，在穿越频率处的相位角用度表示。

在相位角等于－180° 时的频率上 $|G(j\omega_h)|$ 的倒数称为幅值裕度，用 K_g 表示时，则

$$K_g = \frac{1}{|G(j\omega_h)|} = -20\lg\frac{K_v}{2\xi_h\omega_h} \tag{5-15}$$

对于一般液压伺服系统来说，相位角 40° ～60° ，幅值裕量要大于 6dB，可保证系统稳定工作。

在 MATLAB 中，可用时域分析法对闭环系统的稳定性进行分析，方法如下：

对式（5-5）建立 MATLAB 描述：

$$sys = tf(K_v,[1/(\omega_h \times \omega_h),\ 2\times\xi/\omega_h,\ 1\ ,\ \mathrm{K_v}])$$

或对式（5-4）建立 MATLAB 描述：

$$sys1 = tf(K_v,[1/(\omega_h \times \omega_h),\ 2\times\xi/\omega_h,\ 1\ ,0])$$

按单位负反馈建立闭环系统传递函数：

$$sys = feedback(sys1,1)$$

建立时域分析，自动生成可视化图形：

- step(sys)—— 阶跃响应曲线；
- impulse(sys)—— 脉冲响应特性曲线。

对于开环传递函数式（5-4），可通过绘制 Bode 图求取幅值裕度和相位裕度：

```
bode(sys1)
margin(sys1)
[Gm,Gp,Wcg,Wcp]=margin(sys1)  （此式所求 Gm 数值偏低，一般用曲线图上所标值）
```

式中：Gm—— 幅值裕度 K_g；

Gp—— 相位裕度 γ；

Wcg、Wcp—— 交界频率 ω_c 和 ω_g。

5.2.3 稳定性计算举例

如图 5-4 所示，仿形刀架用三通双边滑阀差动液压缸的机液伺服系统。仿形刀架装在车床原刀架横滑板后方，这样可保留原刀架，不改变车床的原来性能。样板 1 支撑在后侧面，在工程中是不动的。仿形刀架在工作过程中随车床溜板左纵向（车床轴线）进给，液压缸的活塞杆固定在刀架的底座上，连同刀架 6 可在刀架底座的轨道上沿液压缸轴线移动。

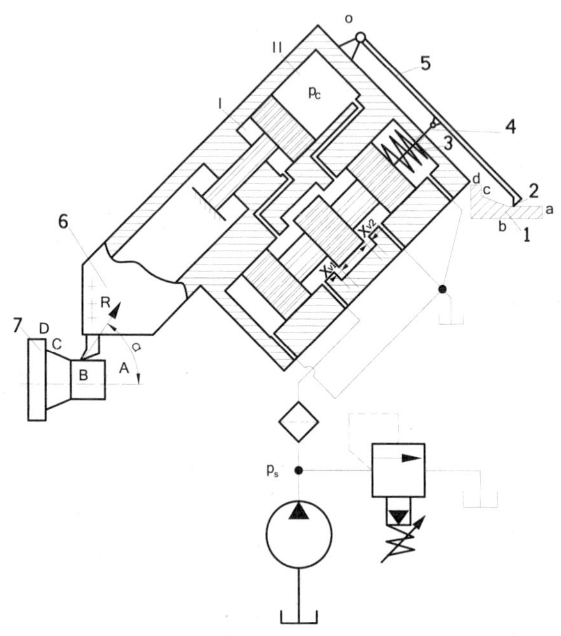

1－样件；2－触头；3－弹簧；4－拉杆；5－杠杆；6－刀架；7－工件

图 5-4　液压仿形刀架原理图

仿形刀架的液压控制作用由伺服阀、液压缸和反馈机构三部分组成。滑阀是由一个三通双边阀、阀套和缸体组成的，与杠杆 5 构成反馈机构。滑阀上有对中弹簧 3，通过拉杆 4 使触头 2 压紧在样件上。位置输入指令信号有样件给出，经杠杆 5、拉杆 4 来驱动阀芯。

液压缸的前腔 I 与液压油源供油路相通，其供油压力为液压泵输出的工作压力，该压力由溢流阀调定为恒值 ps。液压缸后腔 II 经阀的窗口 xv1 和 xv2 分别与供油和回油路相通，所以液压缸后腔的压力 pc 就由滑阀窗口的开口量 xv1 和 xv2 的比例关系来决定。设 I 腔的环形面积为 Ar，II 腔的活塞有效面积为 Ac，若使 Ac＝2Ar，当滑阀处于中位（零位）时，xv1＝xv2，pc＝0.5ps，则液压缸处于平衡状态，静止而不运动。

工作时，刀架纵向进给速度为 vz，触头沿样件直线表面滑动，对伺服阀芯并未输入信号，故伺服阀阀芯及液压缸均无动作，即液压缸无输出。但液压缸缸体连同刀具在液压缸轴向切削分力 R 的作用下产生退让，迫使阀口 xv1 减少，xv2 加大，pc 下降，以使之与切削分力 R 相平衡，即

$$psAr=2pcAr+R$$

这时刀架又处于新平衡位置，刀架在溜板纵向拖动下车出工件的圆柱体，即图 5-4 中 $\overline{AB}$ 段。触头碰到 b 点后开始爬坡，杠杆 5 以 0 点为支点抬起拉杆 4，使阀开口 xv1 加大，xv2 减少，pc 升高，缸体和阀体一起上升，消除 xv1 加大的部分开口量（偏差），又使刀具处于新的平衡位置。在触头爬坡过程中，xv1 不断增大，xv2 不断减少，pc 不断升高，而缸体连续不断地沿缸体的轴线上移，即连续不断地克服新产生的偏差，处于新平衡位置，直到触头到达 C 点，刀具车出工件的 $\overline{BC}$ 段锥体。

当阀芯上移时，pc 不断持续升高，psAr<pcAr，缸体（阀体）上升，消除新产生的 xv1 加大的部分开口量（即杠杆位置反馈以消除产生的偏差）。

当触头到达 C 点时遇到垂直台肩，触头即沿样件垂直上移，触头上移一点，阀芯也上移使 xv1 加大一点，pc 上升液压缸上行，减少刚才加大的那一部分。这样触头一点一点地上移，车刀随液压缸一点一点地上行，就车出工件的圆周垂直台肩。触头刀 d 点车完垂直台肩，如果继续车圆柱、圆锥等，其动作过程相同。

【例】仿形刀架用三通双边滑阀差动液压缸的机液位置伺服系统，其参数如表 5-1 所示。

表 5-1　仿形刀架参数

参数名称	参数值	参数名称	参数值
移动部总重量	G=700N	油液密度	$\rho = 900kgm^{-3}$
液压缸直径	D=0.09m	油液运动黏度	$\gamma = 20\times10^{-6}\ N^{-1}.s^{-1}$
液压缸的最大行程	L=0.1m	油液体积弹性模量	$\beta_e = 7\times10^5 N\square m^{-2}$
阀芯直径	d=0.012m	供油油源压力	ps=25×105N/m2
液压缸活塞宽度	B=0.03m	刀具安装角	$\alpha = 60^\circ$
阀芯与阀套间配合间隙	Cr=1.5×10-5m	纵向走刀速度	V纵=5×10－3m.s-1
反馈系数	Kf=1	刀切削力	FL=3000N

试绘制该系统的 bode 图，并求其稳定裕量。

解：由式（5-11）得出

$$\omega_h = \sqrt{\frac{\beta_e A_h^2}{V_0 m_t}} = \sqrt{\frac{7\times10^8\times\pi\times0.09^2/4}{0.1\times700/9.8}} = 791\text{s-1}$$

考虑导轨的机械摩擦和库伦摩擦取 $\xi_h = 0.3$，由式（4-72）在不计负载干扰力 FL 下的开环传递函数为

$$Kv = \frac{K_f K_q}{A_c} = \frac{1\times0.62\times\pi\times0.012}{0.00636}\sqrt{\frac{25\times10^5}{900}} = 193.7\text{s-1}$$

$$G(s) = \frac{K_v}{s\left(\dfrac{s^2}{\omega_h^2}+\dfrac{2\xi_h}{\omega_h}s+1\right)} == \frac{193.7}{s(\dfrac{s^2}{791^2}+\dfrac{2\times0.3}{791}s+1)}$$

由 Routh 判据可知，稳定性条件为$K_v < 2\xi_h\omega_h$，即 193.7<2×791×0.3=474.6，所以系统稳定。

手工绘制 Bode 图时，一般取$\omega_c = K_v = 193.7,\ \omega_g = \omega_h = 791$，经计算得出

$$K_g = -20\lg\frac{K_v}{2\xi_h\omega_h} = 7.9(dB)$$

$$\gamma = 180^\circ + (-90^\circ - arctg\frac{0.6\times 193.7/791}{1-(193.7/791)^2} = 81.9^\circ$$

下面按 Matlab 方法来验算上述计算结果。可视化结果如图 5-5 所示，其源程序（ex501.m）如下：

```
m=700/9.8
D=0.09        % 活塞直径
bata=7e+8
Ac=pi*D^2/4  % 活塞面积
L=0.1
v0=L*Ac  % 容积
wh=sqrt(bata*Ac/(L*m))
Kv=193.7
zuni=0.3
num=Kv
% den=[1/(wh*wh) 2*zuni/wh 1 0]
den=conv([1 0],[ 1/(wh*wh) 2*zuni/wh 1])
sys=tf(num,den)  % 开环传递函数
sysc=feedback(sys,1)  % 闭环传递函数
% 1 时域分析
subplot(121)
step(sysc)
grid
subplot(122)
impulse(sysc)
grid
% 2 用开环 bode 图
figure(2)
margin(sys)
grid
% 3 用开环 nyquist 图
figure(3)
subplot(121)
pzmap(sys)
grid
```

```
subplot(122)
nyquist(sys)
grid
```

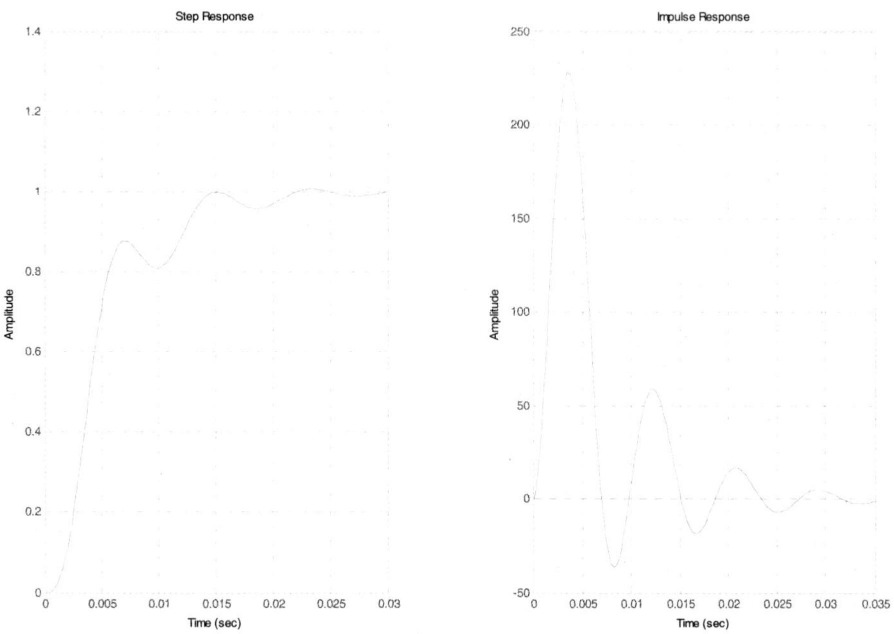

（a）时域响应曲线

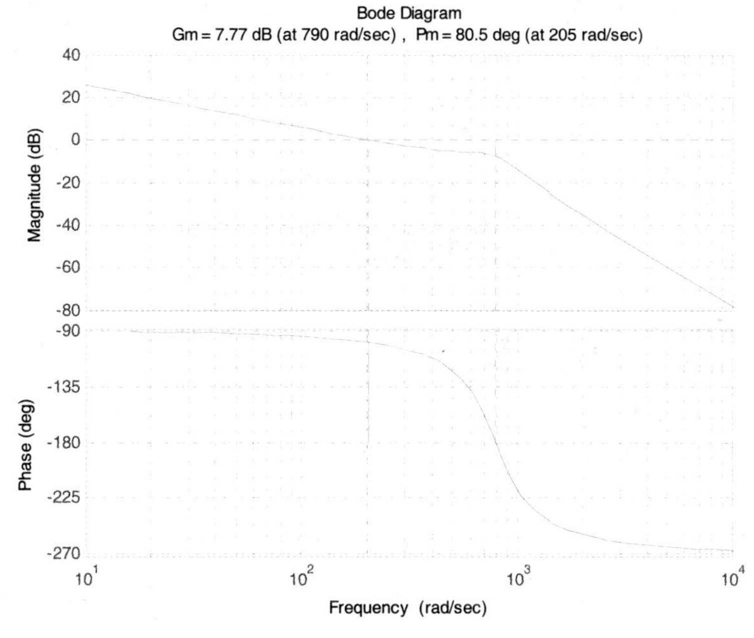

（b）bode 图

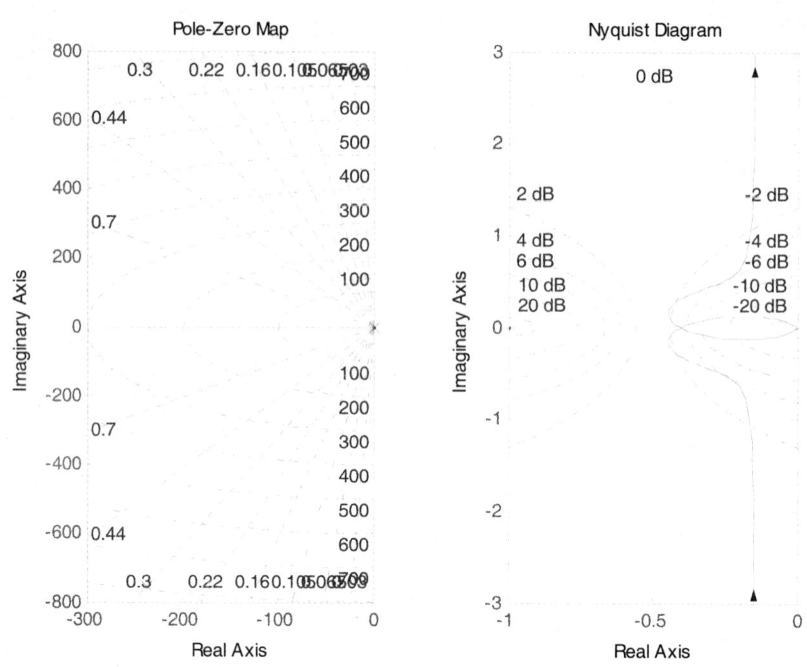

（c）nyquist 曲线

图 5-5　仿形刀架响应曲线

由图 5-5（b）可以得到计算结果：[Gm,Pm,Wcg,Wcp]=[9.77,80.5,790,205]与上述计算结果相比是相当接近的。手工绘制 Bode 图，精度略低，用于粗略分析是足够的。用 Matlab 可实现计算结果与响应曲线和仿真结果的可视化自动生成，曲线绘制准确标准，是液压伺服控制系统的有效分析工具，在以后的分析中就不再采用手工计算、手工绘制 Bode 图了。

5.3　影响稳定性的因素

5.3.1　主要结构参数的影响

由式（5-12）等可以看出：系统稳定性受到液压固有频率 ω_h、阻尼比 ξ_h 和速度常数 K_v 的影响和制约，提高 ω_h 可提高系统的稳定性，加快响应速度，加大 K_v 会降低系统的稳定性，但可以提高系统的精度，ω_h 和 K_v 值可以精确地计算出来。由于 ξ_h 值的影响因素在工作过程中变化较大，因此取值复杂一些，其理论值一般小于实测值，原因如下：

（1）由于滑阀都有径向间隙，零开口阀都带有一点正开口阀的特性，因此实际正开口阀的 Kc 值比理论值大，但 ξ_h 值略大。

（2）执行元件及负载运动时的干摩擦会增加阻尼。

当系统工作频率增加时，负载运动加快，负载压力 pL 加大，从而使 Kc 增大。当工作频

率接近 ω_h 时，负载压力趋近于能源压力 ps，除 Kc 值增大，会引起阻尼系数减少外，流量增益 Kq 也会降低，导致峰值减弱。

尽管 ξ_h 的实际值可能比理论计算值略大些，如前述实例中 $\xi_h = 0.3$。如兼顾精度和稳定性，要加大 ξ_h 时，可采取下述措施：

- 采用正开口阀有较大的压力-流量系数 Kc。但因泄漏增大，损失功率加大，同时会降低系统的刚度。
- 执行元件两工作腔增加泄漏系数，从而加大阻尼。此方法与上述加大 Kc 相仿，缺点也相同。
- 增加执行元件及负载运动时的摩擦阻力以提高阻尼，将增大稳态误差和死区。
- 增大黏性阻尼系数可增大阻尼比，能使 ξ_h 达到 0.7，但必须在结构上设置阻尼器。

此外，还可以采用校正元件，以综合保证系统精度及稳定性。

5.3.2　结构刚度对稳定性的影响

执行元件的固定刚度、执行元件与负载的连接刚度及反馈机构的刚度称之为系统结构刚度。前面讨论系统的稳定性时，为了简便，都将结构刚度忽略了。但有时会因结构刚度不足而使稳定性变坏，甚至造成系统不稳定。提高结构刚度不仅可以提高系统的稳定性，同时还可以提高系统的工作精度。

1. 固定刚度和连接刚度对稳定性影响

如图 5-6 所示为液压缸-负载系统简化图，固定刚度用 Ks1 表示，活塞与负载连接刚度用 Ks2 表示。它是采用四通阀控双作用液压缸。

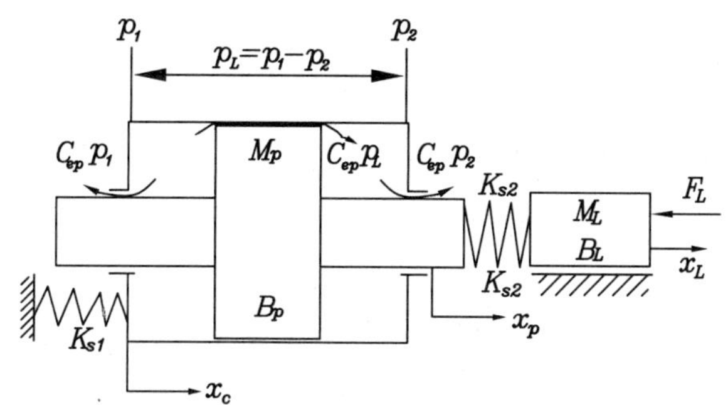

图 5-6　液压缸与负载系统简化模型

液压缸缸体的力平衡方程为

$$p_L A_p = -M_c \frac{d^2 x_p}{dt^2} + B_p (\frac{dx_p}{dt} - \frac{dx_c}{dt}) - K_{s1} x_c \tag{5-16}$$

液压缸活塞的力平衡方程为

$$p_L A_p = M_p \frac{d^2 x_p}{dt^2} + B_p (\frac{dx_p}{dt} - \frac{dx_c}{dt}) + K_{s2}(x_p - x_L) \tag{5-17}$$

负载的力平衡方程为

$$K_{s2}(x_p - x_L) = M_L \frac{d^2 x_L}{dt^2} + B_L \frac{dx_L}{dt} + F_L \tag{5-18}$$

伺服阀的线性化方程为

$$q_L = K_q x_v - K_c p_L \tag{5-19}$$

液压缸的连续方程

$$q_L = A_p(\frac{dx_p}{dt} - \frac{dx_c}{dt}) + c_{ip} p_L + \frac{V_t}{4\beta_e}\frac{dp_L}{dt} \tag{5-20}$$

合并式（5-19）和（5-20）得出

$$K_q x_v - K_c p_L = A_p(\frac{dx_p}{dt} - \frac{dx_c}{dt}) + c_{ip} p_L + \frac{V_t}{4\beta_e}\frac{dp_L}{dt}$$

上式经拉氏变换并整理后得出

$$K_q x_v = (K_{ce} + \frac{V_t}{4\beta_e} s) p_L + A_p s(x_p - x_c) \tag{5-21}$$

通常在大惯量的功率伺服系统中，结构刚度的影响比较突出，这时可以忽略活塞质量 Mp 和缸体质量 Mc，Bp 和 Bc 也比较小可忽略，如此简化后，使结构刚度的影响更加清楚。

$$p_L A_p = -K_{s1} x_c \tag{5-22a}$$

$$K_{s2}(x_p - x_L) = M_L s^2 x_L + F_L \tag{5-22b}$$

$$p_L A_p = K_{s2}(x_p - x_L) \tag{5-22c}$$

由式（5-22b）和式（5-22c）得出

$$p_L = \frac{M_L}{A_p} s^2 x_L + \frac{F_L}{A_p} \tag{5-23a}$$

由式（5-22b）得出

$$x_p = (\frac{M_L}{K_{s2}} s^2 + 1) x_L + \frac{F_L}{K_{s2}} \tag{5-23b}$$

由式（5-23a）和式（5-22c）得出

$$-x_c = \frac{p_L}{K_{s1}} A_p + \frac{F_L}{K_{s1}} \tag{5-23c}$$

把式（5-23）代入式（5-21）得出

$$\frac{K_q}{A_p}x_v=[(\frac{V_tM_L}{4\beta_eA_p^2}+\frac{M_L}{K_{s1}}+\frac{M_L}{K_{s2}})s^2+\frac{K_{ce}M_L}{A_p}s+1]sx_L+[\frac{K_{ce}}{A_p^2}+(\frac{V_t}{4\beta_eA_p^2}+\frac{1}{K_{s2}})s]F_L \tag{5-24}$$

令：$\omega_h=\frac{V_tM_L}{4\beta_eA_p^2}$—— 液压固有频率；

$\omega_{s1}=\frac{K_{s1}}{M_L}$—— 固定结构的固有频率；

$\omega_{s2}=\frac{K_{s2}}{M_L}$—— 连接机构的固有频率；

$\omega_s=\frac{\omega_{s1}\omega_{s2}}{\sqrt{\omega_{s1}+\omega_{s2}}}$—— 结构谐振频率；

$\omega_n=\frac{\omega_h\omega_s}{\sqrt{\omega_h^2+\omega_s^2}}=\sqrt{1/(\frac{V_tM_L}{4\beta_eA_p^2}+\frac{M_L}{K_{s1}}+\frac{M_L}{K_{s2}})}$—— 综合谐振频率；

$\xi_n=\frac{K_{ce}m_L}{2A_p}\omega_n$—— 综合阻尼比。

由式（5-24）得到滑阀输入位移 xi 对负载输出位移 xL 的传递函数。

$$\frac{x_L}{x_v}=\frac{K_q/A_p}{s(\frac{s^2}{\omega_n^2}+\frac{2\xi_n}{\omega_n}s+1)} \tag{5-25}$$

由式（5-23b）得到活塞位移 xp 对负载输出位移 xL 的传递函数。

$$\frac{x_L}{x_p}=\frac{1}{(s^2/\omega^2_{s2}+1)} \tag{5-26}$$

由式（5-25）、式（5-26）得到滑阀输入位移 xv 对活塞输出位移 xp 的传递函数。

$$\frac{x_p}{x_v}=\frac{K_q(s^2/\omega_{s2}+1)/A_p}{s(\frac{s^2}{\omega_n^2}+\frac{2\xi_n}{\omega_n}s+1)} \tag{5-27}$$

从上面的分析可以看出，结构刚度与负载质量构成一个结构谐振系统，而结构谐振与液压谐振相互耦合，又形成一个液压-机械综合谐振系统。该系统的综合刚度 Kn 是液压弹簧刚度 Kh 和结构刚度 Ks1、Ks2 串联后的刚度，小于液压弹簧刚度和结构刚度。因此，综合谐振频率 ω_h 和结构谐振频率 ω_s 都低，限制了整个液压伺服系统的频带宽度。

2. 考虑结构柔度的系统稳定性

由式（5-25）、式（5-26）、式（5-27）可以看出，反馈从负载端 xL 取出或从活塞输出端 xp 取出，因其反馈所包围的环节是不同的，故反馈连接点与系统的性能有很大关系。

（1）全反馈系统的稳定性

假定反馈从负载 xL 取出，构成全反馈闭环系统，如图 5-7（a）所示。开环系统的 Bode 图见图 5-8 中的曲线 a，此时系统的稳定条件是 $K_v < 2\xi_n\omega_n$

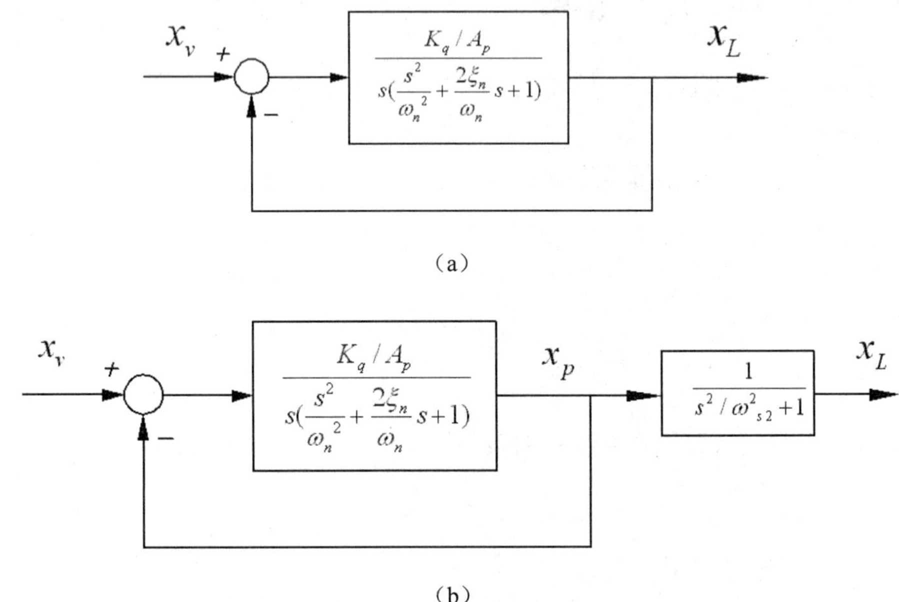

图 5-7 全闭环系统和办闭环系统的方框图

系统的稳定性和频宽受综合谐振频率 ω_n 和综合阻尼比 ξ_n 限制。对于惯性比较小和结构刚度比较大的伺服系统，往往是 $\omega_n >> \omega_h$，因此可以认为液压固有频率就是综合谐振频率。有些大惯量伺服系统，往往是 $\omega_n << \omega_h$，在这种情况下，综合谐振频率就近似等于结构谐振频率，结构谐振频率成为限制整个液压伺服系统频宽的主要因素。此时，继续提高液压固有频率，对提高综合谐振频率没有什么影响，必须提高结构刚度。当结构谐振频率能与液压固有频率相比拟时，结构谐振的影响就不能忽略了。为了提高系统的稳定性，必须设法提高综合谐振频率和综合阻尼比。

（2）半闭合系统的稳定性

如果反馈从活塞输出端引出 xp 构成半闭环系统，其方框图如图 5-7（b）所示。此时系统开环传递函数中含有二阶微分环节，当谐振频率 ω_{s2} 与综合谐振频率 ω_n 靠的很近时，如 $\omega_n << \omega_h$ 的情况，反谐振二阶微分环节对综合谐振起到对消作用，使综合谐振峰值减小，如图 5-8 中曲线 b，从而改善系统的稳定性。

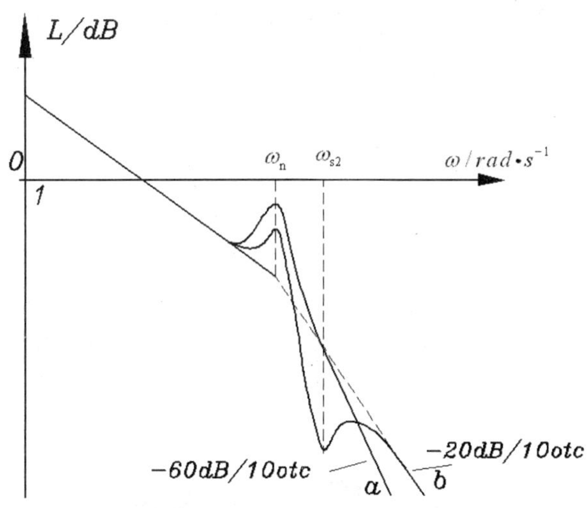

图 5-8　不同反馈联结的系统 Bode 图

根据图 5-7（b）可以求出系统闭环传递函数为

$$\frac{x_p}{x_v}=\frac{K_v(s^2/\omega_{s2}+1)}{(\frac{s^3}{\omega_n{}^2}+\frac{2\xi_n}{\omega_n}s^2+s+K_v)}$$

对上式的特征方程$\frac{s^3}{\omega_n{}^2}+\frac{2\xi_n}{\omega_n}s^2+s+K_v=0$，利用 Routh 判据，得出系统稳定条件为

$$\mathrm{K_v}<2\xi_n\omega_n\frac{1}{1-(\frac{\omega_n}{\omega_{s2}})^2} \tag{5-28}$$

由于$1-(\omega_n/\omega_{s2})^2\leqslant 1$，因此半闭环系统的稳定性比全闭环系统的稳定性好得多，但精度一般要比全闭环系统低。

3. 提高综合谐振频率和综合阻尼比的方法

如上所述，由于结构柔度的影响，产生了结构谐振与液压谐振的耦合，使系统出现一个频率低、阻尼小的综合谐振。综合谐振频率ω_n和综合阻尼比ξ_n常常成为影响系统稳定性和限制系统频宽的主要因素，因此,提高ω_n和ξ_n具有重要意义。

（1）提高综合谐振频率ω_n的途径

首先应提高结构谐振频率ω_s。提高结构刚度，减少负载质量（或惯量），可以提高结构谐振频率。但负载质量（或惯量）有负载特性决定，需要提高结构刚度，即提高安装固定刚度和传动机构的刚度。在带有传动机构的负载系统中，对等效结构刚度影响最大的是靠近负载处的结构刚度，因为该处的结构刚度折算到液压执行元件输出端的等效刚度的传动比最大，所以要特别注意提高靠近负载处的结构刚度。提高ω_n的另一个途径是增大执行元件到负载的传动比，这时 K_{s2} 和 m_L 同时降低，ω_{s2} 不变。但传动比增大使折算到执行元件输出端的等效负载质量（或等效负载惯量）减少，提高了液压固有频率，从而提高了综合谐振频率。若负载结构参数不变，也可以通过提高液压弹簧刚度的办法来提高液压固有频率。

（2）提高综合阻尼比 ξ_n 的途径

综合阻尼比主要是由阀提供的，可以采用增大 K_{ce} 的办法来提高 ξ_n。对于这种共振性的负载，更常用的办法是在液压缸两腔之间连接一个机液瞬态压力反馈网络，或者采用压力反馈或动压反馈伺服阀。在系统中附加电的压力反馈或压力微分反馈网络也可起到同样的作用。

以上是安装固定刚度和连接固定对系统稳定性的影响。在机-液伺服系统中，反馈机构的刚度不够也会降低系统的稳定性。

5.4 动压反馈装置

液压伺服系统往往是欠阻尼的，若液压阻尼比小，则直接影响系统的稳定性、响应速度和精度。因此，提高阻尼比，对改善系统性能是十分重要的。在第 4 章已经介绍过，在液压缸两腔之间设置旁路泄漏通道，或者采用正开口滑阀均可增加系统的阻尼，但增加了功率损失，降低了系统的静刚度。采用动压反馈可以有效地提高阻尼比，而且又可避免上述缺点。因此，动压反馈是液压系统中常用的增加阻尼的方法。

动压反馈装置是由液阻和液容组成的压力微分网络。图 5-9（a）所示的动压反馈装置是由层流液阻和空气蓄能器组成的，分别接在液压缸的进出口。下面先推导其传递函数。

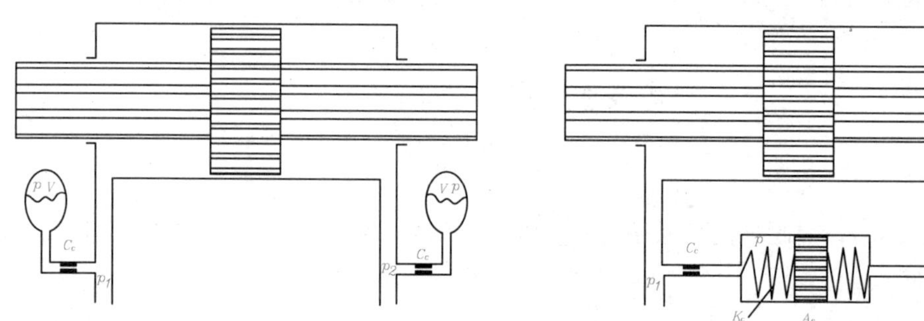

（a）液阻+空气蓄能器的动压反馈装置　　（b）液阻+弹簧活塞蓄能器的动压反馈装置

图 5-9　动压反馈装置

层流液阻的流量方程为

$$q_{d1} = C_c(p_1 - p) \tag{5-29}$$

式中：q_{d1} —— 通过液阻的流量；

C_c —— 液阻的层流液导；

p_1 —— 液阻的进口压力；

p —— 液阻的出口压力。

若设空气蓄能器按等温过程变化，则有

$$pV = p_0V_0$$

式中：p_0—— 初始状态的压力；

V_0—— 初始状态的空气容积。

由上式得出

$$\frac{dV}{dt} = p_0V_0(-\frac{1}{p^2})\frac{dp}{dt}$$

在压力变化不大的情况下，若 $p \approx p_0$，则有

$$\frac{dV}{dt} = -\frac{V_0}{p_0}\frac{dp}{dt} \tag{5-30}$$

由流量连续性方程得出

$$q_{d1} = -\frac{dV}{dt}$$

由此得出

$$C_c(p_1 - p) = \frac{V_0}{p_0}\frac{dp}{dt}$$

整理出

$$\frac{V_0}{p_0}\frac{dp}{dt} + C_cp = C_cp_1$$

由上式的拉氏变换式求出

$$P(s) = \frac{1}{(\frac{V_0}{C_cp_0}s + 1)}P_1$$

代入式（5-29）得出

$$Q_{d1} = \frac{\frac{V_0}{p_0}s}{(\frac{V_0}{C_cp_0}s + 1)}P_1 \tag{5-31}$$

同理，得出

$$Q_{d2} = \frac{\frac{V_0}{p_0}s}{(\frac{V_0}{C_cp_0}s + 1)}P_2 \tag{5-32}$$

由于 $Q_d = Q_{d1} - Q_{d2}$，将上述两式相减得出

$$Q_d = \frac{V_0}{p_0} \frac{s}{(\frac{V_0}{C_c p_0} s + 1)} (P_1 - P_2)$$
$$= \frac{V_0}{p_0} \frac{s}{(\frac{V_0}{C_c p_0} s + 1)} P_L \tag{5-33}$$

由上式可得传递函数为

$$G_d(s) = \frac{Q_d}{P_L} = \frac{C_c}{2} \frac{\tau_d s}{1 + \tau_d s} \tag{5-34}$$

式中：τ_d—— 时间常数，$\tau_d = V_0 / C_c p_0$。

上式表明动压反馈装置是一个压力微分环节。

图 5-9（b）所示的动压反馈装置是由液阻和弹簧活塞蓄能器组成的，并联在液压缸的进出口之间。

层流液阻的流量方程为

$$q_d = C_c (p_1 - p)$$

弹簧活塞蓄能器的流量为

$$q_d = A_c \frac{dx_c}{dt}$$

蓄能器活塞的力平衡方程为

$$A_c (p - p_2) = K_c x_c$$

式中：K_c、x_c—— 分别为蓄能器的总弹簧刚度和活塞位移。

由以上三式联立消去 p、xc，可得出

$$q_d + \frac{A^2{}_c}{C_c K_c} \frac{dq_d}{dt} = \frac{A^2{}_c}{K_c} \frac{dp_L}{dt}$$

对上式进行拉氏变换后得出

$$Q_d = \frac{\frac{A^2{}_c}{K_c}}{1 + \frac{A^2{}_c}{C_c K_c}} P_L \tag{5-35}$$

传递函数为

$$G_d(s) = \frac{Q_d}{P_L} = C_c \frac{\tau_c s}{1 + \tau_c s} \tag{5-36}$$

式中：τ_c—— 时间常数，$\tau_c = A^2{}_c / C_c K_c$。

比较式（5-34）和式（5-36），可以看出它们的形式是相同的，其作用也是一样的。动压反馈装置是一种廉价、可靠、有效的阻尼装置，能获得 0.5～0.8 的合适阻尼比。

下面介绍由液阻和弹簧活塞蓄能器组成的动压反馈装置对伺服系统性能的改善情况。

阀的线性流量方程为

$$Q_L = K_q X_v - K_c P_L \tag{5-37}$$

液压缸的流量连续性方程为

$$Q_L = A_p s X_p + [C_{tp} + G_d(s)]P_L + \frac{V_t}{4\beta_e} s P_L \tag{5-38}$$

液压缸与负载的力平衡方程，这里主要是为了说明动压反馈的作用，假定负载只有惯性力。

$$A_p P_L = m s^2 X_p \tag{5-39}$$

由以上三个方程可得出

$$K_q X_v = \{A_p s + [C_{tp} + K_c + G_d(s)]\frac{m_t}{A_p} s^2 + \frac{V_t m_t}{4\beta_e A_p} s^3\} X_p \tag{5-40}$$

由式（5-40）可绘制系统的方框图，如图 5-10 所示。由图可以看出，采用动压反馈装置以后，产生了压力微分反馈的作用。

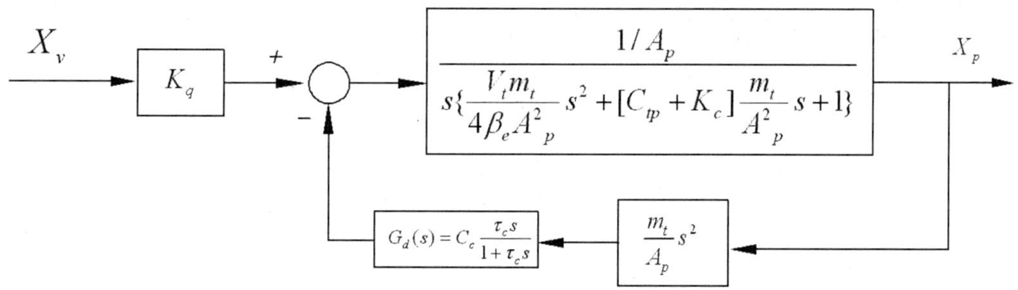

图 5-10 带动压反馈装置的系统方框图

由式（5-40）可得系统的传递函数。

$$\frac{X_p}{X_v} = \frac{K_q / A_p}{s\{\frac{V_t m_t}{4\beta_e A^2_p} s^2 + [C_{tp} + K_c + G_d(s)]\frac{m_t}{A^2_p} s + 1\}}$$

$$= \frac{K_q / A_p}{s\{\frac{s^2}{\omega^2_h} + \frac{2\xi_h}{\omega_h} s + 1\}} \tag{5-41}$$

式中：ω_h—— 液压固有频率；　　$\omega_h=\sqrt{\dfrac{4\beta_e A_p^2}{V_t m_t}}$；

ξ_h—— 阻尼比；　　$\xi_h=\dfrac{K_{ce}+G_d(s)}{A_p}\sqrt{\dfrac{\beta_e m_t}{V_t}}$。

采用动压反馈装置以后，所得到的传递函数式（5-41）的形式虽没有什么变化，但其中的阻尼比却增加了一项。

$$\frac{G_d(s)}{A_p}\sqrt{\frac{\beta_e m_t}{V_t}}=\frac{\tau_c s}{1+\tau_c s}\frac{C_c}{A_p}\sqrt{\frac{\beta_e m_t}{V_t}}=K_d\frac{\tau_c s}{1+\tau_c s}$$

式中：

$$K_d=\frac{C_c}{A_p}\sqrt{\frac{\beta_e m_t}{V_t}}$$

由于在稳态情况下其趋近于零，因此对稳态性能不会产生影响。在动态过程中，随着负载的变化而产生附加的阻尼作用，而且负载变化越大，其阻尼作用就越大。在这种系统中，可以使 Kce 尽量小，以便提高系统的精度。系统的稳定性可由动压反馈来保证，这就可以同时满足静态特性和动态特性两方面的要求了。

5.5 液压转矩放大器

5.5.1 结构原理

液压转矩放大器是一种带机械反馈的液压伺服机构，如图 5-11 所示。

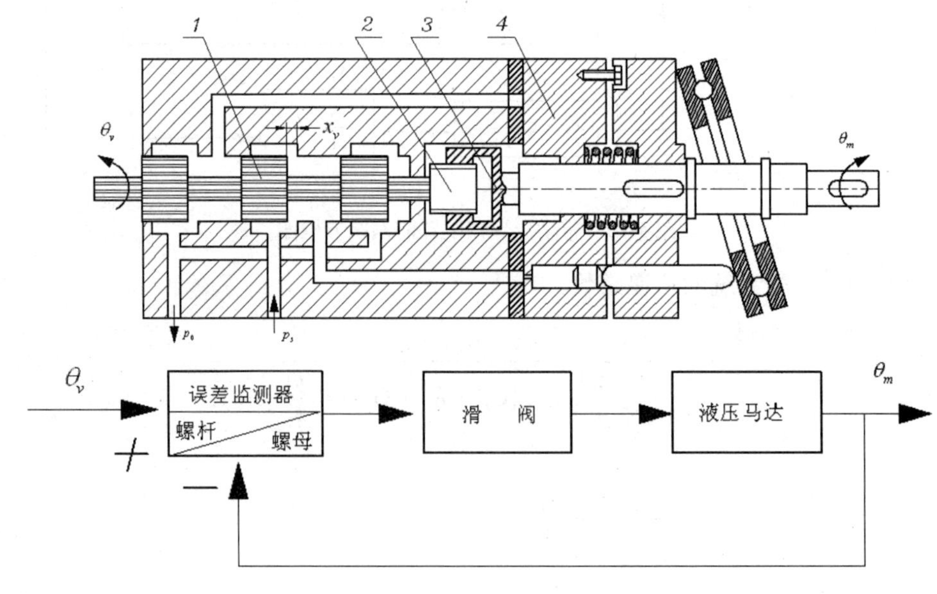

1—滑阀　2—螺杆　3—反馈螺母　4—液压马达

图 5-11　液压转矩放大器结构原理图

液压转矩放大器由四边滑阀、液压马达和螺杆、螺母反馈机构三部分组成。输入转角 θ_v 经阀芯端部的螺杆螺母副变成阀芯位移 x_v，使阀芯与阀套间形成开口，控制进出液压马达的压力油的流动方向和流量，液压马达轴按相应的方向转动。液压马达轴的转角 θ_m 带动反馈螺母旋转，通过螺杆使阀芯复位，这样液压马达轴完全跟踪阀芯输入转角而转动。但是因为液压马达的输出力矩要比转动阀芯所需要的输入力矩大的多，所以把这种装置叫作液压转矩放大器。它由步进电机通过加速齿轮驱动，就构成了电液步进马达。液压马达的转角与输入的脉冲数成比例，而其转速与输入的脉冲频率成比例。电液步进马达在开环数字程序控制机床中得到广泛的应用。

5.5.2 方框图及传递函数

液压转矩放大器输入转角 θ_v、输出转角 θ_m 和滑阀阀芯位移 x_v 之间的关系为

$$x_v = \frac{t}{2\pi}(\theta_v - \theta_m) \tag{5-42}$$

式中：t—— 螺杆导程。

滑阀阀芯位移 x_v 至液压马达轴转角 θ_m 转角的传递函数，可由第 4 章阀控液压马达的分析直接写出。假设以惯性负载为主，传递函数为

$$\frac{\theta_m}{x_v} = \frac{K_q / D_m}{s(\frac{s^2}{\omega_h^2} + \frac{2\xi_h}{\omega_h}s + 1)} \tag{5-43}$$

式中：ω_h—— 液压固有频率，　$\omega_h = \sqrt{\dfrac{4\beta_e D_m^2}{V_t J_t}}$；

ξ_h—— 液压阻尼比，　$\xi_h = \dfrac{K_{ce}}{D_m}\sqrt{\dfrac{\beta_e J_t}{V_t}}$。

根据式（5-42）和式（5-43）可绘制出液压转矩放大器的方框图，如图 5-12 所示。

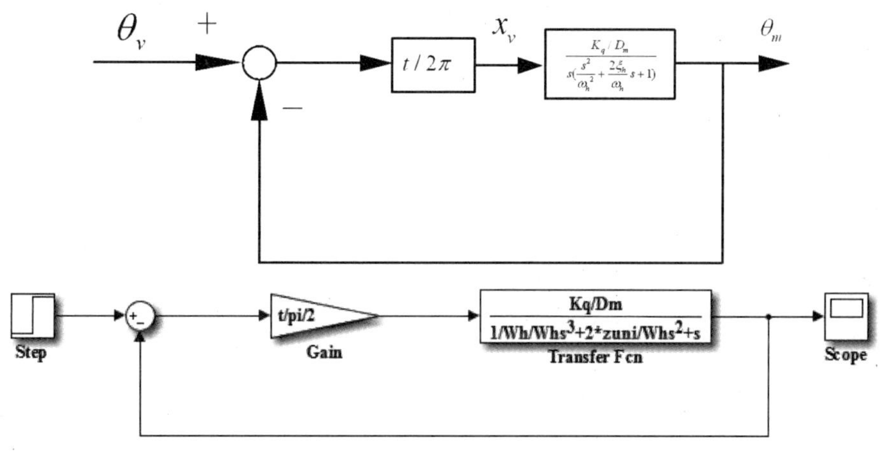

图 5-12　液压转矩放大器方框图

根据方框图可写出液压转矩放大器的开环传递函数为

$$G(s)H(s)=\frac{K_v}{s(\frac{s^2}{\omega_h^2}+\frac{2\xi_h}{\omega_h}s+1)} \tag{5-44}$$

式中：K_v—— 开环放大系数，$K_v = tK_q/(2\pi D_m)$。

液压转矩放大器的闭环传递函数为

$$\phi(s)=\frac{G(s)}{1+G(s)H(s)}=\frac{1}{\frac{s^3}{K_v\omega_h^2}+\frac{2\xi_h}{K_v\omega_h}s^2+\frac{s}{K_v}+1} \tag{5-45}$$

```
W=0.68e-2;              % 单位 m
Cd=0.65;                % 流量系数
lou=880;                % 油液密度
ps=6.2e+6;              % 油液压力
batae=6900e+5;          % 体积弹性模量
t=3e-3;                 % 反馈螺杆导程
Dm=4.33e-6;             % 液压马达排量
Jt=1.37e-2;             % 负载惯量
Vt=55e-6;               % 受压腔总容积
% 计算各参数
Kq=Cd*W*sqrt(ps/lou)/(2*pi);
Wh=sqrt((4*batae*Dm*Dm)/(Jt*Vt))
% 取液压阻尼比
zuni=0.3
```

运行上述模型，得到如图 5-13 所示的仿真曲线。

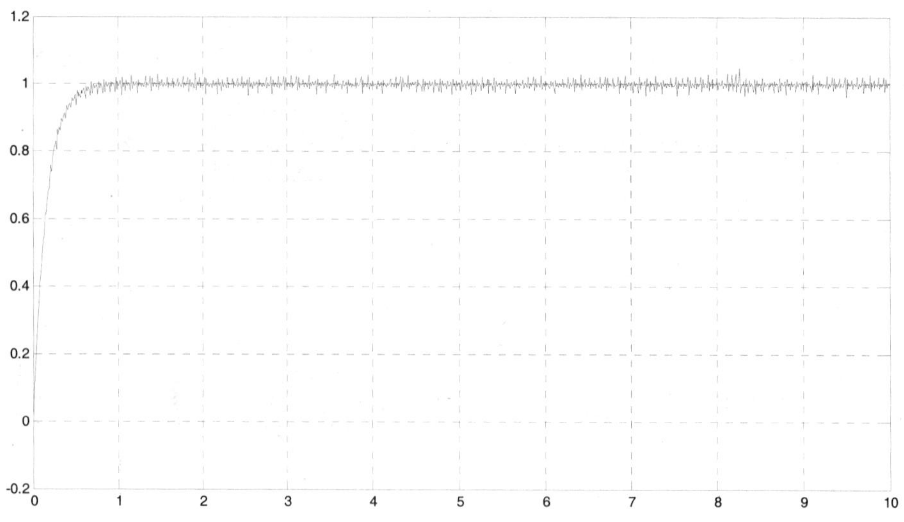

图 5-13　仿真曲线

5.5.3　液压转矩放大器稳定计算举例

已知液压转矩放大器的参数如下，试进行稳定性校验。

滑阀面积梯度 ω=0.68×10－2m，流量系数 Cd＝0.65，油液密度 $\rho = 880kg/m^3$，供油压力 ps=6.2MPa，反馈螺杆导程 t=0.3×10-2m/r，液压马达排量 Dm=4.33×10－6m3/rad，负载惯量 Jt=1.37×10-2kg.m2，受压腔总容积 Vt=55×10－6m3。

求：（1）以变量形式 simulink 图；

（2）编制 m 文件给变量赋值后，根据单位阶跃输入判断其稳定性；

（3）求其开环传递函数，根据该函数来判断系统的稳定性；

（4）求系统的闭环传递函数判断系统的稳定性。

下面使用 Matlab 编程完成稳定性校验。

求开环传递函数的稳定裕度值的程序（ex506.m）：

```
% 参数赋值
W=0.68e-2;  % 单位 m
Cd=0.65;    % 流量系数
lou=880;    % 油液密度
ps=6.2e+6;  % 油液压力
batae=6900e+5; % 体积弹性模量
t=3e-3;          % 反馈螺杆导程
Dm=4.33e-6;   % 液压马达排量
Jt=1.37e-2;   % 负载惯量
Vt=55e-6;      % 受压腔总容积
% 计算各参数
Kq=Cd*W*sqrt(ps/lou)/(2*pi);
Wh=sqrt((4*batae*Dm*Dm)/(Jt*Vt))
% 取液压阻尼比
zuni=0.3
% 求系统开环传递函数
num=Kv
den=[1/(Wh*Wh) 2*zbi/Wh 1 0]
sys_open=tf(num,den)
sys_close=feedback(sys_open,1)
% 利用开环传递函数判断稳定性
figure(1)
margin(sys_open)
grid on
figure(2)
subplot(121)
pzmap(sys_open)
subplot(122)
```

```
nyquist(sys_open)
% 利用闭环传递函数判断稳定性
figure(3)
subplot(121)
step(sys_close)
grid
subplot(122)
impulse(sys_close)
grid
```

运行程序得到液压转矩放大器的开环 Bode 图，如图 5-14 所示。

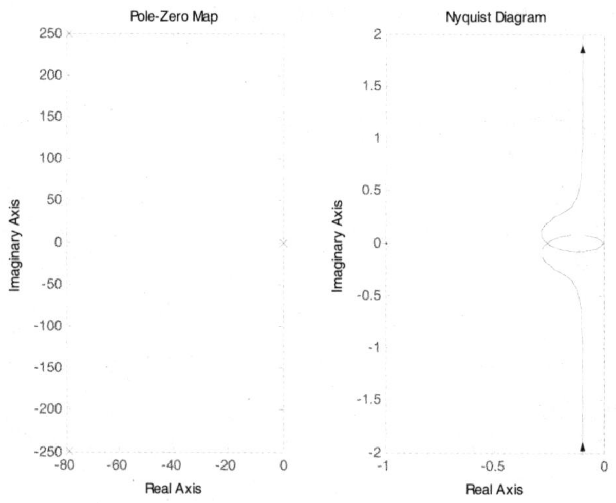

（a）开环 nyquist 曲线

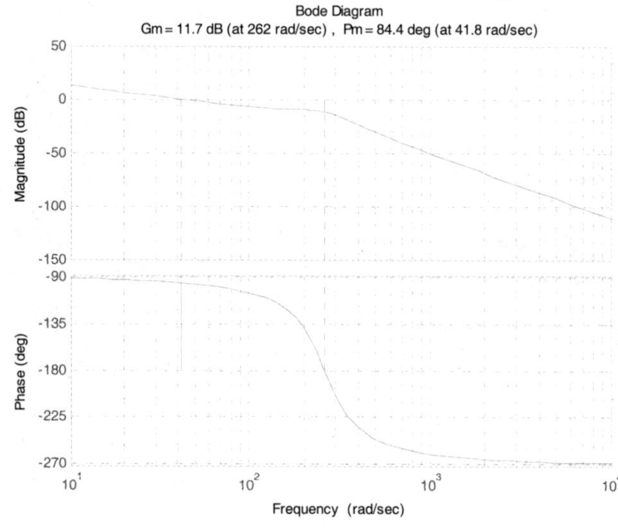

（b）开环 bode 图

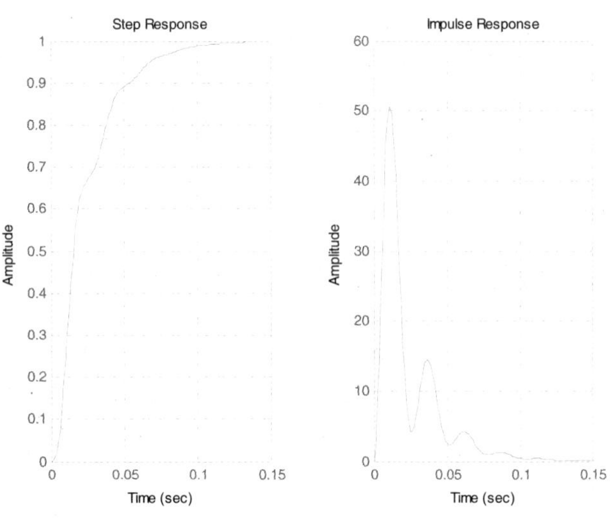

（c）闭环时域响应曲线

图 5-14　液压转矩放大器开环系统的响应曲线

由 Bode 图可以看出：增益裕量 Gm=11.7dB(at Wcg=262rad/sec)，相位裕量为 83o(at Wcp=41.8rad/sec)；通过脉冲响应曲线可以看出系统是稳定的，故判定系统稳定。

5.6　机-液伺服系统的稳态误差

稳态误差又称静差，是表示伺服控制系统控制精度的一种量。稳态误差越小，说明控制系统的控制精度就越高。由第 2 章可知道，伺服系统的稳态误差是由输入信号、外扰负载力和内扰引起的。由输入信号引起的稳态误差称为跟随误差$e_i(\infty)$，是伺服控制系统输出信号对输入指令信号在位置上的误差。由外干扰负载力引起的稳态误差称为负载误差$e_L(\infty)$，在输入信号为零，即$x_i(s)=0$时计算。由于死区和伺服阀零漂引起误差小而忽略，因此机-液伺服系统总误差为

$$e(\infty)=e_i(\infty)+e_L(\infty) \tag{5-46}$$

5.6.1　跟随误差计算

在不计外扰负载力时，有

$$E(s)=K_q x_i-K_f x_p \tag{5-47a}$$

$$x_p=\frac{K_q/A_p}{s\left(\frac{s^2}{\omega_h^2}+\frac{2\xi_h}{\omega_h}s+1\right)}E(s) \tag{5-47b}$$

将式（5-47b）代入（5-47a）中得出

$$E(s)=\frac{K_q}{1+\dfrac{K_fK_q/A_p}{s\left(\dfrac{s^2}{\omega_h^2}+\dfrac{2\xi_h}{\omega_h}s+1\right)}}X_i(s) \tag{5-48}$$

由稳态误差的定义，利用拉氏变换的终值定理，可得出系统的跟随误差为

$$e_i(\infty)_p=\lim_{s\to 0}sE(s)=\lim_{s\to 0}s\frac{K_q}{1+\dfrac{K_fK_q/A_p}{s\left(\dfrac{s^2}{\omega_h^2}+\dfrac{2\xi_h}{\omega_h}s+1\right)}}X_i(s)$$

$$=\lim_{s\to 0}s\frac{s\left(\dfrac{s^2}{\omega_h^2}+\dfrac{2\xi_h}{\omega_h}s+1\right)}{s\left(\dfrac{s^2}{\omega_h^2}+\dfrac{2\xi_h}{\omega_h}s+1\right)+K_v}K_qX_i(s) \tag{5-49}$$

式中：$K_v=K_fK_q/A_p$—— 开环增益或开环速度常数也称开环放大系数。

显然，稳态误差与输入信号的形式有关，即与$X_i(s)$有关。结合机-液伺服系统来具体计算一下阶跃、等速和等加速输入时引起的稳态误差。

1. 输入阶跃信号时跟随误差的计算

当阶跃输入时，由$X_i(s)=1/s$代入式（5-49）得出

$$e_i(\infty)_p=\lim_{s\to 0}s\frac{K_qs\left(\dfrac{s^2}{\omega_h^2}+\dfrac{2\xi_h}{\omega_h}s+1\right)}{s\left(\dfrac{s^2}{\omega_h^2}+\dfrac{2\xi_h}{\omega_h}s+1\right)+K_v}\frac{1}{s}=0 \tag{5-50}$$

2. 输入等速度信号时跟随误差的计算

当输入$x_i(t)=vt$时，$X_i(s)=v/s^2$代入式（5-50），其跟随误差即速度引起的速度误差为

$$e_i(\infty)_v=\lim_{s\to 0}s\frac{K_qs\left(\dfrac{s^2}{\omega_h^2}+\dfrac{2\xi_h}{\omega_h}s+1\right)}{s\left(\dfrac{s^2}{\omega_h^2}+\dfrac{2\xi_h}{\omega_h}s+1\right)+K_v}\frac{v}{s^2}=v/K_v \tag{5-51}$$

由式（5-51）可得下述结论：

（1）液压缸欲得到恒速运动时，系统常数的速度误差与 v 成正比，与速度常数K_v成反比，即速度常数K_v越大，速度误差就越小，系统的工作精度越高。

（2）因为决定速度常数的关键参数是 K_q，所以欲提高液压伺服系统的工作精度，就要增大流量增益 K_q。

3. 输入等加速度信号时跟随误差的计算

输入 $x_i(t)=\frac{1}{2}at^2$ 时，$X_i(s)=a/s^3$ 代入式（5-50）其跟随误差为

$$e_i(\infty)_a=\lim_{s\to 0} s\frac{K_q s\left(\frac{s^2}{\omega_h^2}+\frac{2\xi_h}{\omega_h}s+1\right)}{s\left(\frac{s^2}{\omega_h^2}+\frac{2\xi_h}{\omega_h}s+1\right)+K_v}\frac{a}{s^3}=\infty \tag{5-52}$$

5.6.2　负载误差计算

负载误差就是外干扰力造成的系统稳态误差，是干扰误差的一种，是在不考虑输入控制信号情况下进行计算的。不计输入信号并认为 $K_{ce}=K_c$，即输入信号为零，只有负载，其输出位移误差就是负载力引起的。由于

$$E(s)=-K_f x_p \tag{5-53}$$

$$x_p=-\frac{K_c}{A_p^2}\left(1+\frac{V_t}{4\beta_e K_{ce}}s\right)F_L(s)/(s\left(\frac{s^2}{\omega_h^2}+\frac{2\xi_h}{\omega_h}s+1\right)+K_v) \tag{5-54}$$

以上两式联立消去 x_p，得出

$$E(s)=\frac{K_c}{A_p^2}\left(1+\frac{V_t}{4\beta_e K_{ce}}s\right)F_L(s)/(K_v+s\left(\frac{s^2}{\omega_h^2}+\frac{2\xi_h}{\omega_h}s+1\right)) \tag{5-55}$$

假设负载力阶跃干扰 $f_L(t)=F_{L0}=const$，则 FL(s)=FL0/s。由负载引起的稳态误差，即负载误差为

$$e_L(\infty)_p=\lim_{s\to 0} sE(s)=\frac{K_c F_{L0}}{K_v A_P{}^2} \tag{5-56}$$

令 $K_q/K_c=K_p, p_L=F_{L0}/A_p$，$K_v=K_f K_q/A_p$，则式（5-56）改为

$$e_L(\infty)_p=\lim_{s\to 0} sE(s)=\frac{p_L}{K_f K_P} \tag{5-57}$$

由式（5-56）和式（5-57）可以看出：

（1）负载误差与外负载力 F_L 成正比，与系统静刚度 $K_v A_P{}^2/K_c$ 成反比。

（2）若按 $p_L\leqslant\frac{2}{3}p_s$ 准则进行设计，负载误差主要取决于供油压力 p_s 和灵敏度 K_p（或 K_c）。K_p 越高，负载误差越小，反之 K_p 越小，负载误差越大。

（3）把式（5-57）改写成$e_L(\infty)_p = = \frac{F_{L0}}{K_f K_P A_p}$，式中$K_P, A_p$就是系统的静刚度系数，因此压力灵敏度$K_P$是一个标志系统刚度的重要参数。

产生稳态误差的原因是当加上负载时，由于力的不平衡，执行元件“退让”，而产生阀芯和阀套之间的相对位移，使阀的开口量改变，从而产生与负载力平衡的力，达到新的平衡。由“退让”而引起阀口开度大小的变化，就是负载误差。

当输入指令控制信号与外干扰力同时作用于伺服控制系统时，系统的总误差就等于跟随误差和负载误差两项的代数和。

5.6.3 影响系统工作精度的因素

前面分析了误差产生的原因及稳态误差的计算方法。通过分析，可以找出对系统工作精度产生影响的因素。

1. 伺服运动速度的影响

从上面三阶系统来看，欲使液压缸作恒速运动，就必然产生速度误差，且误差与速度大小成正比。为减少误差，设计时应加大速度常数K_v，当然，加大K_v会给系统稳定性带来不好的影响，必须在保证稳定性和响应速度的前提下提高开环增益（即速度常数）K_v。

从速度常数$K_v = K_f K_q / A_p$来看，速度误差对工作精度影响的关键因素是阀的流量增益K_q、反馈系数K_f和活塞有效面积A_p。K_f大，面积梯度ω大，即K_q大而A_p小时，K_v大，则速度误差小，工作精度高。

2. 负载干扰力的影响

由负载误差$e_L(\infty)$来看，为减少负载误差，应加大活塞面积A_p，而使$F_L / A_p = p_L$减少，故阀芯位移减少而误差较小。但这样却和减少速度误差矛盾，所以应根据具体条件选取，系统在低速大负荷下工作，A_p应尽量选大些，这样既改善了系统稳态误差又增大了系统稳定性。K_v的增加，即ω或K_q增加和K_f增加，则系统刚度增加，抗负载干扰的能力加大，即当负载力相等而面积梯度ω大时，负载干扰引起的阀芯位移量小，稳态误差就小。也就是说，同样大小的阀芯位移，ω大时系统刚度大，抗干扰的能力就强。

3. 滑阀副径向间隙的有效

阀芯径向间隙 Cr 越大，以零开口位置压力灵敏度K_q越低，从而引起的负载误差越大。为提高液压伺服系统的工作精度，应尽量提高加工工艺以减少径向隙 Cr。

4. 机构热变形的影响

系统在工作时，机械结构将因升温而变形，使被调节对象常数位置误差。由于温度升高，伺服阀开口量也会变化，以至使被调对象改变原来的位置而常数误差。据资料统计，由于机构热变形使被调对象常数位置误差，严重者可达 0.2～0.3mm。这个数值是很大的，会超过其他各项误差的总和。所以尽量减少机构热变形也是一项提高系统工作精度的措施。

此外，尚可修改输入信号，以对消部分误差。

总之，影响系统工作精度的因素有很多，这些因素中有些参数既能提高工作精度又能改善稳定性，如提高系统的结构刚度、反馈刚度和运动部件的质量、液压缸的长度，以及减少间隙、减少机构的热变形等。有的提高了工作精度就会降低稳定性，如活塞有效面积、阀的面积梯度、反馈系数和供油压力等，这些参数对工作精度和稳定性具有相反的作用，因此在确定时，应先考虑满足稳定性要求，同时兼顾工作精度的要求。

5.6.4　液压伺服系统稳态误差计算举例

采用图 4-10 所示四通滑阀阀控双作用液压缸构成的液压伺服系统，已知参数如下：

- 伺服阀面积梯度　$\omega = 0.02m$；
- 阀芯与阀套径向间隙　Cr=5 × 10-6m;
- 供油压力　Ps=2.25MPa;
- 液压缸工作面积　Ap=6 × 10-8m2;
- 负载总质量　Mt=2kg;
- 活塞行程　H=0.1m;
- 负载力　FL=900N;
- 油液密度　Lou=900kgm-3;
- 阀口面积流量系数　Cd=0.01。

利用 Matlab 编程实现稳态误差的计算，程序（ex507.m）如下：

```
% 计算由负载力为零的情况下速度误差
Cd=0.61;  % 阀口面积流量系数
W=0.02;    % 伺服阀面积梯度
ps=2.25e+6; % 油液压力
lou=900 ;   % 油液密度
Kf=1  ;     % 反馈系数
Ap=6e-3;
kq=Cd*W*sqrt(ps/lou);
Kv=kq*Kf/Ap;
v=5e-3;
ess1=v/Kv  % 速度误差

% 计算由负载引起的误差
Cr=5e-6;
mu=1.4e-2;
Kc=pi*W*Cr*Cr/(32*mu);
ess2=Kc*900/(Kv*Ap^2)
disp(' 系统总误差')
ess=ess1+ess2;
clc
```

```
disp('   ess1      ess2')
[ess1 ess2]
% 系统误差的改善
W=0.04;    % 增大伺服阀面积梯度
ps=2.25e+6; % 油液压力
lou=900 ;   % 油液密度
Kf=1  ;     % 反馈系数
Ap=6e-3;
kq=Cd*W*sqrt(ps/lou);
Kv=kq*Kf/Ap;
v=5e-3;
disp(' 系统改善后的总误差')
ess3=v/Kv;  % 速度误差
ess=ess3+ess2;
[ess3 ess2]
```

程序运行结构如下：

```
ess1 =
  4.9180e-005
ess2 =
  8.6219e-007
 系统总误差
ess =
  5.0043e-005
 系统改善后的总误差
ess =
  2.5452e-005
```

由上例可以看出，增大伺服阀面积梯度ω，可以减少误差。

5.7 思 考 题

1. 什么是机-液伺服系统？机-液伺服系统有什么优缺点？

2. 为什么常把机液位置伺服系统称作力放大器或助力器？

3. 为什么机液位置伺服系统的稳定性、响应速度和控制精度由液压动力元件的特性所决定？

4. 为什么在机液位置伺服系统中，阀流量增益的确定很重要？

5. 低阻尼对液压伺服系统的动态特性有什么影响？如何提高系统的阻尼？这些方法各有什么优缺点？

6. 考虑结构刚度的影响时，如何从物理意义上理解综合刚度？

7. 考虑连接刚度时，反馈连接点对系统的稳定性有什么影响？

8. 反馈刚度和反馈机构中的间隙对系统的稳定性有什么影响？
9. 为什么机-液伺服系统多用在精度和响应速度要求不高的场合？

5.8　习　　题

1. 如图 5-15 所示的机液位置伺服系统，供油压力 $p_s = 20\times10^5 Pa$ ，滑阀面积梯度 $W = 2\times10^{-2} m$，液压缸面积 $A_p = 20\times10^{-4} m^2$ ，液压固有频率 $\omega_h = 320 rad/s$ ，阻尼比 $\xi_h = 0.2$ 。求增益裕量为 $6dB$ 时反馈杆比 $K_f = l_1/l_2$ 为多少？计算时，取 $C_d = 0.62$ ， $\rho = 870 kg/m^3$ 。

2. 如图 5-16 所示的机液伺服系统，阀的流量增益为 K_q ，流量-压力系数为 K_c ，活塞面积为 A_p ，活塞杆与负载连接刚度为 K_s ，负载质量为 m_L ，总压缩容积为 V_t ，油的体积弹性模量为 β_e ，阀的输入位移为 x_i ，活塞输出位移为 x_p ，求系统的稳定条件。

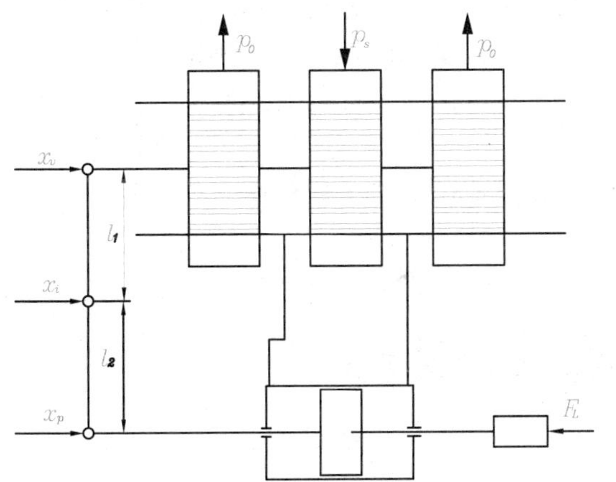

图 5-15　机液位置伺服系统

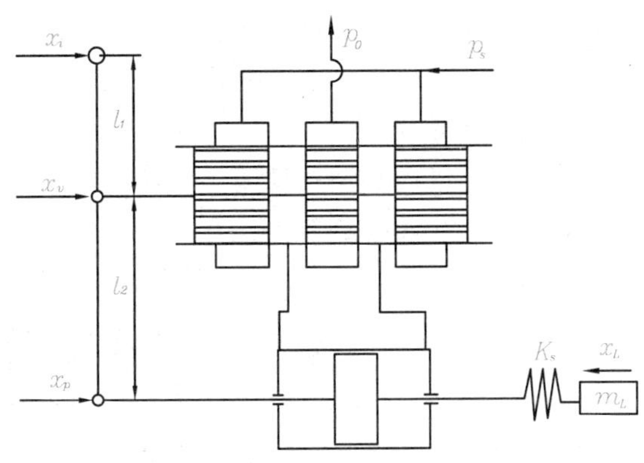

图 5-16　考虑连接刚度的机液位置伺服系统

第 6 章　电液伺服阀

导言

本章介绍了电液伺服阀力矩马达的组成、种类和工作原理，以及一、二级电液伺服阀的工作原理和模型建立方法等内容。

电液伺服阀既是电液转换元件也是功率放大元件，能够将输入的微小电气信号转换为大功率的液压信号（流量与压力）输出。根据输出液压信号的不同，电液伺服阀可分为电液流量控制伺服阀和电液压力控制伺服阀两大类。

在电液伺服系统中，电液伺服阀将系统的电气部分与液压部分连接起来，实现电、液信号的转换与放大及对液压执行元件的控制。电液伺服阀是电液伺服系统的关键部件，它的性能及正确使用，直接关系到整个系统的控制精度和响应速度，也直接影响到系统工作的可靠性和寿命。

电液伺服阀控制精度高、响应速度快，是一种高性能的电液控制元件，在液压伺服系统中得到了广泛的应用。

6.1　电液伺服阀的组成及分类

6.1.1　电液伺服阀的组成

电液伺服阀通常由力矩马达（力马达）、液压放大器、反馈机构（平衡机构）三部分组成。

力矩马达（力马达）的作用是把输入的电气控制信号转换为力矩或力，控制液压放大器运动。而液压放大器的运动又控制液压能源流向液压执行机构的流量或压力。力矩马达或力马达的输出力矩或力很小，在阀的流量比较大时，无法直接驱动功率级阀运动，此时需要增加液压前置级，将力矩马达或力马达的输出加以放大，再去控制功率级阀（四通滑阀），这就构成了二级或三级电液伺服阀。第一级的结构形式有单喷嘴挡板阀、双喷嘴挡板阀、滑阀、射流管阀和射流元件等。功率级都是采用滑阀。

在二级或三级电液伺服阀中，通常采用反馈机构将输出级（功率级）的阀芯位移、或输出流量、或输出压力以位移、力或电信号的形式反馈到第一级或第二级的输出端，也有反馈到力矩马达衔铁组件或力矩马达输入端的。平衡机构一般用于单级伺服阀或二级弹簧对中式伺服阀。平衡机构通常采用各种弹性元件，是一个力-位移转换元件。

伺服阀输入级采用的反馈机构或平衡机构是为了使伺服阀的输入流量或输出压力获得与输入电气控制信号成比例的特性。由于反馈机构的存在，使伺服阀本身成为一个闭环控制系统，因此，提高了伺服阀的控制性能。

6.1.2　电液伺服阀的分类

电液伺服阀的结构形式很多，可按不同的分类方法进行分类。

1. 按液压放大器的级数分类

可分为单级、两级和三级电液伺服阀。

- 单级伺服阀：此类阀结构简单、价格低廉，但由于力矩马达或力马达输出力矩或力小、定位刚度低，使阀的输出流量有限，对负载动态变化敏感，阀的稳定性在很大程度上取决于负载动态，容易产生不稳定状态。只适用于低压、小流量和负载动态变化不大的场合。
- 两级伺服阀：此类阀克服了单级伺服阀缺点，是最常用的形式。
- 三级伺服阀：此类阀通常是由一个两级伺服阀作前置级控制第三级功率滑阀，功率级滑阀阀芯位移通过电气反馈形成闭环控制，实现功率级滑阀阀芯的定位。三级伺服阀通常只用在大流量（200 L/min 以上）的场合。

2. 按第一级阀的结构形式分类

可分为滑阀、单喷嘴挡板阀、双喷嘴挡板阀、射流管阀和偏转板射流阀。

- 滑阀放大器：此类阀作为第一级，其优点是流量增益和压力增益高，输出流量大，对油液清洁度要求较低。缺点是结构工艺复杂，阀芯受力较大，阀的分辨率较低、滞环较大，响应慢。
- 单喷嘴挡板阀：此类阀作第一级因特性不好很少使用，多采用双喷嘴挡板阀。挡板轻巧灵敏，动态响应快，双喷嘴挡板阀结构对称，双输入差动工作，压力灵敏度高，特性线性度好，温度和压力零漂小，挡板受力小，所需输入功率小。缺点是喷嘴与挡板间的间隙小，易堵塞，抗污染能力差，对油液清洁度要求高。
- 射流管阀：此类阀作第一级的最大优点是抗污染能力强。射流管阀的最小通流尺寸较喷嘴挡板阀和滑阀大，不易堵塞，抗污染性好。另外，射流管阀压力效率和容积效率高，可产生较大的控制压力和流量，提高了功率级滑阀的驱动力，使功率级滑阀的抗污染能量增强。射流喷嘴堵塞时，滑阀也能自动处于中位，具有“失效对中”能力。缺点是射流管阀特性不易预测，射流管惯性大、动态响应较慢，性能受油温的变化影响较大，低温特性稍差。

3. 按反馈形式分类

可分为滑阀位置反馈、负载流量反馈和负载压力反馈三种。

所采用的反馈形式不同，伺服阀的稳态压力-流量特性也不同，如图 6-1 所示。利用滑阀位置反馈和负载流量反馈得到的是流量控制伺服阀，阀的输出流量与输入电流成比例。利用负载压力反馈得到的是压力控制伺服阀，阀的输出压力与输入电流成比例。由于负载流量与负载压力反馈伺服阀的结构比较复杂，使用得比较少，而滑阀位置反馈伺服阀用得最多。

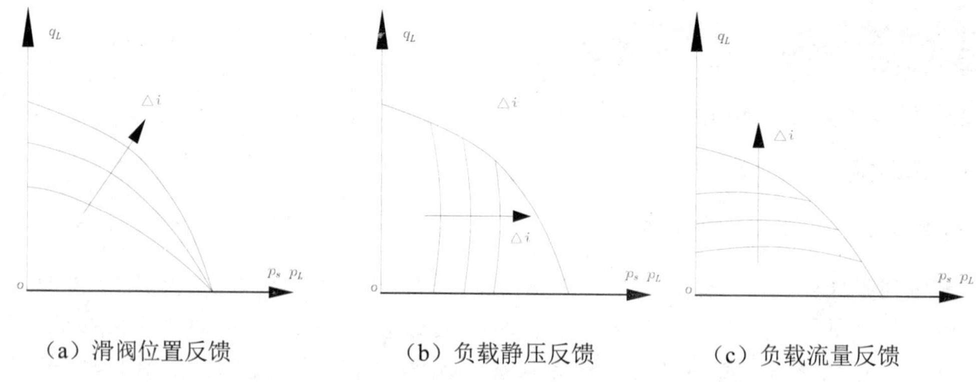

（a）滑阀位置反馈　　（b）负载静压反馈　　（c）负载流量反馈

图 6-1　不同反馈形式伺服阀的压力—流量曲线

- 滑阀位置反馈：此类阀又可分为位置力反馈、直接位置反馈、机械位置反馈、位置电反馈和弹簧对中式。
  - 有关位置力反馈和直接位置反馈伺服阀将在后面叙述。机械位置反馈是将功率级滑阀的位移通过机械机构反馈到前置级，位置电反馈是通过位移传感器将功率级滑阀的位移反馈到伺服放大器的输入端，实现功率级滑阀阀芯定位。
  - 弹簧对中式是靠功率级滑阀阀芯两端的对中弹簧与前置级产生的液压控制力相平衡，实现滑阀阀芯的定位，阀芯位置属开环控制。这种伺服阀虽然结构简单，但精度较低。
- 负载压力反馈：此类阀又可分为静压反馈和动压反馈两种。通过静压反馈可以得到压力控制伺服阀和压力-流量伺服阀，通过动压反馈可以得到动压反馈伺服阀。这几种阀后面还要介绍。

4. 按力矩马达是否浸泡在油中分类

可分为湿式和干式两种。

湿式的可使力矩马达受到油液的冷却，但油液中存在的铁污物使力矩马达特性变坏。干式的则可使力矩马达不受油液污染的影响，目前的伺服阀都采用干式的。

6.2　力矩马达

在电液伺服阀中力矩马达的作用是将电信号转换为机械运动，因而是一个电气-机械转换器。电气-机械转换器是利用电磁原理工作的，由永久磁铁或激磁线圈产生极化磁场，电气控制信号通过控制线圈产生控制磁场，两个磁场之间相互作用产生与控制信号成比例并能反应控制信号极性的力或力矩，从而使其运动部分产生直线位移或角位移的机械运动。

6.2.1　力矩马达的分类及要求

1. 力矩马达的分类

（1）根据可动件的运动形式可分为直线位移式和角位移式，前者称为力马达，后者称为力矩马达。

（2）按可动件结构形式可分为动铁式和动圈式两种。前者可动件是衔铁，后者可动件是控制线圈。

（3）按极化磁场产生的方式可分为非激磁式、固定电流激磁和永磁式三种。非激磁式没有专门的激磁线圈，两个控制线圈差动连接，利用常值电流产生极化磁通。永磁式利用长久磁铁建立极化磁通，其特点是结构简单、体积小和重量轻，但能获得的极化磁通较小。固定电流激磁式利用固定电流通过激磁线圈建立极化磁场，可获得较大的极化磁通，但需要有单独的激磁电源，结构复杂、体积大。

2. 对力矩马达的要求

作为阀的驱动装置，有以下要求：

（1）能够产生足够的输出力和行程，同时体积小、重量轻。

（2）动态性能好、响应速度快。

（3）直线性好、死区小、灵敏度高和磁滞小。

（4）在某些使用情况下，还要求其抗振、抗冲击、不受环境温度和压力等的影响。

6.2.2 永磁动铁式力矩马达

1. 力矩马达的工作原理

如图 6-2 所示为一种常用的永磁动铁式力矩马达工作原理图，它由永久磁铁 7、上导磁体 2、下导磁体 5、衔铁 4、控制线圈、弹簧管 6 等组成。衔铁固定在弹簧管上端，由弹簧管支承在上、下导磁体的中间位置，可绕弹簧管的转动中心做微小的转动。衔铁两端与上、下导磁体（磁极）形成 4 个工作气隙①、②、③、④。两个控制线圈套在衔铁上。上、下导磁体除了作为磁极外，还为永久磁铁产生的极化磁通和控制线圈产生的控制磁通提供磁路。

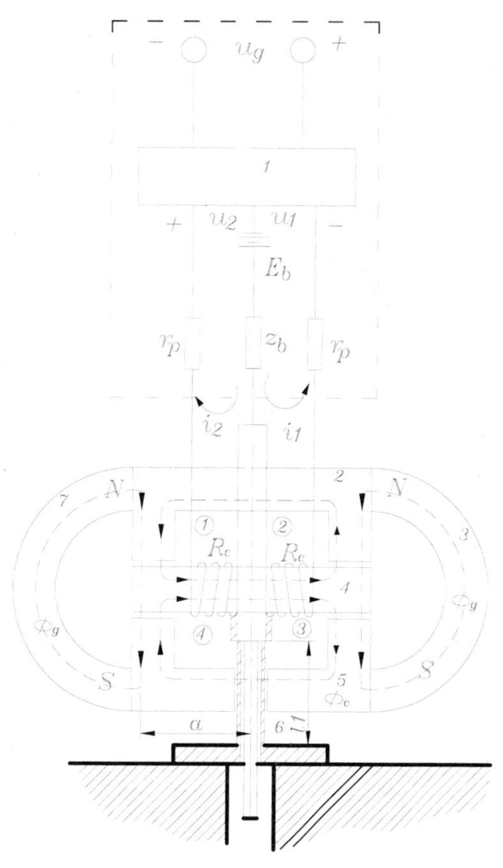

1—放大器；2—上导磁体；3—永久磁铁；4—衔铁；5—下导磁体；6—弹簧管；7—永久磁铁

图 6-2　永磁动铁力矩马达原理图

永久磁铁将上、下导磁体磁化，一个为 N 极，另一个为 S 极。无信号电流时，即 $i_1 = i_2$，衔铁在上、下导磁体的中间位置，由于力矩马达结构是对称的，永久磁铁在 4 个工作气隙中产生的极化磁通是一样的，使衔铁两端所受的电磁吸力相同，力矩马达无力矩输出。当有信号电流通过线圈时，控制线圈产生控制磁通，其大小和方向取决于信号电流的大小和方向。假设 $i_1 > i_2$，在气隙①、③中控制磁通与极化磁通方向相同，而在气隙②、④中控制磁通与极化磁通方向相反。因此气隙①、③中的合成磁通大于气隙②、④中的合成磁通，于是在衔铁上产生顺时针方向的电磁力矩，使衔铁绕弹簧管转动中心顺时针方向转动。当弹簧管变形产生的反力矩与电磁力矩平衡时，衔铁停止转动。若信号电流反向，则电磁力矩也反向，衔铁向反方向转动。电磁力矩的大小与信号电流的大小成比例，衔铁的转角也与信号电流成比例。

力矩马达的电磁力矩通过力矩马达的磁路分析可以求出电磁力矩的计算公式。

假定力矩马达的两个控制线圈由一个推挽放大器供电 1。放大器中的常值电压E_b在每个控制线圈中产生的常值电流I_0大小相等，方向相反，因此在衔铁上不产生电磁力矩。当放大器有输入电压U_g时，将使一个控制线圈中的电流增加，另一个控制线圈中的电流减少，两个线圈中的电流分别为

$$i_1 = I_0 + i \tag{6-1}$$

$$i_2 = I_0 - i \tag{6-2}$$

式中：i_1、i_2—— 每个线圈中的电流；

I_0——每个线圈中的常值电流；

i——每个线圈中的信号电流。

两个线圈中的差动电流为

$$\Delta i = i_1 - i_2 = 2i = i_c \tag{6-3}$$

差动电流Δi即为输入力矩马达的控制电流i_c，在衔铁中产生的控制磁通以及由此产生的电磁力矩比例于差动电流。

由式（6-3）可以看出，每个线圈中的信号电流i是差动电流Δi的一半，而常值电流I_0通常大约是差动电流的最大值的一半。因此，当放大器的输入信号最大时，在力矩马达的一个线圈中的电流将接近于零，而另一个线圈中的电流将是最大的差动电流值。

图 6-3（a）表示力矩马达的磁路原理图。假定磁性材料和非工作气隙的磁阻可以忽略不计，只考虑 4 个工作气隙的磁阻，则力矩马达的磁路可用图 6-3（b）所示的等效磁路表示。

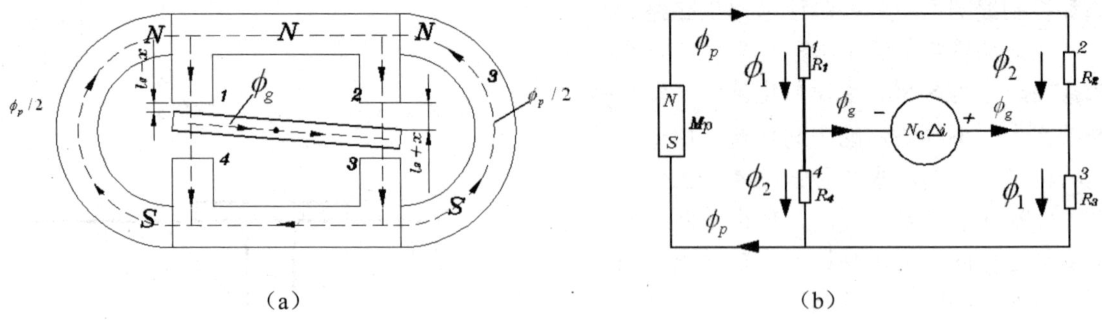

（a）　　　　　　　　　　（b）

图 6-3　力矩马达磁路原理图

当衔铁处于中位时，每个工作气隙的磁阻为

$$R_g = \frac{l_g}{\mu_0 A_g} \tag{6-4}$$

式中：l_g —— 磁铁在中位时每个气隙的长度；

A_g —— 磁极面的面积；

μ_0 —— 空气导磁率，$\mu_0 = 4\pi \times 10^{-7} Wb/mA$。

衔铁偏离中位时的气隙磁阻为

$$R_1 = \frac{l_g - x}{\mu_0 A_g} = R_g\left(1 - \frac{x}{l_g}\right) \tag{6-5}$$

$$R_2 = \frac{l_g + x}{\mu_0 A_g} = R_g\left(1 + \frac{x}{l_g}\right) \tag{6-6}$$

式中：R_1 —— 气隙①、③的磁阻；

R_2 —— 气隙②、④的磁阻；

x —— 衔铁端部（磁极面中心）偏离中位的位移。

由于磁路是对称的桥式磁路，故通过对角线气隙的磁通是相等的。对包含气隙①、③、极化磁动势 M_p 和控制磁动势 $N_c\Delta i$ 的闭合回路，应用磁路的基尔霍夫第二定律可得出气隙①、③的合成磁通为

$$\phi_1 = \frac{M_p + N_c\Delta_i}{2R_1} = \frac{M_p + N_c\Delta i}{2R_g\left(1 - x/l_g\right)} \tag{6-7}$$

对气隙②、④可得出合成磁通为

$$\phi_2 = \frac{M_p - N_c\Delta i}{2R_2} = \frac{M_p - N_c\Delta i}{2R_g\left(1 + x/l_g\right)} \tag{6-8}$$

式中：M_p —— 永久磁铁产生的极化磁动势；

$N_c\Delta i$ —— 控制电流产生的控制磁动势；

N_c —— 每个控制线圈的匝数。

利用衔铁在中位时的极化磁通 ϕ_g 和控制磁通 ϕ_c 来表示 M_p 和 $N_c\Delta i$ 更为方便，此时式（6-7）和式（6-8）可写成

$$\phi_1 = \frac{\phi_g + \phi_c}{1 - x/l_g} \tag{6-9}$$

$$\phi_2 = \frac{\phi_g - \phi_c}{1 + x/l_g} \tag{6-10}$$

式中：ϕ_g—— 衔铁在中位时气隙的极化磁通，

$$\phi_g = \frac{M_p}{2R_g} \tag{6-11}$$

ϕ_c—— 衔铁在中位时气隙的控制磁通，

$$\phi_c = \frac{N_c \Delta i}{2R_g} \tag{6-12}$$

衔铁在磁场中所受电磁吸力可按马克斯威尔公式进行计算

$$F = \frac{\phi^2}{2\mu_0 A_g} \tag{6-13}$$

式中：F —— 电磁吸力；

ϕ—— 气隙中的磁通；

A_g —— 磁极面的面积。

由控制磁通和极化磁通相互作用在磁铁上产生的电磁力矩为

$$T_d = 2a\left(F_1 - F_4\right)$$

式中，a 是衔铁转动中心到磁极面中心的距离；

F_1、F_4 是气隙①、④处的电磁吸力。

考虑到气隙②、③处也产生同样的电磁力矩，所以乘以两倍。根据式（6-13），电磁力矩可进一步写成

$$T_d = \frac{a}{\mu_0 A_g}\left(\phi_1^2 - \phi_2^2\right) \tag{6-14}$$

将式（6-9）和式（6-10）代入上式，并考虑到衔铁转角 θ 很小，故有 $tg\theta = \frac{x}{a} \approx \theta$，$x \approx a\theta$，则上式可以写为

$$T_d = \frac{\left(1 + \frac{x^2}{l_g^2}\right) K_t \Delta i + \left(1 + \frac{\phi_c^2}{\phi_g^2}\right) K_m \theta}{\left(1 - \frac{x^2}{l_g^2}\right)^2} \tag{6-15}$$

式中：K_t—— 力矩马达的中位电磁力矩系数，

$$K_t = 2\frac{a}{l_g} N_c \phi_g \tag{6-16}$$

K_m—— 力矩马达的中位磁弹簧刚度，

$$K_m = 4\left(\frac{a}{l_g}\right)^2 R_g \phi_g^2 \tag{6-17}$$

从式（6-15）可以看出，力矩马达的输出力矩具有非线性。为了改善线性度和防止衔铁被永久磁通吸附，力矩马达一般都是设计成 $x/l_g < 1/3$，即 $\left(x/l_g\right)^2 << 1$ 和 $\left(\phi_c/\phi_g\right)^2 << 1$。则式（6-15）可简化为

$$T_d = K_t \Delta i + G_m \theta \tag{6-18}$$

式中，$K_t \Delta i$ 是衔铁在中位时，由控制电流 Δi 产生的电磁力矩，称为中位电磁力矩。$G_m \theta$ 是由于衔铁偏离中位时，气隙发生变化而产生的附加电磁力矩，使衔铁进一步偏离中位。这个力矩与转角成比例，相似于弹簧的特性，称为电磁弹簧力矩。

在进行力矩马达电路分析时，将会用到衔铁上的磁通，在此先求出衔铁上的磁通表达式。在图 6-3 中，对分支点 A 或 B 应用磁路基尔霍夫第一定律可得出衔铁磁通为

$$\phi_a = \phi_1 - \phi_2$$

将式（6-9）和式（6-10）代入上式，整理后得出

$$\phi_a = \frac{2\phi_g\left(x/l_g\right) + 2\phi_c}{1-\left(x/l_g\right)^2}$$

由于 $\left(x/l_g\right)^2 << 1$，故上式可简化为

$$\phi_a = 2\phi_g \frac{x}{l_g} + \frac{N_c}{R_g}\Delta i \tag{6-19}$$

考虑到 $x \approx a\theta$，上式可写为

$$\phi_a = 2\phi_g \frac{a}{l_g}\theta + \frac{N_c}{R_g}\Delta i \tag{6-20}$$

6.2.3 永磁动圈式力马达

如图 6-4 所示为一种常见的永磁动圈式力马达的结构原理图。力马达的可动线圈悬置于工作气隙中，永久磁铁在工作气隙中形成极化磁通，当控制电流加到线圈上时，线圈就会受到电磁力的作用而运动。线圈的运动方向可根据磁通方向和电流方向按左手定则判断。线圈上的电磁力克服弹簧力和负载力，使线圈产生一个与控制电流成比例的位移。

由于电流方向与磁通方向垂直，根据载流导体在均匀磁场中所受电磁力公式，可得出力马达线圈所受电磁力为

$$F = B_g \pi D N_c i_c = K_t i_c \tag{6-21}$$

式中：F—— 线圈所受的电磁力；

B_g—— 工作气隙中的磁感应强度；

D—— 线圈的平均直径；

N_c—— 控制线圈的匝数；

i_c —— 通过线圈的控制电流；

K_t—— 电磁力系数，$K_t = B_g \pi D N_c$

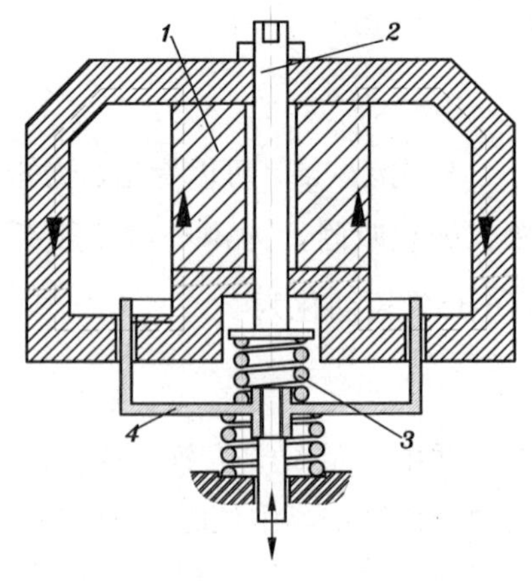

1—永久磁铁；2—调整螺钉；
3—平衡弹簧；4—动圈

图 6-4 动圈式力马达

由式（6-21）可见，力马达的电磁力与控制电流成正比，具有线性特性。在动圈式力马达的力方程中没有磁弹簧刚度，即 $K_m = 0$，这是因为其在工作中气隙没有变化，即气隙的磁阻不变。

6.2.4 动铁式力矩马达与动圈式力马达的比较

动铁式力矩马达与动圈式力马达的区别如下：

- 动铁式力矩马达因磁滞影响而引起的输出位移滞后比动圈式力马达大。
- 动圈式力马达的线性范围比动铁式力矩马达宽。因此，动圈式力马达的工作行程大，而动铁式力矩马达的工作行程小。
- 在同样的惯性下，动铁式力矩马达的输出力矩大，而动圈式力马达的输出力小。动铁式力矩马达因输出力矩大，支承弹簧刚度可以取得大，使衔铁组件的固有频率高，而力马达的弹簧刚度小，动圈组件的固有频率低。
- 减小工作气隙的长度可提高动圈式力马达和动铁式力矩马达的灵敏度。但动圈式力马达受动圈尺寸的限制，而动铁式力矩马达受静不稳定的限制。

在相同功率情况下，动圈式力马达比动铁式力矩马达体积大，但动圈式力马达的造价低。

综上所述，在要求频率高、体积小、重量轻的场合，多采用动铁式力矩马达，而在尺寸要求不严格、频率要求不高，又希望价格低的场合，往往采用动圈式力马达。

6.3 单级滑阀式电液伺服阀

由于电-机械转换装置的形式不同，单级电-液伺服阀可分为动铁式单级电-液伺服阀和动圈式单级电液伺服阀两种。

6.3.1 动铁式单级电液伺服阀

1. 工作原理

如图 6-5 所示为动铁式单级电液伺服阀的原理图。

衔铁直接拖动下一级液压放大元件——滑阀阀芯。它们共同装在一个壳体内，即构成一个动铁式单级电液伺服阀。其工作原理如下：

永久磁铁产生固定磁通 ϕ_g，等量地穿过每个工作气隙。输入差动控制电流 Δi，则通过控制线圈产生控制磁通ϕ_c，ϕ_c在两个气隙中与ϕ_g通向；在另外两个气隙与ϕ_g反向。因此，气隙处磁通量不同，其电磁吸力也不同。衔铁在电磁力的作用下偏转，弹性扭轴也随之偏转，扭转变形产生相应的扭转弹簧力矩。当电磁力矩与扭转弹簧力矩及作用于衔铁的其他外载荷力矩相平衡时，衔铁就平衡不动，衔铁转角θ与输入电流Δi成正比例。由于偏转θ角，滑阀阀芯移动相应的位移角x_v，从而使滑阀输出流量。因为滑阀的质量、摩擦力和液流力等均较其他液压元件为大，所以衔铁所承受的负载力也较大。

2. 阀的静弹性

由工作原理可知，动铁式单级电液伺服阀是由力矩马达和液压伺服阀串联而成。力矩马达的输入量是差动电流Δi，输出是衔铁的转角θ。衔铁直接拖动阀芯运动，阀芯的输入为阀芯位移$x_v = r\theta$，输出量为压力p_L和负载流量q_L。阀的静特性就是在稳态时，负载流量q_L与输入差动电流Δi及负载压力p_L之间的关系。

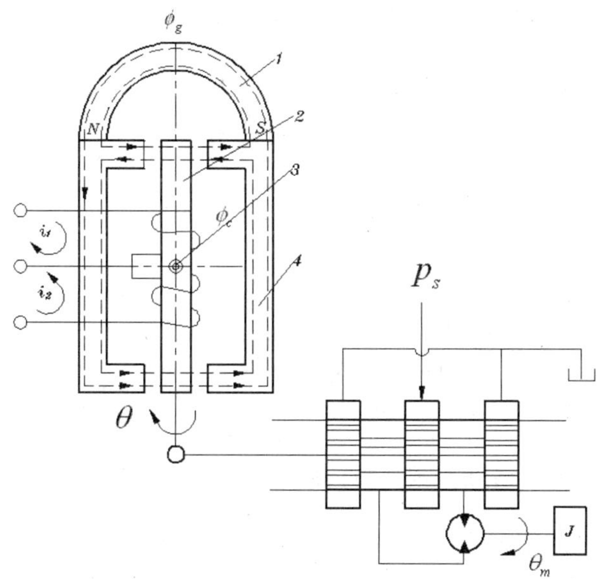

1—永久磁铁；2—衔铁；3—扭轴；4—导磁体

图 6-5　动铁式单级电液伺服阀原理图

由式（6-18）可知：$T_d = K_t\Delta i + G_m\theta$，因为衔铁直接拖动滑阀的阀芯，所以阀芯运动时的阻力就是衔铁转动的负载。由于讨论的是静特性，因此衔铁负载只需要考虑稳态液动力F_s和扭轴力$G_a\theta$即可。

由式（3-12）可知：
$$F_s = 0.43\omega\left(p_s - p_L\right)r\theta$$

式中：r—— 衔铁回转中心至阀芯中心线的距离。

为了分析方便，假定滑阀是零开口四通阀，其流量为

$$q_L = C_d\omega r\theta\sqrt{\frac{2(p_s - p_L)}{\rho}}$$

将以上三式消去θ和T_d，可得出

$$q_L=\frac{C_d\omega rK_t\sqrt{\dfrac{2(p_s-p_L)}{\rho}}}{(G_a-G_m)+0.43\omega r^2(p_s-p_L)}\Delta i \tag{6-22}$$

该式即为动铁式单级电液伺服阀的静态特性方程。与前面分析方法相同，采用无量纲方程画无量纲曲线，故将上式改写为

$$q_L=\frac{C_d\omega rK_t\Delta i_{\max}\sqrt{\dfrac{2p_s}{\rho}}\sqrt{1-\dfrac{p_L}{p_s}}}{(G_a-G_m)(1+0.43\omega r^2\dfrac{(p_s-p_L)}{(G_a-K_m)}}\frac{\Delta i}{\Delta i_{\max}}$$

令在$\Delta i=\Delta i_{\max},p_L=0$且又无液动力时的$q_0$为最大空载流量。

$$q_0=\frac{C_d\omega rK_t\Delta i_{\max}\sqrt{\dfrac{2p_s}{\rho}}}{(G_a-G_m)}$$

无量纲方程为

$$\frac{q_L}{q_0}=\frac{\sqrt{1-\dfrac{p_L}{p_s}}}{(1+K_R(1-\dfrac{p_L}{p_s}))}\frac{\Delta i}{\Delta i_{\max}} \tag{6-23}$$

式中：$K_R=\dfrac{0.43\omega r^2}{G_a-G_m}$，是空载液动力刚度与力矩马达静弹簧刚度的比值，为一个无量钢常数。

按照$K_R=0$和$K_R=1$分别采用 Matlab 编程，对动铁式单级电液伺服阀的静态特性进行分析。程序（ex601.m）源代码如下：

```
 % KR=0;
 subplot(211)
bi=0;
   while bi<1.1
    hold on
    bp=-1:0.001:1;
bq1=bi*sqrt(1-bp);
   plot(bp,bq1,'k-');
grid on
bi=bi+0.2;
end
xlabel('p_L/p_s')
ylabel('q_L/q_0')
```

```
gtext('0.2','fontsize',10)
gtext('0.4','fontsize',10)
gtext('0.6','fontsize',10)
gtext('0.8','fontsize',10)
gtext('\Deltai/\Delta i{max}=1','fontsize',10)
gtext('K_{R}=0','fontsize',10)
hold off
  % KR=1;
  subplot(212)
bi=0;
while bi<1.1;
hold on
bp=-1:0.001:1;
bq=bi*sqrt(1-bp)/(1+(1-bp));
plot(bp,bq,'k-');
grid on
bi=bi+0.2;
end
xlabel('p_L/p_s')
gtext('0.2','fontsize',10)
gtext('0.4','fontsize',10)
gtext('0.6','fontsize',10)
gtext('0.8','fontsize',10)
gtext('\Delta i/\Delta i_{max}=1','fontsize',10)
gtext('K_{R}=1','fontsize',10)
hold off
```

运行程序后自动生成曲线，如图 6-6 所示。

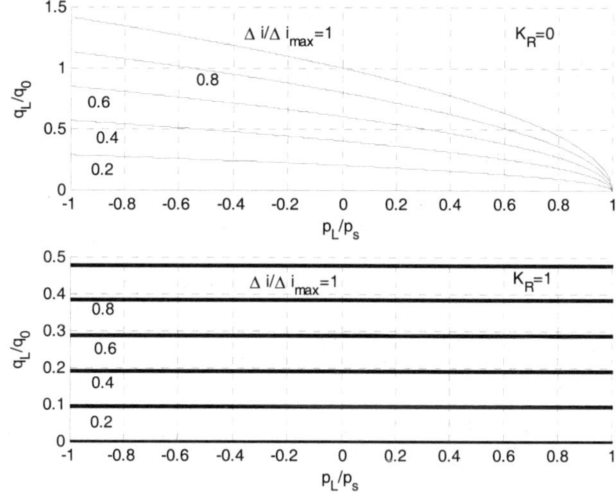

图 6-6　动铁式单级电液伺服阀无量纲静特性曲线

由上图可以看出，当$K_R=0$时，也就是液动力不存在的情况下，特性曲线呈抛物线形状，这与零开口阀是相似的，只不过用$\Delta i/\Delta i_{\max}$代替了$x_v/x_{v\max}$而已。当$K_R=1$时，即考虑液动力后，特性曲线就不是抛物线了，而是变成了直线。也就是说，当$K_R=1$时，考虑液动力后曲线线性好、刚度好，显然这是在牺牲流量条件下成为线性的。

3. 阀的动特性

由于单级电液伺服阀的力矩马达直接拖动滑阀，因此滑阀的拖动力就是力矩马达的负载。力矩的平衡方程为

$$T_d = J_a \frac{d^2\theta}{dt^2} + B_a \frac{d\theta}{dt} + G_a\theta + T_L \tag{6-24}$$

式中：J_a—— 衔铁转动惯量；

B_a—— 衔铁运动时的黏性摩擦力矩系数；

G_a—— 扭轴扭转弹簧刚度；

T_L—— 衔铁转动时的负载力矩。

为了分析区别，负载力矩T_L中仅考虑阀芯的惯性和稳态液动力，且滑阀为零开口四通滑阀。即有

$$T_L = rm_v \frac{d^2x_v}{dx_v^{\ 2}} + 0.43\omega r x_v(p_s - P_L) \tag{6-25}$$

式中：m_v—— 阀芯质量；

x_v—— 阀芯位移。

由于稳态液动力所产生的阻力矩是非线性的，因此需要进行线性化处理，按泰勒级数展开

$$0.43\omega r x_v(p_s - P_L) = 0.43\omega r(p_s - P_{L0})\Delta x_v - 0.43\omega r x_{v0}\Delta P_L$$

将负载力矩用增量式表示，有

$$\Delta T_L = rm_v \frac{d^2x_v}{dx_v^{\ 2}} + 0.43\omega r(p_s - P_{L0})\Delta x_v - 0.43\omega r x_{v0}\Delta P_L \tag{6-26}$$

又因为：

$$\Delta x_v = r\Delta\theta \tag{6-27}$$

将式（6-26）、式（6-27）代入式（6-24）中，并用增量式表示

$$\begin{aligned}\Delta T_d &= J_a \frac{d^2\Delta\theta}{dt^2} + B_a \frac{d\Delta\theta}{dt} + G_a\Delta\theta \\ &+ r^2 m_v \frac{d^2\Delta\theta}{dx_v^{\ 2}} + 0.43\omega r^2(p_s - P_{L0})\Delta\theta - 0.43\omega r x_{v0}\Delta P_L\end{aligned} \tag{6-28}$$

经过整理并进行拉氏变换后，有

$$\Delta T_d = (J_a + r^2 m_v)s^2\Delta\theta + B_a s\Delta\theta + (G_a + 0.43\omega r^2(p_s - P_{L0}))\Delta\theta - 0.43\omega r x_{v0}\Delta P_L$$

令 $G_{at} = G_a + 0.43\omega r^2(p_s - P_{L0})$，称为力矩马达总的弹性扭转刚度系数，则根据式（6-18）与上式，有

$$K_t\Delta i = (J_a + r^2 m_v)s^2\Delta\theta + B_a s\Delta\theta + (G_{at} - G_m)\Delta\theta - 0.43\omega r x_{v0}\Delta P_L \tag{6-29}$$

将上式变成二阶振荡方程，即

$$K_t\Delta i = (G_{at} - G_m)[\frac{s^2}{\omega^2{}_m} + \frac{2\xi_m}{\omega_m}s + 1)\Delta\theta - 0.43\omega r x_{v0}\Delta P_L \tag{6-30}$$

式中：$\omega_m = \sqrt{\dfrac{G_{at} - G_m}{J_a + r^2 m_v}}$ —— 动铁式单级电液伺服阀的固有频率；

$\xi_m = \dfrac{B_a}{2\sqrt{(G_{at} - G_m)(J_a + r^2 m_v)}}$ ——动铁式单级电液伺服阀的阻尼比。

可见，Δi 不仅与 $\Delta\theta$ 有关，也与 Δp_L 有关。由于执行元件的负载是多种多样的，我们现在讨论的是电液伺服阀的动态特性，为了分析方便，假设单级伺服阀控制的是纯惯性负载，并以图 6-5 所示液压马达拖动纯惯量 J_t 为例。因为大多数负载都是以惯性负载为主，变量泵的变量机构更是如此，所以有

$$\Delta p_L D_m = J_t s^2 \Delta\theta_m \tag{6-31}$$

式中：D_m —— 液压马达排量；

J_t —— 负载转动惯量。

$\Delta\theta_m$ —— 液压马达的角位移。

由式（6-30）变为增量形式，得出

$$\frac{\Delta\theta_m}{\Delta X_V} = \frac{K_q / D_m}{s\left(\dfrac{s^2}{\omega_h^2} + \dfrac{2\xi_h}{\omega_h}s + 1\right)} \tag{6-32}$$

由以上三式，可绘制出动铁式单级电液伺服阀的方框图，如图 6-7 所示。

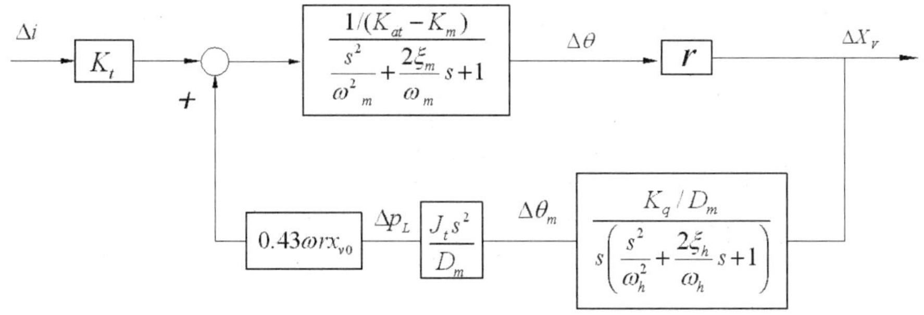

图 6-7　动铁式单级电液伺服阀的方框图

由图 6-7 可以看出，动铁式单级电液伺服阀中有一个由稳态液动力$0.43\omega rx_{v0}\Delta P_L$引起的正方框回路，这是单级电液伺服阀控制液压马达所特有的。当输入Δi增加后，输出Δx_v也增加，稳态液动力$0.43\omega rx_{v0}\Delta P_L$也增加，力的方向使$x_v$减少，有趋向稳定的负反馈。但是如果负载压降$p_L$随$x_v$增加而增大时，稳态液动力又有减少的趋势，也就是有正反馈的作用。所以稳态液动力可分解为两部分：

（1）包含$0.43\omega rx_{v0}\Delta P_L$使伺服阀趋于稳定的部分；

（2）包含$0.43\omega rx_{v0}\Delta P_L$使伺服阀趋于稳定的正反馈部分。

因此，稳定性是单级电液伺服阀的突出问题。为保证单级电液伺服阀本身必须是一个稳定元件，为了得到在工程上既简单又实用的设计准则，必须探讨如何使这个有正反馈回路伺服阀具有可靠性。

在伺服系统中，最低的频率通常是ω_h，伺服阀的频率ω_m总比ω_h大的多，所以图 6-7 分母中含有ω_m的伺服阀振荡环节可以略去。这时若前向通道传递函数为 G(s)，反馈通道传递函数为 H(s)，则伺服阀的闭环传递函数为

$$\frac{\Delta x_v}{\Delta i}=\frac{G(s)}{1-G(s)H(s)} \tag{6-33}$$

则闭环系统的特征方程为

$$1-G(s)H(s)=1-K_1 s\Big/\left(\frac{s^2}{\omega_h^2}+\frac{2\xi_h}{\omega_h}s+1\right)=0$$

即

$$\frac{s^2}{\omega_h^2}+(\frac{2\xi_h}{\omega_h}-K_1)s+1=0 \tag{6-34}$$

式中：K1—— 系统的开环增益，$K_1=\dfrac{0.43\omega r^2 x_{v0}J_t K_q}{D_m{}^2(G_{at}-G_m)}$。

由 Routh 稳定判据得出式（6-34）稳定的条件是

$$K_1<\frac{2\xi_h}{\omega_h} \tag{6-35}$$

由$\xi_h=\dfrac{K_{ce}}{D_m}\sqrt{\dfrac{\beta_e J_t}{V_t}}$、$K_{ce}=K_c+C_{tm}$及$\omega_h=\sqrt{\dfrac{4\beta_e D_m^2}{V_t J}}$可知$K_{ce}\approx K_c$，故得出

$$\frac{2\xi_h}{\omega_h}=\frac{2\dfrac{K_c}{D_m}\sqrt{\dfrac{\beta_e J_t}{V_t}}}{\sqrt{\dfrac{4\beta_e D_m^2}{V_t J}}}\approx\frac{K_c J_t}{D_m^2} \tag{6-36}$$

根据$K_p=\frac{2p_L}{2x_{v0}}=\frac{2(p_L-p_{L0})}{x_{v0}}=\frac{K_q}{K_c}$，当阀的工作点取在$x_{v0}$和$p_{L0}$时，零开口四通阀的阀系数$K_p=\frac{2(p_L-p_{L0})}{x_{v0}}=\frac{K_q}{K_c}$代入式（6-36）得出

$$\frac{2\xi_h}{\omega_h}=\frac{K_q x_{v0} J_t}{2(p_s-p_{L0})D_m^2} \tag{6-37}$$

根据阀芯拖动力公式

$$F_v=m_v\frac{d^2x_v}{dt^2}+(B+B_f)\frac{dx_v}{dt}+(K_s+K_f)x_v$$

引入工作点条件p_{L0}，滑阀液动力弹簧刚度为

$$K_f=0.43\omega(p_s-p_{L0}) \tag{6-38}$$

$$G_{at}=G_a+0.43\omega r^2(p_s-p_{L0})=G_a+K_f r^2 \tag{6-39}$$

由式（6-35）、式（6-36）和式（6-39），得出

$$K_1=\frac{K_f r^2 x_{v0} J_t K_q}{(p_s-p_{L0})D_m{}^2(G_{at}-K_f r^2-G_m)}<\frac{K_q x_{v0} J_t}{2(p_s-p_{L0})D_m^2}$$

即

$$\frac{2K_f r^2}{(G_a-K_f r^2-G_m)}<1$$

也可写成

$$K_f r^2+G_m<G_a \tag{6-40}$$

由式（6-40）可见，要保证单级电液伺服阀的稳定性，就必须保证力矩马达的机械弹性扭转刚度大于磁弹性扭转刚度与液动力刚度之和。

由于伺服阀的开环传递函数的最大值为

$$G(j\omega_h)H(j\omega_h)=K_1\omega_h/2\xi_h \tag{6-41}$$

将稳定条件$K_1<\frac{2\xi_h}{\omega_h}$引入上式，即得出

$$G(j\omega_h)H(j\omega_h)<1 \tag{6-42}$$

由式（6-33）

$$\frac{\Delta x_v}{\Delta i}=\frac{G(s)}{1-G(s)H(s)}\approx G(s)$$

$$=\frac{K_t r/(G_{at}-G_m)}{s\left(\dfrac{s^2}{\omega_m^2}+\dfrac{2\xi_m}{\omega_m}s+1\right)} \tag{6-43a}$$

阀芯位移是伺服阀内部的一个参数，并不是实际输出量，通常以伺服阀的空载流量，即 $p_L=0$ 时的流量 $\Delta Q_L=K_q\Delta x_v$ 作为伺服阀的输出量。因此，伺服阀的上述传递函数又可表示为

$$\frac{\Delta Q_L}{\Delta i}=\frac{K_t K_q r/(G_{at}-G_m)}{s\left(\dfrac{s^2}{\omega_m^2}+\dfrac{2\xi_m}{\omega_m}s+1\right)} \tag{6-43b}$$

根据阀的静态和动态分析可以有如下结论：

力矩马达的衔铁直接拖动滑阀的阀芯，因此阀芯上的液动力，对电液伺服阀的影响较大。若 $p_{L0}=0$（即初始条件为零），液动力的弹簧刚度为 $K_f=0.43\omega p_s$，由于稳定条件要求

$$K_R=\frac{0.43\omega r^2}{G_a-G_m}<1 \text{ 或 } K_R=\frac{K_f r^2}{G_a-G_m}<1 \tag{6-44}$$

可见，液动力影响伺服阀的稳定性，为了提高稳定性，应当限制液动力或它的弹簧刚度 K_f 不能过大，也就是限制滑阀的面积梯度 ω。ω 值主要取决于阀芯直径，即阀芯直径不宜过大，这样就限制了通过阀芯的流量。由上述可以得出，提高 G_a 可以削弱或抵消液动力对稳定性的不利作用。提高 G_a 就要加大机械刚度，相应地就要加大伺服尺寸。

综合考虑伺服阀的结构尺寸、稳定性和通过的流量增加，$K_R<1$，但又要接近于 1。这时除满足综合要求外，还能使伺服阀的无量纲静特性曲线线性变好和刚度好。唯一的缺点是流量减少一半。

负载情况负载时，p_L 变化大，液动力的变化也大。单级电液伺服阀不适宜于用在负载变化大的场合。

伺服阀的形式不同，对 K_R 值要求也不同。如果采用正开口四通滑阀，由于它的液动力比零开口阀要大一倍，其稳定条件就变为 $K_R\leqslant 0.5$。

上述的分析中没有考虑黏性摩擦及泄漏的影响，而这两个因素都是有利于稳定的，这使上述分析变得更为可靠，其分析结论无须变动。

单级电液伺服阀结构简单，成本低。

6.3.2 动圈式单级电液伺服阀

动铁式单级电液伺服阀的结构原理如图 6-8 所示。

这种阀与动铁式阀不同点是载流控制线圈在磁场中与阀芯一同进行直线位移运动，该阀是马达与滑阀连接而成的。

当信号电流通过控制线圈时，载流线圈在磁场中产生的电磁力，通过控制杆与十字弹簧的反力平衡，阀芯移动相应的位移，从而使阀输出相应的流量。

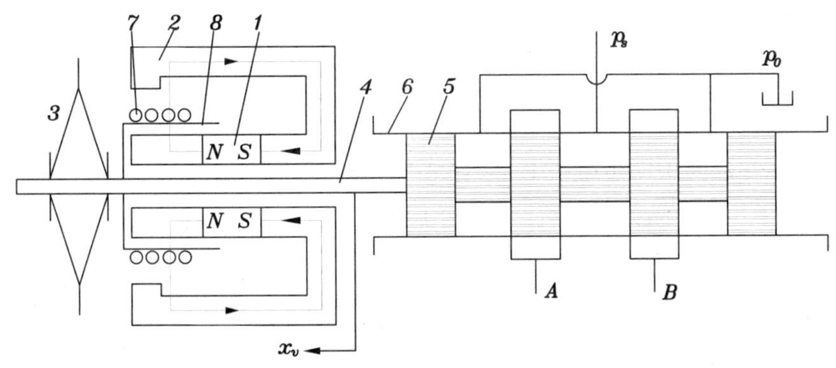

1—磁铁；2—导磁体；3—十字弹簧；4—控制杆；5—滑阀阀芯；6—阀体；7—控制线圈；8—框架

图 6-8　动圈式单级电液伺服阀原理图

载流控制线圈在磁场中所受的电磁力方程为

$$F = \pi B_g D N_c i = K_t i \tag{6-45}$$

式中：B_g—— 磁场的磁感应强度；

D—— 控制线圈的平均直径；

N_c—— 线圈匝数；

K_t—— 力矩马达的力常数。

载流可动控制线圈的力平衡方程为

$$F = M_c \frac{d^2 x_v}{dt^2} + B_c \frac{dx_v}{dt} + k_c x_v + F_L$$

式中：M_c—— 线圈组件的质量；

B_c—— 黏性摩擦系数；

k_c—— 弹簧刚度；

F_L—— 负载力。

对上式进行拉氏变换，并与式（6-45）合并

$$K_t I(s) = (M_c s^2 + B_c s + k_c) X_v(s) + F_L(s)$$

简化后，得出

$$X_v(s) = \frac{K_t / k_c}{\frac{M_c}{k_c} s^2 + \frac{B_c}{k_c} s + 1} I(s) - F_L(s)$$

$$= \frac{K_t / k_c}{\frac{s^2}{\omega_c^2} + \frac{2\xi_c}{\omega_c} s + 1} I(s) - F_L(s) \tag{6-46}$$

式中：

$$\omega_c = \sqrt{\frac{k_c}{M_c}}，\ \xi_c = \frac{B_c}{2}\sqrt{1/k_c Mc}$$

力矩马达前面总有直流放大器，直流放大器输出电压 e_g 就是力马达的输入量。电压 e_g 加在可动线圈上后，在线圈中产生电流 i，并引起电压降 $i(r_a + r_c)$。其中，r_a 为直流放大器内阻，r_c 为控制线圈电阻。电流 i 有变化时，在线圈中产生自感反电动势。因此，线圈的电路方程为

$$e_g = i(r_a + r_c) + L_c\frac{di}{dt} + K_d\frac{dx_v}{dt}$$

式中：L_c—— 线圈自感系数；

K_d—— 线圈反电动势常数，$K_d = \pi B_g D N_c$。

上式的拉氏变换为 $E_g(S) = I(s)(r_a + r_c) + L_c sI(s) + K_d sX_v(s)$ 简化后，得出

$$I(s) = \frac{E_g(S)}{(r_a + r_c) + L_c s} - K_d sX_v(s)$$

$$= \frac{E_g(S)/(r_a + r_c)}{1 + \frac{s}{\omega_a}} - K_d sX_v(s) \qquad (6\text{-}47)$$

式中：

$$\omega_a = L_c/(r_a + r_c);$$

根据式（6-46）和式（6-47），可得到动圈式力马达的方框图，如图 6-9 所示。

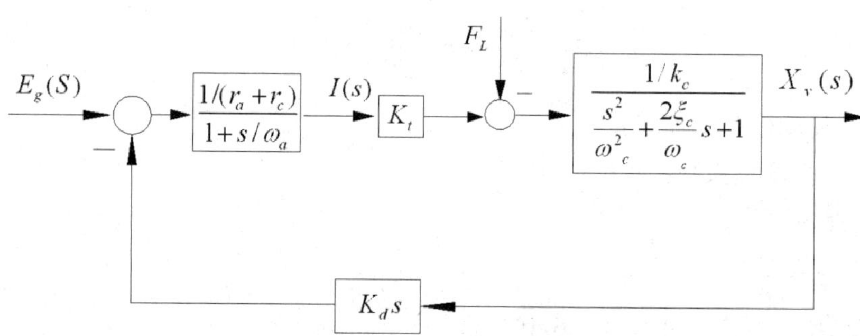

图 6-9　动圈式力矩马达方框图

由于通常 $\omega_a >> \omega_c$，所以惯性环节的转角频率 ω_a 可以略去，式（6-46）和式（6-47）消去 I(s)，则动圈式力马达的传递函数可写成

$$\frac{X_v(s)}{E_g(s)} = \frac{\frac{K_t}{k_c(r_a + r_c)} - \frac{1}{k_c}F_L(s)}{\frac{s^2}{\omega_c^2} + (\frac{2\xi_c}{\omega_c}s + \frac{1}{r_a + r_c}\frac{K_t K_d}{k_c})s + 1} \qquad (6\text{-}48)$$

由式（6-48）可知，动圈式力马达的频宽取决于线圈组件的固有频率 ω_c。而 Mc 较大，另外，为了充分利用力马达好的线性特性，阀芯行程较大，即 k_c 较小。因此，动圈式力马达

的频宽比较窄，该阀用于工作频率要求不高的场合。反电动势常数 Kd 和力马达力常数 Kt 的加大都可增加其阻尼，这有利于系统稳定。

6.4　力反馈两级电液伺服阀

力反馈两级电液伺服阀的结构原理图如图 6-10 所示，这是目前广泛应用的一种结构形式。其第一级液压放大器为双喷嘴挡板阀，由永磁动铁式力矩马达控制，第二级液压放大器为四通滑阀，阀芯位移通过反馈杆与衔铁挡板组件相连，构成滑阀位移力反馈回路。

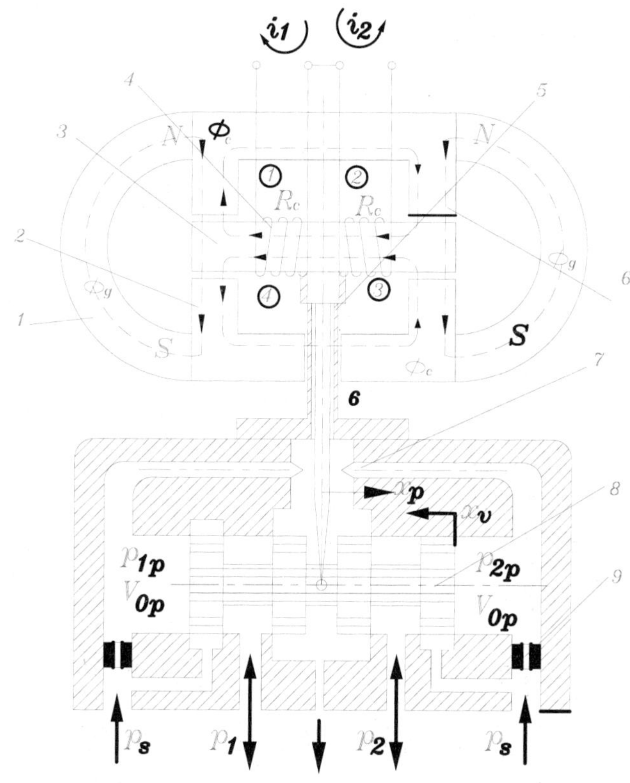

1—磁铁；2—下导磁体；3—衔铁；4—线圈；5—弹簧管；6—上导磁体；7—喷嘴；8—滑阀；9—固定节流口

图 6-10　力反馈两级电液伺服阀

6.4.1　工作原理

无控制电流时，衔铁由弹簧管支承在上、下导磁体的中间位置，挡板也处于两个喷嘴的中间位置，滑阀阀芯在反馈杆小球的约束下处于中位，阀无液压输出。当有差动控制电流 $\Delta i = i_1 - i_2$ 输入时，在衔铁上产生逆时针方向的电磁力矩，使衔铁挡板组件绕弹簧转动中心逆时针方向偏转，弹簧管和反馈杆产生变形，挡板偏离中位。这时，喷嘴挡板阀右间隙减小而左间隙增大，引起滑阀右腔控制压力 p_{2p} 增大，左腔控制压力 p_{1p} 减小，推动滑阀阀芯左移。同时带动反馈杆端部小球左移，使反馈杆进一步变形。当反馈杆和弹簧管变形产生的反力矩与电磁力矩相平衡时，衔铁挡板组件便处于一个平衡位置。在反馈杆端部左移进一步变形时，使挡板的偏移减小，趋于中位。这使控制压力 p_{2p} 又降低， p_{1p} 又增高，当阀芯两端的液压力与反馈杆变形对阀芯产生的反作用力以及滑阀的液动力相平衡时，阀芯停止运动，其位移与控制电流成比例。在负载压差一定时，阀的输出流量也与控制电流成比例。所以这是一种流量控制伺服阀。

这种伺服阀由于衔铁和挡板均在中位附近工作，所以线性好。对力矩马达的线性要求也不高，可以允许滑阀有较大的工作行程。

6.4.2 基本方程与方块图

1. 力矩马达运动方程

力矩马达工作时包含两个动态方程：一个是电的动态过程；另一个是机械的动态过程。

电的动态过程可用电路的基本电压方程表示，机械的动态过程可用衔铁挡板组件的运动方程表示。

（1）基本电压方程

推挽工作时，输入每个线圈的信号电压为

$$u_1 = u_2 = K_u u_g \tag{6-49}$$

式中：u_1、u_2—— 输入每个线圈的信号电压；

K_u—— 放大器每边的增益；

u_g—— 输入放大器的信号电压。

每个线圈回路的电压平衡方程为

$$E_b + u_1 = i_1\left(Z_b + R_c + r_p\right) + i_2 Z_b + N_c \frac{d\phi_a}{dt} \tag{6-50}$$

$$E_b - u_2 = i_2\left(Z_b + R_c + r_p\right) + i_1 Z_b - N_c \frac{d\phi_a}{dt} \tag{6-51}$$

式中：E_b—— 产生常值电流所需的电压；

Z_b—— 线圈公用边的阻抗；

R_c—— 每个线圈的电阻；

r_p—— 每个线圈回路中的放大器内阻；

N_c—— 每个线圈的匝数；

ϕ_a—— 衔铁磁通。

由式（6-50）减去式（6-51），并将式（6-49）和式（6-3）代入，可得出

$$2K_u u_g = (R_c + r_p)\Delta i + 2N_c \frac{d\phi_a}{dt} \tag{6-52}$$

这就是力矩马达电路的基本电压方程。它表明经放大器放大后的控制电压$2K_u u_g$一部分消耗在线圈电阻和放大器内阻上，另一部分用来克服衔铁磁通变化在控制线圈中所产生的反电动势。

将衔铁磁通表达式（6-20）代入式（6-52），得出力矩马达电路基本电压方程的最后形式为

$$2K_u u_g = \left(R_c + r_p\right)\Delta i + 2K_b \frac{d\theta}{dt} + 2L_c \frac{d\Delta i}{dt}$$

其拉氏变换式为

$$2K_u u_g = \left(R_c + r_p\right)\Delta I + 2K_b s\theta + 2L_c s\Delta I \tag{6-53}$$

式中：K_b—— 每个线圈的反电动势常数，

$$K_b = 2\frac{a}{l_g} N_c \phi_g \tag{6-54}$$

L_c—— 每个线圈的自感系数，

$$L_c = \frac{N_c^2}{R_g} \tag{6-55}$$

方程式左边为放大器加在线圈上的总控制电压，右边第一项为电阻上的电压降，第二项为衔铁运动时在线圈内产生的反电动势，第三项是线圈内电流变化所引起的感应电动势。它包括线圈的自感和两个线圈之间的互感。由于两个线圈对信号电流i来说是串联的，并且是紧密耦合的，因此互感等于自感。每个线圈的总电感为$2L_c$。

式（6-53）可以改写为

$$\Delta I = \frac{2K_u u_g}{\left(R_c + r_p\right)\left(1 + \frac{s}{\omega_a}\right)} - \frac{2K_b s\theta}{\left(R_c + r_p\right)\left(1 + \frac{s}{\omega_a}\right)} \tag{6-56}$$

式中：ω_a—— 控制线圈回路的转折频率，

$$\omega_a = \frac{R_c + r_p}{2L_c} \tag{6-57}$$

（2）衔铁挡板组件的运动方程

由式（6-18）可知，力矩方程马达输出的电磁力矩为

$$T_d = K_t \Delta i + K_m \theta \tag{6-58}$$

在电磁力矩T_d的作用下，衔铁挡板组件的运动方程为

$$T_d = J_a \frac{d^2\theta}{dt^2} + B_a \frac{d\theta}{dt} + K_a \theta + T_{L1} + T_{L2} \tag{6-59}$$

式中：J_a—— 衔铁挡板组件的转动惯量；

B_a—— 衔铁挡板组件的黏性阻尼系数；

K_a—— 弹簧管刚度；

T_{L1}—— 喷嘴对挡板的液流力产生的负载力矩；

T_{L2}—— 反馈杆变形对衔铁挡板组件产生的负载力矩。

衔铁挡板组件受力情况如图 6-11 所示。作用在挡板上的液流力对衔铁挡板组件产生的负载力矩

$$T_{L1} = rp_{Lp}A_N - r^2\left(8\pi C_{df}^2 p_s x_{f0}\right)\theta \tag{6-60}$$

式中：A_N—— 喷嘴孔的面积；

p_{Lp}—— 两个喷嘴腔的负载压差；

r—— 喷嘴中心至弹簧管回转中心（弹簧管薄壁部分的中心）的距离；

C_{df}—— 喷嘴与挡板间的流量系数；

x_{f0}—— 喷嘴与挡板间的零位间隙。

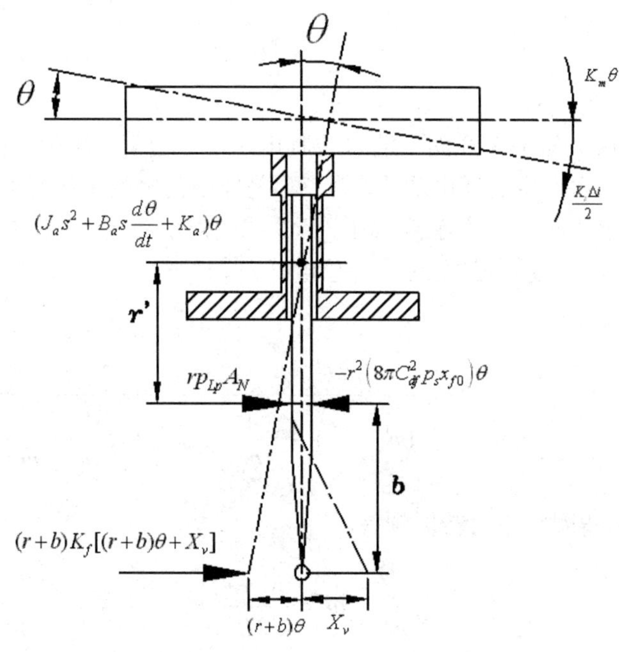

图 6-11　衔铁挡板组件受力图

反馈杆变形对衔铁挡板组件产生的负载力矩为

$$T_{L2} = (r+b)K_f\left[(r+b)\theta + x_V\right] \tag{6-61}$$

式中：b—— 反馈杆小球中心到喷嘴中心的距离；

K_f—— 反馈杆刚度；

x_V—— 阀芯位移。

将式（6-58）～式（6-61）合并，经拉氏变换得到衔铁挡板组件的运动方程为

$$K_t \Delta I = (J_a s^2 + B_a s \frac{d\theta}{dt} + K_a)\theta + (r+b)K_f X_v + r p_{LP} A_N \tag{6-62}$$

式中：K_{mf}—— 力矩马达的总刚度（综合刚度），

$$K_{mf} = K_{an} + \left(r+b\right)^2 K_f \tag{6-63}$$

K_{an}—— 力矩马达的净刚度，

$$K_{an} = K_a - K_m - 8\pi C_{df}^2 p_s x_{f0} r^2 \tag{6-64}$$

式（6-62）可改写为

$$\theta = \frac{\frac{1}{K_{mf}}}{\frac{s^2}{\omega_{mf}^2} + \frac{2\xi_{mf}}{\omega_{mf}} s + 1} \left[K_t \Delta I - K_f\left(r+b\right) X_V - r A_N p_{Lp}\right] \tag{6-65}$$

式中:ω_{mf}—— 力矩马达的固有频率，

$$\omega_{mf} = \sqrt{\frac{K_{mf}}{J_a}} \tag{6-66}$$

ξ_{mf}—— 力矩马达的机械阻尼比，

$$\xi_{mf} = \frac{B_a}{2\sqrt{J_a K_{mf}}} \tag{6-67}$$

2. 挡板位移与衔铁转角的关系

$$X_f = r\theta \tag{6-68}$$

3. 喷嘴挡板至滑阀的传递函数

忽略阀芯移动所受到的黏性阻尼力、稳态液动力和反馈杆弹簧力，则挡板位移至滑阀位移的传递函数为

$$\frac{X_V}{X_f} = \frac{K_{qp} A_V}{s\left(\frac{s^2}{\omega_{hp}^2} + \frac{2\xi_{hp}}{\omega_{hp}} s + 1\right)} \tag{6-69}$$

式中：K_{qp}—— 喷嘴挡板阀的流量增益；

A_V—— 滑阀阀芯端面面积；

ω_{hp} —— 滑阀的液压固有频率，$\omega_{hp}=\sqrt{\dfrac{2\beta_e A_V^2}{V_{0p}m_V}}$；

ξ_{hp} —— 滑阀的液压阻尼比，$\xi_h=\dfrac{K_{cp}}{A_V}\sqrt{\dfrac{\beta_e m_V}{2V_{0p}}}$；

V_{0p} —— 滑阀一端所包含的容积；

K_{cp} —— 喷嘴挡板阀的流量-压力系数；

m_V —— 滑阀阀芯及油液的归化质量。

4. 阀控液压缸的传递函数

在式（6-69）中包含有喷嘴挡板阀的负载压力 p_{Lp}，其大小与滑阀受力情况有关。滑阀受力包括惯性力、稳态液动力等，而稳态液动力又与滑阀输出的负载压力有关，即与液压执行元件的运动有关。因此要写出动力元件的运动方程。

为了简单起见，若动力元件的负载只考虑惯性，则阀芯位移至液压缸位移的传递函数为

$$\frac{X_p}{X_V}=\frac{K_q/A_p}{s\left(\dfrac{s^2}{\omega_h^2}+\dfrac{2\xi_h}{\omega_h}s+1\right)} \tag{6-70}$$

5. 作用在挡板上的压力反馈

若略去滑阀阀芯运动时所受的黏性阻尼力和反馈杆弹簧力，只考虑阀芯的惯性力和稳态液动力，则喷嘴挡板阀的负载压力为

$$p_{Lp}=\frac{1}{A_V}\left[m_V\frac{d^2x_V}{dt^2}+0.43\omega\left(p_s-p_L\right)x_v\right]$$

上式中的稳态液动力是 p_L 和 x_V 两个变量的函数，需将上式在 x_{V0} 和 p_{L0} 处线性化。因为液压缸的负载为纯惯性，所以在稳态时的 $p_{L0}=0$，线性化增量方程的拉氏变换形式为

$$P_{Lp}=\frac{1}{A_V}\left(m_V s^2 X_V+0.43\omega p_s X_V-0.43\omega X_{V0}P_L\right) \tag{6-71}$$

滑阀负载压力为

$$P_L=\frac{1}{A_p}m_t s^2 X_p \tag{6-72}$$

由式（6-56）、式（6-65）、式（6-68）～式（6-72）可绘出力反馈两级电液伺服阀的方块图，如图 6-12 所示。

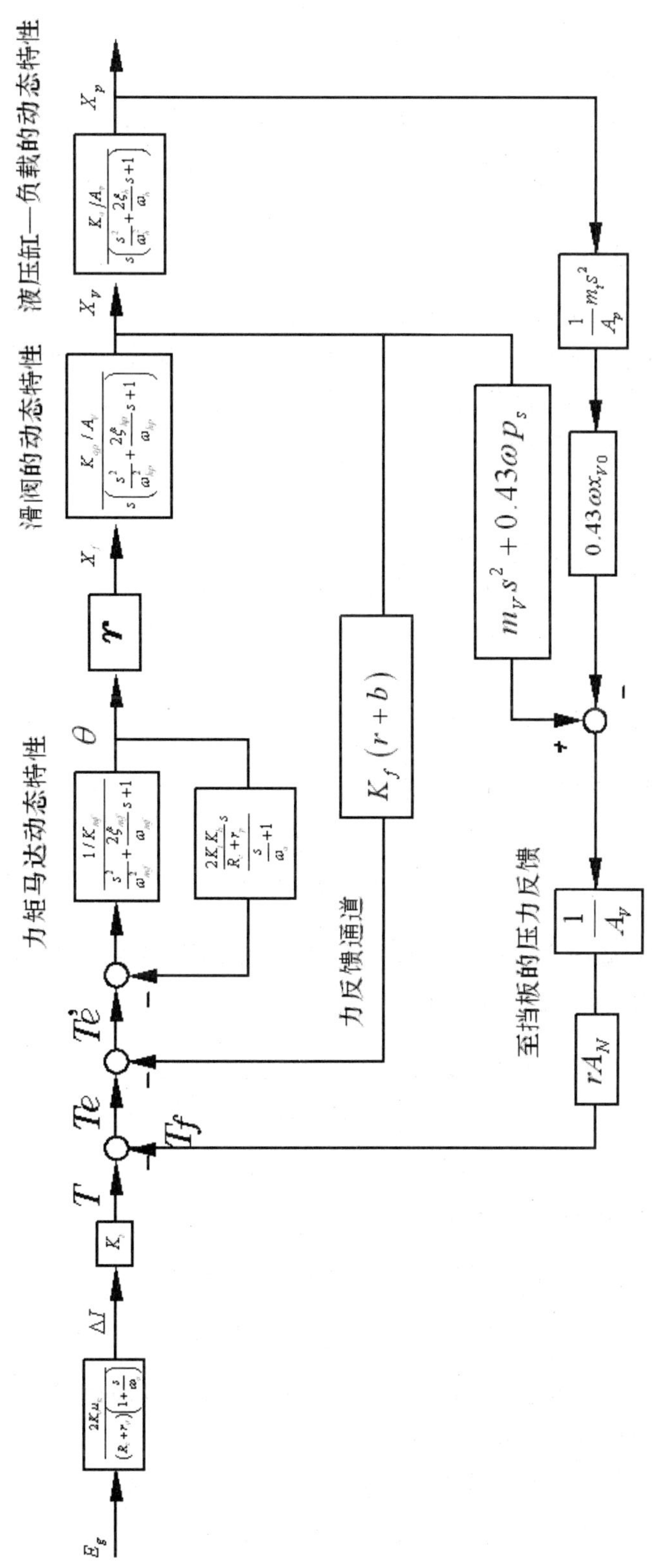

图 6-12　力反馈两级伺服阀方框图

6.4.3 力反馈伺服阀的稳定性分析

由图 6-12 可知，伺服阀的方块图包含两个反馈回路：一个是滑阀位移的力反馈回路，这是一个主要回路；另一个是作用在挡板上的压力反馈回路，这是一个次要回路，这两个回路都存在稳定性问题。

1. 力反馈回路的稳定性分析

力反馈两级伺服阀的性能主要由力反馈回路决定。由图 6-12 可知，力反馈回路包含力矩马达和滑阀两个动态环节。首先要求出力矩马达小闭环的传递函数。为避免伺服放大器特性对伺服阀特性的影响，通常采用电流负反馈伺服放大器，以使控制线圈回路的转折频率 ω_a 很高，若 $1/\omega_a \approx 0$，则力矩马达小闭环的传递函数为

$$\phi_1(s)=\frac{\theta}{T_e^{'}}=\frac{\dfrac{1}{K_{mf}}}{\dfrac{s^2}{\omega_{mf}}+\dfrac{2\xi_{mf}^{'}}{\omega_{mf}}s+1} \tag{6-73}$$

式中：ω_{mf} —— 衔铁挡板组件的固有频率，$\omega_{mf}=\sqrt{\dfrac{K_{mf}}{J_a}}$；

$\xi_{mf}^{'}$ —— 由机械阻尼和电磁阻尼产生的阻尼比，

$$\xi_{mf}^{'}=\xi_{mf}+\frac{K_t K_b}{K_{mf}\left(R_c+r_p\right)}\omega_{mf}$$

因滑阀的固有频率 ω_{hp} 很高，$\omega_{hp}>>\omega_{mf}$，故滑阀动态可以忽略。简化后的力反馈回路方块图如图 6-13 所示。力反馈回路的开环传递函数为

$$G(s)H(s)=\frac{K_{Vf}}{s\left(\dfrac{s^2}{\omega_{mf}^2}+\dfrac{2\xi_{mf}^{'}}{\omega_{mf}}s+1\right)} \tag{6-74}$$

式中：K_{Vf} ——力反馈回路开环放大系数，

$$K_{Vf}=\frac{r(r+b)K_f K_{qp}}{A_V K_{mf}}=\frac{r(r+b)K_f K_{qp}}{A_V\left[K_{an}+K_f(r+b)^2\right]} \tag{6-75}$$

这是一个 I 型伺服回路。根据式（6-74）可绘出力反馈的开环波德图，如图 6-14 所示。回路穿越频率 ω_c 近似等于开环放大系数 K_{Vf}，即 $\omega_c \approx K_{Vf}$。

力反馈回路德稳定条件为 ω_{mf} 处的谐振峰值不能超过零分贝线，即

$$K_{Vf}<2\xi_{mf}^{'}\omega_{mf} \tag{6-76}$$

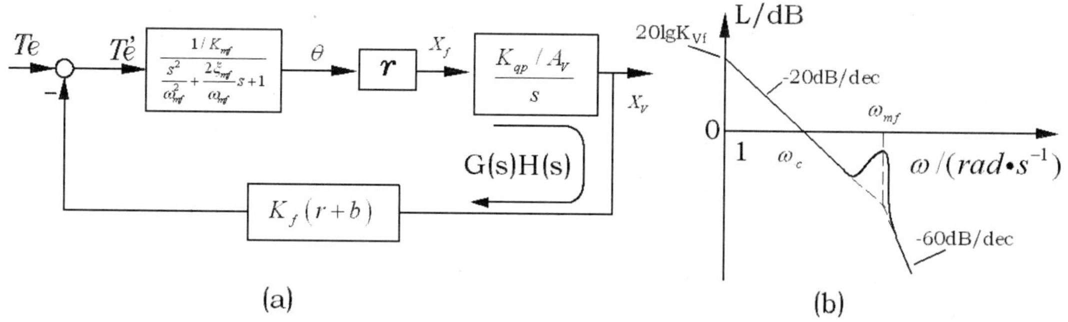

图 6-13 简化后的力反馈回路方框图和开环 Bode 图

在设计时可取

$$\frac{K_{Vf}}{\omega_{mf}}\leqslant 0.25 \tag{6-77}$$

这一关系具有充分的稳定储备。

2. 压力反馈回路的稳定性

由图 6-12 可知，作用在挡板上的压力反馈回路是由滑阀位移和执行机构负载变化引起的。它反映了伺服阀各级负载动态的影响，显然这种影响越小越好。为此应使这个回路的开环增益在任何频率下都远小于 1，使回路近似于开环状态而不起作用。

首先要求出压力反馈回路前向通道的传递函数的最大增益，为此需求出力反馈回路的闭环传递函数。由图 6-13 可求出力反馈回路的闭环传递函数为

$$\phi_2(s)=\frac{X_V}{T_e}=\frac{\frac{rK_{qp}}{A_VK_{mf}}}{\frac{s^3}{\omega_{mf}^2}+\frac{2\xi'_{mf}}{\omega_{mf}}s^2+s+K_{Vf}}$$

$$=\frac{\frac{1}{(r+b)K_f}}{\frac{s^3}{K_{Vf}\omega_{mf}^2}+\frac{2\xi'_{mf}}{K_{Vf}\omega_{mf}}s^2+\frac{s}{K_{Vf}}+1}$$

在 ξ'_{mf} 较小和 $K_{Vf}<2\xi'_{mf}\omega_{mf}$ 时，上式可近似写为

$$\phi_2(s)=\frac{X_V}{T_e}=\frac{\frac{1}{(r+b)K_f}}{\left(\frac{s}{K_{Vf}}+1\right)\left(\frac{s^2}{\omega_{mf}^2}+\frac{2\xi'_{mf}}{\omega_{mf}}+1\right)} \tag{6-78}$$

通常$K_{Vf} << \omega_{mf}$，一阶惯性环节在ω_{mf}处的衰减对ω_{mf}处的谐振峰值有一定的抵消作用，则$\phi_2(s)$的最大增益可近似为$\dfrac{1}{(r+b)K_f}$。

压力反馈回路反馈通道的传递函数为

$$H(s)=\frac{T_f}{X_V}=\frac{rA_N}{A_V}\left[\left(m_V s^2+0.43\omega p_s\right)-\frac{0.43\omega x_{V0}\dfrac{m_t}{A_p}\dfrac{K_q}{A_p}s}{\dfrac{s^2}{\omega_h^2}+\dfrac{2\xi_h}{\omega_h}s+1}\right]$$

由于$\sqrt{\dfrac{0.43\omega p_s}{m_V}} >> \omega_h$，所以$m_V$可以忽略；又因为$K_q=K_pK_c=\dfrac{2p_s}{x_{V0}}K_c$，在$C_{tp}=B_p=0$时，$\dfrac{2\xi_h}{\omega_h}=\dfrac{K_c m_t}{A_p^2}$，所以上式可写为

$$H(s)=\frac{T_f}{X_V}=0.43Wp_s r\frac{A_N}{A_V}\frac{\dfrac{s^2}{\omega_h^2}-\dfrac{2\xi_h}{\omega_h}s+1}{\dfrac{s^2}{\omega_h^2}+\dfrac{2\xi_h}{\omega_h}s+1}$$

其最大增益为$0.43\omega p_s r\dfrac{A_N}{A_V}$。

前向通道与反馈通道最大增益的乘积即是整个压力反馈回路的最大增益。为了确保压力反馈回路的稳定性，并使压力反馈回路的影响可以忽略不计，应满足以下条件：

$$\left|\phi_2(s)\right|_{\max}\left|H(s)\right|_{\max}=\frac{r}{r+b}\frac{A_N}{A_V}\frac{0.43Wp_s}{K_f}<<1 \tag{6-79}$$

在r、b、A_N、A_V、W、p_s已定的情况下，可选择K_f来满足上述条件。由于$\dfrac{r}{r+b}<1$，$\dfrac{A_N}{A_V}<1$，因此上述条件在一般情况下都不难满足，压力反馈回路可以忽略。

6.4.4　力反馈伺服阀的传递函数

在一般情况下，$\omega_a >> \omega_{hp} >> \omega_{mf}$，力矩马达控制线圈的动态和滑阀的动态可以忽略。

作用在挡板上的压力反馈的影响比力反馈小得多，压力反馈回路也可以忽略。这样，力反馈伺服阀的方块图可简化成图 6-14 所示的形式。伺服阀的简化方块图图 6-14 与图 5-12 相比较，只是增加了放大器和力矩马达的增益$\dfrac{2K_uK_t}{R_c+r_p}$。因此，由式（6-78）可以得到力反馈伺服阀的传递函数为

$$\frac{X_V}{U_g}=\frac{\dfrac{2K_uK_t}{(R_c+r_p)(r+b)K_f}}{\left(\dfrac{s}{K_{Vf}}+1\right)\left(\dfrac{s^2}{\omega_{mf}^2}+\dfrac{2\xi'_{mf}}{\omega_{mf}}s+1\right)} \tag{6-80a}$$

或

$$\frac{X_V}{U_g}=\frac{K_aK_{XV}}{\left(\dfrac{s}{K_{Vf}}+1\right)\left(\dfrac{s^2}{\omega_{mf}^2}+\dfrac{2\xi'_{mf}}{\omega_{mf}}+1\right)} \tag{6-80b}$$

式中：K_a —— 伺服放大器增益，$K_a=\dfrac{2K_u}{R_c+r_p}$；

K_{XV} —— 伺服阀增益，$K_{XV}=\dfrac{K_t}{(r+b)K_f}$。

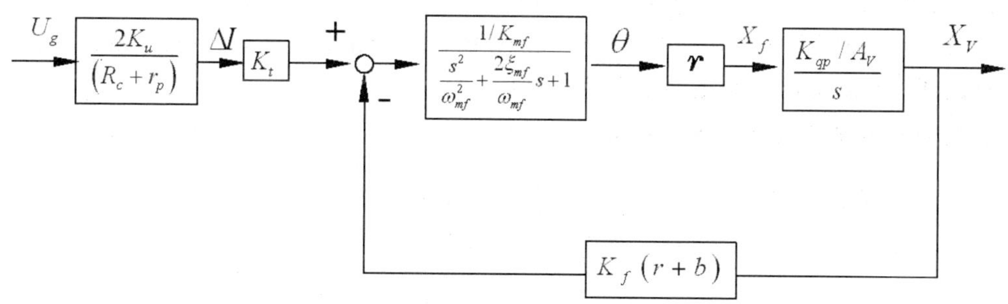

图 6-14　力反馈伺服阀的简化方框图

伺服阀通常以电流 Δi 作输入参数，以空载流量 $q_0=K_qx_V$ 作输出参量。此时，伺服阀的传递函数可表示为

$$\frac{Q_0}{\Delta I}=\frac{K_{sV}}{\left(\dfrac{s}{K_{Vf}}+1\right)\left(\dfrac{s^2}{\omega_{mf}^2}+\dfrac{2\xi'_{mf}}{\omega_{mf}}s+1\right)} \tag{6-81}$$

式中：K_{sV} —— 伺服阀的流量增益，$K_{sV}=\dfrac{K_tK_q}{(r+b)K_f}$。

在大多数电液伺服系统中，伺服阀的动态响应应往往高于动力元件的动态响应。为了简化系统的动态特性分析与设计，伺服阀的传递函数可以进一步简化，一般可用二阶振荡环节表示。如果伺服阀二阶环节的固有频率高于动力元件的固有频率，伺服阀传递函数还可用一阶惯性环节表示，当伺服阀的固有频率远大于动力元件的固有频率，伺服阀可看成比例环节。

二阶近似的传递函数可由下式估算。

$$\frac{Q_0}{\Delta I}=\frac{K_{sV}}{\frac{s^2}{\omega_{sV}^2}+\frac{2\xi_{sV}}{\omega_{sV}}+1} \tag{6-82}$$

式中：ω_{sV} —— 伺服阀固有频率；

ξ_{sV} —— 伺服阀阻尼比。

在由式（6-80）计算或由实验得到的相频特性曲线上，取相位滞后90°所对应的频率作为ω_{sV}。阻尼比ξ_{sV}可由以下两种方法求得：

（1）根据二阶环节的相频特性公式

$$\varphi(\omega)=\operatorname{arc}tg\frac{2\xi_{sV}\frac{\omega}{\omega_{sV}}}{1-\left(\frac{\omega}{\omega_{sV}}\right)^2}$$

由频率特性曲线求出每一相角φ所对应的ξ_{sV}值，然后取平均值。

（2）由自动控制原理可知，对各种不同的ξ值，有一条对应的相频特性曲线。将伺服阀的相频特性曲线与此对照，通过比较确定ξ_{sV}值。

一阶近似的传递函数可由下式估算。

$$\frac{Q_0}{\Delta I}=\frac{K_{sV}}{1+\frac{s}{\omega_{sV}}} \tag{6-83}$$

式中：ω_{sV} —— 伺服阀转折频率，$\omega_{sV}=K_{Vf}$或取频率特性曲线上相位滞后45°所对应的频率。

6.4.5 力反馈伺服阀的频宽

在力反馈伺服阀的闭环传递函数式（6-78）中，由于K_{Vf}是最低的转折频率，所以力反馈伺服阀的频宽主要由K_{Vf}决定。下面根据频宽的定义近似估计伺服阀的频宽。

若电液伺服阀输入的差动电流Δi为正弦信号，则阀芯位移也按正弦规律运动。即

$$x_V=X_V\sin\omega t \tag{6-84}$$

式中：x_V为阀芯运动时的峰值位移，ω为运动时的频率。

由式（6-84）可得出阀芯的运动速度为

$$\dot{x}_V=X_V\omega\cos\omega t \tag{6-85}$$

$$\dot{x}_{V\max}=X_V\omega \tag{6-86}$$

若喷嘴—挡板阀的输出流量q_{Lp}全部用来推动阀芯运动，则有

$$q_{Lp}=A_v\,\dot{x}_{v\max}=A_v\omega x_v \tag{6-87}$$

挡板位移 x_f 与 q_{Lp} 之间的关系为

$$q_{Lp}=K_{qp}x_f \tag{6-88}$$

根据上述两式，得出

$$\omega=\frac{K_{qp}X_f}{A_V X_V} \tag{6-89}$$

式中：X_f 为挡板的峰值位移，$K_{qp}X_f$ 为喷嘴挡板阀的峰值流量。

根据频宽的定义

$$\omega_b=\frac{K_{qp}X_f}{0.707X_{V0}A_V} \tag{6-90}$$

式中：X_{V0} 是频率甚低时的阀芯峰值位移。一般 $X_{V0}=x_{Vm}/4$。

根据图 6-14 可近似求得挡板峰值位移 X_f。当伺服阀工作频率 ω 大于穿越频率 ω_c 时，由于开环增益很低，所以图 6-14 中的反馈可以忽略。此时偏差信号 $\varepsilon=K_t\Delta I_0\sin\omega t$，忽略力矩马达动态，则有

$$X_f=\frac{rK_t\Delta I_0}{K_{an}+K_f\left(r+b\right)^2}$$

将上式代入式（6-90），得出伺服阀频宽得近似表达式为

$$\omega_b=\frac{K_{qp}rK_t\Delta I_0}{0.707A_V X_{V0}\left[K_{an}+K_f\left(r+b\right)^2\right]} \tag{6-91}$$

稳态时，由图 6-14 得出

$$X_{V0}=\frac{K_t\Delta I_0}{K_f\left(r+b\right)}$$

将上式代入式（6-91）得出

$$\omega_b=\frac{r\left(r+b\right)K_fK_{qp}}{0.707A_V\left[K_{an}+K_f\left(r+b\right)^2\right]} \tag{6-92}$$

再引入式（6-75），得出

$$\omega_b=\frac{K_{Vf}}{0.707} \tag{6-93}$$

上式表明，若已知电液伺服阀的开环增益 K_{Vf}，则可以估算出伺服阀的幅频宽 ω_b。

当 $X_f=X_{f0}$ 时，由式（6-90）可得到伺服阀的极限频宽为

$$\omega_{b\max} = \frac{K_{qp}x_{f0}}{0.707A_v x_{V0}} = \frac{q_c}{1.4A_v x_{V0}} \tag{6-94}$$

为了提高K_{Vf}，应减小综合刚度K_{mf}。在设计时可使衔铁挡板的净刚度$K_{an}=0$，即

$$K_{an} = K_a - K_m - 8\pi C_{df}^2 p_s x_{V0} r^2 = 0$$

作用在挡板上的液动力刚度一般很小，可以忽略不计。这样弹簧管刚度K_a与磁弹簧刚度K_m近似相等，衔铁挡板组件刚好处在静稳定的边缘上。当力矩马达装入伺服阀后，反馈杆刚度K_f就成为主要的弹簧刚度。当$K_{an}=0$时，由式（6-75）可得出：

$$K_{Vf} = \frac{r}{r+b}\frac{K_{qp}}{A_V} \tag{6-95}$$

为了提高K_{Vf}，除了适当提高$r/(r+b)$的比值外，主要是增大喷嘴直径（即增大K_{qp}）和间隙滑阀直径，否则会出现流量饱和现象，限制伺服阀的频宽，或者只能在小振幅下达到所要的频宽。增大K_{qp}和减小A_V是有限制的，增大K_{qp}受泄漏流量和力矩马达功率的限制，减小A_V受阀的额定流量和阀芯最大行程的限制。

提高K_{Vf}受力反馈回路稳定性的限制，如式（6-76）所示。为了提高伺服阀的频宽，应提高力矩马达的固有频率ω_{mf}和阻尼比ξ_{mf}。力反馈伺服阀的力矩马达动态，被力反馈回路所包围，由于力矩马达固有频率是回路中最低的转折频率，所以力矩马达就成伺服阀响应能力的限制因素，在大流量伺服阀中更为突出。

6.4.6 力反馈伺服阀的静态特性

在稳态情况下，由图 6-14 可得出

$$x_V = \frac{K_t}{(r+b)K_f}\Delta i = K_{XV}\Delta i \tag{6-96}$$

伺服阀的功率级一般采用零开口四边滑阀，故伺服阀的流量方程为

$$\begin{aligned} q_L &= C_d\omega\frac{K_t}{(r+b)K_f}\Delta i\sqrt{\frac{1}{\rho}(p_s-p_L)} \\ &= C_d\omega K_{XV}\Delta i\sqrt{\frac{1}{\rho}(p_s-p_L)} \end{aligned}$$

电液伺服阀的压力-流量曲线与滑阀的压力-流量曲线的形状是一样的，只是输入参量不同。滑阀以阀芯位移x_V为输入参量，而电液伺服阀是以电流Δi为输入参量。

力反馈伺服阀闭环控制的是阀芯位移x_V，由阀芯位移到输出流量是开环控制，因此流量控制的精确性要靠滑阀加工精度保证。

6.4.7　力反馈伺服阀的设计计算

伺服阀的设计一般是从给定的流量、压力和动态响应等性能要求出发的，从滑阀放大器的计算开始往前推到力矩马达。这个过程反复进行，直到得出一组匹配的参数为止。所得的参数应保证伺服阀稳定工作，压力反馈回路可以忽略，并满足静、动态特性的要求。在设计中，有些参数和几何尺寸可参考同类产品初步选定。下面举一个设计计算的例子。

给定条件和设计要求如下：

- 额定供油压力　$p_s = 21MPa$；
- 额定流量（最大空载流量）　$q_{0m} = 15L/\min$；
- 额定电流（最大差动电流）　$\Delta I_m = 10mA$；
- 第一级泄漏流量　$q_c \leq 0.5\,L/\min$；
- 伺服阀频宽　$\omega_b >> 225Hz$。

根据伺服阀的使用条件，选择力反馈两级伺服阀的形式。

1. 滑阀主要结构参数的确定

根据滑阀流量方程可求出阀的最大开口面积

$$\omega x_{0m} = \frac{q_{0m}}{C_d\sqrt{p_s/\rho}} = \frac{15\times10^{-3}/60}{0.65\times\sqrt{210\times10^5/850}}m^2 = 2.4\times10^{-6}m^2$$

根据经验取阀芯行程 $x_{0m} = 0.4\times10^{-3}m$，则

$$\omega = \frac{2.4\times10^{-6}}{0.4\times10^{-3}}m^{-3} = 6\times10^{-3}m$$

由于

$$\frac{\omega}{x_{0m}} = \frac{6\times10^{-3}}{0.4\times10^{-3}} = 15 < 67$$

故不能采用全周开口。取阀芯直径 $d = 5\times10^{-3}m$，阀杆直径 $d_r = 3\times10^{-3}m$。按 $\frac{\pi}{4}\left(d^2 - d_r^2\right) > 4Wx_{0m}$ 验算流量饱和情况，满足要求。

2. 喷嘴挡板阀主要结构参数的确定

根据设计要求，并考虑留有一定的余地，取喷嘴挡板阀的零位泄漏流量 $q_c = 0.45L/\min$。根据式（6-94）可计算出伺服阀的极限频宽为 $\frac{x_f}{x_{f0}} = \frac{\omega_b}{\omega_{b\max}} = \frac{225}{435.2} = 0.517$ 符合要求。因此，最终取零位泄漏流量 $q_c = 0.45L/\min$。

伺服阀内部油液过滤精度为 $20\mu m$，为保证喷嘴挡板阀可靠工作，x_{f0} 应大于 $25\mu m$，取 $x_{f0} = 0.03\times10^{-3}m$。则喷嘴挡板阀的流量增益为

$$K_{qp}=\frac{q_c}{2x_{f0}}=\frac{0.45\times10^{-3}/60}{2\times0.03\times10^{-3}}m^2/s=1250\times10^{-4}m^2/s$$

喷嘴挡板阀回油溢流腔保持一定压力，可以改善喷嘴挡板阀间的工作条件，稳定流量系数，对抑制伺服阀回油零漂和工作平稳有利。通常取回油溢流腔压力 $p_r=20\times10^5Pa$ 左右，本设计取 $p_r=23\times10^5Pa$ 。

由流量增益表达式可求出喷嘴孔直径。

$$D_N=\frac{K_{qp}}{C_{df}\pi\sqrt{(p_s-p_r)/\rho}}$$

$$=\frac{1250\times10^{-4}}{0.64\times3.14\times\sqrt{(210-23)\times10^5/850}}m$$

$$=0.42\times10^{-3}m$$

因为 $D_N/x_{f0}=14$ ，所以可以满足要求。

取喷嘴与固定节流孔的液导比 $a=1$ ，则 $C_{d0}\frac{\pi D_0^2}{4}=C_{df}\pi D_N x_{f0}$ ，取 $\left(C_{df}/C_{d0}\right)=0.8$ ，于是固定节流孔直径为

$$D_0=2\sqrt{\frac{C_{df}}{C_{d0}}D_N x_{f0}}$$

$$=0.2\times10^{-3}(\mathrm{m})$$

为了产生背压 p_r ，在回油溢流腔与回油口之间设置节流孔。通过回油节流孔的流量为 q_c ，则节流孔直径为

$$D_r=\sqrt{\frac{4q_c}{C_{dr}\pi\sqrt{\frac{2}{\rho}p_r}}}$$

$$=\sqrt{\frac{4\times0.45\times10^{-3}/60}{0.8\times\pi\sqrt{\frac{2}{850}\times23\times10^5}}}m$$

$$=0.4\times10^{-3}m$$

3. 力矩马达设计计算

在第一级阀设计完毕后，就可以进行力矩马达设计。力矩马达设计计算的方法和步骤比较灵活，但最终都是选择计算出各种刚度、力矩系数、极化磁通和控制磁通等。

（1）根据伺服阀的频宽要求确定力矩马达固有频率 ω_{mf}

根据伺服阀的频宽要求，由式（6-93）可求出开环增益。

$$K_{Vf}=0.707\omega_b=0.707\times 2\pi\times 225s^{-1}=999.5s^{-1}$$

由式（6-77）确定力矩马达的固有频率为

$$\omega_{mf}>>4K_{Vf}=4\times 999.5\,rad/s=3998\,rad/s$$

取 $\omega_{mf}=4600\,rad/s$ 。

2）计算反馈杆刚度 K_f

参考已有结构，选取结构参数 $r=8.9\times 10^{-3}m$， $b=13.3\times 10^{-3}m$， $J_a=1.78\times 10^{-7}kg\cdot m^2$。

由式（6-66）得力矩马达综合刚度为

$$K_{mf}=J_a\omega_{mf}^2=1.78\times 10^{-7}\times(4600)^2\,N\cdot m/rad=3.766N\cdot m/rad$$

由式（6-96）可求出反馈杆刚度。

$$K_f=\frac{A_V K_{mf} K_{Vf}}{r(r+b)K_{qp}}=\frac{1.96\times 10^{-6}\times 3.766\times 999.5}{8.9\times 10^{-3}\times(8.9+13.3)\times 10^{-3}\times 1250\times 10^{-4}}N/m=2987\,N/m$$

3）计算力矩马达系数 K_t

由式（6-96）求得出：

$$K_t^{'}=\frac{(r+b)K_f x_{0m}}{\Delta\mathrm{Im}}=\frac{(8.9+13.3)\times 10^{-3}\times 2987\times 0.4\times 10^{-3}}{10\times 10^{-3}}N\cdot m/A=2.65N\cdot m/A$$

根据 K_t 就可以选择和计算极化磁通和控制磁通。

4）计算极化磁通 ϕ_g 和磁弹簧刚度 K_m

由式（6-16）可求出极化磁通。

$$\phi_g=\frac{K_t}{2(a/l_g)N_c f}$$

式中： f 为考虑漏磁级磁路磁阻得修正系数，取 $f=1.34$ 。另外，取 $A_g=8.1\times 10^{-6}m^2$ ，$a=14.5\times 10^{-3}m$， $l_g=0.25\times 10^{-3}m$， $N_c=3800$ 匝。则

$$\phi_g=\frac{2.65}{2\times(14.5\times 10^{-3}/0.25\times 10^{-3})\times 3800\times 1.34}Wb=4.486\times 10^{-6}Wb$$

根据求出的值 ϕ_g 可设计永久磁铁。

衔铁在中位时气隙磁阻为

$$R_g=\frac{l_g}{\mu_0 A_g}=\frac{0.25\times 10^{-3}}{4\pi\times 10^{-7}\times 8.1\times 10^{-6}}H^{-1}=2.46\times 10^{7}H^{-1}$$

则控制磁通为

$$\phi_c = \frac{N_c \Delta I_m}{2R_g} = \frac{3800\times10\times10^{-3}}{2\times2.46\times10^{7}}Wb = 7.72\times10^{-7}Wb$$

上式表明，在ΔI_m、R_g一定时，选择N_c就等于选择ϕ_c。验算比值：

$$\phi_c/\phi_g = \frac{7.72\times10^{-7}}{4.486\times10^{-6}} = 0.172 < \frac{1}{3}$$

符合要求。

由式（6-17）可求出磁弹簧刚度。

$$K_m = 4\left(\frac{1}{l_g}\right)^2 R_g\phi_g^2 = 4\times\left(\frac{14.5\times10^{-3}}{0.25\times10^{-3}}\right)^2\times2.46\times10^7\times\left(4.486\times10^{-6}\right)^2 N\cdot m/rad = 7.43N\cdot m/rad$$

5）计算弹簧管刚度K_a

由式（6-63）和（6-64），可求出弹簧管刚度：

$$\begin{aligned}K_a &= K_{mf} - K_f\left(r+b\right)^2 + K_m + 8\pi C_{df}^2\left(p_s - p_r\right)x_{f0}r^2 = \\ &\left[3.766 - 2987\times\left(8.9+13.3\right)^2\times10^{-6} + 7.43 + 8\pi\times0.64^2\right.\\ &\left.\times\left(210-23\right)\times10^5\times0.03\times10^{-3}\times\left(8.9\times10^{-3}\right)^2\right]N\cdot m/rad \\ &= 10.18N\cdot m/rad\end{aligned}$$

根据求出的K_a值可以设计弹簧管。

6.5 直接反馈两极滑阀式电液伺服阀

1. 结构及工作原理

动圈式直接位置反馈两极滑阀式电液伺服阀如图 6-15 所示。该阀由动圈式马达和两极滑阀式液压放大器组成。前置是带两个固定节流孔的四通阀（双边滑阀），功率是零开口四边滑阀。功率级阀芯也是前置级的阀套，构成直接位置反馈。

当信号电流输入力马达线圈时，线圈上产生的电磁力使前置级阀芯移动。假定阀芯向上移动 x，此时上节流口开大，下节流口关小，从而使功率级滑阀上控制腔压力减小，下控制腔压力增大，功率级阀芯上移。当功率级阀芯位移$x_v = x$时停止移动，功率级滑阀开口量为x_v，使阀输出流量。

2. 动圈式两极滑阀伺服阀的方块图

动圈式力马达控制线圈的电压平衡方程为

$$K_u u_g = (R_c + r_p) + L_c\frac{di_c}{dt} + K_b\frac{dx}{dt} \tag{6-97}$$

式中：u_g—— 输入放大器的信号电压；

K_u—— 放大器增益；

R_c—— 控制线圈电阻；

r_p—— 放大器内阻；

L_c—— 控制线圈电感；

K_b——线圈的反电动势常数，$K_b = B_g \pi D d N_c$。

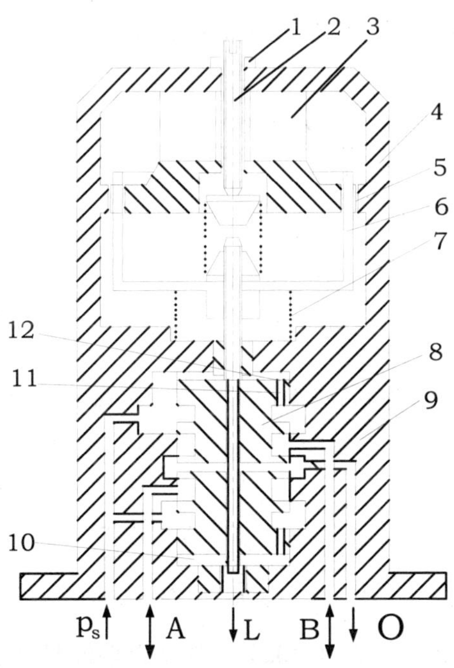

1—锁紧螺母；2—调零螺钉；3—磁钢；4—导磁体；5—气隙；6—动圈；7—弹簧；8—阀芯；9—阀体；10—下控制腔；11—上固定节流孔；12—上控制腔

图 6-15　直接位置反馈两级滑阀式伺服阀

式（6-97）等号左边为放大器加在控制线圈上的信号电压，等号右边第一项是在电阻上的电压降，第二项是电流变化时在控制线圈中产生的自感反电动势，第三项是线圈在极化磁场中运动所产生的反电动势。

式（6-97）的拉氏变换式可写成

$$I_c = \frac{K_u U_g - K_b s X}{(R_c + r_p)(1 + \dfrac{s}{\omega_\alpha})} \tag{6-98}$$

式中：ω_α—— 控制线圈的转折频率，$\omega_\alpha = \dfrac{R_c + r_p}{L_c}$。

线圈组件的力平衡方程为

$$K_t i_c = m\frac{d^2x}{dt^2} + B\frac{dx}{dt} + Kx + F_L \tag{6-99}$$

式中：m—— 线圈组件的质量；

B—— 线圈组件的阻尼系数；

K—— 弹簧刚度；

F_L—— 作用在线圈组件上的负载力。

作用在线圈组件上的负载力 F_L 为第一级滑阀的稳态液动力，可以忽略不计。式（6-99）可以写成

$$\frac{X}{I_c} = \frac{K_t/K}{\dfrac{s^2}{\omega_0^2} + \dfrac{2\zeta_0}{\omega_0} + 1} \tag{6-100}$$

前置级滑阀的开口量为

$$X_e = X - X_V \tag{6-100}$$

前置级滑阀的负载为功率级滑阀的质量和液动力，忽略液动力的影响，其传递函数为

$$\frac{X_V}{X_e} = \frac{\dfrac{K_{qp}}{A_V}}{s(\dfrac{s^2}{\omega_{hp}^2} + \dfrac{2\zeta_{hp}}{\omega_{hp}} + 1)} \tag{6-102}$$

由式（6-98）、式（6-100）～式（6-102）可绘出直接位置反馈滑阀式伺服阀的方块图，如图 6-16 所示。

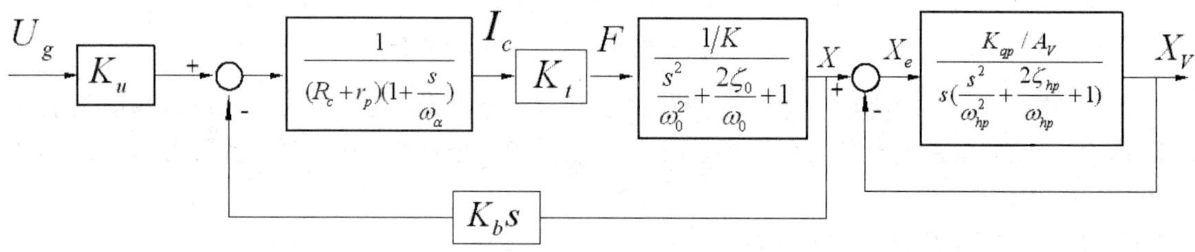

图 6-16　直接反馈滑阀式伺服阀方框图

3. 动圈式两极滑阀伺服阀的传递函数

伺服阀的稳定性取决于直接位置反馈回路的稳定性。其稳定性条件为

$$K_V < 2\zeta_{hp}\omega_{hp}$$

参考力反馈两极伺服阀传递函数的简化方法，直接位置反馈回路的闭环传递函数可写成

$$\frac{X_V}{X}=\frac{1}{(\frac{s}{K_V}+1)(\frac{s^2}{\omega_{hp}^2}+\frac{2\zeta_{hp}}{\omega_{hp}}+1)}$$

因为ω_{hp}比较高，不会限制阀的频宽，所以可以忽略。直接位置反馈两极滑阀式伺服阀的传递函数可写为

$$\frac{X_V}{U_g}=\frac{\frac{K_uK_t}{(R_c+r_p)K}}{(\frac{s}{K_v}+1)\left[\frac{s^2}{\omega_0^2}+(\frac{2\zeta_0}{\omega_0}+\frac{1}{R_c+r_p}+\frac{K_bK_t}{K})s+1\right]} \tag{6-103}$$

因为ω_{hp}很高，所以在保证阀稳定性的前提下，允许K_V比较高。另一方面，因为一级阀为滑阀，其流量增益比喷嘴挡板大的多，也能提供比较高的K_V值，所以直接位置反馈滑阀式伺服阀的频宽主要由力马达的固有频率ω_0决定。由于力马达动圈组件（包括一级阀阀芯）质量比较大，对中弹簧刚度又比较低，因此固有频率ω_0较低。这种阀的频宽一般为 30 Hz ~70Hz。

6.6　电液伺服阀的特性及主要的性能指标

电液伺服阀是一个非常精密且复杂的伺服控制元件，其性能指标对整个系统的性能影响很大，要求也十分严格。

6.6.1　静态特性

电液流量伺服阀的静态性能，可根据测试所得到负载流量特性、空载流量特性、压力特性、内泄漏特性等曲线和性能指标加以评定。

1. 负载流量特性（压力-流量特性）

负载流量特性曲线如图 6-17 所示，其完全描述了伺服阀的静态特性。但要测得这组曲线却相当麻烦，特别是在零件位附近很难测出精确的数值，而伺服阀正好是在此处工作。因此，这些曲线主要用来确定伺服阀的类型和估计伺服阀的规格，以便与所要求的负载流量和负载压力相匹配。

伺服阀的规格也可以由额定电流I_n、额定压力p_n、额定流量q_n来表示。

（1）额定电流I_n为产生额定电流量对线圈任一极性所规定的输入电流（不包括零偏电流），以 A 为单位。规定电流时，必须规定线圈的连接方式。额定电流通常指单线圈连接的连接形式、并联连接或差动连接而言。当串联连接时，其额定电流为上述额定电流之半。

（2）额定压力p_n额定工作条件时的供油压力，或称额定供油压力，以$P_a[N/m^2]$为单位。

（3）额定流量q_n在规定的阀压降下，对应于额定电流的负载流量，以$[m^3/s]$为单位。通常，在空载条件下规定伺服阀的额定流量，此时阀压降等于额定供油压力，也可以在负载压降等于三分之二供油压力的条件下规定额定流量，这样规定的额定流量对应阀的最大功率输出点。

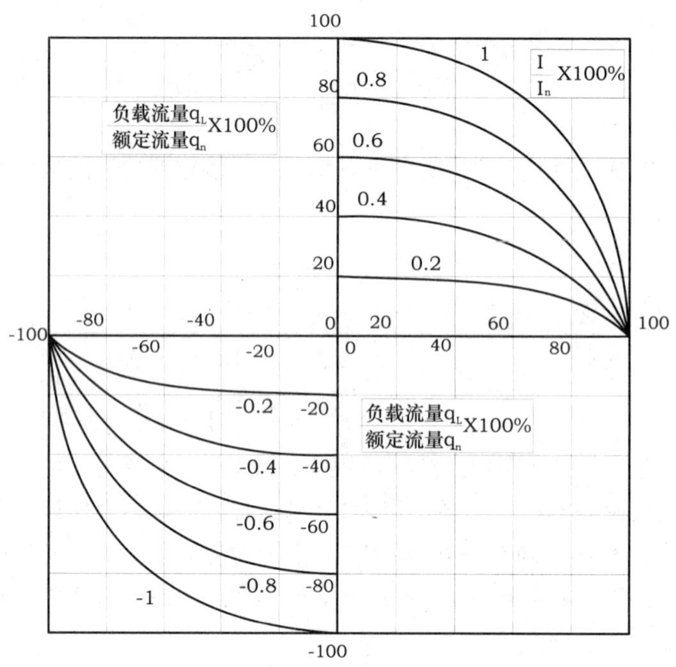

图 6-17　伺服阀的压力—流量曲线

2. 空载流量特性

空载流量曲线（简称流量曲线）是输出流量与输入流量电流呈回环状的函数曲线，见图 6-18（a）。它是在给定的伺服阀压降和负载压降为零的条件下，使输入电流在正、负额定电流值之间以阀的动态特性不产生影响的循环速度作一完整的循环所描绘出来的连续曲线。

流量曲线中点的轨迹称为名义流量曲线。这是零滞环流量曲线。阀的滞环通常很小，因此可以把流量曲线的任一侧当作名义流量曲线使用。

流量曲线上某点或某段的斜率就是该点或该段的流量增益。从名义流量曲线的零流量点向两极各作一条与名义流量曲线偏差为最小的直线，这就是名义流量增益线，见图 6-18（b）。两个极性的名义流量增益线斜率的平均值就是名义流量增益，以$[m^3/s]$为单位。

伺服阀的额定流量与额定电流之比称为额定流量增益。

流量曲线非常有用，它不仅给出阀的极性、额定空载流量、名义流量增益，而且从中还可以得到阀的线性度、对称度、滞环分辨率，并揭示阀的零区特性。

（1）线性度：流量伺服阀名义流量曲线的直线性。以名义流量曲线与名义流量增益线的最大偏差电流值与额定电流的百分比表示，见图 6-18（b）。线性度通常小于 7.5%。

（2）对称度：阀的两个极性的名义流量增益的一致程度。用两者之差对较大者的百分比表示，见图 6-18（b）。对称度通常小于 10%。

（3）滞环：在流量曲线中，产生相同的输出流量的往返输入电流的最大差值与额定电流的百分比，见图 6-18（a）。伺服阀的滞环一般小于 5%。

滞环产生的原因一方面是力矩马达磁路的磁滞，另一方面是伺服阀中的游隙。磁滞回环的宽度锁输入信号的大小而变化。当输入信号减小时，磁滞回环的宽度将减小。游隙是由于力矩马达中机械固定处的滑动以及阀芯与阀套间的摩擦力产生的。如果油是脏的，则游隙会大大增加，有可能使伺服系统不稳定。

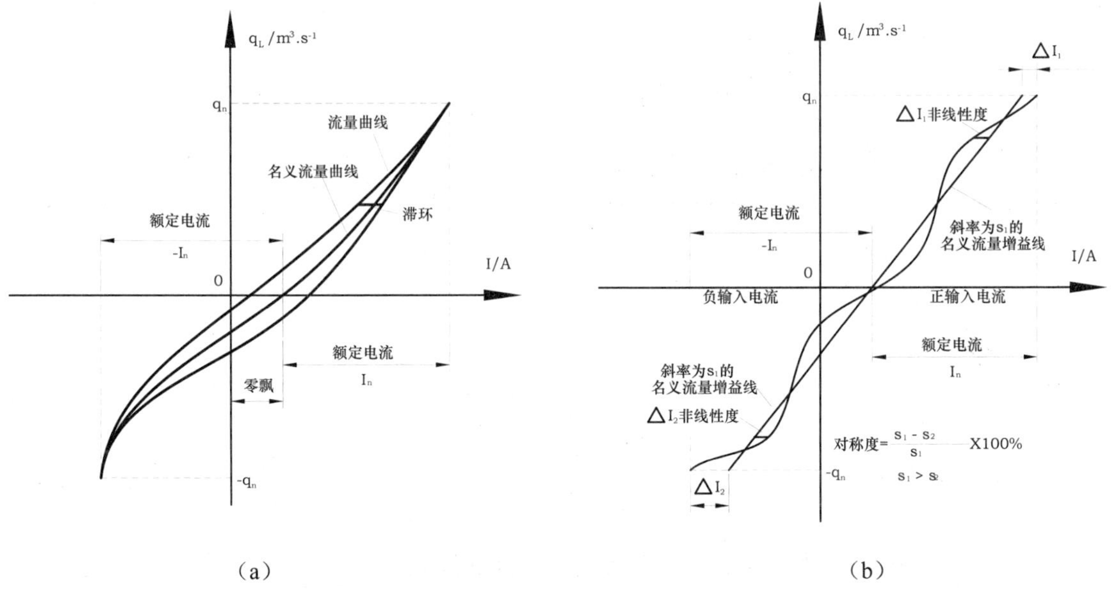

图 6-18　流量特性曲线和名义流量增益、线性度、对称度

（4）分辨率：使阀的输出流量发生变化所需的输入电流的最小变化值与额定电流的百分比，称为分辨率。通常分辨率规定为从输出流量的增加状态回复到输出流量减小状态所需之电流最小变化值与额定电流之比。伺服阀的分辨率一般小于 1%。分辨率主要是由伺服阀中的静摩擦力引起的。

（5）重叠：伺服阀的零位是指空载流量为零的几何零位。伺服阀经常在零位附近工作，因此零区特性特别重要。零位区域是输出级的重叠对流量增益起主要影响的区域。伺服阀的重叠用两极名义流量曲线近似直线部分的延长线与零流量线相交的总间隔与额定电流的百分比表示。伺服阀的重叠分三种情况，即零重叠、正重叠和负重叠。

（6）零偏：为使阀处于零位所需的输入电流值（不计阀的滞环的影响），以额定单开的百分比表示，见图 6-18（a）。零偏通常小于 3%。

3. 压力特性

压力特性曲线是输出流量为零（两个负载油口关闭）时，负载压降与输入电流呈回环状的函数曲线，见图 6-19（a）。负载压力对输入电流的变化率就是压力增益，以 P_a/A 单位表示。伺服阀的压力增益通常规定为最大负载压降的±40%之间，负载压降对输入电流曲线的平均斜率（图 6-19（a））。压力增益指标为输入 1%的额定电流时，负载压降应超过 30%的额定工作压力。

（1）内泄漏特性

内泄漏流量是负载流量为零时，从回油口流出的总流量，以 m^3/s 为单位。内泄漏流量随输入电流而变化，见图 6-19（b）。当阀处于零位时，内泄漏流量（零位内泄漏流量）最大。

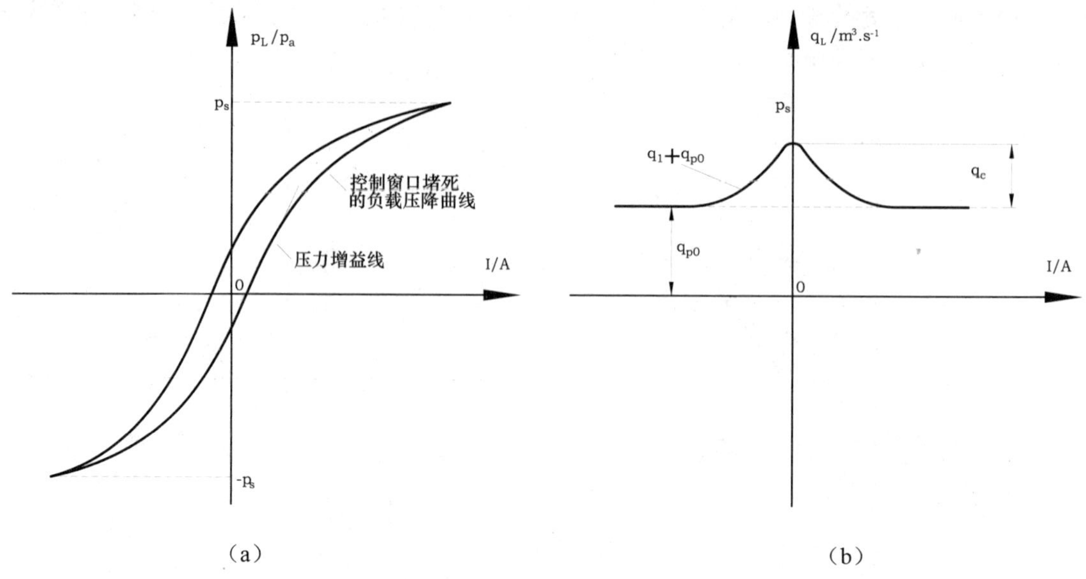

图 6-19　压力特性曲线和内泄漏特性曲线

对两极伺服阀而言，内泄漏流量油前置级的泄漏流量 q_{p0} 和功率级斜率流量 q_1 组成。功率滑阀的零位泄漏流量 q_c 与供油压力 p_s 之比可作为滑阀的流量-压力系数。零位斜率流量对新阀可作为滑阀制造质量的指标，对旧阀可反应滑阀的磨损情况。

（2）零漂

工作条件或环境条件变化所导致的零偏变化，以其对额定电流的百分比表示。通常规定有供油压力零漂、回油压力零漂、温度零漂、零值电流零漂等。

- 供油压力零漂：供油压力在 70%～100%额定供油压力的范围内变化时，零漂小于 2%。
- 回油压力零漂：回油压力在 0%～20%额定供油压力的范围内变化时，零漂应小于 2%。
- 温度零漂：工作油温每变化 $40^{\circ}C$ 时，零漂小于 2%。
- 零值电流零漂：零值电流在 0～100%额定电流范围内变化时，零漂小于 2%。

6.6.2　动态特性

电液伺服阀的动态特性可用频率响应或顺态响应表示，一般用频率响应表示。

电液伺服阀的频率响应是输入电流在某一频率范围内作等幅变频正玄变化时，空载流量与输入电流的复数比。

伺服阀的频率响应随供油压力输入电流幅值油温和其他工作条件而变化。通常在标准试验条件下进行试验，推荐输入电流的峰值为额定电流的一半（±25 %额定电流），基准（初始）频率通常为 5Hz 或 10Hz。

伺服阀的频宽通常以幅值比为－3 dB（即输出流量为基准频率时的输出流量的 70.7%）时所对应的频率作为幅频宽，以相位滞后 90° 时所对应的频率作为相频宽。

频宽时伺服阀响应速度的度量。伺服阀的频宽应根据系统的实际需要加以确定，频宽过低会限制系统的响应速度，过高会使高频干扰传到负载上去。

伺服阀的幅值比一般不允许大于$+2\,dB$。

6.6.3　输入特性

1. 线圈接法

伺服阀有两个线圈，可根据需要采用图 6-20 中的任何一种接法。

（1）单线圈接法：输入电阻等于单线圈电阻，线圈电流等于额定电流，电控功率$P=I_n^2R_c$。单线圈接法可以减小电感的影响。

（2）双线圈单独接法：一只线圈接输入，另一只早期可用来调偏接反馈或引入颤振信号。

（3）串联接法：输入电阻为单线圈电阻 Rc 的两倍，额定电流为单线圈时一半，电控功率为串联连接的特点时额定电流和电控功率小，但易受电源电压变动的影响。

（4）并联接法：输入电阻为单线圈电阻的一半，额定电流为单线圈接法时的额定电流，电控功率$P=\dfrac{1}{2}I_n^2R_c$。其特点是工作可靠性高，一只线圈坏了也能工作，但易受电流电压变动的影响。

（5）差动接法：差动电流等于额定电流，等于两倍的信号电流，电控功率$P=I_n^2R_c$。差动接法的特点是不易受电子放大器和电源电压变动的影响。

2. 颤振

为了提高伺服阀的分辨能力，可以在伺服阀的输入信号上叠加一个高频幅值的电信号，颤振是伺服阀处在一个高频幅值的运动状态中，可以减小或消除伺服阀中由于干摩擦所产生的游隙，同时还可以防止节流口的堵塞。但颤振不能减小力矩马达磁路所产生的磁滞影响。

颤振频率和幅度对其负载的谐振频率相重合。因为这类谐振的激励可能引起疲劳破坏或者使所含元件饱和，所以颤振幅度应足够大地使峰间值刚好填满游隙宽度，这相当于主阀芯运动约为 2.5 μm 左右。颤振幅度不能过大，以至通过伺服阀传到负载。颤振信号的波形采用正弦波、三角波或方波，其效果是相同的。

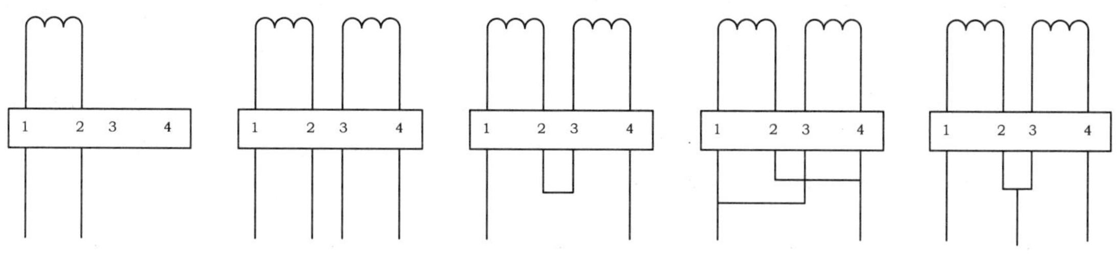

（a）单线圈接法　（b）双线圈单独接法　（c）串联接法　（d）并联接法　（e）差动接法

图 6-20　伺服阀线圈的接法

6.7 思 考 题

1. 电液伺服阀由哪几部分组成？各部分的作用是什么？
2. 力矩马达为何要有极化磁场？
3. 永磁动铁式力矩马达的电磁力矩是如何产生的？为什么会出现负磁弹簧刚度？
4. 为什么把K_t、K_m称为中位电磁力矩系数和中位磁弹簧刚度？
5. 为什么动圈式力马达没有磁弹簧刚度？这种力马达有什么特点？
6. 为什么喷嘴挡板式力反馈两级伺服阀在稳态时，挡板在中位附近工作？有什么好处？
7. 如何提高力反馈伺服阀的频宽？提高频宽受什么限制？
8. 为了减小力矩马达线圈电感的影响，应采取什么措施？
9. 在什么情况下电液伺服阀可看成振荡环节、惯性环节、比例环节？
10. 为什么力反馈伺服阀流量控制的精确性需要靠功率滑阀的精度来保证？
11. 压力伺服阀与压力-流量伺服阀有什么区别？
12. 压力-流量伺服阀与动压反馈伺服阀有什么区别？

6.8 习　　题

1. 已知电液伺服阀在线性区域内工作时，输入差动电流$\Delta i = 10mA$，负载压力$p_L = 20\times10^5 Pa$，负载流量$q_L = 60 L/\min$。求此电液伺服阀的流量增益及压力增益。

2. 已知一电液伺服阀的压力增益为$5\times10^5 Pa/mA$，伺服阀控制的液压缸面积为$A_p = 50\times10^{-4} m^2$。要求液压缸输出力$F = 5\times10^4 N$，伺服阀输入电流$\Delta i$为多少？

3. 力反馈两级伺服阀，其额定流量为$15 L/\min$，额定压力为$210\times10^5 Pa$，阀芯直径$d = 0.5\times10^{-2} m$，为全周开口，如果要求此伺服阀频宽$\omega_b > 100Hz$，那么前置级喷嘴挡板阀的输出流量至少为多少？取流量系数$C_d = 0.62$，油液密度$\rho = 870 kg/m^3$。

4. 力反馈两级电液伺服阀，其额定流量为$15 L/\min$，额定压力$210\times10^5 Pa$，额定电流为$10mA$，功率滑阀全周开口，阀芯直径$d = 0.5\times10^{-2} m$，喷嘴中心至弹簧管旋转中心距离$r = 0.87\times10^{-2} m$，反馈杆小球中心至喷嘴中心距离$b = 1.33\times10^{-2} m$，反馈杆刚度$K_f = 2.8\times10^3 N/m$，求力矩马达系数K_t。计算时取$C_d = 0.62$，$\rho = 870 kg/m^3$。

5. 已知电液伺服阀额定流量为$10 L/\min$，额定压力为$210\times10^5 Pa$，额定电流$10mA$，功率滑阀为零开口四边滑阀，其零位泄漏流量为额定流量的4%，伺服阀控制的双作用液压缸$A_p = 20\times10^{-4} m^2$，当伺服阀输入电流为$0.1mA$时，求液压缸最大输出速度和最大输出力。

第 7 章　电液伺服系统

导言

电液伺服系统综合了电气和液压两方面的优点，具有控制精度高、响应速度快、输出功率大、信号处理灵活、易于实现各种参量的反馈等优点。因此，在负载质量大且要求响应速度快的场合最为适合，其应用已遍及国民经济和军事工业的各个领域。

7.1　电液伺服系统的类型

电液伺服系统的分类方法很多，可以从不同的角度分类，如位置控制、速度控制、力控制等；阀控系统、泵控系统；大功率系统、小功率系统；开环控制系统、闭环控制系统等。根据输入信号的形式不同，又可分为模拟伺服系统和数字伺服系统两类。下面仅对模拟伺服系统和数字伺服系统进行简单的说明。

1. 模拟伺服系统

在模拟伺服系统中，全部信号都是连续的模拟量，如图 7-1 所示。在此系统中，输入信号、反馈信号、偏差信号及其放大、校正都是连续的模拟量。电信号可以是直流量，也可以是交流量。直流量和交流量相互转换可以通过调制器或解调器完成。

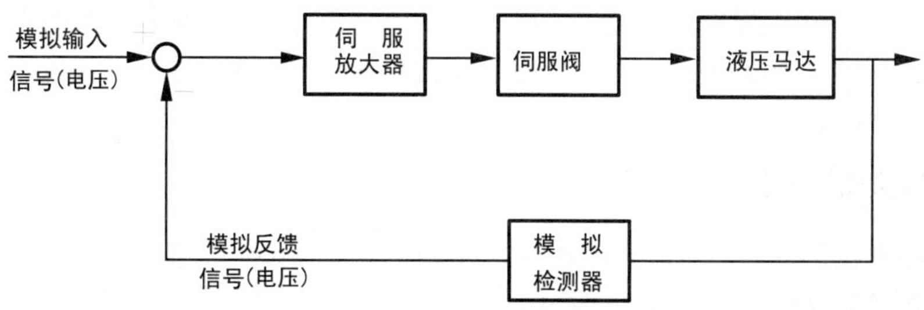

图 7-1　模拟伺服系统方框图

模拟伺服系统重复精度高，但分辨能力较低（绝对精度低）。伺服系统的精度在很大程度上取决于检测装置的精度，而模拟式检测装置的精度一般低于数字式检测装置，所以模拟伺服系统分辨能力低于数字伺服系统。另外，模拟伺服系统中微小信号容易受到噪声和零漂的影响，因此当输入信号接近或小于输入端的噪声和零漂时，就不能进行有效地控制了。

2. 数字伺服系统

在数字伺服系统中，全部信号或部分信号是离散参量。数字伺服系统又分为数字伺服系统和数字—模拟伺服系统两种。在全数字伺服系统中，动力元件必须能够接收数字信号，可采用数字阀或电液步进马达。数字模拟混合式伺服系统如图 7-2 所示。

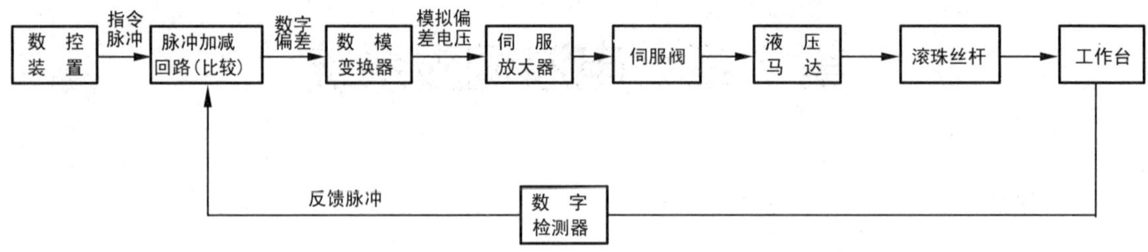

图 7-2　数字模拟伺服系统方框图

数控装置发出的指令脉冲与反馈脉冲相比较后产生数字偏差，经数模转化器把信号变为模拟偏差电压，后面的动力部分不变，仍是模拟元件。系统输出通过数字检测器（模数转换器）变为反馈脉冲信号。

因为数字检测装置有很高的分辨能力，所以数字伺服系统可以得到很高的绝对精度。数字伺服系统的输入信号是很强的脉冲电压，受模拟量的噪声和零漂的影响很小。当要求较高的绝对精度，而不是重复精度时，常采用数字伺服系统。此外，还能运用数字计算机对信息进行存储、解算和控制，在大系统中实现多环路、多参量的实时控制，因此有着广阔的发展前景。但是，从经济性、可靠性方面来看，简单的伺服系统仍采用模拟型控制。

下面研究位置控制、速度控制和力控制电液模拟伺服系统。

7.2　电液位置伺服系统的分析

电液位置伺服系统是最基本和比较常用的一种液压伺服系统，如机床工作台的位置、板带轧机的板厚、带材跑偏控制、飞机和传播的舵机控制、雷达和火炮控制系统以及振动实验台等。在其他物理量的控制系统中，如速度控制和力控制等系统中，也常有位置控制小回路作为大回路中的一个环节。

1. 系统的组成及其他传递函数

电液伺服系统的动力元件不外乎阀控式和泵控式两种基本形式，但由于所采用的指令装置、反馈测量装置和相应的放大、校正的电子部件不同，就构成了不同的系统。如果采用电位器作为指令装置和反馈测量装置，就可以构成直流电液位置伺服系统，如第 1 章介绍的双电位器电液位置伺服系统。如果采用自整角机或旋转变压器作为指令装置时，就可构成交流电液位置伺服系统。

如图 7-3 所示是采用一对自整角机作为角差测量装置的电液位置伺服系统。自整角机是一种回旋式的电磁感应元件，由转子和定子组成。在定子上绕有星形连接的三相绕组，转子上绕有单相绕组。在伺服系统中，自整角机是成对运行的，与指令轴相连的自整角机称为发送器，与输出轴相连的自整角机称为接收器。

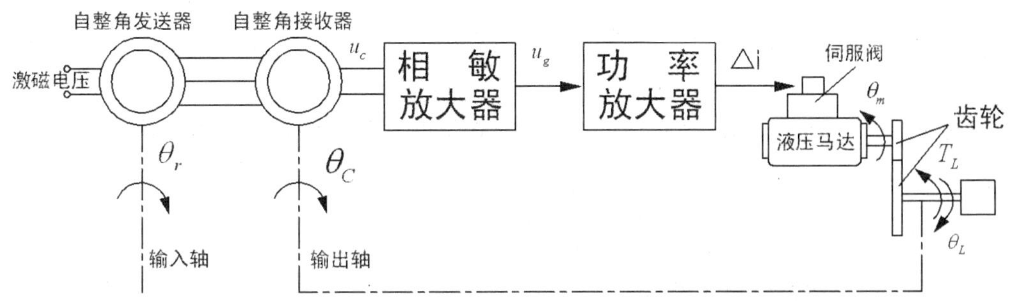

图 7-3　自整角机位置伺服系统原理图

发送器转子绕组接激磁电压，接收器转子绕组输出误差信号电压。接受器和发送器定子的三相绕组相连。自整角机测量装置输出的误差信号电压是一个振幅调制波，其频率等于激磁电压（载波）的频率，其幅值与输入轴和输出轴之间的误差角的正弦成比例。即

$$U_e = K_e \sin(\theta_r - \theta_c)$$

因误差角 $\sin(\theta_r - \theta_c) \approx \theta_r - \theta_c$，故自整角机的增益为

$$\frac{U_e}{\theta_r - \theta_c} = K_e \tag{7-1}$$

自整角机输出的交流误差电压信号相敏放大器前置放大和解调后，把交流电压信号转换为直流电压信号。直流电压信号的大小比例于交流电压信号的幅值，其极性与交流电压信号的相位相适应。相敏放大器的动态和液压动力元件相比可以忽略，将其看成比例环节，其增益为

$$\frac{U_g}{U_e} = K_d \tag{7-2}$$

伺服放大器和伺服阀力矩马达线圈的传递函数与伺服放大器的形式有关。当采用电流负反馈放大器时，因为力矩马达线圈的转折频率 ω_a 很高，所以可以忽略。伺服放大器输出电流 Δi 与输入电压 u_g 近似成比例。其传递函数可用伺服放大器增益 K_a 表示，即

$$\frac{\Delta I}{U_g} = K_a \tag{7-3}$$

电液伺服阀的传递函数采用什么形式，取决于动力元件的液压固有频率的大小。当伺服阀的频宽与液压固有频率相近时，伺服阀可近似看成二阶振荡环节。

$$K_{sv} G_{sv}(s) = \frac{Q_0}{\Delta I} = \frac{K_{sv}}{\dfrac{s^2}{\omega_{sv}^2} + \dfrac{2\zeta_{sv}}{\omega_{sv}} s + 1} \tag{7-4}$$

当伺服阀的频宽大于液压固有频率（3~5 倍）时，伺服阀可近似看成惯性环节

$$K_{sv}G_{sv}(s)=\frac{Q_0}{\Delta I}=\frac{K_{sv}}{T_{sv}s+1} \tag{7-5}$$

当伺服阀的频宽远大于液压固有频率（5~10 倍）时，伺服阀可近似看成比例环节。

$$K_{sv}G_{sv}(s)=\frac{Q_0}{\Delta I}=K_{sv} \tag{7-6}$$

式中：K_{sv}—— 伺服阀的流量增益；

$G_{sv}(s)$—— K_{sv}=1 时伺服阀的传递函数；

Q_0—— 伺服阀的空载流量；

ω_{sv}—— 伺服阀的固有频率；

ζ_{sv}—— 伺服阀的阻尼比；

T_{sv}—— 伺服阀的时间常数。

在没有弹性负载和不考虑结构柔度的影响下，阀控液压马达的动态方程可由式（4-55）表示，这里改写成以流量为输入的形式

$$\theta_m=\frac{\dfrac{1}{D_m}Q_0-\dfrac{K_{ce}}{iD_m^2}\left(1+\dfrac{V_t}{4\beta_e K_{ce}}s\right)T_L}{s\left(\dfrac{s^2}{\omega_h^2}+\dfrac{2\zeta_h}{\omega_h}s+1\right)} \tag{7-7}$$

式中：i—— 齿轮传动比。

齿轮减速器的传动比为

$$i=\frac{\theta_m}{\theta_c} \quad 或 \quad \frac{\theta_c}{\theta_m}=\frac{1}{i} \tag{7-8}$$

这里$\theta_L=\theta_c$，由式（7-1）～式（7-8）可以绘出系统的方块图，如图 7-4 所示。

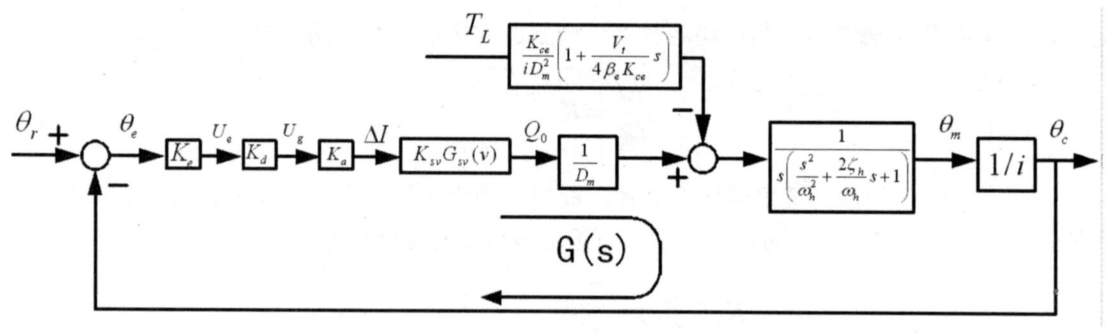

图 7-4　电液伺服系统方框图

由该方块图可写出系统的开环传递函数为

$$G(s)H(s)=\frac{K_v G_{sv}(s)}{s\left(\dfrac{s^2}{\omega_h^2}+\dfrac{2\zeta_h}{\omega_h}s+1\right)} \tag{7-9}$$

式中：K_v—— 开环增益（速度放大系数），$K_V=\dfrac{K_e K_d K_a K_{sv}}{iD_m}$。

当考虑电液伺服阀的动特性时，由式（7-9）表示的系统开环传递函数还是比较复杂的。为了简化分析，并得到一个比较简单的稳定判断，希望将式（7-9）进一步简化。通常电液伺服阀的响应速度比较快，与液压动力元件相比，其动态特性可以忽略不计，把它看成比例环节。这样，系统的方块图可以简化为如图 7-5 所示的形式。而系统的开环传递函数可以简化为

$$G(s)H(s)=\frac{K_v}{s\left(\dfrac{s^2}{\omega_h^2}+\dfrac{2\zeta_h}{\omega_h}s+1\right)} \tag{7-10}$$

这个近似式除特殊情况外，一般都是正确的。因为液压固有频率通常总是回路中最低的，所以决定了系统的动态特性。

图 7-5 所示的简化方块图和式（7-10）表示的简化开环传递函数很有代表性，一般的液压位置伺服系统往往都能简化成这种形式。

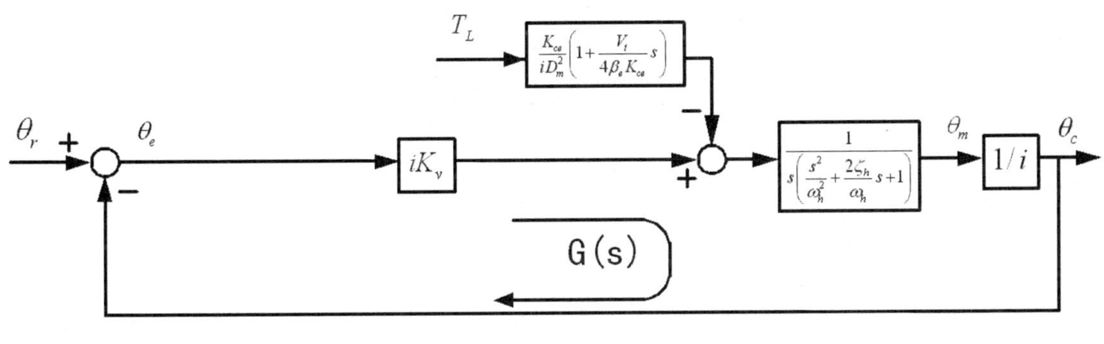

图 7-5　电液伺服系统简化方框图

（1）系统的闭环传递函数

对于一般的液压伺服系统来说系统的传递函数为

$$\phi(s)=\frac{K_v}{\left(\dfrac{s^3}{\omega_h^2}+\dfrac{2\zeta_h}{\omega_h}s^2+s+K_v\right)}$$

系统的闭环频率响应谐振峰值为

$$M_r=\left|\phi(j\omega_c)\right|=\frac{1}{\sqrt{\dfrac{\omega_c^{\,2}}{K_v^{\,2}}(1-\dfrac{\omega_c^{\,2}}{\omega_h^2})^2+(1-\dfrac{2\omega_c\zeta_h}{K_v}\dfrac{\omega_c}{\omega_h})^2}} \tag{7-11}$$

（2）系统的稳定性分析

简化后的方块图和开环传递函数与第 5 章所讨论的机液位置伺服系统的方块图和开环传递函数具有相同的形式。因此，系统的稳定条件仍为

$$K_v < 2\zeta_h \omega_h \tag{7-12}$$

为了保证系统可靠的稳定性工作，并具有稳定性的性能指标，要求系统有适当的稳定裕量。通常相位裕量应在 30°～60°之间，增益裕量 $20\lg K_g$ 应大于 6dB（或 $K_g > 2$）。下面我们讨论 $\gamma \geqslant 45°$、$20\lg K_g \geqslant 6dB$ 时，系统的开环增益应该取多大。

如果取增益裕量 $20\lg K_g \geqslant 6dB$（$K_g \geqslant 2$），则有

$$\frac{K_v}{2\zeta_h \omega_h} \leqslant \frac{1}{K_g} = \frac{1}{2}$$

可得

$$\frac{K_v}{\omega_h} \leqslant \zeta_h \tag{7-13}$$

在相位裕量 γ=45°时，其对应的相位为

$$\varphi(\omega_c) = -\frac{\pi}{2} - arctg\frac{2\zeta_h \omega_c / \omega_h}{1-(\omega_c / \omega_h)^2} = -\frac{3}{4}\pi$$

因为 ω_c 只能取正值，故解得

$$\frac{\omega_c}{\omega_h} = -\zeta_h + \sqrt{\zeta_h^2 + 1} \tag{7-14}$$

如果相位裕量 $\gamma \geqslant 45°$，则式（7-13）中的 ω_c 所对应的对数幅值

$$20\lg \frac{K_v}{\omega_c \sqrt{\left[1-\left(\frac{\omega_c}{\omega_h}\right)^2\right]^2 + \left(2\zeta_h \frac{\omega_c}{\omega_h}\right)^2}} \leqslant 0 \tag{7-15}$$

由式（7-13）和（7-14）可解得

$$\frac{K_V}{\omega_c} \leq \sqrt{\left[1-\left(\frac{\omega_c}{\omega_h}\right)^2\right]^2 + \left(2\zeta_h \frac{\omega_c}{\omega_h}\right)^2} \tag{7-16}$$

当开环增益 K_v 取式（7-13）、（7-16）中的最小值时，就能满足 $\gamma \geqslant 45°$、$20\lg K_g \geqslant$6dB 的要求。由于未校正的液压位置伺服系统的阻尼比很小，因此相位裕量比较大，一般为 70°～80°，可以根据增益裕量来确定 K_v 值，即由式（7-13）确定。

根据式（7-13）和式（7-16）采用 MATLAB 编程可自动绘出无因次开环增益 K_v/ω_c 与阻尼比的关系曲线，如图 7-6 所示。MATLAB 编制程序（ex701.m）如下：

```
% 绘制无因次开环增益与阻尼比的关系曲线
x=0:0.1:12
w=-x+sqrt(1+x.*x)
kw=sqrt((1-w.*w).^2+(2*x.*w).^2)
plot(x,kw,'k')
hold on
fplot('x',[0 12 0 2],'k--')
grid
hold off
 xlabel('\zeta_h')
 ylabel('K_v/W_c')
```

图 7-6 表明，由式（7-13）和式（7-16）得到的曲线与 $M_r=1.3$ 时曲线是比较一致的。也就是说，以液压阻尼比 ζ_h 为参变量，根据式（7-13）或式（7-16）选取无因次开环增益，K_v/ω_c，可以近似认为系统闭环频率响应的谐振峰值 $M_r \leqslant 1.3$。此时，单位阶跃响应的最大超调量小于 23%。

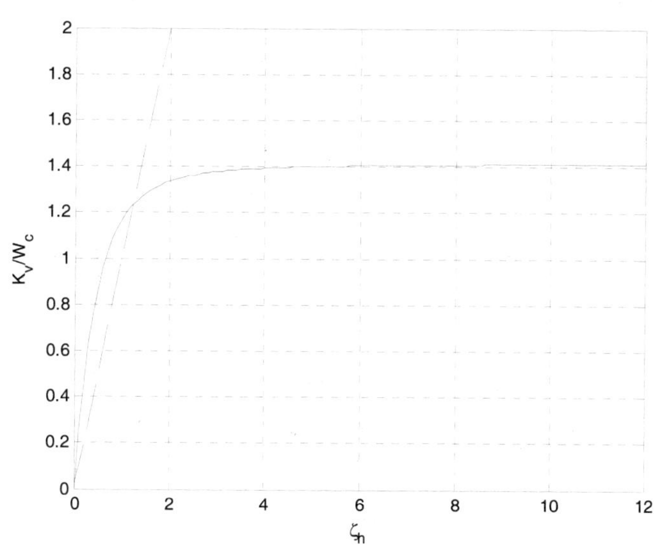

图 7-6　无因次开环增益与阻尼比的关系曲线

2. 系统的稳态误差分析

稳态误差表示系统的控制精度，是伺服系统的一个重要性能指标。稳态误差是输出量的希望值与它的稳态的实际值之差。它由指令输入、外负载力（或外负载力矩）干扰和系统中的飘零、死区等内干扰引起。稳态误差与系统本身的结构和参数有关，也与输入信号和形式有关。

指令输入引起的稳态误差

由指令输入引起的稳态误差也称跟随误差。根据稳态误差的定义有

$$E_r(s)=\frac{\theta_r(s)}{H(s)}-\theta_c(s) \tag{7-17}$$

式中：$E_r(s)$—— 稳态误差的拉氏变换；

$\theta_r(s)$—— 指令输入的拉氏变换；

$H(s)$—— 反馈通道的传递函数；

$\theta_c(s)$—— 输出量的实际值的拉氏变换。

对于图 7-5 所示的单位反馈系统，$H(s)$=1。根据图 7-5 和式（7-17）可求出系统对指令输入的误差传递函数为

$$\Phi_{er}(s)=\frac{E_r(s)}{\theta_r(s)}=\frac{1}{1+G(s)}=\frac{s\left(\frac{s^2}{\omega_h^2}+\frac{2\zeta_h}{\omega_h}s+1\right)}{s\left(\frac{s^2}{\omega_h^2}+\frac{2\zeta_h}{\omega_h}s+1\right)+K_v} \tag{7-18}$$

式中：$G(s)$—— 前向通道的传递函数。

利用拉氏变换的终值定理，求得稳态误差为

$$e_r(\infty)=\lim_{s\to 0}sE_r(s)=\lim_{s\to 0}s\Phi_{er}(s)\theta_r(s)$$

将式（7-18）代入上式，得出

$$e_r(\infty)=\lim_{s\to 0}\frac{s^2\left(\frac{s^2}{\omega_h^2}+\frac{2\zeta_h}{\omega_h}s+1\right)}{s\left(\frac{s^2}{\omega_h^2}+\frac{2\zeta_h}{\omega_h}s+1\right)+K_v}\theta_r(s) \tag{7-19}$$

系统稳态误差与输入信号形式有关，即与$\theta_r(s)$有关。下面取阶跃输入、等速输入和等加速输入作为典型输入信号来分析系统的稳态误差。

（1）阶跃输入

对阶跃输入θ_r有

$$\theta_r(s)=\frac{\theta_r}{s}$$

代入式（7-19），得稳态误差$e_r(\infty)$=0。因为该系统开环传递函数中含有一个积分环节，因此是一阶无差系统，对系统阶跃输入，其稳态误差为零。

（2）等速输入

对等速输入$\dot{\theta}_r$有

$$\theta_r(s)=\frac{\dot{\theta}_r}{K_v}$$

代入式（7-25），得稳态误差

$$e_r(\infty)=\frac{\dot{\theta}_r}{K_v} \tag{7-20}$$

稳态速度误差是系统跟随等速输入时所产生的位置误差，而不是速度上的误差。

（3）等加速输入

对等加速输入$\ddot{\theta}_r$，则

$$\theta_r(s)=\frac{\ddot{\theta}_r}{s^3}$$

代入式（7-19），其稳态误差$e_r(\infty)=\infty$。该系统（Ⅰ型系统）不能跟随等加速输入。

负载干扰力矩引起的稳态误差

由负载干扰力矩引起的稳态误差也称负载误差。由图 7-7 可求得系统对外负载力矩的误差传递函数为

$$\Phi_{eL}(s)=\frac{E_L(s)}{T_L(s)}=\frac{-\theta_c(s)}{T_L(s)}=\frac{\dfrac{K_{ce}}{i^2D_m^2}\left(1+\dfrac{V_t}{4\beta_eK_{ce}}s\right)}{s\left(\dfrac{s^2}{\omega_h^2}+\dfrac{2\zeta_h}{\omega_h}s+1\right)+K_v} \tag{7-21}$$

上式的倒数就是系统的闭环动态刚度特性。

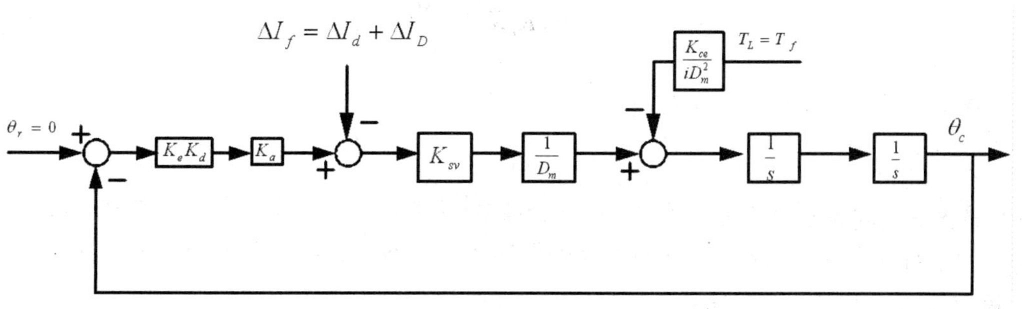

图 7-7 对静干扰的方框图

稳态负载误差为

$$e_L(\infty)=\lim_{s\to 0}s\Phi_{eL}(s)T_L(s)$$

对恒值外负载力矩T_{L0}，则有$T_L(s)=\dfrac{T_{L0}}{s}$，可得出

$$e_L(\infty)=\frac{K_{ce}}{K_vi^2D_m^2}T_{L0} \tag{7-22}$$

上式表明，负载误差 $e_L(\infty)$ 的大小与负载干扰力矩 T_{L0} 成正比，而与系统的闭环静刚度 $\frac{K_v i^2 D_m^2}{K_{ce}}$ 成反比。

从上面分析可以看出，提高速度放大系数 K_v，对于减小速度误差和负载误差都是有利的，而且还能减少由库仑摩擦、滞环和间隙等引起的非线性作用，从而改善系统的准确性，但受到系统稳定性的限制。另外，还可以看出，要减小负载误差就应该减小 K_{ce}，这将使阻尼比减小。因此，减小负载误差和增大阻尼比是矛盾的，而解决这些矛盾的方法是对系统进行校正。

零漂和死区等引起的静态误差

除了速度误差和负载误差外，放大器、电液伺服阀的零漂、死区以及使负载运动时的静摩擦都会引起位置误差。为了区别上述的稳态误差，形成死区（或静不灵敏区）。根据图 7-7，静摩擦力矩引起的静态位置误差为

$$\Delta\theta_{c1} = \frac{K_{ce} T_f}{K_v i^2 D_m^2} \tag{7-23}$$

静摩擦力矩折算到伺服阀输入端的死区电流为

$$\Delta I_{D1} = \frac{K_{ce} T_f}{K_{sv} i D_m} \tag{7-24}$$

电液伺服阀的零漂和死区所引起的位置误差为

$$\Delta\theta_{c2} = \frac{\Delta I_d + \Delta I_D}{K_e K_d K_a} \tag{7-25}$$

式中：ΔI_d—— 伺服阀的零漂电流值；

ΔI_D—— 伺服阀的死区电流值。

在计算系统的总静差时，可以将系统中各元件的零漂和死区都折算到伺服阀的输入端，以伺服阀的输入电流值表示。假设总的零漂和死区电流为 $\Sigma\Delta I$，则总的静态误差为

$$\Delta\theta_c = \frac{\Sigma\Delta I}{K_e K_d K_a} \tag{7-26}$$

$\Delta\theta_c$ 也称系统的位置分辨率。因为只有当伺服阀的流入电流大于 $\Sigma\Delta I$ 时，系统才能有对应的输出。

从上面的分析可以看出，为了减小零漂和死区等引起的干扰误差，应增大干扰作用点以前的回路增益（包括反馈回路的增益）。在系统各元件的增益分配时应考虑这一点。显然，对所讨论的系统而言，增大 K_e、K_d 对减小各干扰量引起的位置误差都是有利的。

检测器的误差除控制回路之外，与回路的增益无关，其误差直接反映到系统的输出端，从而直接影响系统的精度。显然，控制系统的精度无论如何也不会超过反馈测量系统的精度。

因此，在高精度控制系统中，要注意反馈测量装置的选择。

【例 7-1】用 simulink 绘制如图 7-8 所示的电液位置伺服系统。已知：液压阀 Wsv=157，zuni1=0.7，Ksv=1.96e-3，Wh=88，zuni2=0.3，Kh=1/168e-4，$A_p = 168\times10^{-4} m^2$，Ka=211.8A/m，系统总流量-压力系数 $K_{ce} = 1.2\times10^{-11} m^2/s\cdot Pa$，最大工作速度 $V_m = 2.2\times10^{-2} m/s$，Ka=1，最大静摩擦力 $F_f = 1.75\times10^4 N$，伺服阀零漂和死区电流总计为 15mA。试确定放大增益、穿越频率和相位裕量；求系统的跟随误差和静态误差。

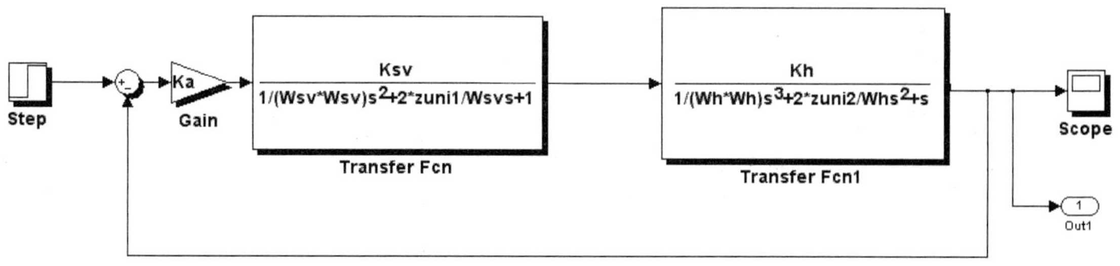

图 7-8　电液位置伺服系统 Simulink 图

解：系统的开环传递函数为

$$G(s)H(s) = \frac{K_v}{s\left(\dfrac{s^2}{Wsv^2}+\dfrac{2\times zuni1}{Wsv}s+1\right)\left(\dfrac{s^2}{Wh^2}+\dfrac{2\times zuni2}{Wh}s+1\right)}$$

式中，开环放大系数

$$K_v = \frac{K_a K_{sv}}{A_p}$$

系统的跟随误差为

$$e_r(\infty) = \frac{V_m}{K_v}$$

静摩擦力引起的死区电流为

$$\Delta I_{D1} = \frac{K_{ce}}{K_{sv}A_p}F_f$$

零漂和死区引起的总静态误差为

$$\Delta x_p = \frac{\Sigma\Delta I}{K_a}$$

系统的总误差为跟随误差和总静态误差之和，即 $Er(\infty) = \Delta I_{D1} + e_r(\infty)$。

按上述分析，编制 MATLAB 语言程序如下：

```
% 1、参数初始化
Ka=211.8
```

```
Ap=168e-4;
Wsv=157;
Wh=88;
zuni1=0.7;
zuni2=0.3;
Ksv=1.96e-3;
Kh=1/Ap;
Vm=2.2e-2;
Kv=Ksv*Ka/Ap
Kce=1.2e-11;
Ff=1.75e4;
I=15e-3
% 2、构造系统和绘制开环系统的bode图和脉冲响应
sys=tf(Kv,conv([1/(Wsv*Wsv),2*zuni1/Wsv,1], [1/(Wh*Wh),2*zuni2/Wh,1,0]));
subplot(121)
pzmap(sys)
grid on
subplot(122)
nyquist(sys)
figure(2)
subplot(121)
impulse(feedback(sys,1))
grid
subplot(122)
step(feedback(sys,1))
grid
figure(3)
margin(sys)
grid
% 3、计算跟随误差:
Er1=Vm/Kv;
% 静摩擦力引起的死区电流为:
deltI=(Kce*Ff)/(Ksv*Ap);
%零漂和死区引起的总误差:
Er2=(I+deltI)/Ka;
Er=Er1+Er2;
disp('计算结果: [Er,Kv]');
```

运行上述程序得到如下计算结果：

```
Gm =
    4.77
Pm =
   64.9001
Wm =
   69.8535
Wp =
   26.6865
[Er,Kv] =0.0010     24.7100
```

利用开环传递函数求解：

```
% 1、参数初始化
Ka=211.8
Ap=168e-4;
Wsv=157;
Wh=88;
zuni1=0.7;
zuni2=0.3;
Ksv=1.96e-3;
Kh=1/Ap;
Vm=2.2e-2;
Kv=Ksv*Ka/Ap
Kce=1.2e-11;
Ff=1.75e4;
I=15e-3
% 2、构造系统和绘制开环系统的 bode 图和脉冲响应
sys=tf(Kv,conv([1/(Wsv*Wsv),2*zuni1/Wsv,1], [1/(Wh*Wh),2*zuni2/Wh,1,0]));
% 1、参数初始化
Ka=211.8
Ap=168e-4;
Wsv=157;
Wh=88;
zuni1=0.7;
zuni2=0.3;
Ksv=1.96e-3;
Kh=1/Ap;
Vm=2.2e-2;
Kv=Ksv*Ka/Ap
Kce=1.2e-11;
Ff=1.75e4;
I=15e-3
% 2、构造系统和绘制开环系统的 bode 图和脉冲响应
sys=tf(Kv,conv([1/(Wsv*Wsv),2*zuni1/Wsv,1], [1/(Wh*Wh),2*zuni2/Wh,1,0]));
subplot(121)
pzmap(sys)
grid on
subplot(122)
nyquist(sys)
figure(2)
subplot(121)
impulse(feedback(sys,1))
grid
subplot(122)
step(feedback(sys,1))
grid
figure(3)
margin(sys)
grid
```

得到开环系统的 bode 图和脉冲响应曲线，如图 7-9 所示。

图 7-9　时域与频域分析

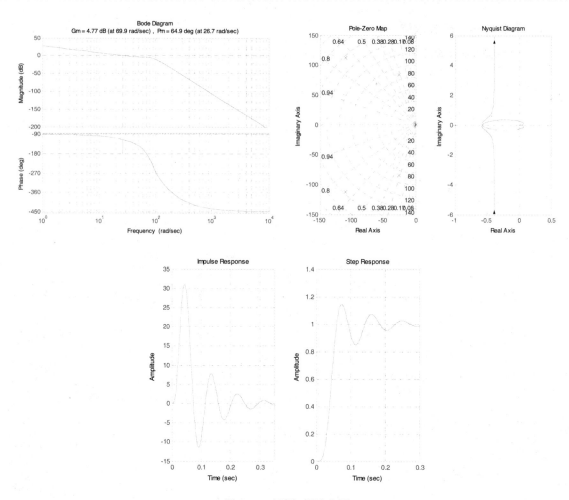

运行完上述程序后，再运行如图 7-8 所示的 Simulink 图形，在命令区输入：plot(tout,yout)，则在输出端得到仿真结果，如图 7-10 所示。

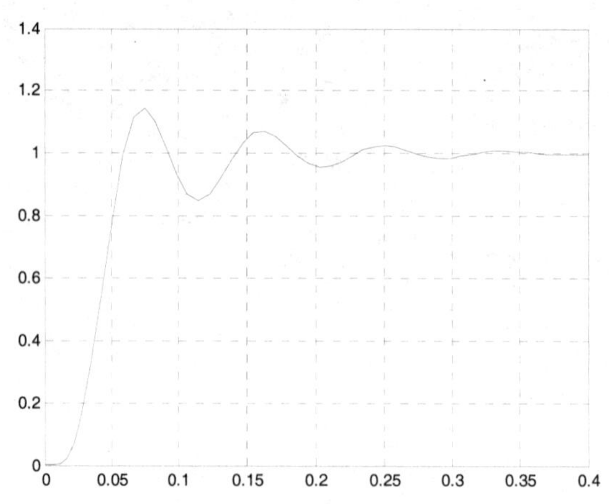

图 7-10　方框图仿真结果

7.3　电液伺服系统的校正

前面讨论了比例控制的电液位置伺服系统，其性能主要由动力元件参数 ω_h 和 ζ_h 决定。对这种系统，单纯靠调整增益往往满足不了系统的全部性能指标，这时就要对系统进行校正。高性能的电液伺服系统一般都需要加校正装置。

对液压伺服系统进行校正时，要注意其特点。其一液压位置伺服系统的开环传递函数通常可以简化为一个积分环节和一个振荡环节，而液压阻尼比一般比较小，使得增益裕量不足，相位裕量有余；其二参数变化较大，特别是阻尼比随工作点变动在很大的范围内变化。

7.3.1　滞后校正

滞后校正的主要作用是通过提高低频段增益减小系统的稳态误差，或者在保证系统稳态精度的条件下，通过降低系统高频段的增益，以保证系统的稳定性。

图 7-11（a）表示一种由电阻、电容组成的滞后校正网络，其串联在前向通路的直流部分上，接在相敏放大器和功率放大器之间。它的传递函数为

$$G_c(s)=\frac{u_o(s)}{u_i(s)}=\frac{s/\omega_{rc}+1}{\alpha s/\omega_{rc}+1} \tag{7-27}$$

式中：ω_{rc}—— 超前环节的转折频率，$\omega_{rc}=1/RC$；

R、C—— 电阻及电容；

α—— 滞后超前比，$\alpha>1$。

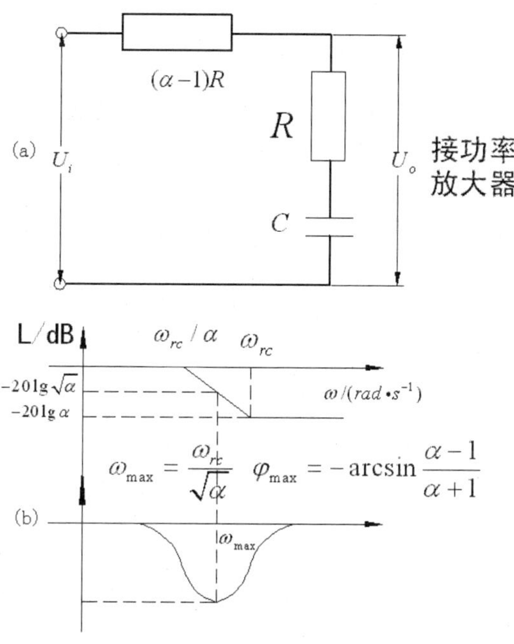

图 7-11　滞后校正网络及 bode 图

由于$\alpha>1$，滞后时间常数大于超前时间常数，网络具有纯相位滞后。其 Bode 图如图 7-12（b）所示，可以看出滞后网络是一个低通滤波器。利用它的高频衰减特性，可以在保持系统稳定条件下，提高系统的低频增益，改变系统的稳态性能，或者在保证系统稳态精度的条件下，降低系统的高频增益，以保证系统的稳定性。滞后校正利用的是高频衰减特性，而不是相位滞后。在阻尼比较小的液压伺服系统中，提高放大系数的限制因素是增益裕量，而不是相位裕量，因此采用滞后校正是合适的。

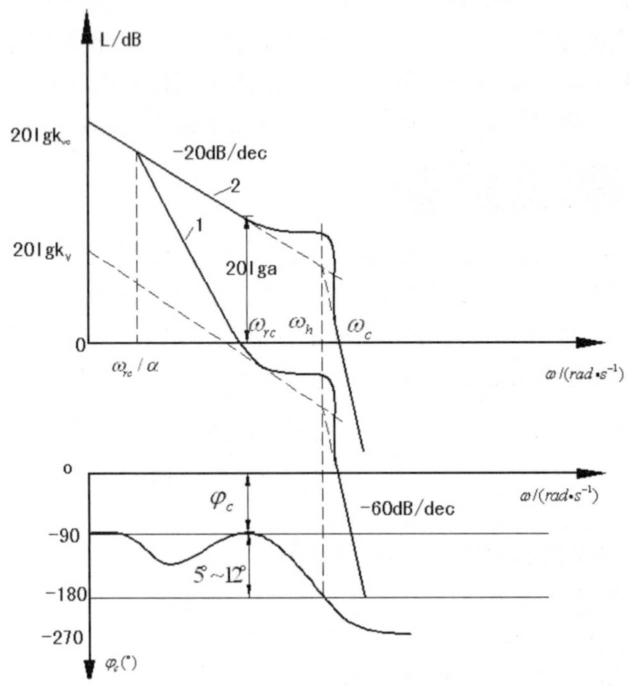

图 7-12　具有滞后校正的位置伺服系统 bode 图

在如图 7-5 所示的系统中加入滞后校正后，系统的开环传递函数为

$$G(s)H(s)=\frac{K_{vc}\left(\dfrac{s}{\omega_{rc}}+1\right)}{s\left(\dfrac{\alpha}{\omega_{rc}}s+1\right)\left(\dfrac{s^2}{\omega_h^2}+\dfrac{2\zeta_h}{\omega_h}s+1\right)} \tag{7-28}$$

式中：K_{vc}—— 校正后的速度放大系数，$K_{vc}=\alpha K_v$。

根据式（7-28）可绘出校正后的系统的开环 Bode 图，见图 7-12 中的曲线 1。

设计滞后校正网络主要是确定参数ω_c、ω_{rc}和α。设计步骤如下：

（1）根据稳态误差的要求，确定系统的速度放大系数K_{vc}。

（2）利用已确定的速度放大系数K_{vc}，绘出未校正的系统的 Bode 图，如图 7-12 中的曲线 2；检查未校正系统的相位裕量和增益裕量，看是否满足要求。

（3）如果不满足要求，就根据相位裕量和增益裕量的要求确定新的增益穿越频率ω_c。

在 ω_c 处的相位为

$$\varphi_c(\omega_c)=180^\circ+\gamma+(5^\circ\sim12^\circ) \tag{7-29}$$

式中，γ 是要求的相位裕量，增加 5°～12° 是为了补偿滞后网络在 ω_c 处引起的相位滞后。ω_{rc} 靠近 ω_c 时取大值，反之取小值。在 Bode 图上根据式（7-29）可确定出 ω_c。在 ζ_h 比较小时，增益裕量难以保证，根据增益裕量确定 ω_c，然后检查相位裕量是否满足要求。

选择转折频率 ω_{rc}。为了减少滞后网络对 ω_c 处相位滞后的影响，应使 ω_{rc} 低于新增益交界频率 ω_c 的 1～10 倍频程，一般可取 $\omega_{rc}=(0.25\sim0.2)\omega_c$。

确定滞后超前比 α。由 $K_{vc}=\alpha K_v=\alpha\omega_c$ 可确定出 α。α 值一般在 10～20，通常取 α=10。

滞后校正使速度放大系数提高 α 倍。提高了闭环刚度，减小了负载误差。由于回路增益提高，减小了元件参数变化和非线性影响。但滞后校正降低了穿越频率，使穿越频率两侧的相位滞后增大，特别是低频相位滞后较大。如果低频相位小于-180°，在开环增益减小时，系统稳定性就要变坏，甚至变得不稳定。也就是说，系统变成了有条件稳定的系统，对系统参数变化和非线性影响比较敏感。

上述的滞后网络是无源校正网络，为了补偿滞后校正网络的衰减，需将放大器的增益增加 α 倍，或者增设增益放大装置。为了克服这个缺点经常采用调节器校正。调节器是以运算放大器为基础组成的。因为运算放大器的增益很高，所以可以很容易组成并实现各种调节功能。

7.3.2　速度与加速度反馈校正

速度反馈校正的主要作用是提高主回路的静态刚度，减少速度反馈回路内的干扰和非线性的影响，提高系统的静态精度。加速度反馈主要是提高系统的阻尼。低阻尼是限制液压伺服系统性能指标的主要原因，如果能将阻尼比提高到 0.4 以上，系统的性能就可以得到显著的改善。

根据需要速度反馈与加速度反馈可以单独使用，也可以联合使用。我们这里同时使用，并分别讨论这两种反馈各自的作用。

如图 7-4 所示的位置伺服系统中加上速度与加速度反馈校正后的简化方块图，如图 7-13 所示。利用测速发电机可以将液压马达的转速转化为反馈电压信号；在速度反馈电压信号后面接上微分电路或微分放大器，就可以得到加速度反馈电压信号。将速度与加速度电压信号反馈到功率放大器的输入端，就构成了速度与加速度的反馈。

假定伺服阀的响应速度很快，把它看成比例环节，即 $K_{sv}G_{sv}(s)=K_{sv}$，则由图 7-13 所示的方块图可以求得速度与加速度反馈校正回路的闭环传递函数为

$$\frac{\theta_m}{U_g}=\frac{K_aK_{sv}/D_m(1+K_1)}{s\left[\dfrac{s^2}{\omega_h(1+K_1)}+\dfrac{2\zeta_h+K_2\omega_h}{\omega_h(1+K_1)}s+1\right]} \tag{7-30}$$

式中：K_1—— 只有速度反馈校正时校正回路的开环增益，

$$K_1=\frac{K_a K_{sv} K_{fv}}{D_m} \tag{7-31}$$

K_2—— 只有加速度反馈校正时校正回路的开环增益，

$$K_2=\frac{K_a K_{sv} K_{fa}}{D_m} \tag{7-32}$$

整个位置伺服系统的开环传递函数为

$$G(s)H(s)=\frac{K_v/(1+K_1)}{s\left[\frac{s^2}{\omega_h(1+K_1)}+\frac{2\zeta_h+K_2\omega_h}{\omega_h(1+K_1)}s+1\right]} \tag{7-33}$$

式中：K_v—— 系统未加校正时的开环增益，$K_v=K_e K_d K_a K_{sv}/D_m i$。

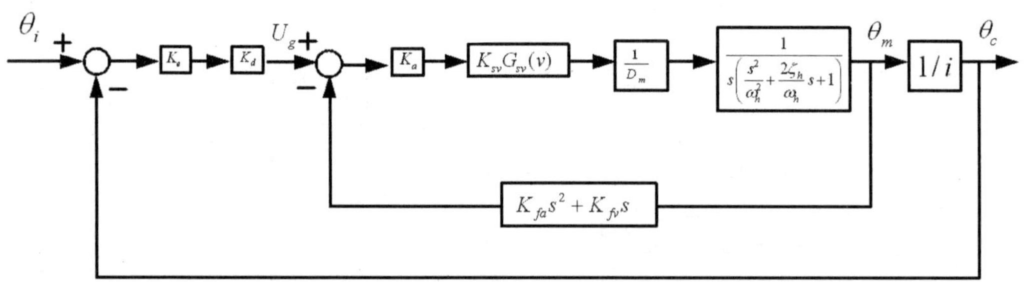

图 7-13　具有速度与加速度反馈的系统方框图

只有速度反馈校正时，式（7-32）中的$K_2=0$。此时速度反馈校正使位置系统的开环增益降为$K_v/(1+K_1)$，固有频率增大为$\omega_h\sqrt{1+K_1}$，阻尼比下降为$\zeta_h/\sqrt{1+K_1}$。开环增益的下降，可以通过调整前置放大器的增益K_d加以补偿。校正后，固有频率与阻尼比的乘积等于校正前的固有频率与阻尼比的乘积，阻尼比的减小恰好抵消了固有的增大。因此，系统允许的开环放大系数没有变化。但是固有频率的提高，为系统频宽的提高创造了条件。如果能够通过其他途径提高阻尼比，就可以提高系统的频宽。

速度反馈校正在液压马达不动时不起作用，系统的开环增益等于未校正时的开环增益K_v。当液压马达运动时才有反馈信号，并使系统开环增益大幅度降低，有利于系统的稳定。因此，液压马达不动时的开环增益K_v可以取得很高，通常取K_v=4000～5000l/s，使系统具有很高的静态刚度。另外，由于速度反馈回路包围了功率放大器、伺服阀和液压马达等，而速度反回路的开环增益又比较高，一般为 100～200l/s，因此被速度反馈回路所包围的元件的非线性，如死区、间隙、滞环及元件参数的变化、零漂等都将受到抑制。

如果只有加速度反馈校正时，式（7-31）中的$K_1=0$。此时，系统的开环增益K_v和固有频率ω_h均不变，阻尼比因K_2而增加。因此，增大K_2可以显著降低谐振峰值。谐振峰值减低，既可以提高稳定性又可以使幅频特性曲线上移，从而提高系统的开环增益和频宽。而开环增益的提高又可以提高系统的刚度及精度。

由上述可见，加速度反馈提高了系统的阻尼，速度反馈提高了系统的固有频率，但降低了增益和阻尼。如果同时采用速度反馈与加速度反馈，通过调整前置放大器增益 K_d，把系统的增益调整到合适的位置，通过调整反馈系数 K_{fv}、K_{fa} 把固有频率和阻尼比调到合适的数值，系统的动态及静态指标即可以全面得到改善。

设具有速度与加速度反馈校正的固有频率与阻尼比分别为 ω'_h 和 ζ'_h，根据式（7-30）有

$$\omega_h' = \omega_h\sqrt{1+K_1} \tag{7-34}$$

$$\zeta_h' = (2\zeta_h + K_2\omega_h)/2\sqrt{1+K_1} \tag{7-35}$$

根据期望的 ω_h' 及 ζ_h' 值，可以求出 K_1 及 K_2，进而求出 K_{fv} 和 K_{fa}。根据稳定裕量的要求可以确定开环增益，进而确定前置放大器的增益。

最后应指出，固有频率 ω_h' 和阻尼比 ζ_h' 的提高要受速度与加速度反馈回路稳定性的限制。在上述讨论中，我们忽略了功率放大器、伺服阀等环节的影响，将系统简化为积分加振荡环节，此时穿越频率 ω_c 处的斜率为-20dB/dec。如果速度与加速度反馈回路增益增大，使幅频特性曲线抬高，当 ω_c 增大至大于所略去环节的转折频率时，曲线将以-40dB/dec 或-60dB/dec 穿越零分贝线，ω_c 处的相位滞后将超过-180°，局部反馈回路就不稳定了。

7.3.3 压力反馈和动压反馈校正

采用压力反馈和动压反馈校正的目的是提高系统的阻尼。负载压力随系统的动态而变化，当系统振动加剧时，负载压力也增大。如果将负载压力加以反馈，使输入系统的流量减少，则系统的振动将减弱，起到增加系统阻尼的作用。

可以采用压力反馈伺服阀或动压反馈伺服阀来实现压力反馈和动压反馈，也可以采用液压机械网络或电反馈实现。

1. 压力反馈校正

在图 7-4 所示的位置伺服系统中加上压力反馈后的简化方块图，如图 7-14 所示。图中用压差或压力传感器测取液压马达的负载压力 p_L，反馈到功率放大器的输入端，构成压力反馈。

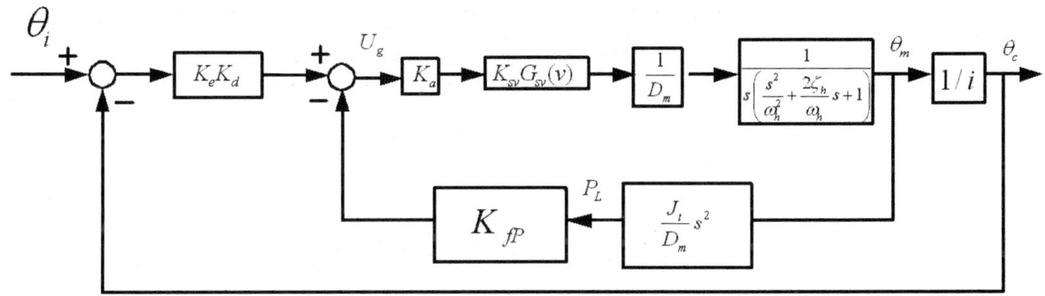

图 7-14　带压力反馈的系统方框图

由图 7-14 可求出压力反馈回路的闭环传递函数为

$$\frac{\theta_m}{U_g}=\frac{K_aK_{sv}/D_m}{S\left(\frac{s^2}{\omega_h^2}+\frac{2\zeta_h'}{\omega_h}s+1\right)} \tag{7-36}$$

式中：ζ'_h —— 校正后的阻尼比，

$$\zeta'_h=\zeta_h+\frac{K_aK_{sv}K_{fp}J_t\omega_h}{2D_m^2}=\frac{K_{ce}+K_aK_{sv}K_{fp}}{D_m}\sqrt{\frac{\beta_eJ_t}{V_t}} \tag{7-37}$$

位置系统的开环传递函数为

$$G(s)H(s)=\frac{K_v}{s\left(\frac{s^2}{\omega_h^2}+\frac{2\zeta_h'}{\omega_h}s+1\right)} \tag{7-38}$$

式中：K_v—— 系统的开环增益，$K_v=K_eK_dK_aK_{sv}/D_mi$。

由上式可以看出，压力反馈不改变开环增益K_v和液压固有频率ω_h，但使阻尼比增加了。式（7-38）表明，压力反馈校正是通过增加系统的总流量-压力系数来提高阻尼的。显然，压力反馈校正降低了系统的静刚度。

2. 动压反馈校正

采用动压反馈校正可以提高系统的阻尼，且又不降低系统的静刚度。将压力传感器的放大器换成微分放大器，就可以构成动压反馈，其方块图如图 7-15 所示。有关动压反馈校正的问题在第 4 章已讲过，这里不再赘述。

采用压力反馈或动压反馈提高系统的阻尼，同样受局部反馈回路稳定性的限制。当K_{fp}过高时，由于伺服阀等小参数的影响，局部反馈回路就会变得不稳定。

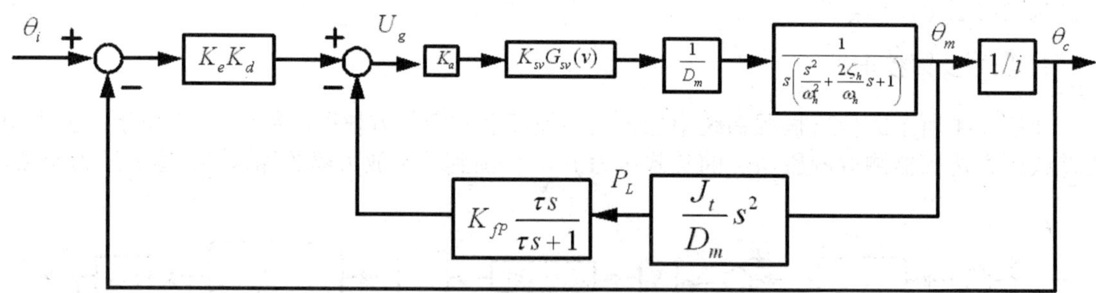

图 7-15　带动压反馈的系统方框图

7.4　电液速度控制系统

在实际工程中，经常需要进行速度控制，如原动机调速、机床进给装置的速度控制、雷达天线、炮塔、转台等装备中的速度控制等。在电液位置伺服系统中也经常采用速度局部反馈回路来提高系统的刚度和减小伺服阀等参数变化的影响，提高系统的精度。

电液速度控制系统按控制方式可分为：阀控液压马达速度控制系统和泵控液压马达速度控制系统。阀控马达系统一般用于小功率系统，泵控马达系统一般用于大功率系统。

7.4.1　阀控马达速度控制系统

图 7-16（a）是用伺服阀控制液压马达的电液速度控制系统原理方块图，这是一个未加校正的系统。忽略伺服放大器和伺服阀的动态，并假定负载为简单的惯性负载，则系统的方块图可用图 7-16（b）表示。其开环传递函数为

$$G(s)H(s)=\frac{K_0}{s(\frac{s^2}{\omega_h^2}+\frac{2\zeta_h}{\omega_h}s+1)} \tag{7-39}$$

式中：K_0—— 系统开环增益，$K_0=K_aK_{sv}K_{fv}/D_m$；

K_a—— 放大器增益；

K_{sv}—— 伺服阀流量增益；

K_{fv}—— 测速机增益。

这是一个零型有差系统，对速度阶跃输入是有差的。

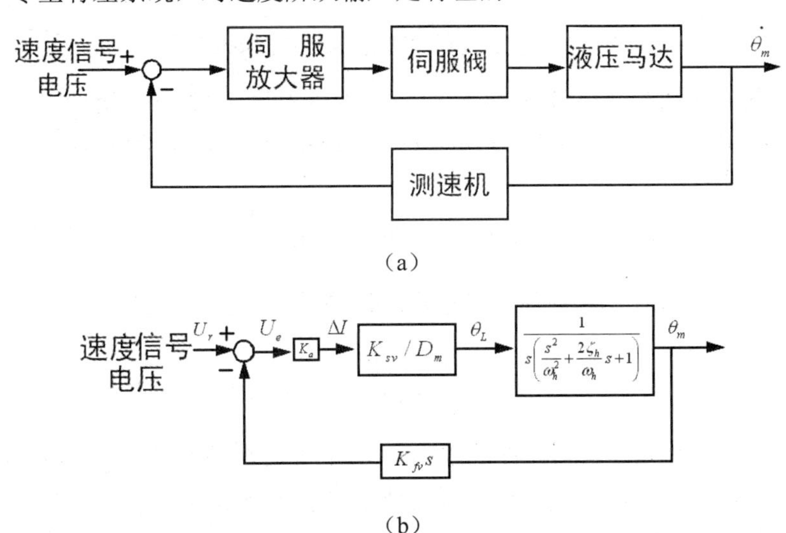

图 7-16　阀控马达速度控制系统原理和未校正的速度系统方框图

系统开环 Bode 图如图 7-17（a）所示。在穿越频率 ω_c 处的斜率为-40dB/10oct，因此相位裕量很小，特别是在阻尼比 ζ_h 较小时更是如此。这个系统虽稳定，但是在简化的情况下得出的。如果在 ω_c 和 ω_h 之间有其他被忽略的环节，如伺服阀这类环节，这时穿越频率处的斜率将变为-60dB/10dec 或-80dB/dec，系统将不稳定。即使开环增益 K_0=1，系统也不易稳定，因此速度控制系统必须加校正才能稳定工作。

实现校正的最简单方法是在伺服阀前的电子放大器电路中串接一个 RC 滞后网络。RC 滞后网络见图 7-11（a），其传递函数为

$$\frac{u_o}{u_i}=\frac{1}{T_c s+1} \tag{7-40}$$

式中：T_c—— 时间常数，T_c=RC。

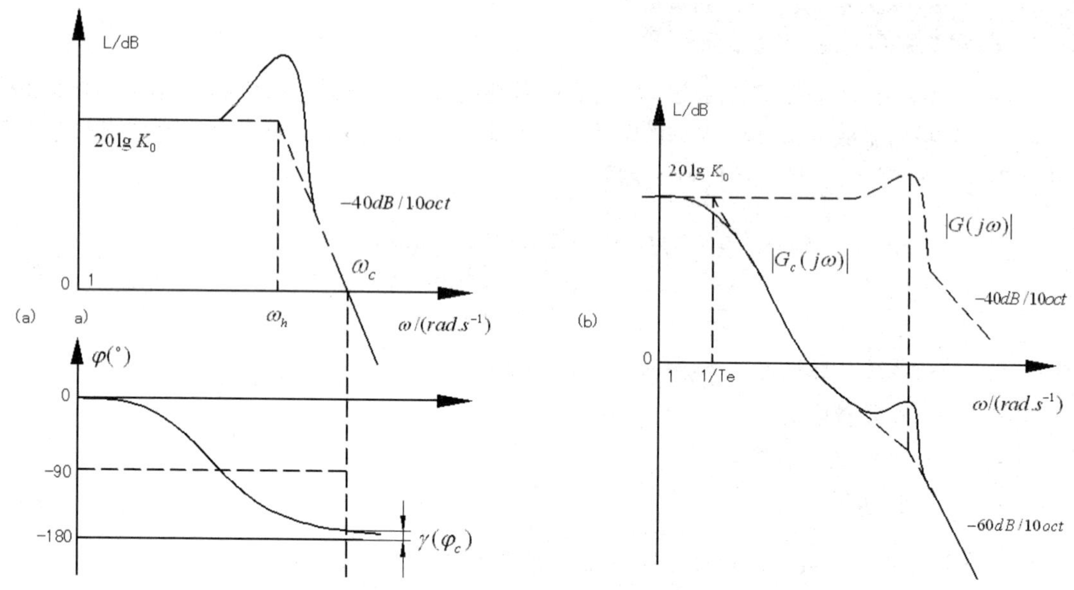

图 7-17　校正前后的速度控制系统 Bode 图

校正后的系统方块图和开环 Bode 图分别如图 7-18 和图 7-17（b）所示。此时，穿越频率处的斜率为-20dB/10oct，有足够的相位裕量。为了保证系统的稳定，谐峰值不应超过零分贝线，为此应满足

$$\omega_c < 2\zeta_h\omega_h \approx (0.2\sim0.4)\ \omega_h \tag{7-41}$$

由图 7-17（b）的几何关系可求出滞后网络的时间常数为

$$T=\frac{K_0}{\omega_c} \tag{7-42}$$

这类系统的动、静态特性是由动力元件参数 ω_h、ζ_h 和开环增益 K_0 决定的。ω_h 和 ζ_h 一定时，可根据式（7-41）确定穿越频率 ω_c，根据误差要求确定开环增益 K_0，最后由式（7-42）确定校正环节的时间常数 T，根据 T 确定 R 及 C。

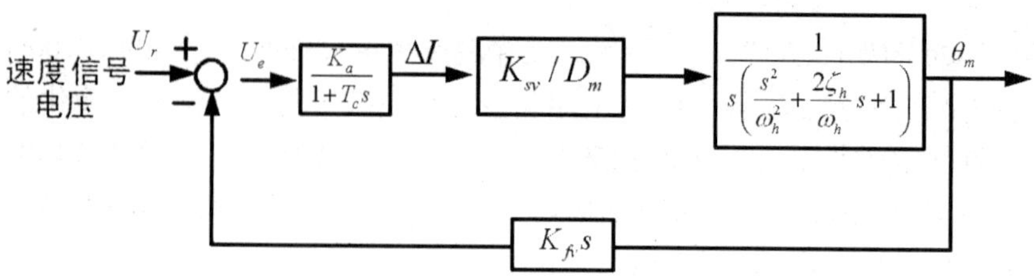

图 7-18　校正后的速度控制系统方框图

由图 7-17（b）可以看出，校正后回路的穿越频率比未校正回路的穿越频率低得多。但是为了保证系统的稳定性，不得不牺牲响应速度和精度。

采用 RC 滞后网络校正的系统仍是零型有差系统。为了提高精度，可采用积分放大器校正，使系统变成 I 型无差系统。其方块图和开环 Bode 图与未校正的位置伺服系统的方块图和 Bode 图相似，只是用速度传感器代替了位置传感器。但积分环节的位置不一样，位置系统对指令信号是 I 型的，对负载干扰是零型的，而速度控制系统对指令信号和负载干扰是 I 型的。

7.4.2　泵控马达速度控制系统

泵控马达速度控制系统有开环控制和闭环控制两种。

1. 泵控开环速度控制系统

如图 7-19（a）所示，变量泵的斜角盘由比例放大器、伺服阀、液压缸和位移传感器组成的位置回路控制。通过改变变量泵斜盘来控制供给液压马达的流量，以此调节液压马达的转速。因为是开环控制，受负载和温度变化的影响较大，控制精度差。

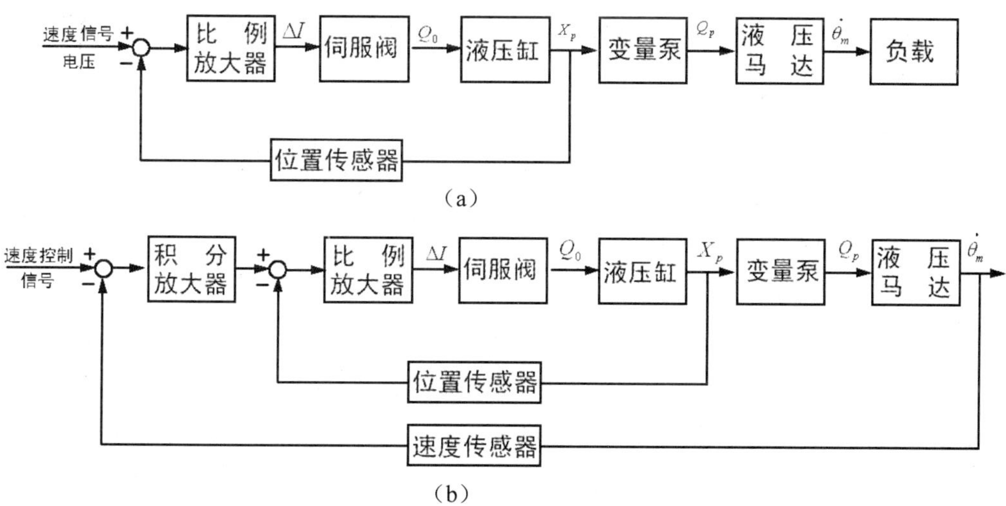

图 7-19　开环速度控制系统原理方框图和带位置环的泵控闭环速度控制系统

2. 带位置环的泵控闭环速度控制系统

如图 7-19（b）所示，它是在开环速度控制的基础上，增加速度传感器将液压马达转速进行反馈构成闭环控制系统。速度反馈信号与速度指令信号的差值经积分放大器加到变量伺服机构的输入端，使泵的流量向减小速度误差的方向变化。采用积分放大器是为了使开环系统具有积分特性，构成 I 型无差系统。通常，由于变量伺服机构的惯性很小，液压缸-负载的固有频率很高，阀控液压缸可以看成积分环节，变量伺服机构基本上可以看成是比例环节，系统的动态特性主要由泵控液压马达的动态决定。

3. 不带位置环的泵控闭环速度控制系统

如果将图 7-19（b）中的变量伺服机构的位置反馈去掉，并将积分放大器改为比例放大器，可以得到如图 7-20 所示的闭环速度控制系统。因为变量伺服机构中的液压缸本身含有积分环节，所以放大器应采用比例放大器，系统仍为 I 型系统。由于积分环节是在伺服阀和变量泵斜盘力的后面，因此伺服阀零漂和斜盘力等引起的静差仍然存在。变量机构开环控制，抗干扰能力差，易受零漂、摩擦等影响。

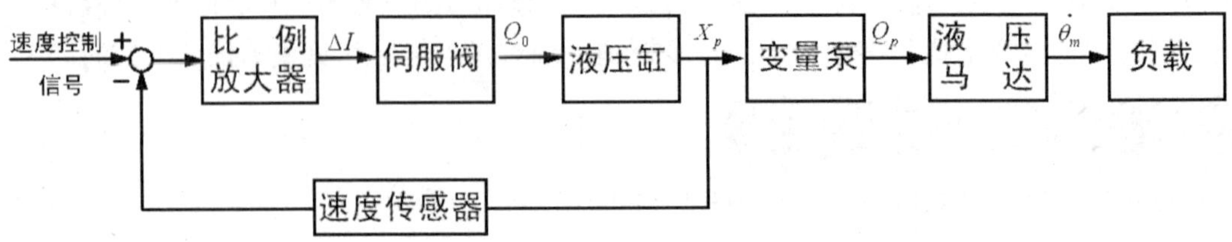

图 7-20　不带位置环的泵控速度控制系统

【例 7-2】 假设有一个液压伺服速度控制系统，其原理如图 7-21（a）所示。考虑伺服阀的动态，伺服参数为：$K_{sv}=3060e-6$，$\omega_{sv}=600$；$\xi_{sv}=0.5$ 液压缸的参数为：$K_h=1.25e6$，$\omega_{sv}=388$，$\xi_{sv}=0.94$；放大器的增益 $K_a=0.05$，试用 Simulink 绘制方框图和该系统的开环系统的 bode 图，以及 MATLAB 编程实现校正前后的 Bode 图，并分析校正前后的变化。

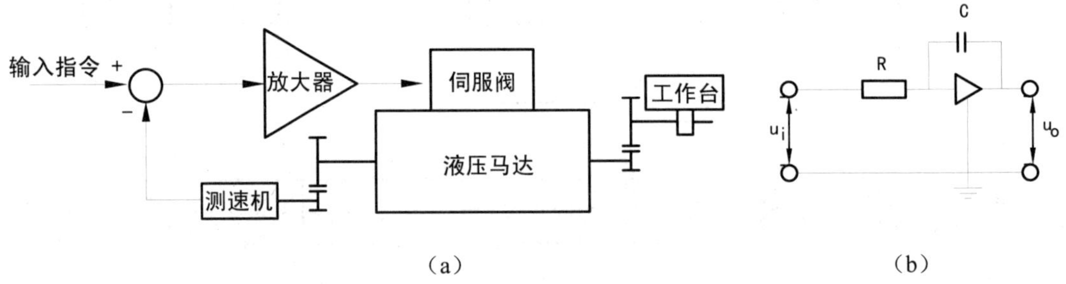

（a）　　　　　　　　　　　　　　　　（b）

图 7-21　例 3 液压伺服系统原理图和积分放大器

解：（1）根据给定的参数，利用 Simlink 对该系统进行建模，如图 7-22 所示。

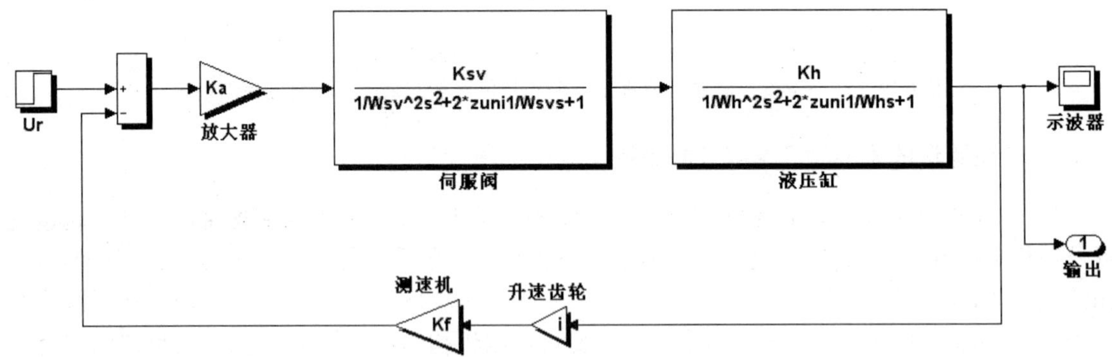

图 7-22　例 3 未校正系统的 simulink 模型

为上述模型中的变量赋值，编写 MATLAB m 程序（initial.m）：

```
% 伺服系统的初始参数
Wsv=600;
```

```
zuni1=0.5;
Ksv=3060e-6;
Ka=0.05;
i=3;
Kf=0.175;
Wh=388;
zuni2=0.94;
Kh=1.25e6;
```

运行上述程序后，图 7-22 模型中的变量被赋值，再对上述 simulink 模型进行仿真，出错。得不出仿真结果。

（2）绘制未校正系统的 Bode 图。编制 MATLAB 程序：

```
% 伺服系统的初始参数
Wsv=600;
zuni1=0.5;
Ksv=3060e-6;
Ka=0.05;
i=3;
Kf=0.175;
Wh=388;
zuni2=0.94;
Kh=1.25e6;
% 未校正系统的开环传递函数
sys =tf(Ka*Ksv*i*Kf*Kh,conv([1/Wsv^2 2*zuni1/Wsv 1],[1/Wh^2 2*zuni2/Wh 1]))
subplot(121)
pzmap(sys)
grid on
subplot(122)
nyquist(sys)
figure(2)
subplot(121)
impulse(feedback(sys,1))
grid
subplot(122)
step(feedback(sys,1))
grid
figure(3)
margin(sys)
```

grid 运行上述程序，得到未校正系统的 Bode 图，如图 7-23 所示。

从图 7-23 中可见，系统的稳定裕量（Gm=-32.6dB，Pm=128deg）为负，可以判定系统是不稳定的。即使 K_0 值调到很低，对数幅频特性曲线也是以-80dB/dec 或-40dB/dec 的斜率穿越零分贝线，系统的相位裕量和幅值裕量都趋于负值，使系统不稳定，若勉强维持稳定，由于 K_0 值太小，则系统也谈不上什么精度了。为了使系统有一定的稳定裕量，必须加校正环节。在速度控制系统中，可以用运算放大器组成积分放大器代替原来的放大器。积分放大器见图 7-21（b），其传递函数为

$$G_c(s)=\frac{1}{Ts}$$

式中：T—— 积分时间常数，T=RC。

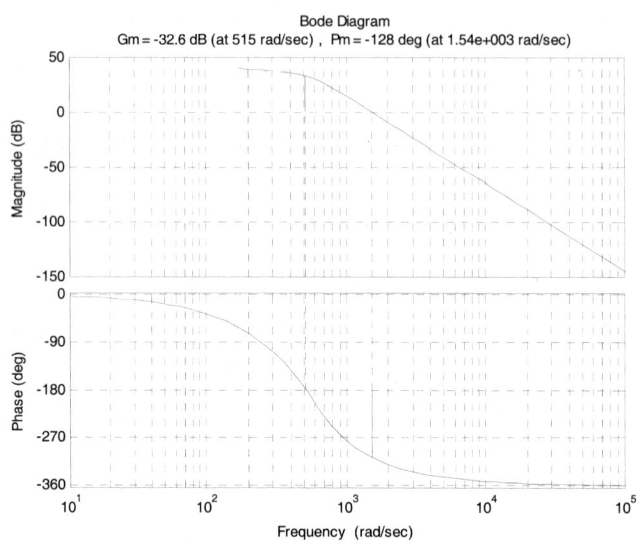

图 7-23 未校正系统的 bode 图

若 T=20，则

$$G_c(s)=\frac{0.05}{s}$$

加校正后系统的方块图如图 7-24 所示。

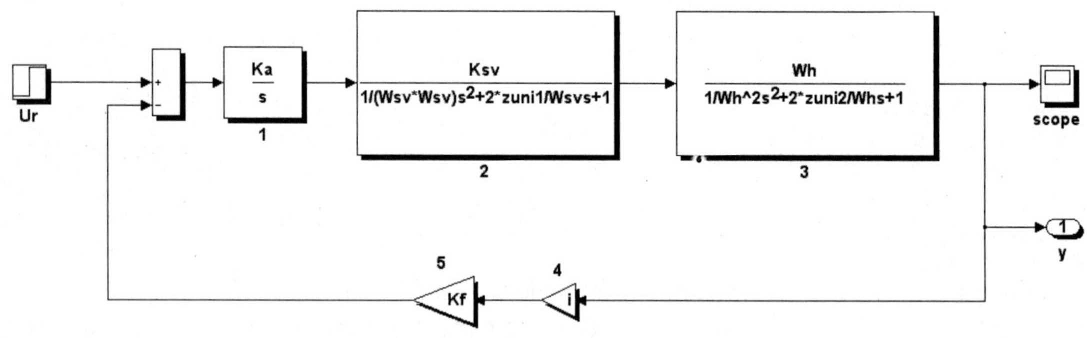

图 7-24 校正后速度控制系统的 simulink 方框图

给图 7-24 中的变量赋值后，运行该 simulink 模型得到如图 7-25 所示的响应曲线。

由图 7-25 可以看出，校正后的速度控制系统是稳定的。那么，我们再来看看该校正后系统的开环 bode 图，系统是否稳定。

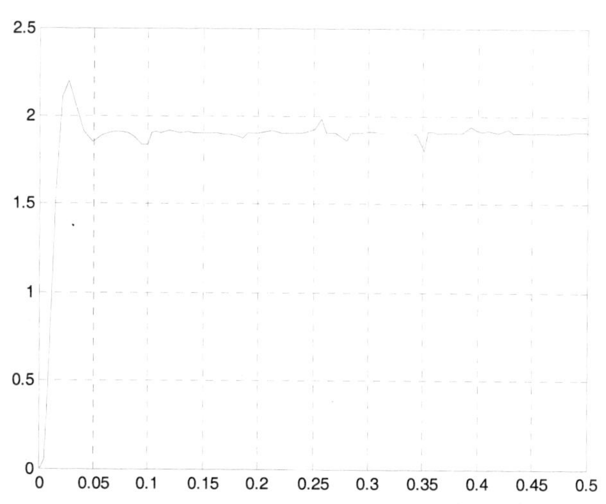

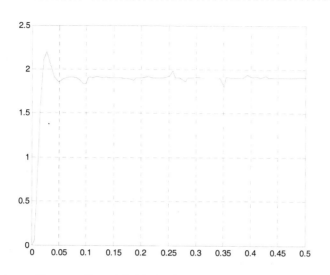

图 7-25　校正后速度控制系统的 simulink 仿真结果

编制 Matlab 程序如下，实现 bode 图的自动生成：

```
% 伺服系统的初始参数
Wsv=600;
zuni1=0.5;
Ksv=3060e-6;
Ka=0.05;
i=3;
Kf=0.175;
Wh=388;
zuni2=0.94;
Kh=1.25e6;
% 校正后系统的开环传递函数
sysj_open=tf(Ka*Ksv*i*Kf*Kh,conv([1/Wsv^2 2*zuni1/Wsv 1 0],[1/Wh^2 2*zuni2/Wh
1]))
figure(1)
margin(sysj_open)
grid
figure(2)
subplot(121)
pzmap(sysj_open)
grid on
subplot(122)
nyquist(sysj_open)
figure(3)
subplot(121)
impulse(feedback(sysj_open,1))
grid
subplot(122)
step(feedback(sysj_open,1))
grid
```

运行上述程序，得到如图 7-26 所示的 Bode 图。

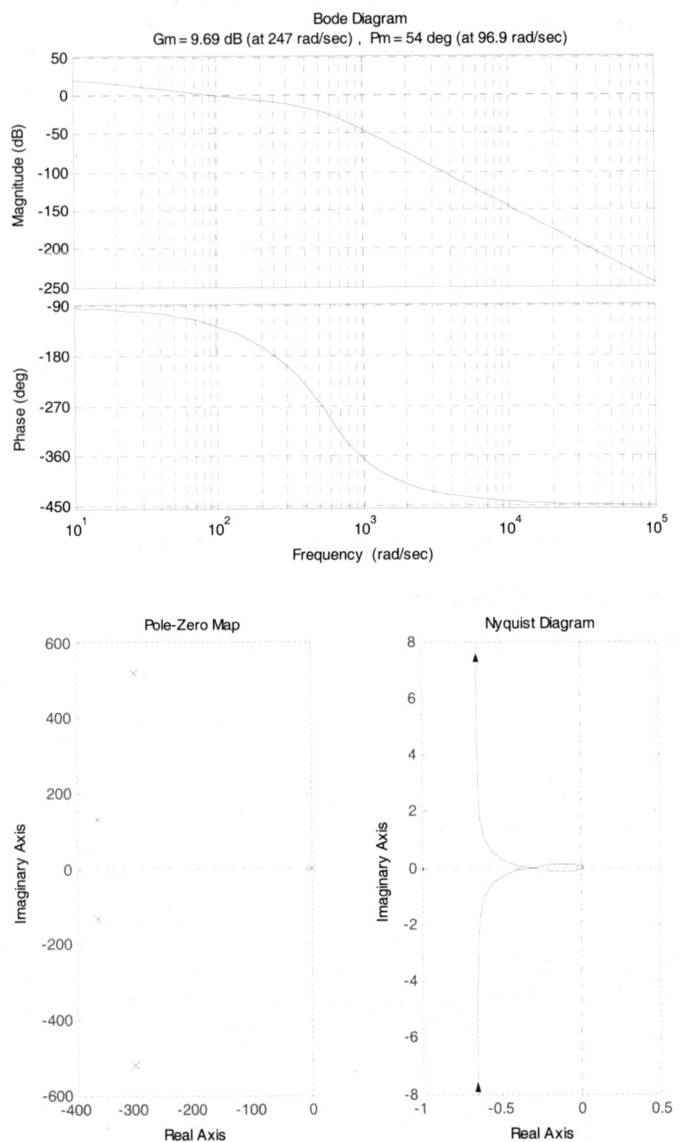

图 7-26　校正后速度控制系统的 Bode 和 nyquist 图

采用校正后，穿越频率虽然降低到 $\omega_c = 247rad/s$，但系统有 54° 左右的稳定裕量。由于 Gm=9.69dB,Pm=54deg，因此可以判定系统是稳定的。从图 7-26 中还可以看出，当输入 Ur=1V 时，系统所对应的希望输出为

$$\dot{\theta}_m = U_r \frac{1}{K_{fv}} = 1 \times \frac{1}{0.175 \times 3} rad/s = 1.9 rad/s$$

第 8 章　液压伺服系统设计

导言

工程上常用频率法设计液压伺服系统，这是一种试探法。因为设计是试探性的，所以设计方法具有较大的灵活性。频率法设计液压伺服系统可通过编写 MATLAB 程序来实现，在初始化程序中存放大量的技术要求初始计算数据，根据这些数据设计出系统之后进行仿真试验，若满足系统的全部性能指标，则设计成功；若不能满足，则可通过调整初始化模块中的参数或改变系统结构（加校正）等方法重复进行仿真试验，直至满足要求为止。这样就减少了大量的人工计算工作量，提高了设计效率。

8.1　液压伺服系统的设计步骤

系统的设计步骤大致如下：

（1）明确设计要求。

（2）拟定控制方案，绘出系统原理图。

（3）静态计算：确定动力元件参数，选择系统的组成元件。

（4）动态计算：确定系统组成元件的动态特性绘制 Simulink 模型，计算仿真系统的稳定性、响应特性及静态精度。

（5）校验系统的动、静态品质，需要时对系统进行校正。

（6）选择液压能源。

在设计过程中，以上各步骤不是一成不变的，实际上是交叉和反复进行的，直至获得满意的结果为止。

8.1.1　明确设计要求

在设计时，首先要根据主机要求明确设计任务，包括：

（1）明确被控制的物理量是什么，如位置、速度、力或其他物理量。控制规律是恒值控制还是随动控制。

（2）明确负载特性，即负载的类型、大小和负载的运动规律。确定负载最大位移、最大速度、最大加速度、最大消耗功率（控制范围）等。

（3）控制精度的要求：由指令信号、负载力引起的稳态误差；由参数变化和元件零漂引起的静差；非线性因素（执行元件和负载的摩擦力，放大器和伺服阀的滞环、死区，传动机构的间隙等）引起的误差等。

（4）动态品质的要求：相对稳定性可用相位裕量和增益裕量、谐振峰值或超调量等来规定。响应的快速性可用穿越频率、频宽、上升时间和调整时间等来规定。

（5）明确工作环境，如环节温度、周围介质、环境湿度、外界冲击与振动、噪声干扰等。

（6）其他要求，如尺寸重量、可靠性、寿命及成本等。

8.1.2 拟定控制方案，绘出系统原理图

伺服系统的控制方案主要是根据被控物理量类型、控制功率的大小、执行元件运动方式、各种静、动态性能指标值以及环境条件和价格等因素考虑决定的。

在确定控制方案时应考虑：

1. 采用开环控制还是闭环控制

要求结构简单、造价低、控制精度无须很高的场合宜采用开环控制；反之，对外界干扰敏感、控制精度要求较高的场合宜采用闭环控制。

2. 采用阀控还是泵控

凡是要求响应快、精度高、结构简单，且不计较效率低、发热量大、参数变换范围大的小功率系统皆可采用阀控方式。反之，追求效率高、发热量小、温升有严格限制、参数量值比较稳定，且容许结构复杂些、价格高些、响应低些的大功率系统皆可采用泵控方式。

3. 执行元件采用液压缸还是液压马达

在选择执行元件时，除了运动形式以外，还需考虑行程和负载。例如，直线位移式伺服系统在行程短、出力大时宜采用液压缸；行程长、出力小时宜采用液压马达。

4. 采用机液伺服还是电液伺服

控制方案决定以后，就可以构成控制系统职能方块图，从原理上满足系统设计的要求。在构成职能方块图时，还要考虑输入信号发送器和反馈传感器的形式。因为输入信号和反馈信号的形式不同，系统电子部分的方块结构也不同。

8.1.3 确定液压动力元件参数，选择系统元件

液压动力元件参数的选择是系统静态设计的一个主要内容。动力元件参数选择包括系统的供油压力 p_s，液压执行元件的主要规格尺寸，即液压缸的有效面积 A_p 或液压马达的排量 D_m，伺服阀的最大空载流量 q_{0m}。当选择液压马达作执行元件时，还应包括齿轮传动比 i 的选择。

1. 供油压力的选择

选择较高的供油压力，可以减小液压动力元件、液压能源装置和连接管道等部件的重量和尺寸，可以减小压缩性容积和减小油液中所包含空气对体积弹性模量的影响，有利于提高液压固有频率。但执行元件主要规格尺寸（活塞面积和液压马达排量）减小，又不利于液压固有频率提高。

选择较低的供油压力，可以降低成本，减小泄漏、减小能量损失和温升、延长使用寿命、易于维护、噪声较低。在条件允许时，通常还是选用较低的供油压力。

在一般的工业伺服系统中，供油压力可在 $2.5\sim14MPa$ 的范围内选取，在军用伺服系统中可在 $21\sim32MPa$ 的范围内选取。

2. 液压执行元件主要规格尺寸和伺服阀空载流量的确定

（1）按负载匹配确定

有关内容在第 4 章 4.1 中已经叙述。这里有负载匹配的图解法和负载最佳匹配的解析法两种。按负载匹配确定执行元件的主要规格尺寸和伺服阀空载流量，系统效率较高，适合较大功率的伺服系统。

（2）按最大负载力和最大负载速度确定

工程上常用近似计算的方法确定执行元件的主要规格尺寸和伺服阀空载流量。

按最大负载力 $F_{L\max}$ 确定执行元件的规格尺寸，并限定伺服阀的负载压力 $p_L \le \frac{2}{3}P_S$，则液压缸的有效面积为

$$A_p = \frac{F_{L\max}}{p_L} = \frac{3}{2}\frac{m_t\ddot{x}_p + B_p\dot{x}_p + Kx_p + F_L}{p_s} \tag{8-1}$$

对系统的典型工作循环加以分析，可以确定最大负载力 $F_{L\max}$。但做工作循环图是比较麻烦的，有时难以确定。作为近似计算，可以认为各类负载力同时存在，且为最大值。

伺服阀空载流量可按最大负载速度确定，并认为最大负载速度和最大负载力是同时出现的。则伺服阀空载流量

$$q_{0m} = \sqrt{3}A_p\dot{x}_{p\max} \tag{8-2}$$

这种近似的计算方法偏于保守，计算出的活塞面积和伺服阀空载流量偏大，系统功率储备大。

另一种方法是按最大负载力确定液压缸活塞面积，然后按负载最大功率点的速度或最大负载速度确定伺服阀的空载流量，根据两者中的较大值选择伺服阀。

（3）按液压固有频率确定执行元件的主要规格尺寸

在负载很小并要求有较高的频率响应时，可按液压固有频率确定执行元件的规格尺寸。液压缸活塞面积为

$$A_p = \sqrt{\frac{V_t m_t}{4\beta}}\omega_h \tag{8-3}$$

液压固有频率可按系统要求频宽的 5～10 倍来确定。按液压固有频率确定的执行元件规格尺寸一般偏大，系统功率储备大。

选择阀控液压马达的参数时，只要将上述计算公式中 $F_{L\max}$、$\dot{x}_{p\max}$、A_p、m_t 换成 $T_{L\max}$、θ_m、D_m、J_t 就可以得出相应的计算公式。

3. 伺服阀的选择

伺服阀最大的原理-流量曲线应包围所有的负载工况点，并使 $p_L \le \frac{2}{3} p_s$（对位置或速度控制）。伺服阀的额定流量应留有一定的余量，通常取该余量为负载所需流量的 15%，在快速性高的系统中可取到 30%。根据选定的供油压力 p_s 和计算出的伺服阀空载流量 q_{0m}，可从伺服阀样本中选出合适的伺服阀。

除了流量规格之外，在选择伺服阀时还应考虑以下因素：

（1）流量增益的线性要好，压力灵敏度较大，但对力控制系统要求压力灵敏度较低为好；

（2）不灵敏度、温度和压力零漂尽量小，泄漏较小；

（3）伺服阀的频宽应满足系统要求，频宽过低将限制系统的响应特性，过高将损坏系统的抗干扰能力。伺服阀的频宽应高出液压固有频率的 3～5 倍。

（4）其他，如对污染的灵敏性、是否加颤振信号、可靠性、价格等。

4. 齿轮传动比的选择

（1）直接驱动

采用液压马达直接驱动，能获得较大的负载加速度，负载加速特性好；不存在齿轮传动间隙的非线性；避免了传动机构柔度的影响，可以提高连接刚度；但要求液压马达的低速性能好，适用于控制系统的低速液压马达难以得到。

（2）齿轮传动

选择齿轮传动比应考虑：

（1）首先必须满足负载速度的要求，即

$$\frac{\omega_{m\max}}{i} \ge \omega_{L\max}$$

$$\frac{\omega_{m\min}}{i} \le \omega_{L\min}$$

式中：i —— 齿轮传动比；

$\omega_{m\max}$ ——液压马达最高额定转速；

$\omega_{m\min}$ ——液压马达最低稳定转速；

$\omega_{L\max}$ ——负载最高转速；

$\omega_{L\min}$ ——负载最低转速。

最高转速和最低转速要求的传动比可能是不一样的，两者之间必须满足

$$\frac{\omega_{mmin}}{\omega_{L\min}} \le i \le \frac{\omega_{m\max}}{\omega_{L\max}} \tag{8-4}$$

式中：i—— 可取的传动比。

（2）为了获得满意的液压固有频率，齿轮传动比应该足够大。提高齿轮减速比可以间隙负载惯量的影响，提高液压固有频率。在极端情况下，液压固有频率将由液压马达和第一级齿轮的惯量决定。

（3）应使负载加速度尽量大，提高负载加速能力。负载轴上的力矩平衡方程为

$$iT_m = \left(i^2 J_m + J_L\right)\ddot{\theta}_L$$

式中：T_m—— 液压马达产生的力矩；

J_m—— 液压马达和第一级齿轮的转动惯量；

J_L—— 末级齿轮和负载的转动惯量；

θ_L—— 负载的加速度。

由上式得出负载加速度为

$$\ddot{\theta}_L = \frac{iT_m}{i^2 J_m + J_L}$$

将上式对i求导令其等于零，求得传动比为

$$i = \sqrt{\frac{J_L}{J_m}} \tag{8-5}$$

此时，负载最大加速度为

$$\ddot{\theta}_{L\max} = \frac{T_m}{2\sqrt{J_m J_L}} \tag{8-6}$$

当负载惯量J_L一定时，为了增大$\ddot{\theta}_{L\max}$，应使液压马达的$T_m\big/\sqrt{J_m}$尽量大。

采用齿轮减速，高速液压马达容易得到，价格便宜，同时改善了系统低速平稳性，但存在齿隙非线性。

5. 其他元件的选择

反馈传感器或偏差检测器、交流误差放大器、解调器、直流功率放大器等元件可从相关资料、产品样本中选取。

在选择这些元件时，就要考虑系统在增益和精度上的要求。根据系统总误差的分配情况，看它们的精度（如零漂、不灵敏度等）是否满足要求。反馈传感器或偏差检测器的选择特别重要，检测器的精度应高于系统所要求的精度。反馈传感器或偏差检测器的精度、线性度、测量范围、测量速度等要满足要求。交流误差放大器、解调器、直流功率放大器的增益应满足系统要求，而且希望增益有一个调节范围。在增益分配允许的情况下，应使交流放大器保持较高的增益，这样可以减小直流放大器漂移引起的误差。

8.1.4 动态计算

（1）确定各组成元件的动态特性（传递函数、频率特性），绘出系统方块图，求传递函数，绘出开环 Bode 图。伺服阀和一些元件的传递函数可从样本中查到。通常，传感器、放大器的动态特性可以忽略，将其看成比例环节。

（2）由稳定性确定开环放大系数和放大器增益。

（3）由开环 Bode 图通过尼柯尔斯绘出闭环 Bode 图，确定系统的频宽等闭环参数。

（4）根据求出的开环增益计算系统的稳态误差和静态误差。

8.1.5 检验系统静、态品质，需要时对系统进行校正

检验系统的静、动态性能指标是否满足设计要求，如不满足要求，就需对系统进行校正，或者重新选择动态元件参数，直至重新选择控制方案。

8.2 电液位置伺服系统设计举例

【例 8-1】设计一数控机床工作台位置伺服系统，设计要求和给定参数如下：

- 工作台质量：$m_t = 1000kg$
- 工作台最大摩擦力：$F_f = 2000N$
- 最大切削力：$F_c = 500N$
- 工作台最大行程：$S_{\max} = 0.5m$
- 工作台最大速度：$v_{\max} = 8\times10^{-2}\ m/s$
- 工作台最大加速度：$a_{\max} = 1m/s^2$
- 静态位置误差（位置分辨率）：$e_f < \pm0.05mm$
- 速度误差：$e_r < 1mm$
- 频带宽度：$f_{-3dB} > 10Hz$

8.2.1 计算过程

1. 组成控制系统原理图

由于系统的控制功率比较小、工作台行程比较大，因此采用阀控液压马达系统。系统方块原理图如图 8-1 所示。

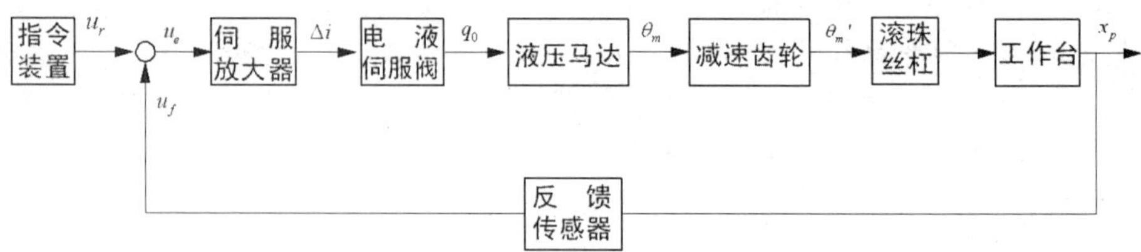

图 8-1 工作台位置系统方框原理图

2. 由静态计算确定动力元件参数，选择位移传感器和伺服放大器

(1) 绘制负载轨迹图

负载力由切削力F_c、摩擦力F_f和惯性力F_a三部分组成。这些力的图解见图 8-2。摩擦力具有“下降”特性，为了简化，可认为与速度无关，是定值，取最大值$F_f = 2000N$。惯性力按最大加速度考虑

$$F_a = m_t a_{\max} = 1000 \times 1N = 1000N$$

假定系统是在最恶劣的负载条件（即所有负载力都存在，且速度最大）下工作，则总负载力为

$$F_{L\max} = F_c + F_f + F_a = (500 + 2000 + 1000)N = 3500N$$

该系统的负载区域如图 8-2（b）所示。

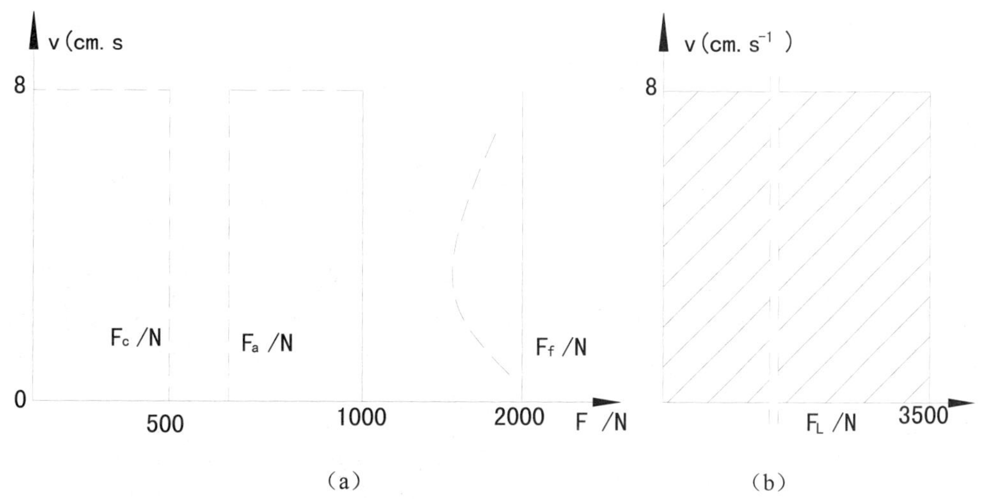

图 8-2 各种负载力图解和工作台液压系统的负载区域图

(2) 选取供油压力

$$p_s = 63 \times 10^5 Pa$$

(3) 求液压马达排量

设齿轮减速比$i = \frac{\theta_m}{\theta_m'} = 2$，丝杠导程$t = 1.2 \times 10^{-2} m/r$，则所需液压马达力矩为

$$T_L = \frac{F_L t}{2\pi i} = \frac{3500 \times 1.2 \times 10^{-2}}{2\pi \times 2} N \cdot m = 334 \times 10^{-2} N \cdot m$$

取$p_L = \frac{2}{3} p_s$，则液压马达弧度排量为

$$D_m = \frac{3T_L}{2p_s} = \frac{3\times 334\times 10^{-2}}{2\times 63\times 10^5} = 0.8\times 10^{-6}\ m^3/rad$$

液压马达每转排量为

$$Q_m = 2\pi D_m = 2\pi\times 0.8\times 10^{-6}\ m^3/rad$$

计算出的液压马达排量需标准化。按选取的标准化值再计算负载压力 p_L 值。本例液压马达排量计算值符合标准。

（4）确定伺服阀规格

液压马达最大转速为

$$n_{\max} = \frac{iv_{\max}}{t} = \frac{2\times 8\times 10^{-2}}{1.2\times 10^{-2}} r/s = 13.3\,r/s = 800\,r/\min$$

负载流量为

$$q_L = Q_m n_{\max} = 5\times 10^{-6}\times 13.3\,m^3/s = 66.67\times 10^{-6}\ m^3/s = 4\,L/\min$$

此时伺服阀压降为

$$p_V = p_s - p_{L\max} = p_s - \frac{T_L}{D_m} = 21.25\times 10^5\,Pa$$

考虑到泄漏等的影响，将 q_L 增大 15%，取 $q_L = 4.6\,L/\min$ 。根据 q_L 和 p_V ，查手册的额定流量（阀压降为 $70\times 10^5\,Pa$ 时得输出流量）为 $8\,L/\min$ 的阀可以满足要求，该阀额定电流为 $I_n = 30\times 10^{-3}\,A$ 。

（5）选择位移传感器

选择位移传感器增益 $K_t = 100\,V/m$ ，放大器增益 K_a 待定。

3. 计算系统的动态品质

（1）确定各组成元件的传递函数，绘出系统方块图

因为负载特性没有弹性负载，所以液压马达和负载的传递函数为

$$\frac{\theta_m}{q_0} = \frac{1/D_m}{s\left(\frac{s^2}{\omega_h^2} + \frac{2\xi_h}{\omega_h}s + 1\right)} \tag{8-7}$$

工作台质量折算到液压马达轴的转动惯量为

$$J_t = \frac{m_t t^2}{4\pi^2 i^2} = \frac{1000\times\left(1.2\times 10^{-2}\right)^2}{4\pi^2\times 2^2}\ kg\cdot m^2 = 9.12\times 10^{-4}\,kg\cdot m^2$$

考虑到齿轮、丝杠和液压马达的惯量，取 $J_t = 1.2\times 10^{-3}\,kg\cdot m^2$，并取液压马达的容积 $V_t = 10\times 10^{-6}\,m^3$ 。则液压固有频率为

$$\omega_h = \sqrt{\frac{4\beta_c D_m^2}{V_t J_t}} = \sqrt{\frac{4\times7000\times10^5\times\left(0.8\times10^{-6}\right)^2}{10\times10^{-6}\times1.2\times10^{-3}}}\,rad/s = 388\,rad/s$$

假定阻尼比仅由阀的流量-压力系数产生。零位流量-压力系数K_{c0}可按式（3-73a）近似计算，取$\omega = 2.51\times10^{-2}m$，$r_c = 5\times10^{-6}m$，$\mu = 1.8\times10^{-2}Pa$，得出

$$K_{c0} = \frac{\pi\omega r_c^2}{32\mu} = \frac{\pi\times2.51\times10^{-2}\times\left(5\times10^{-6}\right)^2}{32\times1.8\times10^{-2}}m^3/s\cdot Pa = 3.42\times10^{-12}m^3/s\cdot Pa$$

液压阻尼比为

$$\xi_h = \frac{K_{c0}}{D_m}\sqrt{\frac{\beta_e J_t}{V_t}} = \frac{3.42\times10^{-12}}{0.8\times10^{-6}}\sqrt{\frac{7000\times10^5\times1.2\times10^{-3}}{10\times10^{-6}}} = 1.24$$

将D_m、ω_h、ξ_h值代入式（8-7）得出

$$\frac{\theta_m}{q_0} = \frac{1.25\times10^6}{s\left(\dfrac{s^2}{388^2}+\dfrac{2\times1.24}{338}s+1\right)}$$

伺服阀的传递函数由样本查得

$$\frac{q_0}{\Delta I} = \frac{K_{av}}{\dfrac{s^2}{600^2}+\dfrac{2\times0.5}{600}s+1}$$

因为额定流量$q_n = 8L/\min$的阀在供油压力$p_s = 63\times10^5Pa$时，空载流量$q_{0m} = 8\times\sqrt{\dfrac{63\times10^5}{70\times10^5}}L/\min = 7.6L/\min = 1.27\times10^{-4}m^3/s$，所以阀的额定流量增益$K_{sv} = \dfrac{q_{0m}}{\Delta I_n} = \dfrac{1.27\times10^{-4}}{0.03}m^3/s\cdot A = 4216\times10^{-6}m^3/s\cdot A$。伺服阀的传递函数为

$$\frac{q_0}{\Delta I} = \frac{4216\times10^{-6}}{\dfrac{s^2}{600^2}+\dfrac{2\times0.5}{600}+1}$$

位移传感器和放大器的动态特性可以忽略，其传递函数可以用它们的增益表示。传感器增益为

$$\frac{U_f}{X_p} = K_f = 100V/m$$

放大器增益为

$$\frac{\Delta I}{U_e} = K_a \quad A/V$$

减速齿轮与丝杠的传递函数为

$$K_s = \frac{X_p}{\theta_m} = \frac{t}{2\pi i} = \frac{1.2\times10^{-2}}{2\pi\times2} m/rad = 9.56\times10^{-4}\ m/rad$$

根据以上确定的传递函数，用 simulink 可绘制出机床工作台液压伺服系统的模型，如图 8-3 所示。

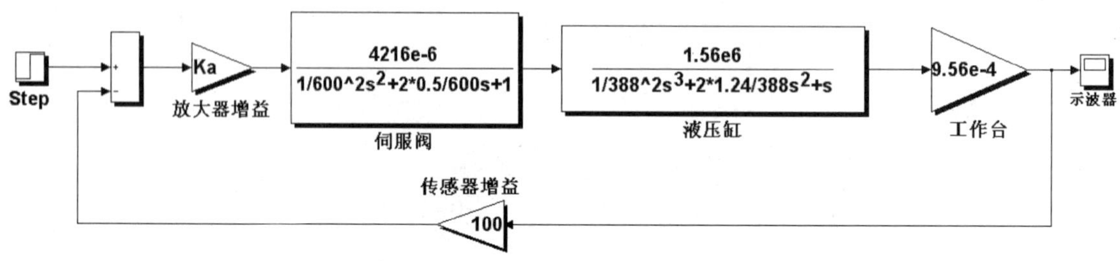

图 8-3　数控机床工作台液压伺服系统方框图

（2）编程实现绘制系统开环 Bode 图并根据稳定性确定开环增益

系统的开环传递函数为

$$G(s)H(s) = \frac{Ka*9.56e-4*100*4216\times10^{-6}*1.25\times10^{6}}{s(\frac{s^2}{600^2}+\frac{2\times0.5}{600}+1)\left(\frac{s^2}{388^2}+\frac{2\times1.24}{338}s+1\right)}$$

其 MATLAB 描述如下：

```
Ka=1
num=Ka*4216e-6*1.25e6*9.56e-4*100
den=conv([1/600^2 2*0.5/600 1],[1/388^2 2*1.24/388 1 0])
sys=tf(num,den)
figure(1)
margin(sys)
grid
figure(2)
subplot(121)
pzmap(sys)
grid on
subplot(122)
nyquist(sys)
grid on
figure(3)
step(feedback(sys,1))
grid
```

运行上述程序绘制 $K_v = 1$ 时的 Bode 图，如图 8-4 所示，可以看出 Gm=-3.34，Pm=-19.2deg 系统在 $K_v = 1$ 时是不稳定的。

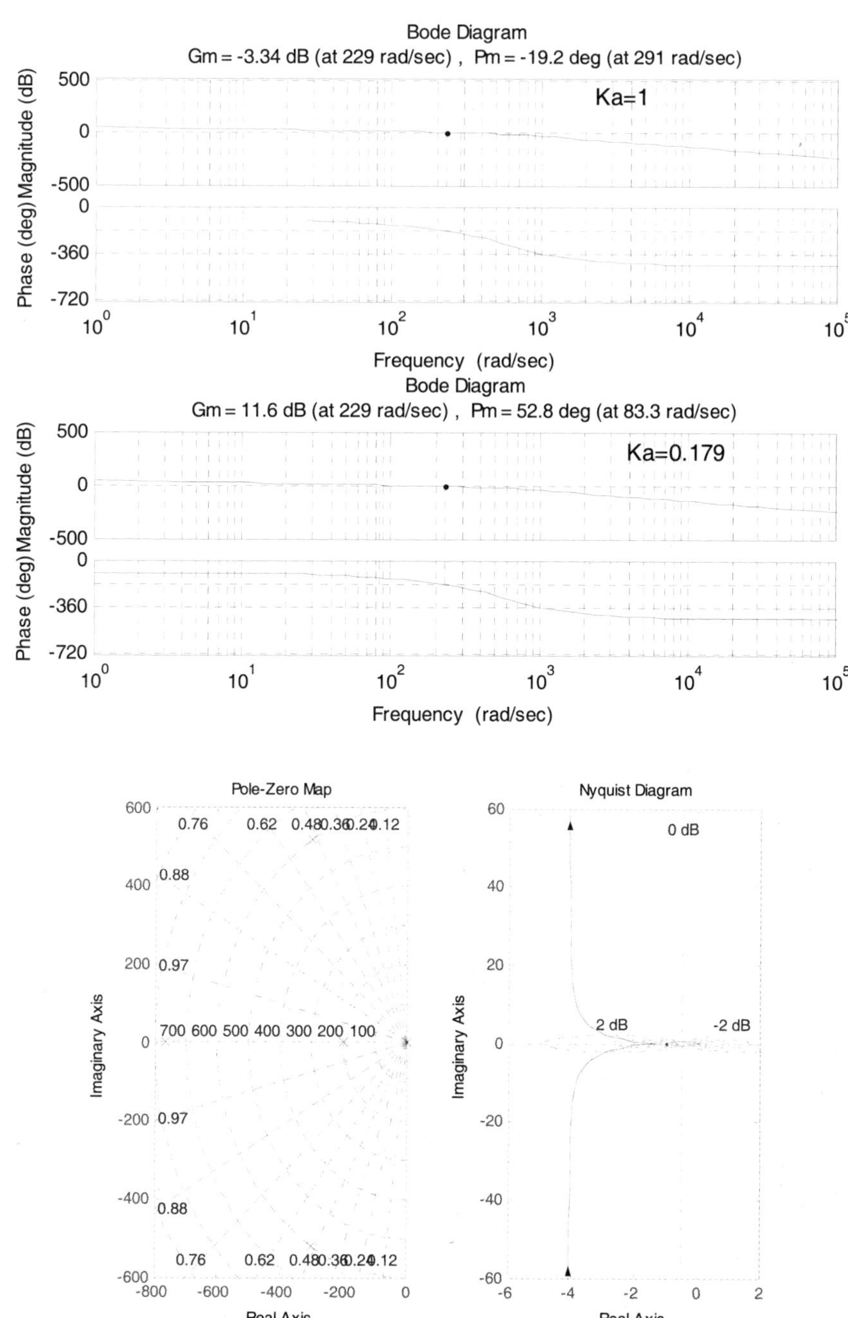

图 8-4　数控机床工作台液压伺服系统开环 bode 图和 nyquist 图

然后将图中零 dB 线下移至 O'，使相位裕量 $\gamma = 50^\circ$，此时增益裕量 $K_g = 11dB$，穿越频率 $\omega_c = 84\,rad/s$，开环增益 $K_V = 39dB = 90\,l/s$。

由上述操作得出开环增益为

$$K_V = K_a \times 4216 \times 10^{-6} \times 1.25 \times 10^{6} \times 9.56 \times 10^{-4} \times 100\,l/s = 504\,l/s$$

放大器增益为

$$K_a = \frac{K_v}{504} = \frac{90}{504} A/V = 0.179\ A/V$$

将上述 $K_a = 0.179$ 替代图 8-3 中的 K_a，运行模型，得出系统输出结果如图 8-5 所示。

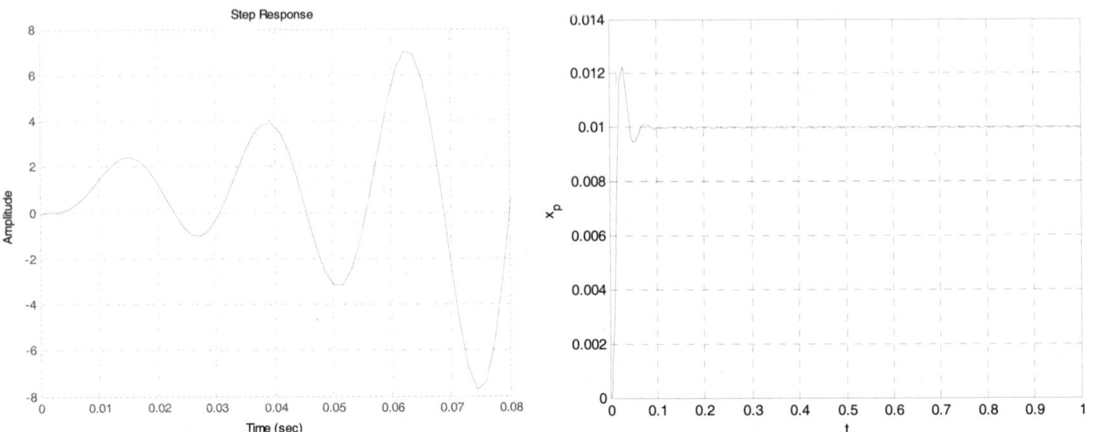

图 8-5　Ka=1，$K_a = 0.179$ 时的数控机床工作台液压伺服系统仿真结果

可以看出系统是稳定的，当输入 ur=1V 时，输出 xP=0.01m。

（3）求闭环系统的频宽

当 Ka=0.179 时，绘制开环系统的 Bode 图，调用程序如下：

```
Ka=0.179
num=Ka*4216e-6*1.25e6*9.56e-4*100
den=conv([1/600^2 2*0.5/600 1],[1/388^2 2*1.24/388 1 0])
sys=tf(num,den)
figure(1)
margin(sys)
grid
figure(2)
subplot(121)
pzmap(sys)
grid on
subplot(122)
nyquist(sys)
grid on
figure(3)
step(feedback(sys,1))
grid
```

运行上述程序，可以得到图 8-4 所示的 Bode 图。可以看出，Gm=11.6dB，Pm=52.5deg，系统是一个稳定系统。

通过绘制 nichols 图，由曲线中的−3dB 与 nichols 线的交点可求得 ω_{-3dB}。

```
Ka=0.179;
Kf=100;
vm=8e-2;
Kv=90;
num=Ka*4216e-6*1.25e6*9.56e-4*100
den=conv([1/600^2 2*0.5/600 1],[1/388^2 2*1.24/388 1 0])
sys=tf(num,den)
subplot(212)
margin(sys)
grid
gtext('Ka=0.179')
figure(2)
nichols(sys)
grid
n1=ginput(1)
n1(1)
w_3db=abs(n1(1))/(2*pi);
In=0.03;
ef=0.02*In/(Ka*Kf);
er=vm/Kv;
[w_3db,ef,er]
```

运行程序可得 nichols 曲线（见图 8-6）和如下计算结果：

[w_3db,ef,er]=24.8723　　0.0000　　0.0009

4. 计算系统的稳态误差

对于干扰来说，系统是零型的。启动和切削不处于同一动作阶段，静摩擦干扰就不必考虑。伺服放大器的温度零漂（0.05%～1%I_n）、伺服阀零漂和滞环（1%～2%I_n）、执行元件的不灵敏区（0.5%～1%I_n）。假定上述干扰量之和为±2%I_n，由此引起的位置误差为

$$e_f=\frac{\pm 0.02 I_n}{K_a K_f}=\frac{\pm 0.02\times 0.03}{0.179\times 100}m=\pm 3.35\times 10^{-5}m$$

对指令输入来说，系统是 I 型的，最大速度 $v_{\max}=8\times 10^{-2}\ m/s$ 时的速度误差为

$$e_r=\frac{v_{\max}}{K_V}=\frac{8\times 10^{-2}}{90}m=8.9\times 10^{-4}m$$

由上面的计算可知，所设计的系统能达到的性能指标为 $e_f=\pm 3.35\times 10^{-5}m$ 、$e_r=8.9\times 10^{-4}m$、 $f_{-3dB}=26.3Hz$ 可以满足设计任务的要求。

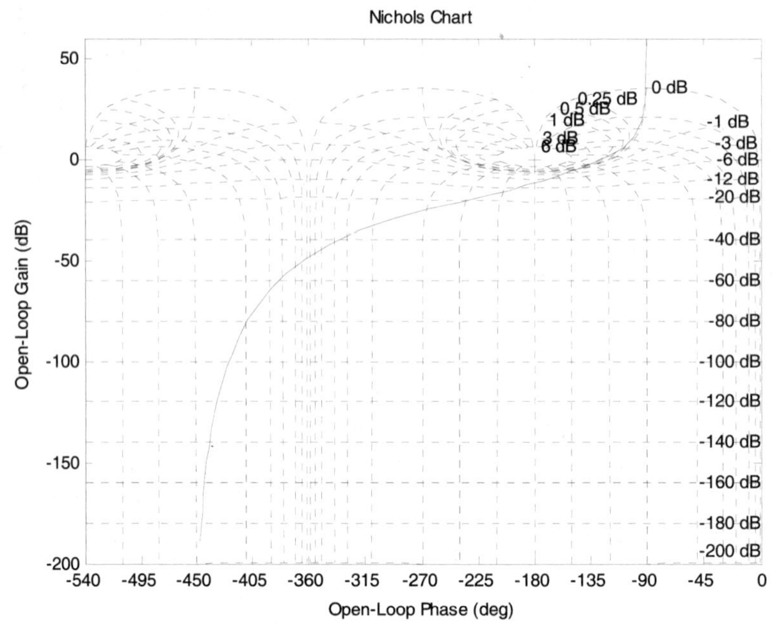

图 8-6　系统的开环系统 nichols 图

【例 8-2】以电液位置伺服控制系统为例，说明设计方法和步骤。

为防止如带钢、皮带等卷绕过程会产生跑偏问题，就必须进行跑偏控制，也即边沿位置控制。设备控制系统的组成和原理如图 8-7 所示。

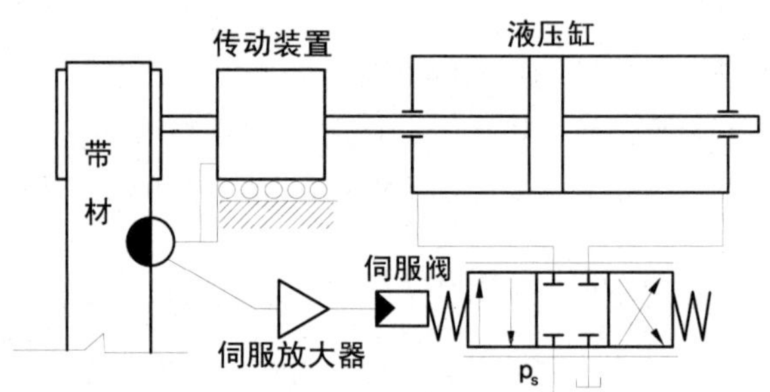

图 8-7　带材跑偏控制系统

该系统的工作原理是：系统的光电检测器由光源与光电二极管组成，同卷筒刚性连接，当被控边沿（如带钢）等正常运行时，光电管接受一半光照，其电阻值为 R。当被控边沿偏离检测器中央时，光电管接受的光照发生变化，电阻值随之变化，因而破坏了以光电管电阻为一臂的电桥平衡，输出一偏差信号电压，此电压信号经放大器放大后产生差动电流△I 输入到电-液伺服阀，产生正比于输入信号的流量，控制液压缸拖动卷筒，使其向纠偏的方向运动，直到跑偏位移为零，使卷筒处于中心位置。由于检测器与卷筒一起移动，形成了直接位置反馈。

设计要求和给定参数

（1）带材最大速度：$v_m = 2.2\times10^{-2} m/s$；

（2）最大钢卷重力：G1=147e3N;

其他部件移动重力：G2=196e3N;

故负载质量：M=(G1+ G2)/9.8=35000(kg);

（3）工作行程：L=150mm;

（4）对控制系统的要求

最大调节速度：$v_m = 2.2\times10^{-2} m/s$；

系统频宽：$\omega_b > 20 rad.s^{-1}$

最大加速度：$a_m = 0.47\times10^{-2} m/s^2$

系统最大误差：$e_p \le \pm2\times10^{-3} m$

控制方案拟定

根据工作要求，决定采用电液伺服阀和液压缸控制方案。系统的职能方框图如图 8-8 所示。

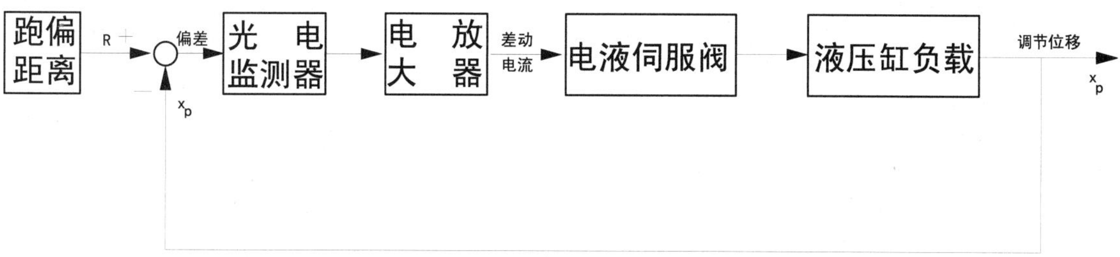

图 8-8　跑偏控制系统职能方框图

根据主要设计参数确定主要装置

（1）油源

采用压力补偿变量泵，为保护伺服阀应采取措施，防止油液污染，根据工作要求，油源压力取为：$p_s = 4MPa$。

（2）确定动力元件尺寸参数

负载：总负载力为

$$F_L = F_a + F_f = Ma_m + Gf = 19145N$$

确定执行元件——液压缸参数

通常把负载压力取为　$p_L = \frac{2}{3}p_s = 2.6MPa$

由于 $p_L = F_L / A_p$，所以

$$A_p = F_L / p_L = 0.72\times10^{-2} m^2$$

根据工作需要，该装置的负载压力，主要满足拖动力即可，负载压力不要太大，可把负载压力取得更小些，即把作用面积取为

$$A_p = F_L / p_L = 1.68\times10^{-2} m^2$$

则 $p_L = F_L / A_p = 2.02MPa \le 2p_s/3 = 2.6MPa$，合理。

伺服阀规格的选定

系统最大速度为 $v_m = 2.2\times10^{-2} m/s$，这时所需负载流量为

$$q_L = A_p v_m = 3.696 m^3/s$$

所选伺服阀压降为：$\Delta p = 1.9MPa$，根据负载流量和伺服阀压降，按阀样本，选择 $\frac{25}{60}\times1000 = 4.16\times10^{-4} m^3/s$ 的伺服阀，可满足负载流量要求。

其他组成元件

由于检测器与放大器的时间常数很小，因此光电检测器的增益为

$$K_i = 188.6 A/m$$

伺服放大器增益为 $K_a A/V$，以包含在 K_i 中。

控制系统的计算

（1）动力元件的传递函数

$$\frac{x_p}{q_L} = \frac{1/A_p}{s(\frac{s^2}{\omega^2_h} + \frac{2\xi_h}{\omega_h} + 1)}$$

下面确定 ω_h, ξ_h：液压缸除满足行程 L 的要求外，尚应留有一定的空行程，并考虑连接管道的容积，取 $V_t = 0.15\times1.68\times10^{-2} = 2.873\times10^{-3}(m^3)$，取 $\beta_e = 6900e5\ N/m^2$，故动力元件的液压固有频率为

$$\omega_h = \sqrt{\frac{4A^2_p\beta_e}{MV_t}} = 88 rad/s$$

利用同类机器的实测值，类比确定 $\xi_h = 0.3$，故液压动力元件的传递函数为

$$\frac{x_p}{q_L} = \frac{59.5}{s(\frac{s^2}{88^2} + \frac{2\times0.3}{88} + 1)}$$

伺服阀传递函数为

$$\frac{q_L}{\Delta i} = \frac{K_{sv}}{(\frac{s^2}{\omega^2_{sv}} + \frac{2\xi_{sv}}{\omega_{sv}} s + 1)}$$

伺服阀的动态参数可按样本取值，取伺服阀额定电流为 300mA，供油压力 $p_s = 4MPa$ 时的空载流量为 35.36/60×1000m3/s，得出伺服阀的空载平均流量增益为

$$K_{sv} = \frac{35.96}{60 \times 1000 \times 0.3} = 1.96 \times 10^{-3} m^3 / A \cdot s$$

由样本查得

$$\omega_{sv} = 157 rad / s$$
$$\xi_{sv} = 0.7$$

代入后得出伺服阀的传递函数为

$$\frac{q_L}{\Delta i} = \frac{1.96 \times 10^{-3}}{s(\frac{s^2}{157^2} + \frac{2 \times 0.7}{157} + 1)}$$

系统开环传递函数为

$$G(s)H(s) = \frac{K_v}{s(\frac{s^2}{157^2} + \frac{2 \times 0.7}{157} + 1)(\frac{s^2}{88^2} + \frac{2 \times 0.3}{88} + 1)}$$

式中：$K_v = 188.6 \times 59.5 \times 1.96 \times 10^{-3} = 21.994$

对于干扰来说，系统是零型的。启动和切削不处于同一动作阶段，静摩擦干扰就不必考虑。伺服放大器的温度零漂（0.05%～1%I_n）、伺服阀零漂和滞环（1%～2%I_n）、执行元件的不灵敏区（0.5%～1%I_n）。假定上述干扰量之和为±2%I_n，由此引起的位置误差为

$$e_f = \frac{\pm 0.02 I_n}{K_a K_f}$$

对指令输入来说，系统是 I 型的，最大速度 $v_m = 2.2 \times 10^{-2} m / s$ 时的速度误差为

$$e_r = \frac{v_{\max}}{K_V}$$

根据上述计算数据，绘制 Simulink 图形，如图 8-9（a）所示，图 8-9（b）是其运行结果。

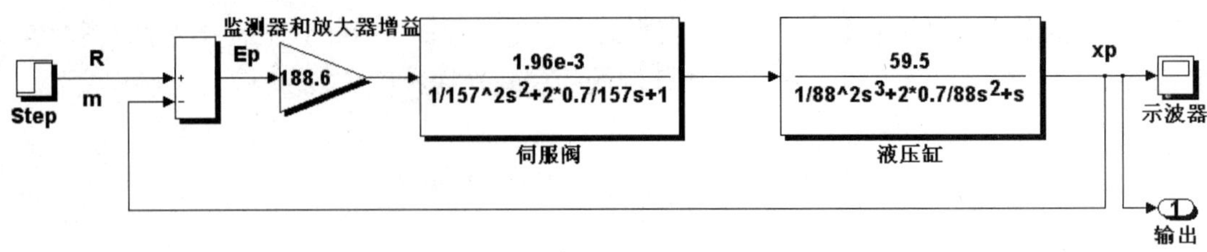

（a）

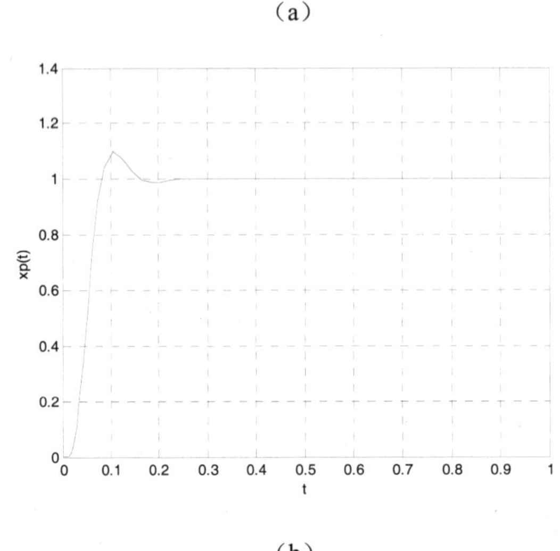

（b）

图 8-9　跑偏系统的 Simulink 模型和仿真结果

由图 8-9（b）可以看出系统是稳定的，说明所选参数正确。

系统品质分析

编写 MATLAB 程序，实现 Bode 图的绘制和误差分析，程序如下：

```
% 初始参数和计算
Ap=1.68e-2 ;
In=0.03;
ps=4e6;
pL=2*ps/3;
Ki=188.6;
Vt=2.873e-3;
Kf=1;
btae=6900e5;
m=35000;
Wh=sqrt(4*btae*Ap^2/(m*Vt))
zuni1=0.3;
sys1=tf(1/Ap,[1/Wh^2 2*zuni1/Wh 1 0])
Wsv=157;
zuni2=0.7;
Ksv=1.96e-3;
sys2=tf(Ksv,[1/Wsv^2 2*zuni1/Wsv 1])
% 系统的开环传递函数
sys_open=Ki*sys1*sys2
```

```
figure(1)
margin(sys_open)
grid on
figure(2)
nichols(sys_open)
grid on
n1=ginput(1)
W_3dbB=abs(n1(1))/(2*pi)
Kv=Ki*Ksv/Ap
ef=0.02*0.003/Ki*Kf
vm=2.2e-2
er=vm/Kv
e=ef+er
e
```

运行上述程序后得到系统的开环 Bode 图和 nichols 图，如图 8-10 所示。

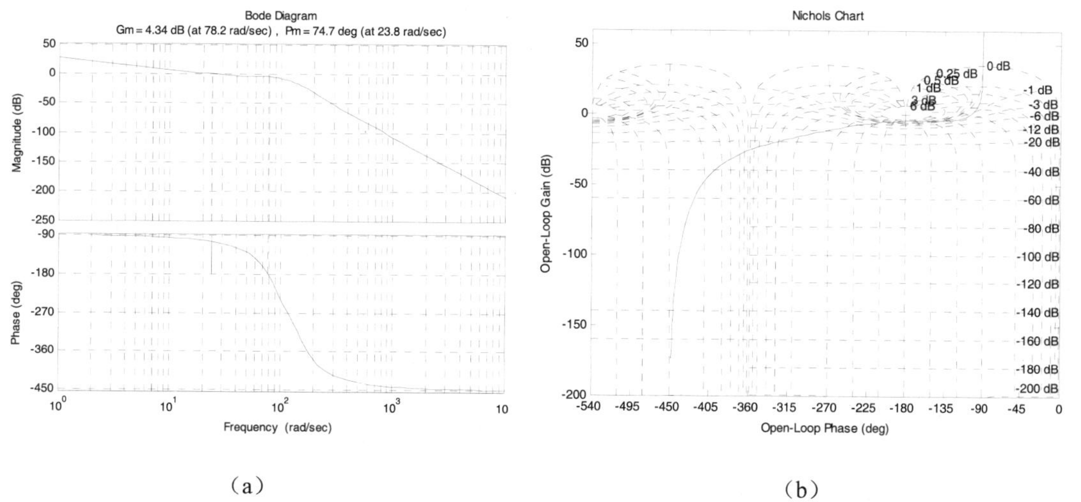

(a)　　　　　　　　　　　　　　(b)

图 8-10　跑偏系统的 Bode 图和 Nichols 图

由图 8-10（a）可以得出，Kg=Gm=4.34dB，$\gamma = 74.7\,\text{deg}, \omega_c = 23rad/s$，系统稳定。

由图 8-10（b）可以得出，W-3dbB =35.3817 rad/s >20rad/s，频宽满足要求。

由计算知系统总误差 e =0.0010 <0.002 m，故满足系统精度要求。

8.3　电液速度控制系统设计举例

【例 8-3】某速度控制系统，其给定参数如下：

负载转动惯量：$J = 514N.m$；

转速范围：$n = 2 \sim 126r/\min$;

供油压力：$p_s = 9.8MPa$;

精度要求：转速偏差不大于 2r/min.

系统设计程序

（1）拟定系统的工作原理图

因为控制功率较大，所以采用变量泵和液压马达组合的泵控系统。系统的工作原理如图 8-11 所示。

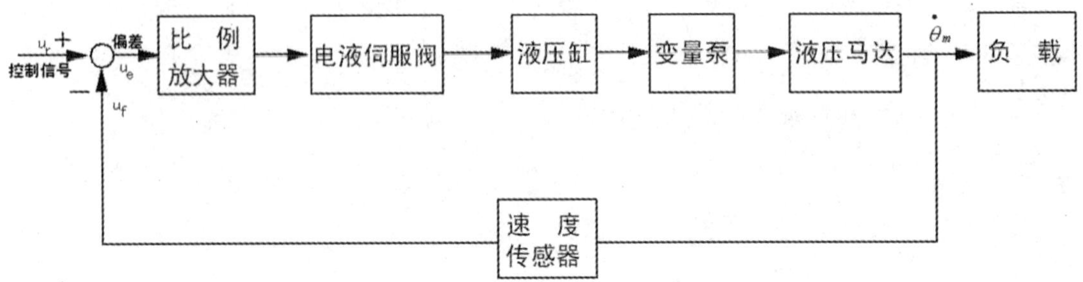

图 8-11　泵控马达闭环速度控制系统的工作原理图

（2）油泵、马达规格的确定

※ 确定油马达

取最大负载压力为供油压力的 2/3，即

$$p_L=\frac{2}{3}p_s=\frac{2}{3}\times 9.8=6.55(MPa),\quad \mathrm{q}_p=183\times 10^{-6}m^3/s$$

则马达排量为

$$D_m=\frac{T_L\times 2\times \pi}{p_L}=\frac{514\times 2\times \pi}{6.55\times 10^6}=490\times 10^{-6}m^3/r$$

选取 $D_m=630\times 10^{-6}m^3/r$，供油压力 $p_s=9.8MPa$; 当负载以最大速度运行时，即 $n_{\max}=126r/\min$，$q_m=142\times 10^{-5}m^3/s$。

※ 确定油泵

选取 ZBY-75 型液控变量泵，其主要参数如下：

- 排量：$D_p=0\sim 75\times 10^{-6}m^3/r$;
- 供油压力：$p_s=20.6MPa$;
- 流量：$q_p=183e-6\ m^3/s$;
- 液控时间：小于 0.6s;
- 液控压力：$p_{Lp}=2.94MPa$;
- 控制油缸直径：$d=45e-3m$;
- 行程：$L=\pm 224e-3m$;
- 面积：$A=15.9e-4m^2$。

控制油泵用伺服阀的确定

油泵从零流量调到最大流量的时间 t=0.9s，所需调整流量为

$$q = A \times \frac{L}{t} = 4.3e - 5m^3 / s$$

若取供油压力 $p_s = 5.8MPa;$，则伺服阀压降 $\Delta p_v = (p_s - p_{Lp}) = 2.94MPa$ 。查伺服阀样本，选用 QDY-D16 型可以满足要求。该伺服阀的额定电流为 0.01A，额定压力为 13.7MPa 时的额定无载流量 EMBED Equation.DSMT4　$q_r = 1e - 4m^3 / s$

因此，实际空载流量为

$$q'_0 = q_R \sqrt{\frac{58.8e5}{137e5}} = 655e - 7m^3 / s$$

泵斜盘倾角位置回路方框图及其传递函数

对图 8-11 所示的系统，首先要分析泵斜盘倾角位置控制回路部分，并做出此回路的闭环特性，然后才能分析整个回路。泵斜盘倾角位置控制回路的方框图如图 8-12 所示。

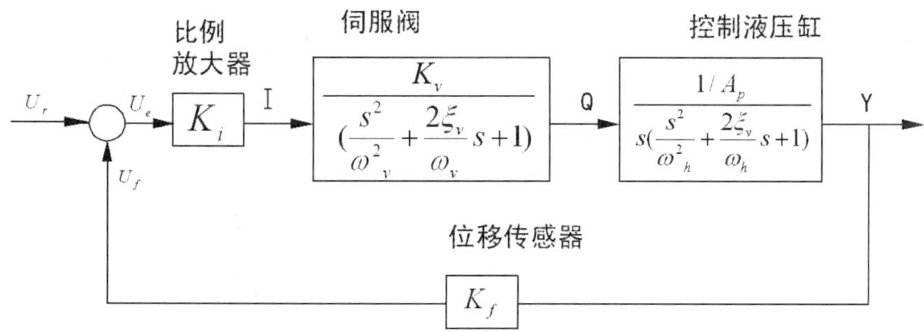

图 8-12　泵斜盘倾角位置控制回路方框图

速度伺服系统动态特性计算

※ 确定比例放大器的传递函数

在本系统中，视比例放大器增益 $K_1(A/V)$ 值待定。

※ 确定电液伺服阀的传递函数

伺服阀的增益为

$$K_v = \frac{q'_0}{I_0} = \frac{655 \times 10^{-7}}{0.01} = 6.55e - 3(m^3 / s) / A$$

伺服阀的动态特性参数根据所选的型号取：

$$\omega_v = 1000 rad / s$$
$$\xi_v = 0.6$$

于是，伺服阀的传递函数为

$$\frac{Q(s)}{I(s)}=\frac{6.55e-3}{(\frac{s^2}{1000^2}+\frac{2\times0.6}{1000}s+1)}$$

※ 确定控制液压缸的传递函数

经计算：液压缸容积与伺服阀到液压缸间容积之和 $V_t=8.8e-5m^3$；斜盘转动部分折算到活塞杆上的质量与液压缸活塞质量之和 m=19.63kg；A=1/630m2；$\beta_e=6900e5Pa$。液压缸的固有频率为

$$\omega_h=\sqrt{\frac{4\beta_e A_p}{V_t m}}=2000rad/s$$

于是控制液压缸的传递函数为

$$\frac{Y(s)}{Q(s)}=\frac{630}{s(\frac{s^2}{2000^2}+\frac{2\times0.1}{2000}s+1)}$$

※ 位移传感器的传递函数

在本系统中视位移传感器为比例环节，设传感器增益为 $K_f=5e-2V/m$。

按上述参数利用 simulink 绘制出泵斜盘位置控制系统模型，如图 8-13 所示。

由上述方框图可得出系统的开环传递函数为

$$G(s)H(s)=\frac{K_1\times630\times6.55e\text{-}3\times5e-2}{s(\frac{s^2}{2000^2}+\frac{2\times0.1}{2000}s+1)(\frac{s^2}{1000^2}+\frac{2\times0.7}{1000}s+1)}$$

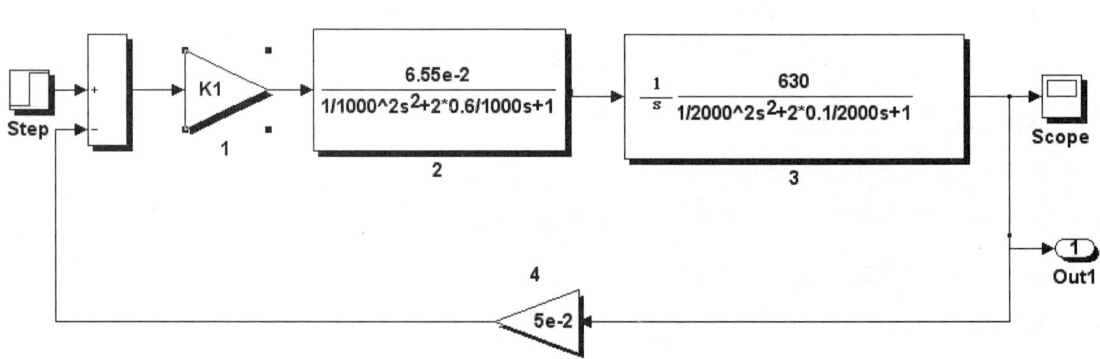

图 8-13　泵斜盘倾角位置控制系统的方框图

其 MATLAB 描述如下：

```
 K1=1
 subplot(211)
 sys=tf(K1*6.55e-3*630*5e-2,conv([1/1000^2 2*0.6/100 1 0],[1/2000^2 2*0.1/2000
1]))
 margin(sys)
```

```
    gtext('K1=1')
    grid
    K1=1400
    subplot(212)
    sys=tf(K1*6.55e-3*630*5e-2,conv([1/1000^2 2*0.6/100 1 0],[1/2000^2 2*0.1/2000
1]))
    margin(sys)
    gtext('K1=1400')
    grid
```

运行上述程序，按 K1=1A/V 或 K1=1400A/V 得到如图 8-14 所示的 Bode 图。

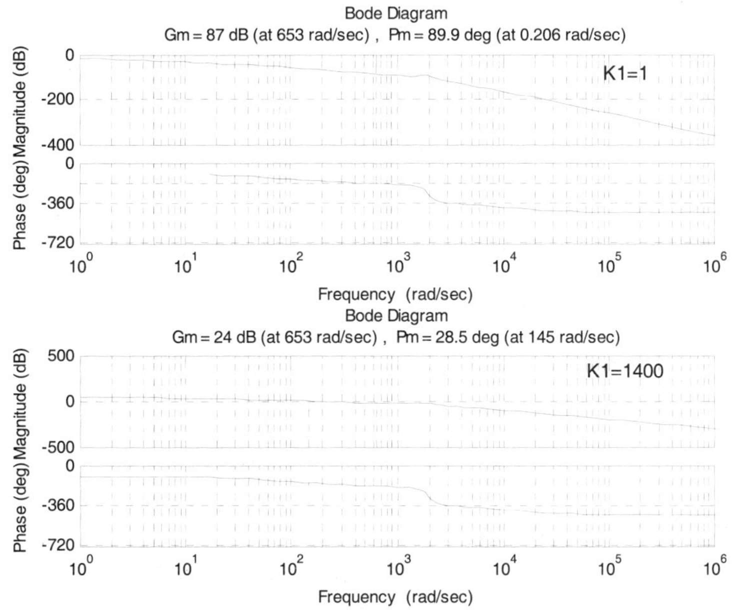

图 8-14　泵斜盘倾角位置控制系统的 Bode 图

由 K1=1A/V 的 Bode 图可知，当相角裕度为 60° 时，幅值裕量为 10dB 条件下应用

$$K_1 \times 6.55e-3 \times 630 \times 5e-2 = 290$$

因此

$$K_1 = 1400A/V$$

根据求出的开环频率特性曲线绘制 Nichols 图，如图 8-15 所示。程序如下：

```
    K1=1400
    subplot(212)
    sys=tf(K1*6.55e-3*630*5e-2,conv([1/1000^2 2*0.6/100 1 0],[1/2000^2 2*0.1/2000
1]))
    nichols(sys)
    grid
    n1=ginput(1)
    W_3dB=abs(n1(1))/(2*pi)
```

系统的频宽计算结果如下：

W_3dB =

25.7286

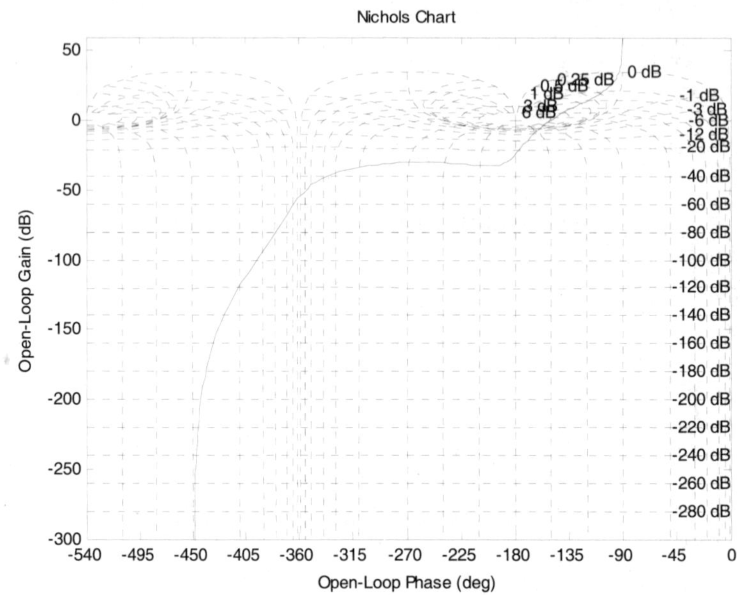

图 8-15　当 K1=1400 时的 Nichols 图

整个速度控制系统的动态特性分析

闭环速度控制系统的方框图如图 8-16 所示。

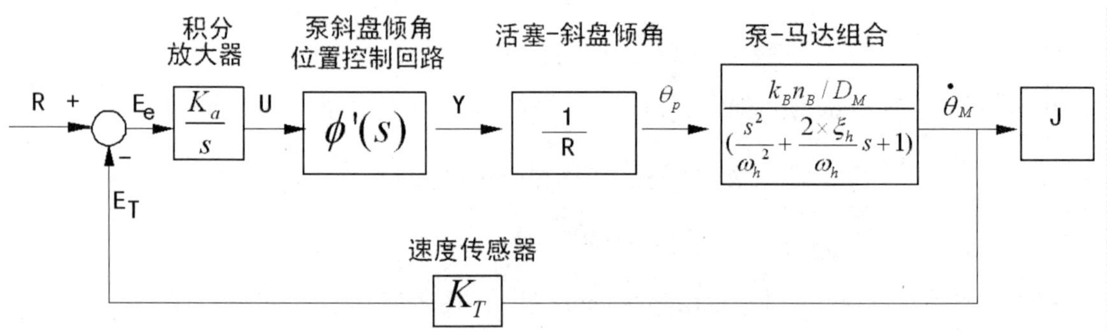

图 8-16　闭环速度控制系统的方框图

下面求整个速度控制系统各环节的传递函数。

（1）积分放大器

积分放大器增益 Ka 的具体值，将待系统的 Bode 图绘出后，再按系统的稳定条件确定。

（2）泵斜盘倾角位置控制系统

此系统的闭环频率特性函数为 $\phi'(s)$。

（3）控制液压缸活塞位移 y 与泵斜盘转角 θ_B 之间的转换关系 1/R。

由泵的结构尺寸可知，斜盘旋转半径 R=6.8m，1/R=14.71m－1。

（4）泵控液压马达的传递函数为

$$\frac{\dot{\theta}_M}{\theta_p}=\frac{k_B n_B / D_M}{(\frac{s^2}{\omega_h^{\ 2}}+\frac{2\times\xi_h}{\omega_h}s+1)}$$

式中：DM—— 马达排量，DM=100e-6m3/s；

np—— 泵转速，np=152rad/s。

泵的排量剃度 kp=54.2m3/rad/(o)。经计算马达进油腔容积为 V0=565e-6m3，则马达的固有频率为

$$\omega_h=\sqrt{\frac{\beta_e D_M}{V_0 J}}=\sqrt{\frac{6900e5\times 99e-6\times 99e-6}{565e-6\times 41}}=5.4rad/s$$

取 $\xi_h=0.4$，于是泵控马达的传递函数为

$$\frac{\dot{\theta}_M}{\theta_p}=\frac{74.6}{(\frac{s^2}{5.4^2}+\frac{2\times 0.4}{5.4}s+1)}$$

（5）速度传感器

通常速度传感器的静态增益为 20V/(1000 r/min)

$$K_T=0.19V/(rad/s)$$

此系统的开环传递函数为

$$G(s)H(s)=\frac{K_a\times 14.7\times 74.6\times 0.19}{s(\frac{s^2}{5.4^2}+\frac{2\times 0.4}{5.4}s+1)}\bullet\phi'(s)$$

由 8-13 可以看出，泵斜盘控制系统各个二阶环节的自振频率要较马达负载组合的自振频率高许多。因此，近似地可把泵斜盘控制系统的闭环函数 $\phi'(s)$ 写成

$$\phi'(s)=\frac{1400\times 6.55e-3\times 630}{s+1400\times 6.55e-3\times 630\times 5e-2}=\frac{20}{0.0034s+1}$$

故整个系统的开环传递函数为

$$G(s)H(s)=\frac{K_a\times 20\times 14.7\times 74.6\times 0.19}{s(0.0034s+1)(\frac{s^2}{5.4^2}+\frac{2\times 0.4}{5.4}s+1)}$$

该系统在 $K_a=1$ 的 Bode 图如图 8-17 所示。程序如下：

```
Ka=1;
sys=tf(Ka*20*14.7*74.6*0.19,conv([0.0034 1 0],[1/5.4^2 2*0.4/5.4 1]));
subplot(211);
margin(sys);
grid;
gtext('Ka=1');
Ka=6e-4;
sys=tf(Ka*20*14.7*74.6*0.19,conv([0.0034 1 0],[1/5.4^2 2*0.4/5.4 1]));
subplot(212);
   margin(sys);
grid;
gtext('Ka=6e-4');
figure(2);
nichols(sys);
grid ;
n1=ginput(1)
W_3dB=abs(n1(1))/(2*pi)
```

由上图可以看出，因为其增益值为负值，所以在 Ka=1 时系统是不稳定的。系统的开环增益为

$$K_v = K_a * 20 * 14.7 * 74.6 * 0.19$$

在相位增益为 64o，幅值增益为 6dB 时的稳定条件下有

$$K_v \approx \omega_c \approx 2.5\ \text{rad/s}$$

由此可得出放大器的增益 Ka 为

$$K_a = \frac{2.5}{20 \times 14.7 \times 74.6 \times 0.19} = 6 \times 10^{-4}$$

Ka=6e-4 的开环 Bode 图如图 8-17 所示。

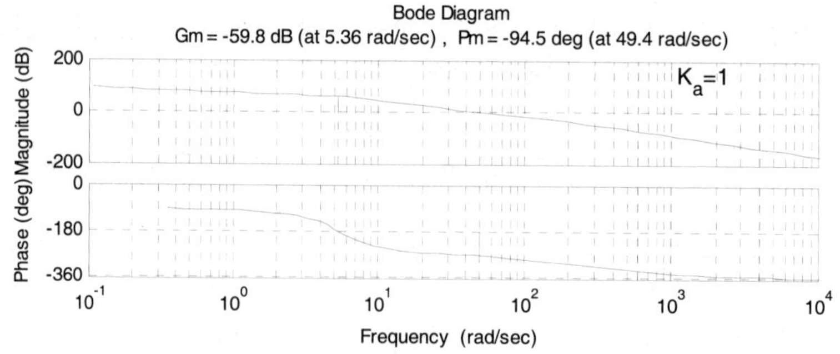

图 8-17　整个速度控制系统的 Bode 图

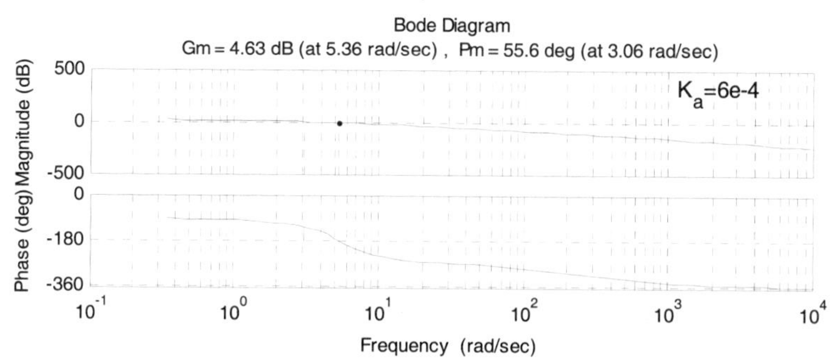

图 8-17　整个速度控制系统的 Bode 图（续）

于是按上述参数用 Simulink 绘制出模型，如图 8-18 所示。

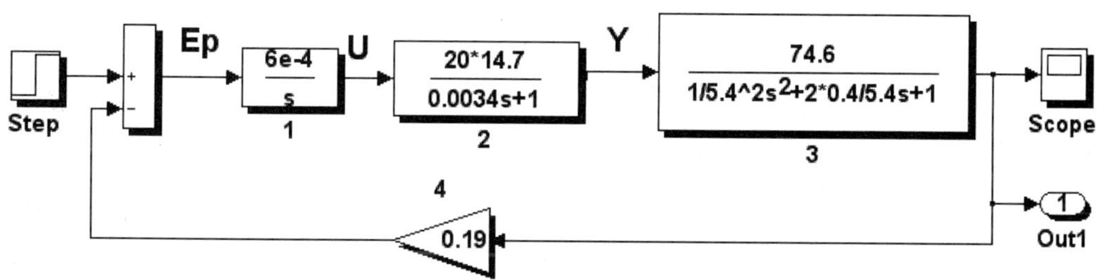

图 8-18　系统的 Simulink 模型

对上述模型进行仿真后的输出结果如图 8-19 所示，可以看出系统是稳定的。

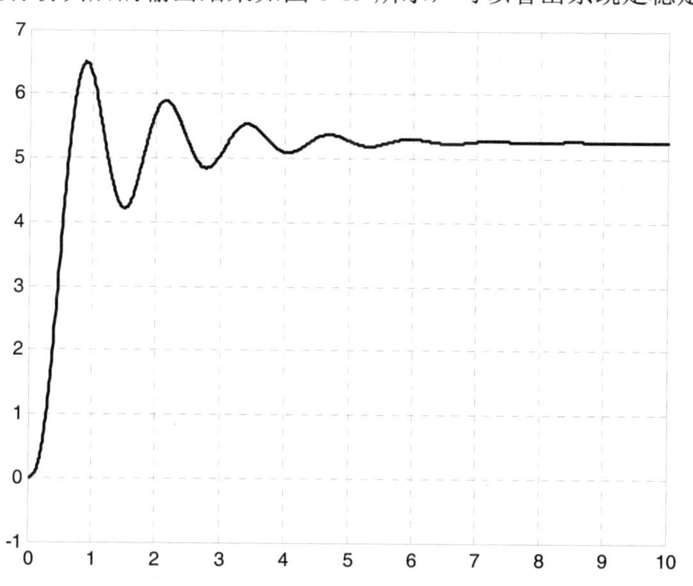

图 8-19　系统的输出仿真结果

本系统是 I 型系统，对于速度指令信号误差为零。系统的给定转速误差主要有速度传感器的静差、泵斜盘小闭环系统的静差和动力机构摩擦力引起的静差所决定。在额定转速为 126r/min 的条件下，保证系统的误差在 2r/min 以内是不成问题的。

8.4 思 考 题

（1）在确定执行元件主要规格尺寸时，对位置和速度控制系统为什么要限定？

（2）$p_L \le \frac{2}{3} p_s$？在力控制系统中是否也受此限制？为什么？

（3）如何确定伺服阀的规格？

（4）选择反馈传感器时应注意哪些问题？

（5）在设计系统时，可采用哪些方法确定系统的开环增益？

（6）伺服系统对油液能源有哪些要求？如何选择液压伺服系统的液压能源？

8.5 习 题

1. 如图 8-20 所示阀控缸电液位置伺服系统，已知负载质量 $m = 1000kg$，干摩擦力 $F_f = 2000N$，负载最大行程 $x_{p\max} = 0.5m$，最大速度 $v_{\max} = 10\times10^{-2} m/s$，最大加速度 $a_{\max} = 2.2 m/s^2$。最大输入信号电压 $u_{\tau} = 5V$，能源压力 $p_s = 63\times10^5 Pa$，油液提交弹性模量 $\beta_e = 1.4\times10^9 Pa$。所选定的电液伺服阀的固有频率 $\omega_{sV} = 600 1/s$，阻尼比 $\xi_{sV} = 0.5$，阀的流量增益 $K_{sV} = 4.44\times10^{-3} m^3/s \cdot A$，流量-压力系数 $K_c = 4\times10^{-12} m^3/s \cdot Pa$。反馈增益为 $K_f = 10 v/m$。试求：

（1）当幅值裕量 $K_g = 10dB$ 时的开环增益 K_v，伺服放大器增益 K_s，开环穿越频率 ω_c，相位裕量 γ。

（2）干摩擦力 F_f 引起的静态误差 e_f。

计算时忽略负载的黏性阻尼和液压缸的泄漏。取总压缩容积 $V_t = 1.4 A_p x_{p\max}$。

2. 如果希望上题中的静态误差 e_f 下降为原来值的1/4，采用滞后校正，校正元件参数 α 及 ω_{rc} 应为多少？相位裕量 γ 有多少？伺服放大器增益如何调整？

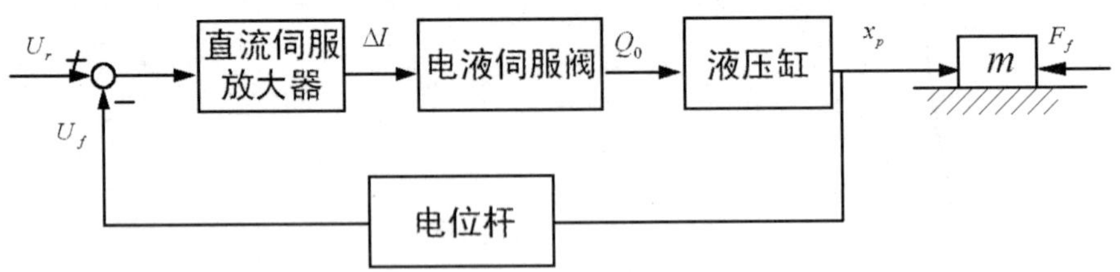

图 8-20 阀控电液位置伺服系统

第 9 章　液压能源

导言

供给液压伺服阀以具有一定压力和流量的液体，系统的动力机构才能工作，一个液压泵可以是这种能源。但是伺服阀是在重负荷、高速度荷和高精度的控制系统中工作的，特别是在电液伺服系统中对油液和油液的品质具有严格的要求，绝非只一个泵所能胜任的。因此对液压能源的选择、配置和油液质量，必须作为一个重要问题对待，并认真地进行分析。

9.1　对油源品质的要求

由于控制性质不同，对油液的要求也不同。精密控制时，要特别注意油液黏性指数、与密封材料的相适应性、抗乳化性和润滑性能等。对高速控制时，要注意油液的消泡性；在大负载控制时，要注意油液的压缩性、消泡性、高压黏度和润滑性能等；在高温下工作时，要注意氧化稳定性及耐燃性问题。液压伺服系统对液压能源的要求比较严格，通常要求选用独立的液压能源。液压能源除了满足系统的压力、流量要求外，还应满足以下要求：

1. 保证油液的清洁度

这是保证液压伺服系统可靠工作的关键。据统计，液压伺服系统的故障 80%是由油液污染造成的。通常液压伺服系统要求有$10\mu m$的过滤器，对要求比较高的系统，则应有$5\mu m$的过滤器。精过滤器应串接于液压泵出口处。

2. 防止空气混入

空气混入将造成系统工作不稳定并使快速性降低。因此油液中空气含量不能超过规定值，一般油中的空气含量不应超过 2%～3%。工程上可采用加压油箱（1.5×10^5Pa）避免空气混入。

3. 保持油温恒

温度过高，使液压元件寿命降低，油温变化大，使伺服阀的零漂加大，影响系统的性能。一般油温控制在$35\sim45^{\circ}C$。

4. 保持油源压力稳定，减小油源压力波动

一般在液压伺服系统的液压能源中，都设有皮囊式蓄能器吸收油源的压力脉动，提高响应能力。

油源温度波动会引起零点飘移和阀系数的变化，影响系统的动静态品质，甚至影响系统的稳定性。所以尽量减少泵的输出脉动和负载流量（特别是最大负载流量）的变化，以减少对油源压力的影响，并维持恒定的油源压力。

泵的输出流量脉动和负载流量变化对油源压力的影响，可用连续方程

$$Q_p - Q_L = c_{ip} p_s + \frac{V_t}{\beta_e} s p_s$$

则

$$p_s = \frac{Q_p - Q_L}{c_{ip} + \dfrac{V_t}{\beta_e} s} \tag{9-1}$$

式中：Q_p—— 液压泵瞬时流量；

$c_{ip} p_s$—— 液压泵的内泄漏量，c_{ip}为内泄漏系数；

β_e—— 油液体积弹性模量；

Q_L—— 负载流量；

V_t—— 泵高压腔总容积。

可见，仅用一个简单的液压泵拖动负载，在Q_p有脉动和Q_L有变化时，就不可能保持油源压力为恒值。在没有负载和泄漏时，则式（9-1）为

$$p_s = \frac{Q_p - Q_L}{s V_t / \beta_e}$$

当Q_p困集时，p_s会急剧上升，以致使泵壳及管道破裂。这时若在泵出口处接一个作安全阀用的溢流阀，相当于附加了一个压力调节器，把p_s限制在一定范围（定值）内，并限制泵的流量为常数。因为它与负载流量Q_L无关，所以负载流量变化时，可保持供油压力不变。

9.2 液压能源的基本形式

为使能源满足上述要求，液压能源通常由液压泵、液压阀、过滤器、油箱、蓄能器和冷却器等元件组成。其中蓄能器和冷却器并非一定是不可缺少的。液压伺服系统通常采用恒压式液压能源，以满足伺服阀输入恒值压力的要求。常用的恒压油源有以下三种形式。

1. 定量泵-溢流阀恒压能源

这种液压能源的系统原理图如图 9-1（a）所示。液压泵的输出压力由溢流阀调定并保持恒定。液压泵输出压力与负载流量之间的动态关系取决于溢流阀的动态特性。这种能源的优点是结构简单、反应迅速、压力波动小。缺点是效率低、油的温升大。在这种系统中，液压泵的流量是按负载所需的峰值流量选择的。当负载流量较小时，多余的流量从溢流阀溢出。特别是当系统处于平衡位置，即负载流量为零时，液压泵的输出流量全部经溢流阀流走，所以这种恒压能源只适用于小功率液压伺服系统。如果系统要求的峰值流量持续时间短，又允许供油压力有些波动，则可以在液压泵的出口接一蓄能器，用以贮存足够的油量来满足短时峰值流量的要求。这时可选流量较小的液压泵，从而降低功率损失和温升。蓄能器还可以减小压力脉动和冲击。

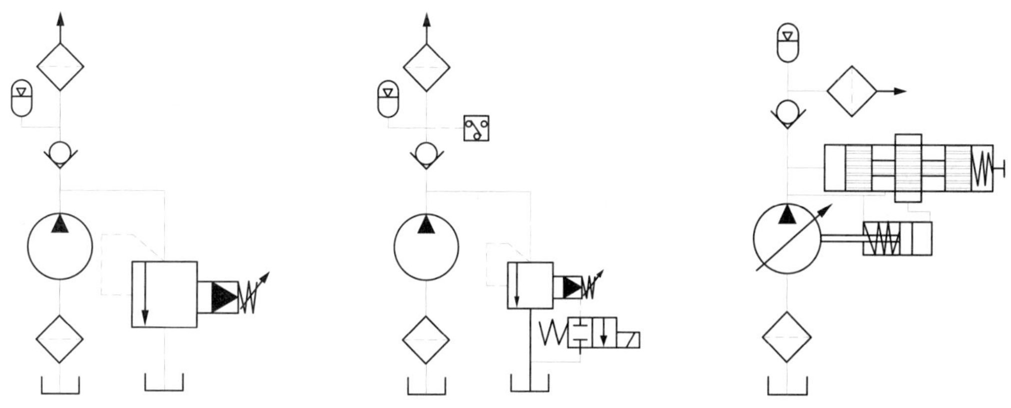

（a）定量泵－溢流阀恒压能源　（b）定量泵－蓄能器－卸荷阀能源　（c）恒压式变量泵能源

图 9-1　液压能源的基本形式

2. 定量泵-蓄能器-卸荷阀恒压能源

如图 9-1（b）所示。供油压力变动范围由压力继电器和电磁溢流阀控制。当系统压力达到一定值时，压力继电器发出信号，电磁溢流阀使液压泵卸荷，系统压力由蓄能器保持。当系统压力降到某一值时，压力继电器发出反向信号，电磁溢流阀处于加载状态，液压泵又向系统供油，同时向蓄能器充油。为了保证液压泵能有一定的卸荷时间，供油压力应在一定的范围内变动是该系统的特点，否则液压泵频繁起停会降低液压泵寿命。这种恒压能源结构简单、能量损失少、效率高。

3. 恒压变量泵液压能源

恒压变量泵液压能源如图 9-1（c）所示，由变量泵和恒压控制变量机构组成，恒压控制变量机构由恒压阀（滑阀）和变量活塞组成。液压泵输出压力由恒压阀弹簧调定。当液压泵的输出压力与恒压阀调定值不同时，恒压阀动作，改变变量活塞控制腔的压力，推动变量活塞移动改变泵的排量，直到泵的输出压力恢复到给定值为止。这种液压能源的特点是液压泵的输出流量取决于系统的需要，因此效率高，适合于高压、大流量系统，也适用于流量变化大和间歇工作的系统。系统组成虽然简单、重量轻，但是恒压变量泵的结构复杂，变量机构惯性大，响应不如溢流阀快。当系统所需流量变化较大时，由于变量机构响应跟不上，会引起变大的压力变化。因此，系统中常配有蓄能器，用来满足系统峰值流量的要求。另外，这种泵在系统需要的流量很小，特别是系统处于平衡位置而不需要流量时，泵的输出流量很小，而此时泵仍在高压下运动，泵由运动所产生的热量不能被油液带走。泵的温升高，有损于泵的寿命，所以在使用时要解决好泵的发热问题。

9.3 恒压能源的动态分析和参数选择

9.3.1 定量泵 - 溢流阀恒压能源

由于旁路节流式能源在宽广的流量范围内都有良好的准确性和稳定性，因此在这种系统中几乎装两级溢流阀。要精确的分析两级溢流阀的动特性是很复杂的，这里只能作近似分析。由图 9-2 描述其性能的基本方程有以下 4 种。

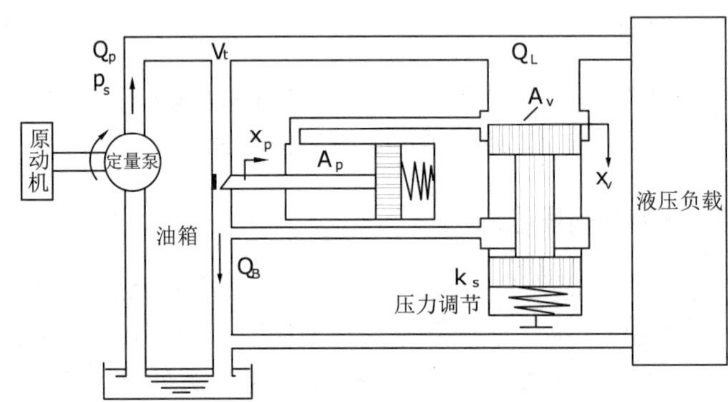

图 9-2　定量泵-溢流阀恒压能源

1. 油源压力腔连续方程

当忽略溢流阀前置级阀芯和主阀运动所需流量时，其流量连续方程

$$Q_p - c_{ip}p_s - Q_B - Q_L = \frac{V_t}{\beta_e}sp_s \tag{9-2}$$

式中：Q_B—— 溢流阀溢流流量，其他符号意义同式（9-1）。

2. 溢流阀主阀口流量线性化方程

$$Q_B = K_{qb}x_p + K_{cb}p_s \tag{9-3}$$

式中：K_{qb}—— 阀口流量增益；

K_{cb}—— 阀口流量一压力系数。

合并上述两式得出

$$p_s = \frac{Q_p - K_{qb}x_p - Q_L}{(K_{cb}+c_{ip})}/(\frac{s}{\omega_v}+1)$$

式中：ω_v—— 容积滞后环节转角频率，$\omega_v = \beta_e(c_{ip}+K_{cb})/V_t$

3. 前置级阀芯的力平衡方程

$$p_s A_v = M_v \frac{d^2 x_v}{dt^2} + B_v \frac{dx_v}{dt} + k_s x_v + F_0$$

式中：A_v—— 前置级阀芯面积；

M_v—— 前置级阀芯质量；

B_v—— 前置级阀芯黏性阻尼系数；

k_s—— 调节弹簧的刚度；

F_0—— 调节弹簧的预压力。

整理后得出

$$p_s A_v - F_0 = k_s \left(\frac{s^2}{\omega^2_{nv}} + \frac{2\xi_{nv}}{\omega_{nv}} + 1\right) x_v \tag{9-4}$$

式中：ω_{nv}—— 前置级阀芯质量与弹簧组成液压固有频率，$\omega_{nv} = \sqrt{\dfrac{k_s}{M_v}}$；

ξ_{nv}—— 前置级的液压阻尼比，$\xi_{nv} = \dfrac{\omega_{nv} B_v}{2k_s}$。

4. 前置阀流量方程

$$Q_v = K_{qv} x_v + K_{cv} p_v = A_p \frac{dx_p}{dt}$$

式中：p_v—— 前置阀阀口压降，$p_v \approx 0$；

K_{qv}—— 前置阀流量增益；

K_{cv}—— 前置阀流量压力系数。

上式简化为

$$x_p = \frac{K_{qv} x_v}{A_p s} \tag{9-5}$$

综合式（9-2）～式（9-5）得出如图 9-3 所示的方框图。

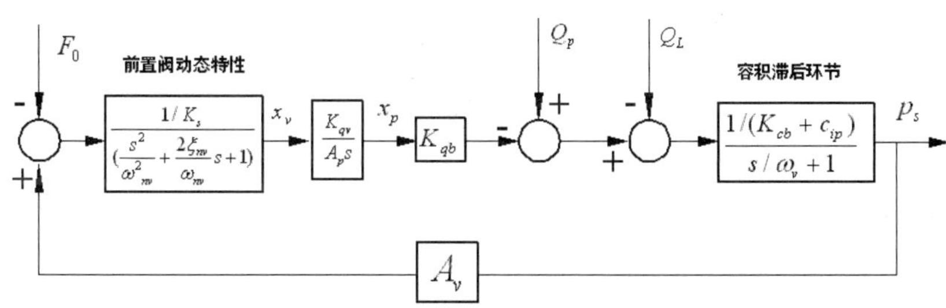

图 9-3　定量泵-溢流阀恒压能源方框图

系统的开环传递函数为

$$G(s)=\frac{K_v}{s(1+\frac{s}{\omega_v})(\frac{s^2}{\omega^2{}_{nv}}+\frac{2\xi_{nv}}{\omega_{nv}}s+1)} \tag{9-6}$$

式中
$$K_v=\frac{K_{qv}A_vK_{qb}}{k_sA_p(c_{ip}+K_{cb})}$$

系统的闭环传递函数为

$$\phi(s)=\frac{G(s)}{1+G(s)}=\frac{K_v}{s(1+\frac{s}{\omega_v})(\frac{s^2}{\omega^2{}_{nv}}+\frac{2\xi_{nv}}{\omega_{nv}}s+1)+K_v} \tag{9-7}$$

5. 恒压能源的稳定调节

系统的闭环传递函数的特征方程为

$$s(1+\frac{s}{\omega_v})(\frac{s^2}{\omega^2{}_{nv}}+\frac{2\xi_{nv}}{\omega_{nv}}s+1)+K_v=0$$

整理后得出

$$s^4+(2\xi_{nv}\omega_{nv}+\omega_v)s^3+(\omega^2{}_{nv}+2\xi_{nv}\omega_{nv}\omega_v)s^2+\omega^2{}_{nv}\omega_vs+K_v\omega^2{}_{nv}\omega_v=0$$

上述特征方程为四阶，由劳斯判据，其稳定充分和必要条件为

$$\omega^2{}_{nv}\omega_v(\omega^2{}_{nv}+2\xi_{nv}\omega_{nv}\omega_v)(2\xi_{nv}\omega_{nv}+\omega_v)>K_v\omega^2{}_{nv}\omega_v(2\xi_{nv}\omega_{nv}+\omega_v)^2+(\omega_{nv}\omega_v)^2$$

简化后得出

$$2\xi_{nv}\omega_{nv}\omega_v{}^2+4\xi_{nv}{}^2\omega^2{}_{nv}\omega_v+2\xi_{nv}\omega_{nv}{}^3>(\omega_v+2\xi_{nv}\omega_{nv})^2K_v$$

（1）若ω_{nv}之值不大，$\omega_{nv}\approx\omega_v$，则

$$K_v<\frac{4\xi_{nv}(1+\xi_{nv})\omega_v}{(1+2\xi_{nv})^2} \tag{9-8}$$

由此式看到，只有K_v很小时才可使系统稳定，而K_v取决于参数，特别是泄漏系数K_{cb},c_{ip}，这两个值又随工作点不同而变化，所以是不易控制的。

（2）若$\omega_{nv}>>\omega_v$，式（9-7）分母中含ω_{nv}的项可略去，不存在稳定性问题。而衡量调节

精度的动态柔度，从图 9-5 中舍去 ω_{nv} 项，则

$$\frac{\Delta p_s}{\Delta Q_L}=\frac{s/(K_v C_{ip}+K_{cb}K_v)}{(\dfrac{s^2}{K_v\omega_v}+\dfrac{s}{K_v}+1)} \tag{9-9}$$

稳态柔度为零，表达了理想的调节。当负载流量频率增大到某值时，柔度增大到最大值。若频率在增大，则柔度反而下降，即当频率为零或无限大时，柔度均为零。实际上，由于作用在主阀芯的液动力和弹簧力的存在，稳态时柔度并不完全为零。

（3）若 $\omega_{nv} << \omega_v$ 式（9-7）中含 $1/\omega_v$ 项均可忽略。

$$K_v < 2\xi_{nv}\omega_{nv} \tag{9-10}$$

此时恒压能源稳定。

定量泵－溢流阀恒压能源，通过调节溢流阀流量来保持所要求的输出液压力。如果负载某瞬间突然消耗掉泵所提供的全部流量，则溢流阀关闭，溢流阀已不起调节压力的作用。所以必须供给溢流阀足够的流量，一般为泵流量的 5%～10%，使溢流阀在任何预期负载流量下，能保持控压作用。当负载为零时，泵全部流量经溢流阀回油箱，消耗很大能量并使之迅速发热。因此，溢流阀调节主要用于小功率油源或大功率油源时作安全阀用，它是可靠而廉价的。

9.3.2　变量泵 - 恒压能源

如果希望高效率，特别在大功率系统时，就应采用变量泵－恒压能源，如图 9-4 所示。其压力是靠泵产生的液压功率来调节的，因此远较定量泵－溢流阀保持恒功率来保持压力恒定的效率为高。

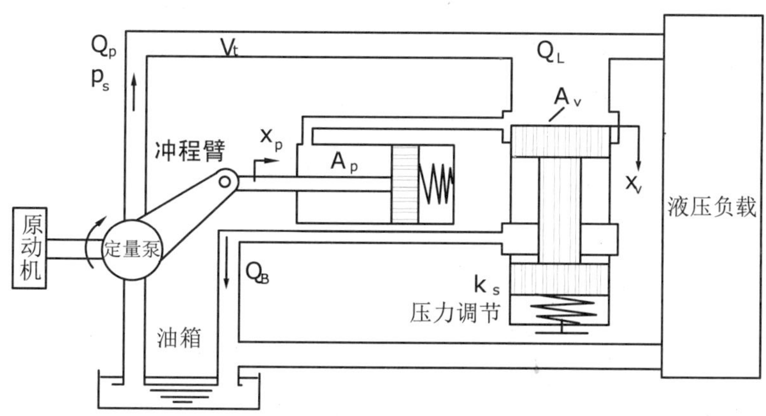

图 9-4　变量泵－恒压能源

1. 恒压式变量泵分析

泵流量分析

$$Q_p - c_{ip}p_s - Q_L = \frac{V_t}{\beta_e}sp_s \tag{9-11}$$

$$p_s = \frac{Q_p - Q_L}{(c_{ip} + V_t s / \beta_e)} \tag{9-12}$$

2. 自动调节机构分析

阀芯：因阀芯运动所需流量很小，故忽略不计，只考虑阀芯力平衡方程

$$p_s A_v = M_v \frac{d^2 x_v}{dt^2} + B_v \frac{dx_v}{dt} + k_s x_v + F_0$$

拉氏变换并整理上式，得出

$$x_v = \frac{p_s A_v - F_0}{k_s(\frac{s^2}{\omega^2{}_v} + \frac{2\xi_v}{\omega_v} + 1)} \tag{9-13}$$

式中：A_v，M_v，B_v，k_s，F_0，x_v—— 分别表示阀芯的承压面积、质量、黏性阻尼系数、调压弹簧刚度、预加力和阀芯位移；

$\omega_v = \sqrt{\frac{K_s}{M_v}}$—— 阀芯质量与弹簧刚度组成的固有频率；

$\xi_v = \frac{\omega_v B_v}{2k_s}$—— 液压阻尼比。

3. 调节机构

这是单边滑阀－单作用液压缸装置，如考虑外负载，即可由第 4 章阀控差动缸的动态特性近似地连续起来，得出液压缸活塞输出位移为

$$x_p = \frac{\frac{K_q}{A_c} K_v - \frac{K_c + C_{ip}}{A^2{}_c}(1 + \frac{1}{2\xi_h \omega_h} s) F_L}{s(s + \frac{K_c + C_{ip}}{A^2{}_c} k)(\frac{s^2}{\omega^2{}_h} + \frac{2\xi_h}{\omega_h} s + 1)} \tag{9-14}$$

式中：$\omega_h = \sqrt{\frac{\beta_e A^2{}_c}{V_0 M_t}}$—— 液压固有频率；

$\xi_h = \frac{K_c + C_{ip}}{2A_c}\sqrt{\frac{\beta_e M_t}{V_0}}$—— 液压阻尼比；

M_t—— 负载和活塞质量；

k—— 负载弹簧刚度；

A_c—— 控制活塞面积；

V_v—— 液压缸控制体积；

F_L—— 外负载力。

其他符号意义与第 4 章阀控液压缸相同。

4. 变量泵流量

$$Q_B = D_p\omega_p = -K_p\omega_p x_p \tag{9-15}$$

式中：Q_B—— 变量泵输出流量；

D_p—— 泵弧度排量；

ω_p—— 泵转速；

K_p—— 泵行程控制的排量梯度，符号表示x_p增加，泵排量减少。

x_p—— 变量泵调节机构的行程。

综合式（9-12）~式（9-15）得出变量泵恒压能源的方框图如图 9-5 所示。由方框图可直接看出$F_L=0$时，开环系统由两个惯性环节和两个二阶振荡环节串联组成。将图 9-3 和图 9-5 进行比较，变量泵恒压能源的变量斜盘动态特性代替了定量泵－溢流阀恒压能源的积分特性，这就是两种恒压能源性能不同和变量泵恒压能源响应慢的主要原因。

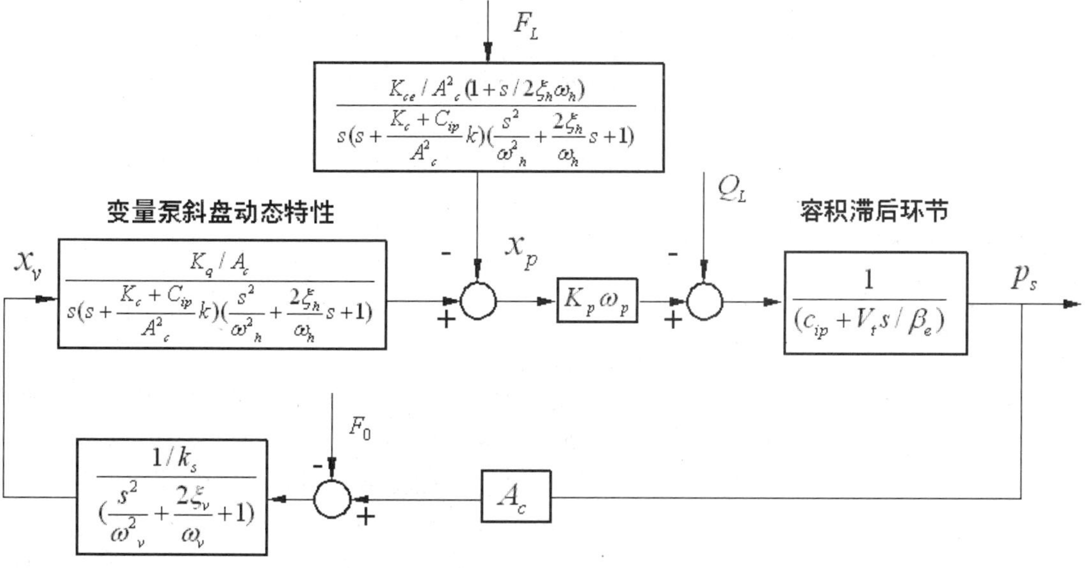

图 9-5　变量泵恒压能源装置的方框图

9.4　液压能源与负载的匹配

液压能源的压力和流量应满足系统负载所需要的压力和流量，同时又不造成能量及设备的浪费。当液压能源的压力-流量特性曲线完全包围负载的压力-流量曲线并留有一定余量时（见图 9-6（a）），能源装置的选择就是合理的。在图 9-6（a）中，对应负载特性曲线①表示液压能源的流量不足，对应伺服阀特性曲线②表示液压能源的压力不足。为了充分发挥能源的作用，提高效率，能源装置的最大功率点应尽量接近负载特性曲线的最大功率点。

阀控系统液压能源的选择如图 9-6（b）所示。图中液压能源特性曲线虽未完全包围伺服阀的特性曲线，但完全包围了负载特性曲线，可以满足负载的要求。这样选择液压能源，可以提高系统效率。

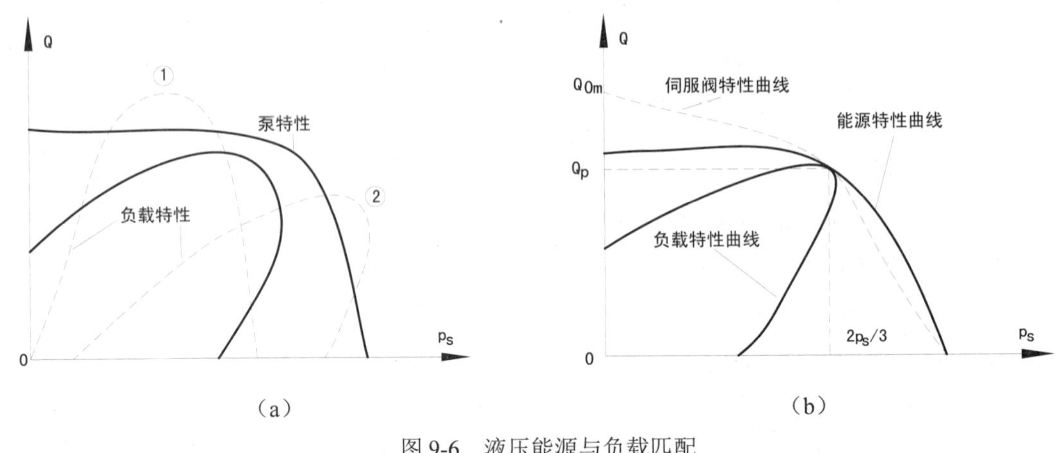

（a）　　（b）

图 9-6　液压能源与负载匹配

9.5　油液污染及控制

所谓油液污染，是指液压伺服控制系统的工作介质中混入磨耗粉末、铸造砂、尘埃、水、空气等异物，使油液污浊。表示污染程度的量称为污染度。

9.5.1　污染的危害

1. 控制性能下降，伺服阀失灵

据统计，液压伺服系统的故障有 80%～90%是由油液污染引起的，伺服阀性能破坏有 90%以上也是因油液污染造成的。所以油液污染对液压伺服系统的工作威胁是严重的。污染物中金属颗粒占 75%，尘埃占 15%，其他杂质为氧化物、纤维、树脂等约占 10%。可以明显地看出，金属颗粒危害极大。这种坚硬的固体粒子被称为“磨料催化剂”。因为硬粒磨损过程产生碎屑，经反复切压又会产生新的更坚硬的粒子，这样进行“磨损连锁反应”，使液压元件的磨损加速，寿命缩短。伺服阀芯径向间隙不过数微米，极小的金属粒子就会引起阀芯与阀套之间的摩擦，使伺服阀滞后增加，浸损阀的工作棱边，从而使阀的中间位置流量增加，也可能使阀套粘着于阀套中，并会出现阻塞阀内部的节流孔使阀完全失灵，整个系统性能也会慢慢变坏。伺服阀污染敏感性试验表明，每 100ml 油液中含有$1\sim5\mu m$的颗粒超过 25～500 万时，伺服阀就完全丧失机能。

总之，当系统出现间歇特性和其他不合理特性或者出现原因不明的故障时，首先应怀疑是油液污染引起的。

2. 污染对液压元件的影响

固体金属粒子会使元件相对运动表面磨损加剧，零件表明损伤、咬死，使泵的寿命缩短。

油液污染对泵的寿命起决定性作用，有学者提出了泵寿命 T 的计算公式，即

$$T=\frac{1.66\times10^{-3}}{Q_p\sum s_f n_f}\ln\frac{Q_t-Q_p-Q_0}{Q_t-Q_p} \tag{9-16}$$

式中：T—— 泵的寿命单位为小时；

Q_t—— 泵的理论流量运行下降的流量，L/min；

Q_p—— 泵的实际流量运行下降的流量，L/min；

s_f, s_e—— 分别是泵在现场和实验室工作时，对污染的敏感度；

n_f, n_e—— 分别是现场和实验室的颗粒数，单位是每 ml 中所含一定尺寸的颗粒数，$s_f = s_e(\frac{n_f}{n_e})$。

国外对飞机用柱塞泵的寿命研究报告中指出：每 100ml 中含污染物质量要小于 3～35mg，粒径$10\sim15\mu m$的颗粒小于 3 万个而且硬度高于莫氏 6 度的颗粒不超过 30%，柱塞泵才能达到 50h。

固体污染颗粒会加速液压缸密封装置的破坏，拉伤磨损相对运动面，导致内外泄漏的增加引起故障。

油液污染会粘着、堵塞过滤器网孔，使泵吸油困难。由于吸油阻力增大而引起泵吸空，产生气蚀、振动和噪音。如堵塞严重，会因阻力过大而将滤网击穿，完全丧失过滤作用，造成液压系统恶性循环。

3. 污染使工作油液变质

油液中混入水分、空气及发热氧化均可使油液变质。变质后的油液将不能保持原有的黏度，防锈功能下降，消泡性降低，油液的乳化、低温流动性也变差，上述一切均可导致降低油液有效使用时间。对液压元件的机械效率、容积效率、磨损、压力损失等性能及寿命均有不良的影响。因此，油液的主要性能指标变化超过一定界线时就不能再使用。工程机械液压油主要性能指标变化及使用界限如表 9-1 所示。

如上所述，研究和探讨油液污染的原因并加以控制是十分重要的，采用易于维修的过滤器来控制油液的污染，已是液压系统中不可缺少的组成部分，污染物颗粒大小限制在液压控制系统正常运转的范围内。当前油液污染控制已发展成了极为广泛的新技术，主要包括油液的污染分析和污染的控制两方面的内容。

表 9-1 工程机械液压油性能指标及使用界限

指　　标	黏度变化量	闪点变化量	凝点变化量	水含量	酸位变化量
使用界限	±10%～15%	−15%	+15%	≤0.1%	+25%

9.5.2 油液污染的原因

新购油液的污染

从厂商购进油液时就已经污染了，这是由于大气中尘埃的混入、大气和水分的浸入，以及容器漆料、镀层的剥蚀、注油时橡胶粒脱落等所致。用 100 目铜滤网过滤，经取样测定每 100ml 新购油液中 $5\mu m$ 以上的颗粒为 30000～50000 个，这种新购油液只能用于一般液压系统，具有伺服阀的伺服系统是不能直接使用的。

新系统的固有污染

液压系统及元件在装配、加工、存储及搬运过程中，金属粒子、尘埃、焊渣、砂粒等在系统工作之前已经进入系统中。

工作过程中的污染

液压系统在工作过程中，由于相对运动零件之间的磨损，油箱中的空气凝结的水滴，返回油箱的泄漏油液，密封件的磨损和腐蚀。特别是生产维修过程中对元件等不恰当的清洗，可能造成织物纤维、磨屑、砂粒、碎片、碎粒、研磨剂的残存物等混入，这是系统污染的主要原因。另外，空气中尘埃的混入，维护不慎也可造成污染。

油液本身变质产生化学反应，使金属腐蚀，出现颗粒、锈片而污染油液。

9.5.3 污染控制

所谓污染控制，不外乎是针对污染原因防止污染；另一方面是把被污染的油液过滤净化达到允许使用的范围内。

设计和储运中要注意污染问题

特别是对装有伺服阀的液压装置，为了减少污染，从设计阶段就要注意如何减少污染，尽量减少配管，装配时要保证高度清洁，注意保存时的包装，搬运及运转中作防锈处理等。

装配前后

严格检查液压件如液压泵、液压阀、液压缸和液压马达、接头等。因为高压软管多为外购件，所以先向厂商提出要求，在运输和保管过程中所有油口应加盖密封。装配前（新装或检修后重新装配）对所有零件必须认真进行恰当地清洗，铸件孔道内残砂及氧化皮不易清洗，有效的办法是电化清砂处理或用专门的清砂机清洗，还要进行高温、高压、高效能的清洗。内腔死角的铁屑可用磁铁吸出，清洗干净后用塑料封闭油口。对新购油液应进行检查和过滤符合标准后方可使用。

防止污物浸入

这种预防主要从装配和运转中进行控制，措施如下：

（1）防止环境污染，有条件的装配车间最好能充压，使装配室内气压高于室外压力，防止大气灰尘侵入室内而造成污染。

（2）采用“湿加工干装配”，即所有工序均采用润滑和清洗液，装配时为了不使清洗液残留在零件表面影响装配质量，应将零件用干燥的压缩空气吹干后再装配。

（3）液压元件应在试验台进行加载、高压跑合和清洗。液压试验台油液要比主机用油液污染的快，已污染的油液对液压元件又产生浸入污染，所以试验台要设置多级过滤。过滤器容垢量要大，易清洗。滤网要保持清洁，加油用具要干净。

（4）防止新生污染物。液压系统中新生污染物主要有摩擦副磨损的金属颗粒、系统中零件的锈蚀、剥落的油漆、高温下油液氧化变质等，为防止污染应设置合适的过滤器。

9.5.4 过滤器

液压系统中安装过滤器，是控制油液污染比较有效的措施。因此，过滤器是液压系统能正常可靠工作的保障，过滤器的装设直接影响液压系统的工作性能和液压元件的寿命。选择过滤器时也必须合理，如果选用过高精度的就会造成浪费，如果过滤精度过低就会使液压元件过早损坏，要合理选择过滤器。

过滤器选择及考虑的主要因素如下：

- 过滤器两端间压降；
- 过滤器寿命；
- 高低压力和静态压力；
- 壳体的额定压力和疲劳极限；
- 系统障液压元件的敏感度；
- 过滤精度；
- 滤心与油液的相容性。

其中尤以过滤精度和过滤器两端压力降为重要指标。原则上吸油管过滤器的压力降不应大于 1.38×104pa，回油管路过滤器压力降不应大于 3.45×104pa。国外过滤器生产厂家向用户提供给定流量、油液黏度和所需寿命压力—流量曲线，备用户选用。过滤器整个工作寿命期间，在前 75%寿命期间，压力降是稳定的，而在后 25%寿命期间，由于污垢逐渐聚集，压力降就会急剧增大，如图 9-7（a）所示。该曲线可以用来预测过滤器的有效寿命和确定维修间隔期。

过滤比

过滤器是一种比例控制器，用过滤比 β 来表示过滤等级。它是指过滤器进油口一定尺寸范围内的污染粒子数，与过滤器出口同样尺寸范围内粒子数的比值，如 $\beta_{10}=2$，指过滤器入口粒径大于 10 μm 的粒子数，是出口同样尺寸范围内粒子的两倍，即出口仍保留一半粒径大于 10 μm 的粒子。图 9-7（b）表示过滤精度为 10 μm 过滤器所滤除污染粒子尺寸与 β 值之间的关系。本曲线还可用来确定过滤器的效率。

在选择过滤比 β 时，主要考虑油箱的初始污染度和污染侵入速度。因为这两个因素决定过滤器要滤除多少污粒才能达到实际系统所需求的污染浓度。这就是选择过滤器器的依据，以使系统污染保持在允许范围内。

液压元件的寿命取决于污染程度，而每种液压元件的抗污染能力不同，因此选择过滤器等级，必须与系统中对污染最敏感的元件相适应。液压元件厂必须提供液压元件达到最长寿命所需的β值。

过滤器特性分析

（1）多次通过试验法

如图 9-8（a）所示为多次通过试验法的试验系统示意图。试验开始时，将实验用污染物连续不断地注入油箱，污染物与允许中的油液混合后用泵注入过滤器入口。污染物只能被迫被过滤器滤除，未能被滤除的污物仍在系统中循环。在试验过程中，在确定的间隔，定时从过滤器入口段和出口段取出油液试样进行检测，分析粒子尺寸和分布规律。目的在于确定试验过滤器滤除污染粒子的性能。当滤心聚集一定数量的污染物，过滤器压降达到设计值时试验结束。整个上述试验时间就是过滤器寿命。注入油箱污染物总质量就是污染量。污染量分三部分：一部分为过滤器捕集的污物；一部分残留在系统中；还有一部分在提取试样时取出。因此，注入系统的污物量总不等于过滤器上捕集的质量。

由于多次通过试验法的条件与实际工作情况相似，因此能正确地模拟过滤器实际工作状态，从数据上很容易推测出实际工作状况下过滤器的性能。

（2）数学模型的建立

多次通过试验法反映出物质（污物）平衡理论关系，在这里就成了污物粒子平衡关系，即入口段粒子数（>μm）＝原有颗粒数（>μm）＋注入颗粒数（>μm）－滤除颗粒数（>μm）。

这个平衡关系可用数学形式描述，即

$$N_u V = (N_0)V + \int N_i Q_i dt \cdots \int (N_u - N_d) Q dt \tag{9-17}$$

式中：N_u, N_d—— 分别为过滤器入口段和出口段单位体积油液中累计的大于μm尺寸的累计颗粒数；

N_0, N_i—— 在试验系统中，单位体积油液中，原来积累和注入的流体中单位体积油液中积累的大于μm尺寸的累计颗粒数；

Q, Q_i—— 分别为通过过滤器的流量和注入试验系统的颗粒数；

V—— 在试验系统中循环的油液体积。

把过滤比$\beta_u = \dfrac{N_u}{N_d}$代入式（9-16）整理后，得出

$$\beta_u N_d = N_0 + \int \frac{R}{V} dt \cdots \int (\beta_u N_d - N_d) \frac{Q}{V} dt \tag{9-18}$$

式中：$R = N_i Q_i$—— 单位时间内注入系统内大于μm颗粒数，即输入速度。

对式（9-18）微分，得出

$$\frac{d}{dt}(N_d)+(\frac{\beta_u-1}{\beta_u})\frac{Q}{V}N_d dt=\frac{R}{V\beta_u} \tag{9-19}$$

上式是过滤器过滤过程的控制关系式，其完整地描述了瞬态和稳态条件下，一个系统污染度与参数 R,β_u,V 和Q之间的关系。

（3）动态特性

过滤器是一种污染控制器，可绘出污染控制方框图，如图 9-7（b）所示。用此方框图可以真实地描述过滤器和过滤过程的控制情况。

再对式（9-18）积分，整理后为

$$N_d(t)=\frac{R}{(\beta_u-1)Q}[1-e^{-(\beta_u-1)\frac{Q}{\beta_u V}t}] \tag{9-20}$$

上式称为污染控制方程。

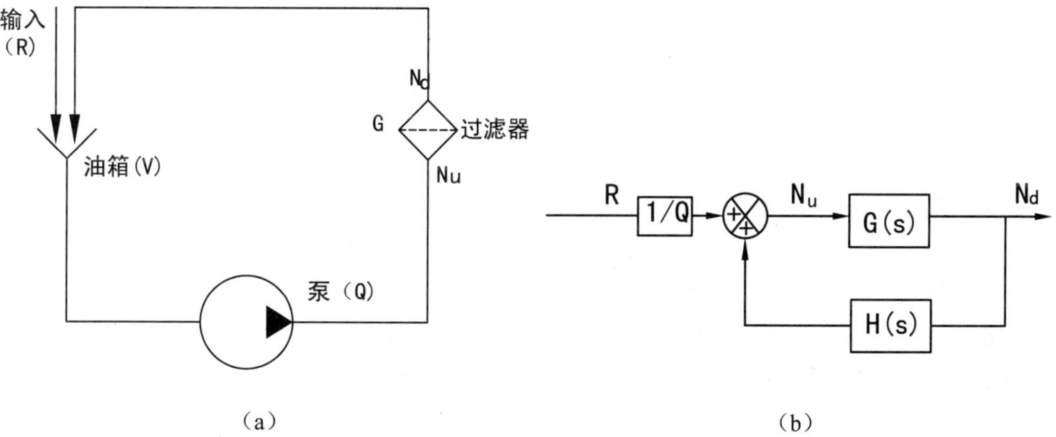

（a）　　（b）

图 9-7　多次通过试验法系统和方框图

根据式（9-19）可绘制出一般污染方程曲线，如图 9-8（a）所示。该曲线可以说明在一个具体的系统中，任何时间内过滤器出口段污染度与输入速度大小 R 成正比，与通过过滤器的流量 Q 和过滤因子 β_u-1 成正比。

当流量 Q 和侵入速度 R 确定后，β_u 大于 1 的过滤器静态值为

$$N_d=\frac{R}{(\beta_u-1)Q} \tag{9-21}$$

根据上式，当输入速度在各种不同数值条件下绘出静态值与过滤比的函数关系曲线，如图 9-8（b）所示。图中清楚地表示出，输入速度对出口段污染度的影响。如果不考虑输入速度如何增加，而要保持出口段污染度不变，则必须选用过滤比 β_u 值大的过滤器。

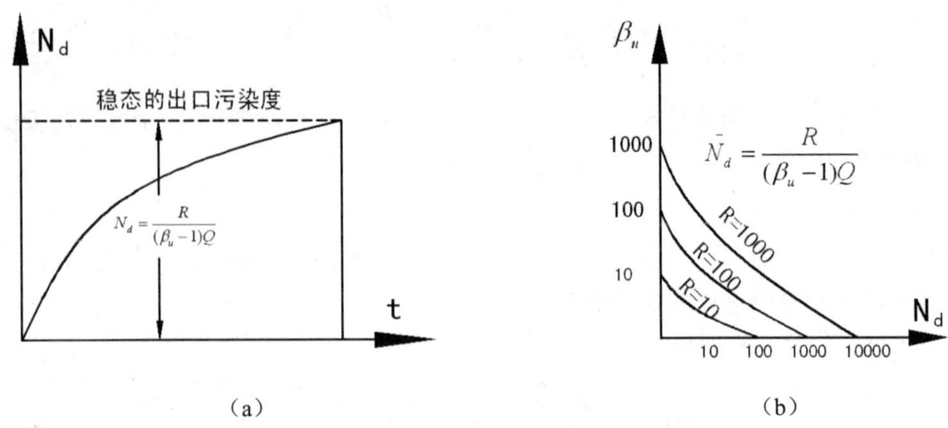

图 9-8 污染控制方程和过滤比-静态值曲线

9.6 习　　题

1. 液压伺服系统和一般没有伺服阀的液压系统，对油品质的要求有哪些特殊性。
2. 为什么液压伺服系统的液压能源多为恒压式？
3. 恒压式液压能源有哪几种形式？试分析它们的优缺点。
4. 试分析液压能源对伺服回路的影响。
5. 试分析油液污染的原因、危害及污染度的测定方法。
6. 如何控制油液污染，试详述之。
7. 选择过滤器要考虑哪些因素？过滤器对系统、液压元件有哪些影响？
8. 根据污染控制方程及其曲线，说明污染度与有关参数的关系。输入速度与过滤器出口污染度有何关系，如欲保持过滤器出口污染度不变，应如何考虑输入速度和过滤器的容量。

第 10 章　液压系统的现代控制方法

导言

前面几章对单输入单输出（SISO）系统进行了计算、分析和设计，传递函数的确是行之有效的方法。但从系统分析的角度来讲，传递函数描述了一个输入与输出之间的外部关系，并不涉及系统内容各变量的状况。同时，传递函数是系统的零状态模型，是基于零初始条件下的 laplace 变换，并没有包含系统的全部信息。

首先，从设计角度来看，经典控制理论安装给定的时域指标和频域指标是进行系统设计与校正，一般建立在经验、试凑的基础上，并不严格，而且在设计开始往往就已经确定了系统的结构形式，因此不能保证结构形式的最佳性。其次，在经典反馈控制中采用系统的输入和输出信号偏差作为控制器激励信号，对于复杂的系统，这种有限信息很难达到令人满意的结果，而基于状态空间描述模型的现代控制理论可以在更深层次上突破上述局限性。

状态空间理论在时域内解决问题时，计算机的辅助分析作用使其能够解决高阶系统及多变量系统的问题，但由于是建立在确定性模型的基础上，所以实际应用中仍存在不尽人意的地方。状态空间模型着眼于系统内部状态变量的变化，往往掩盖了能够运用经典控制理论相结合的趋势。比如关于模型的不确定性问题，经典控制论中以幅值裕度和相位裕度的概念来描述和解决，而鲁棒控制理论则是将现代状态空间理论与频域经典控制理论相结合，来讨论不确定性模型的控制问题。

为了更好地了解现代控制理论，本章介绍了状态空间法的基本知识，涉及状态空间模型的实现、系统能控性的判别、李雅普诺夫稳定性理论及状态反馈、状态观测等，以期为更好地掌握现代控制理论打下基础。

在第 3 章已经指出，状态空间描述模型是用一阶矩阵向量微分方程来描述系统，其核心是状态向量，它由一组可以完全描述给定系统动态行为的状态变量组成。在特定时刻 t，状态向量即为 n 维状态空间的一个点。连续线性系统状态空间模型的表达式为

$$\begin{aligned}\dot{x}(t) &= Ax(t) + Bu(t)\\ y(t) &= Cx(t) + Du(t\end{aligned}$$

由系统的状态空间描述模型出发，将进入现代控制理论的领域。基于状态空间描述，可以对系统内部动态进行更深入地分析，可以根据系统内部状态与设计要求的关系，在一定具体条件下，设计系统各个环节，使系统的某种性能指标达到最佳，还可以根据系统的不同要求提出不同的性能指标。

状态空间表达式中，矩阵表示法的引入使系统可以用简洁明了的数字表达式描述，并且容易用计算机求解，为多输入多输出（MIMO）系统和时变系统的分析与研究提供了有力的工具。

液压系统的优化是优化设计理论在液压系统中的应用。不同类型的液压系统，其优化内容和方法也不同,这就涉及从控制理论的角度讨论液压系统的组成和对液压系统进行分类的问题。液压系统的组成如图 10-1 所示。

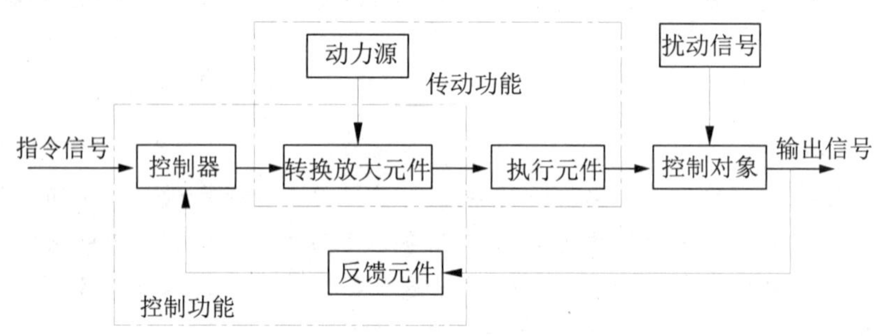

图 10-1 液压系统的组成

在图 10-1 中，控制对象是负载装置，由它直接完成各类工作。控制对象的动作是由液压缸、液压马达等执行元件来带动的。执行元件在转换放大元件的控制下输出所要求的运动和动力。转换放大元件是控制和动力传递的核心，如比例阀、电液伺服阀、伺服变量泵等。放大元件在控制器的作用下进行功率放大，把电信号或其他信号转换为大功率的液压信号（流量、压力）。控制器通常是由电气组件或计算机构成，其作用是把系统的指令信号（电气、机械、气动等）与系统的反馈信号进行比较和加工，从而向转换放大元件发出指令。反馈元件检测系统输出信号，将其变换后输给控制器。动力源的作用是提供高压的液压能。液压系统可以把小功率的信号放大为大功率的系统输出。根据转换放大元件对液压系统进行分类，如果转换放大元件为普通换向阀的，就称为开关控制系统；如果转换放大元件为伺服阀或伺服变量泵的，就称为伺服控制系统；如果转换放大元件为比例方向阀的，就称为比例控制系统。从控制理论角度来看，它更接近于伺服控制系统。

液压系统优化的内容主要包括效率、相对稳定性、快速性、综合控制性能、抗干扰能力和稳态精度。

1. 效率

从节能的角度出发，希望液压系统有较高的效率。液压系统总效率的表达式为

$$\eta = \eta_p \eta_s \eta_c$$

式中：η_p—— 动力元件的效率；

η_s—— 液压能源效率；

η_c—— 执行元件效率。

提供动力元件和执行元件的效率是元件优化问题，液压系统的效率等于执行元件输入功率与动力元件输出功率之比。即

$$\eta_s = \frac{p_L Q_L}{p_s Q_s} \tag{10-1}$$

式中：p_L—— 负责压力；

Q_L—— 负载流量；

p_s—— 动力元件的输出压力；

Q_s—— 动力元件流量。

2. 相对稳定性

欲使系统正常工作，就必须有一定的稳定裕量，即有比较理想的相对稳定性。从时域上来说，应使阶跃响应最大超调量较小；从频域上来说，开环频率特性有一定的相位裕量和幅值裕量，阻尼比较理想，闭环频率特性谐振峰值较小。

3. 快速性

当指令信号变化之后，系统能比较迅速地跟踪。在时域应使其阶跃响应上升时间较小，从开环频率特性上来看，穿越频率应比较大；从闭环频率特性上来看，截至频率应比较大。

4. 综合控制性能

系统的综合控制性能指标兼顾了相对稳定性和快速性。这类指标从两个方面考查系统的相对误差。一方面是响应时间，控制性能好的系统响应时间要短；另一方面是误差积分指标，误差积分指标小的系统表现出较好的综合控制性能。

5. 抗干扰能力

系统在干扰信号的作用下，响应最大峰值要小，响应时间要短。稳态刚度和动态刚度要大，系统无阻尼自振频率应远离干扰信号基频。另外，系统自身参数变化对其性能的影响要小。

6. 稳态精度

稳态精度高的系统表现出比较好的稳态跟踪能力，即稳态误差（指系统误差稳态分量的终值）比较小，希望有比较高的型次和比较大的开环放大系数。

10.1　最优二次型控制的基本理论

10.1.1　最优控制的基本内容与定义

假设系统的状态方程为

$$X(\dot{y})=f\left[X(t),U(t),t\right] \tag{10-2}$$

令
$$X(t_0)=X_0$$

式中：$X(t)\in R^n$，$t=\left[t_0,t_n\right]$，$U(t)\in R^1$。

最优控制就是使t在$\left[t_0,t_f\right]$中寻找一个可能的控制量$U(t)$，使系统状态从$X(t_0)=X_0$转

移到希望的状态$X(t_f)$，并且在转移过程中使性能指标函数

$$J=\Phi\left[X(t_f),t_f\right]+\int_0^{t_f}L\left[X(t),U(t),t\right]dt \tag{10-3}$$

为极小时控制$U(t)$为系统的最优控制。

10.1.2 最优二次型的基本理论

许多工程控制问题可以化为线性二次型问题，欲使二次型性能指标为最小的最优控制，可以通过简单的线性状态反馈来实现。这在理论上已经比较完善和成熟，正是因为这样，控制系统的线性二次型性能指标最优控制才得到了广泛应用。

假设一个系统状态变量为$X(t)$，控制变量为$U(t)$，输出变量为$Y(t)$，则系统的状态方程可写为

$$\dot{X}(t)=A(t)X(t)+B(t)U(t) \tag{10-4}$$

$$Y(t)=C(t)X(t) \tag{10-5}$$

其中，$X(t)$为n维向量，$Y(t)$为n维向量，$U(t)$为r维向量。因此，$A(t)$为$n\times n$矩阵；$B(t)$为$n\times r$矩阵，$C(t)$为$m\times n$矩阵。设$Y_r(t)$为m维向量，各分量为$y_{r_1}(t)$，…，$y_{r_m}(t)$，我们的目的是使系统（10-4）尽量接近向量$Y_r(t)$，并称向量$Y_r(t)$为期望输出。最优控制就是使系统的输出尽可能地接近系统期望输出值，误差很小，同时要求使用较少的能量。

假设系统的误差为$e(t)$，开始时间为t_1，结束时间为t_2，用最优二次型性能指标函数表示为

$$J=\int_{t_1}^{t_2}\left[e^{'}(t)Q(t)e(t)+U^{'}(t)R(t)U(t)\right]dt \tag{10-6}$$

式中：$Q(t)$—— 半正定对称矩阵；

$R(t)$—— 正定对称矩阵。

根据庞特利亚金极小值原理，得到满足要求的控制信号$U(t)$：

$$U(t)=-R^{-1}(t)B^T(t)\left[PX(t)\cdots g(t)\right]=-K(t)X(t)+G(t) \tag{10-7}$$

式中：P为$n\times n$的正定实对称阵，由方程

$$PA+P^TP-PBR^{-1}B^TP+C^TQC=0$$

可以解出

$$\left.\begin{aligned}&\dot{g}(t)=\left[A^{T}-PBR^{-1}B^{T}\right]g(t)+C^{T}QY_{r}(t)\\&g(T)=0\end{aligned}\right\}\tag{10-8}$$

控制系统的方框图如图 10-2（a）所示，最优控制系统的方框图如图 10-2（b）所示。两图相比较可以看出，为了得到跟踪运动的最优控制，需要在原系统（10-2（a））上加前馈控制和反馈控制。

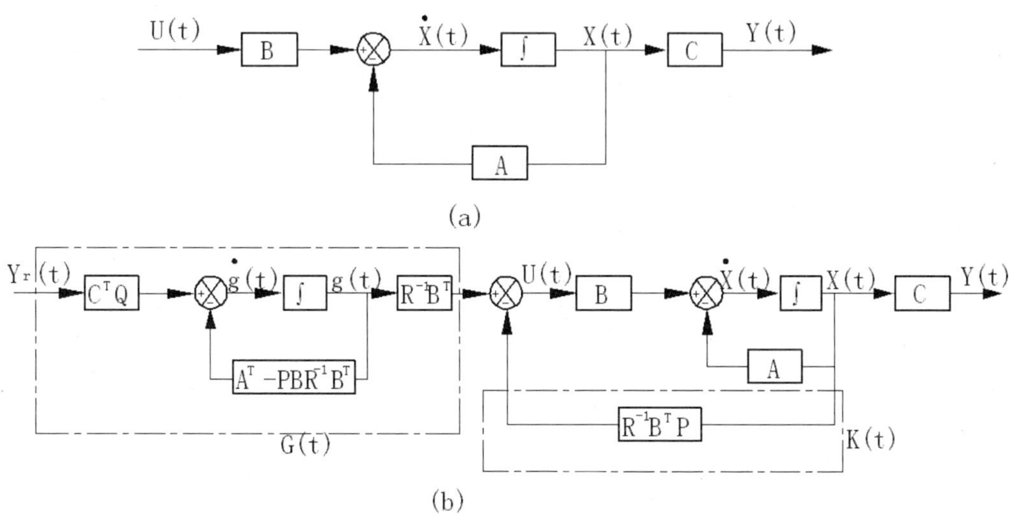

图 10-2　控制系统和最优控制系统方框图

整个系统的状态方程为

$$\begin{aligned}&\dot{X}(t)=\left(A-BR^{-1}B^{T}P\right)X(t)+BR^{-1}B^{T}g(t)\\&X(0)=0\end{aligned}$$

由此可以看出，控制系统的优化设计实质上就是前置滤波器 $G(t)$ 和最佳调节器 $K(t)$ 的设计。

10.2　二次型优化理论在液压伺服系统中的应用

对于带惯性负载的液压驱动机构，液压系统模型无论是阀控系统还是泵控制系统，其模型都可以近似地看成三阶系统。

其传递函数为

$$\frac{y}{u}=\frac{K_{a}}{s\left(\dfrac{s^{2}}{\omega_{h}^{2}}+\dfrac{2\xi_{h}}{\omega_{h}}s+1\right)}\tag{10-9}$$

相应地，状态方程和输出方程为

$$\begin{cases}\dot{X}=AX+BU\\ y=CX\end{cases} \tag{10-10}$$

式中：

$$A=\begin{pmatrix}0 & 1 & 0\\ 0 & 0 & 1\\ 0 & -\omega_h^2 & -2\xi_h\omega_h^2\end{pmatrix}$$

$$B=\begin{pmatrix}0\\ 0\\ K\omega_h^2\end{pmatrix}$$

$$C=\begin{pmatrix}1 & 0 & 0\end{pmatrix}$$

$$\dot{X}=\begin{pmatrix}\dot{x}_1\\ \dot{x}_2\\ \dot{x}_3\end{pmatrix}\quad \mathrm{X}=\begin{bmatrix}\mathrm{x}_1\\ x_2\\ x_3\end{bmatrix} \tag{10-11}$$

给定二次型指标

$$J=\int_0^\infty\left(X^TQX+U^TRU\right)dt \tag{10-12}$$

式中：Q—— 正半定实对称矩阵；

R—— 正定实对称矩阵。

就一般电液伺服系统来说，对能量指标要求不同。为了方便起见，令

$$R=1\qquad Q=\begin{pmatrix}q_1 & 0 & 0\\ 0 & q_2 & 0\\ 0 & 0 & q_3\end{pmatrix}$$

根据最优控制的概念，我们的目标是寻找一种控制

$$U=-KX \tag{10-13}$$

使二次型性能指标 J 为最小。而反馈矩阵为

$$K=R^{-1}B^TP \tag{10-14}$$

式中

$$P=\begin{pmatrix} p_{11} & p_{12} & p_{13} \\ p_{21} & p_{22} & p_{23} \\ p_{31} & p_{32} & p_{33} \end{pmatrix}$$

黎卡提方程为

$$\begin{gathered}\begin{pmatrix} p_{11} & p_{12} & p_{13} \\ p_{21} & p_{22} & p_{23} \\ p_{31} & p_{32} & p_{33} \end{pmatrix}\begin{pmatrix} 0 & 1 & 0 \\ 0 & 0 & 1 \\ 0 & -\omega_h^2 & -2\xi_h\omega_h \end{pmatrix}+ \\ \begin{pmatrix} 0 & 0 & 1 \\ 1 & 0 & -\omega_h^2 \\ 0 & 1 & -2\xi_h\omega_h \end{pmatrix}\begin{pmatrix} p_{11} & p_{12} & p_{13} \\ p_{21} & p_{22} & p_{23} \\ p_{31} & p_{32} & p_{33} \end{pmatrix}-\begin{pmatrix} p_{11} & p_{12} & p_{13} \\ p_{21} & p_{22} & p_{23} \\ p_{31} & p_{32} & p_{33} \end{pmatrix}\begin{pmatrix} 0 \\ 0 \\ K_a\omega_h^2 \end{pmatrix}\end{gathered} \tag{10-15}$$

$$[I]\begin{bmatrix} 0 & 0 & K_a\omega_h^2 \end{bmatrix}\begin{pmatrix} p_{11} & p_{12} & p_{13} \\ p_{21} & p_{22} & p_{23} \\ p_{31} & p_{32} & p_{33} \end{pmatrix}+\begin{pmatrix} q_1 & 0 & 0 \\ 0 & q_2 & 0 \\ 0 & 0 & q_3 \end{pmatrix}=0$$

整理式（10-10）～式（10-15），可得到 6 个方程

$$\left.\begin{aligned} & q_1=p_{13}^2K_a^2\omega_h^4=0 \\ & p_{11}-p_{13}\omega_h^2-p_{13}p_{23}K_a^2\omega_h^2=0 \\ & p_{12}-2p_{13}\xi_h\omega_h-p_{12}p_{33}K_a^2\omega_h^4=0 \\ & 2p_{12}-2p_{23}\omega_h^2-p_{23}^2K_a^2\omega_h^4+q_2=0 \\ & p_{13}-p_{33}\omega_h^2+p_{22}-2p_{23}\xi_h\omega_h-p_{23}p_{33}K_a^2\omega_h^4=0 \\ & 2p_{23}-4p_{23}\xi_h\omega_h-p_{33}^2K_a^2\omega_h^2+q_3=0 \end{aligned}\right\} \tag{10-16}$$

联解这 6 个方程，P 是对称矩阵，可求出 p_{11}、p_{12}、p_{13}、p_{22}、p_{23} 和 p_{33}，我们要求的矩阵 P 是正定矩阵，故

$$p_{13}=\frac{\sqrt{q}}{K\omega_h^2} \tag{10-17}$$

$$p_{23}=2\xi_h\omega_h p_{33}+\frac{1}{2}K^2\omega_h^4p_{33}^2 \tag{10-18}$$

p_{33} 由下式解出

$$\begin{gathered}\frac{1}{8}K_a^6\omega_h^{12}p_{33}^4+K_a^4\omega_h^9\xi_h p_{33}^3+\left(\frac{1}{2}K_a^2\omega_h^6+2K_a^2\xi_h^2\omega_h^6\right)p_{33}^2 \\ +\left(2\xi_h\omega_h^3-K_a\omega_h^2\sqrt{q}\right)p_{33}-\frac{2\xi_h\sqrt{q}}{K_a\omega_h}=0\end{gathered} \tag{10-19}$$

根据 p_{13}、 p_{23}、 p_{33} 的数值，可求最优反馈控制矩阵 K 。

$$K=R^{-1}B^{T}P=[I][0\quad 0\quad K_a\omega_h^2]\begin{pmatrix}p_{11}&p_{12}&p_{13}\\p_{21}&p_{22}&p_{23}\\p_{31}&p_{32}&p_{33}\end{pmatrix} \tag{10-20}$$

经简化后可写成

$$K=\left[K_f\quad K_{fv}\quad K_{fa}\right]=\left[K_a\omega_h^2 p_{13}\quad K_a\omega_h^2 p_{23}\quad K_a\omega_h^2 p_{33}\right] \tag{10-21}$$

因此，最优控制信号为

$$\begin{aligned}u=-KX&=\left[-K_f\quad -K_{fv}\ -K_{fa}\right]\begin{pmatrix}x_1\\x_2\\x_3\end{pmatrix}\\&=-K_f x_1-K_{fv}x_2-K_{fa}x_3\\&=-K\omega_h^2 p_{13}x_1-K\omega_h^2 p_{23}x_2-K\omega_h^2 p_{23}x_3\end{aligned} \tag{10-22}$$

式中： $K_f=K_a\omega_h^2 p_{13}$—— 位置反馈系数；

$K_{fv}=K_a\omega_h^2 p_{23}$—— 速度反馈系数；

$K_{fa}=K_a\omega_h^2 p_{33}$—— 加速度反馈系数。

于是该系统可用图 10-3 表示。

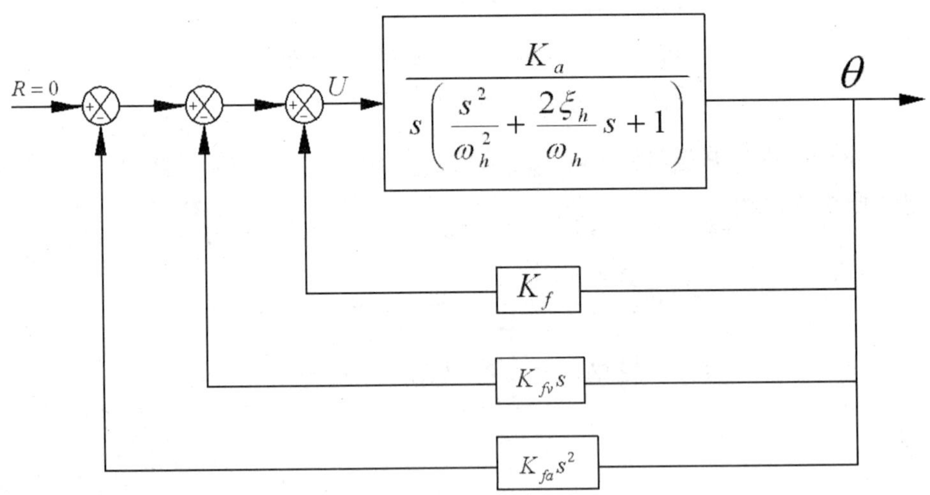

图 10-3　所求的系统方框图

这是一个三阶控制系统，有三个状态变量负反馈。

进行最优控制后，系统的闭环状态方程为

$$\begin{cases}\dot{X}(t)=AX(t)+BU(t)-BKX(t)=(A-BK)X(t)+BU(t)\\Y(t)=CX(t)\end{cases}\tag{10-23}$$

拉氏变换后，得出

$$[Is-A+BK]X(s)=BU(s)\tag{10-24}$$

因此，可以得到系统的闭环传递函数为

$$\Phi(s)=\frac{Y(s)}{U(s)}=C[Is-A+BK]^{-1}B\tag{10-25}$$

将矩阵 A、B、C、D 代入式（10-25）中，可以得出

$$\Phi(s)=\frac{K_a\omega_h^2}{s^3+\left(2\xi_h\omega_h+K_aK_{fa}\omega_h^2\right)s^2+\left(K_aK_{fv}\omega_h^2\right)s+K_aK_f\omega_h^2}\tag{10-26}$$

这是一个三阶系统，计算可以得到其频率特性

$$\Phi(j\omega)=\frac{K_a\omega_h^2\left[K_aK_f\omega_h^2-\left(2\xi_h\omega_h+K_aK_{fa}\omega_h^2\right)\omega^2\right]+j\left[1+K_aK_{fv}\omega_h^2\omega-\omega^3\right]}{\left[K_aK_f\omega_h^2-\left(2\xi_h\omega_h+K_aK_{fa}\omega_h^2\right)\omega^2\right]^2+\left[\left(1+K_aK_{fv}\right)\omega_h^2\omega-\omega^3\right]^2}\tag{10-27}$$

现在来分析 K_f、K_{fv}、K_{fa} 对幅频和相频的影响，即对频率特性的影响。

首先分析 K_f、K_{fv}、K_{fa} 参数对相频的影响。

$$\angle\Phi(j\omega)=-\arctan\frac{N}{M}=-\arctan\frac{\left(1+K_aK_{fv}\right)\omega_h^2\omega-\omega^3}{K_aK_f\omega_h^2-\left(2\xi_h\omega_h+K_aK_{fa}\omega_h^2\right)\omega^2}\tag{10-28}$$

由式（10-28）可以看出，K_a 一定的情况下，要提高系统的频宽，K_f 越大频宽越高，K_{fv}、K_{fa} 越小频宽越高，K_f、K_{fv}、K_{fa} 与加权矩阵 Q 有关。

因为 $K_f=p_{13}K_a\omega_h^2=\sqrt{q_1}$，所以 K_f 仅与 Q 阵中的 q_1 有关。而 $K_{fv}=p_{23}K_a\omega_h^2$、$K_{fa}=p_{23}K_a\omega_h^2$，由式（10-18）、(10-19)可知，$p_{23}$、$p_{33}$ 与 q_1、q_2、q_3 有关。当 q_1 一定时，与 q_2、q_3 有关，q_2、q_3 增加，$K_{fv}K_{fa}$ 也增加，而且 q_2 主要对 K_{fv} 起作用，q_3 主要对 K_{fa} 起作用。也就是说，q_1 对 K_f 加权，q_2 对 K_{fv} 加权，q_3 对 K_{fa} 加权。因此，要获得宽的相频，取 $q_2=q_3=0$ 比较合适。

从以上分析可以得出一个结论：对于可化简为三 K_f 阶的液压伺服系统进行最优设计时，选取最佳加权阵 Q 应为

$$Q=\begin{pmatrix} q_1 & 0 & 0 \\ 0 & 0 & 0 \\ 0 & 0 & 0 \end{pmatrix}$$

现在再来分析 K_a、Q 阵对频宽的影响，由于 $K_f=\sqrt{q_1}$，因此只分析 K_a、K_f 对频宽的影响。

从相角公式

$$\angle\Phi(j\omega)=-\arctan\frac{\left(i+K_aK_{fv}\right)\omega_h^2\omega-\omega^3}{K_aK_f\omega_h^2-\left(2\xi_h\omega_h+K_aK_{fa}\omega_h^2\right)\omega^2} \tag{10-29}$$

可以看出，K_a 与 K_f 的乘积越大，频带越宽。

10.3 负载干扰的补偿

10.3.1 动力机构负载流量的补偿

液压伺服系统的负载特性对整个系统的性能影响很大。所谓负载变化的补偿即提高系统抗负载干扰能力，已成为液压伺服系统研究中具有实际工程意义的课题。液压伺服系统的非线性主要由电液转换和控制元件（伺服阀、比例阀或节流阀）的节流特性和液压动力机构的滞环、死区及限幅等因素引起。对于后者引起的非线性（通常称为本质非线性）采用描述函数法已能取得较好的效果；对前者引起的非线性，目前还没有比较满意的统一处理方法。现有的处理方法是将描述系统特性的动态方程中的非线性项在工作点附近增量线性化（即取泰勒级数展开式的一次项），从而把非线性系统近似转化为工作点附近的增量线性系统，这样就可以采用线性系统理论对系统进行综合分析了。伺服系统非线性因素影响系统的性能，降低系统的精度，主要是引起系统静差并可能触发极限循环振荡的。因此，系统设计时要采用有效的补偿方式，尽量减小或避免非线性因素及负载变化给系统造成的影响。

液压动力机构的三个基本方程：

（1）阀的流量方程：

$$Q_L=K_qX_V-K_cp_L \tag{10-30}$$

（2）液压缸的连续性方程：

$$Q_L=A\frac{dy}{dt}+C_{tc}p_L+\frac{V_t}{4\beta_e}\frac{dp_L}{dt} \tag{10-31}$$

（3）液压缸和负载的力平衡方程：

$$F_g = Ap_L = m\frac{d^2y}{dt^2} + B_c\frac{dy}{dt} + Ky + \frac{F}{A} \tag{10-32}$$

式中：Q_L—— 负载流量；

K_q—— 伺服阀流量系数；

K_c—— 伺服阀流量压力系数；

A—— 活塞有效面积；

V_t—— 两个油腔的总容积；

C_{tc}—— 液压缸的总泄漏系数；

m—— 活塞及负载的总质量；

K—— 负载弹簧刚度；

F—— 作用在活塞上的任意外负载力；

F_g—— 液压缸的驱动力。

将式（10-30）、式（10-31)、式（10-32）拉氏变换，得出：

$$Q_L = K_q X_V - K_c p_L \tag{10-33}$$

$$Q_L = A_s Y - \left(C_{tc} + \frac{V_t}{4\beta_e}s\right)p_L \tag{10-34}$$

$$p_L = \frac{1}{A}\left(ms^2 + B_c s + K\right)Y + \frac{1}{A}F \tag{10-35}$$

因为

$$K_q = \frac{\partial Q_L}{\partial X_V} = C_d\omega\sqrt{\frac{1}{\rho}(p_s - p_L)}$$

$$K_c = -\frac{\partial Q_L}{\partial p_L} = \frac{C_d\omega X_V\sqrt{\frac{1}{\rho}(p_s - p_L)}}{2(p_s - p_L)}$$

式中：p_s—— 供油压力；

C_d—— 控制窗口处的流量系数；

ω—— 阀套节流窗口的面积梯度；

ρ—— 油液密度。

若将式（10-33）加以整理，可以得到阀的流量方程拉氏变换的另一种表示形式

$$Q_L = K_q^{'} X_V\sqrt{1 - \frac{p_L}{p_s}} \tag{10-36}$$

式中：X_V—— 阀芯位移。

若放大器及阀的前置级的传递函数为W_s，即$X_V = W_s I$，阀芯位移到流量的传递函数为W_V。因为放大器及前置级响应较快，所以可简化为$\dfrac{K_1}{T_V s+1}$，其中T_V为响应的时间常数，K_1为放大系数，则动力机构的流量特性如图 10-4 所示。

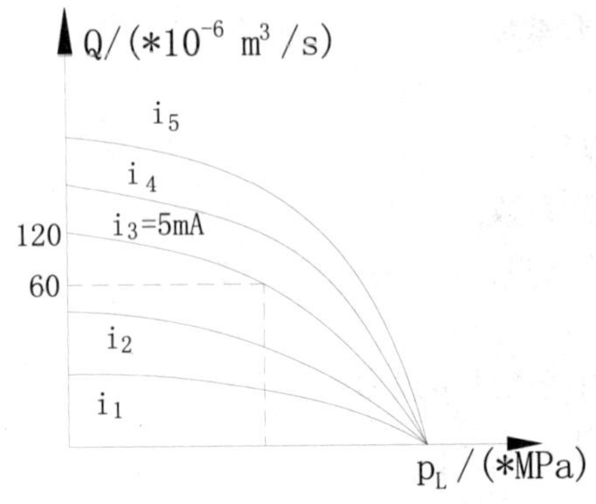

图 10-4　动力机构的流量特性

从图中可以看出，输入$i = 5mA, p_L = 0$时有$1.2\times10^{-4}\ m^3/s$的流量输出。若$p_L = 4\times10^6\ Pa$时，输出为$0.6\times10^{-4}\ m^3/s$的流量，即输入不变，由于负载压力增加则流量显著下降，因此系统的运动速度下降很多。在输入不变的情况下，速度表明了系统的刚度特性。系统的速度受负载影响越小，说明系统的刚度越大；反之则刚度越小，可以通过加校正来提高系统的刚度。

若加校正环节W_c和$W_c^{'}$，且使$W_c \cdot W_c' \approx 1$，这样可以减小伺服阀动态特性对系统性能的影响。设使$W_c \cdot W_c'$的传递函数为$T_V s+1$的一阶微分环节，使得

$$W_c = \frac{X_V}{i} = \frac{K}{K_q^{'}\sqrt{1-\dfrac{p_L}{p_s}}} \tag{10-37}$$

可以看出W_c的输入除i外，还需要负载压力p_L。加校正后的方块图如图 10-5 所示。

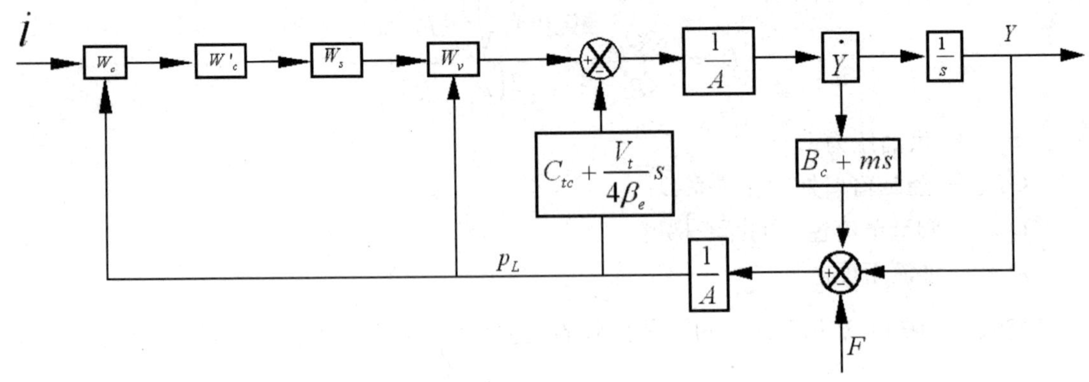

图 10-5　加校正后动力机构方框图

因为存在关系式

$$W_V=\frac{Q_L}{X_V}=K_q^{'}\sqrt{1-\frac{p_L}{p_s}} \tag{10-38}$$

所以$\frac{Q_L}{i}=K_VQ_L=K_i$，即输出流量与负载p_L无关，只与输入信号有关，并与输入信号成比例。

10.4　采用状态观测器实现干扰的补偿

为保证液压伺服系统的控制精度，不仅要求系统具有足够的频宽和阻尼比，而且要求有理想的静态、动态刚度，即较强的抗负载干扰的能力。对此需要对负载干扰进行测量，得出干扰量后进行系统干扰的前馈补偿。但一般情况下，负载干扰时的不确定性，使干扰的测量困难。本节将采用状态观测器预估干扰的办法预估出干扰，然后实时对系统干扰进行前馈补偿。

1. 复合控制基本原理

自动控制系统按其自身特性和发展状况分为单方向进行的开环控制、带有负反馈的闭环控制以满足较高控制要求的复合控制。引进前馈的所谓复合控制，在高精度的控制系统中得到了广泛地应用。如果扰动信号是可测量的，则应用前馈补偿扰动信号对系统输出的影响，将是一种有效的方法。采用前馈补偿，就是在可测扰动信号的不利影响产生之前，通过补偿通道对其进行补偿，来控制和抵消干扰对系统输出的影响。设具有前馈补偿的系统方块如图 10-6 所示，其中$W(s)$为被控制对象的传递函数，$W_c(s)$为用以提高系统动态性能而传入校正环节的传递函数，$W_f(s)$为扰动信号$F(s)$直接传输到系统输出$C(s)$的传递函数，$W_1(s)$为前馈通道的传递函数。由图 10-6 求得

$$\begin{aligned}C(s)&=W_c(s)W(s)\left[R(s)-C(s)+W_1(s)F(s)\right]+W_f(s)F(s)=\\&W_c(s)W(s)\left[R(s)-C(s)\right]+\left[W_c(s)W(s)W_1(s)+W_f(s)\right]F(s)\end{aligned} \tag{10-39}$$

式中，若取

$$W_c(s)W(s)W_1(s)+W_f=0 \tag{10-40}$$

则可看出，完全补偿扰动信号$F(s)$对系统输出$C(s)$的影响。这样前馈通道的传递函数$W_1(s)$可由式（10-40）确定，即

$$W_1(s)=-\frac{W_f(s)}{W_c(s)W(s)} \tag{10-41}$$

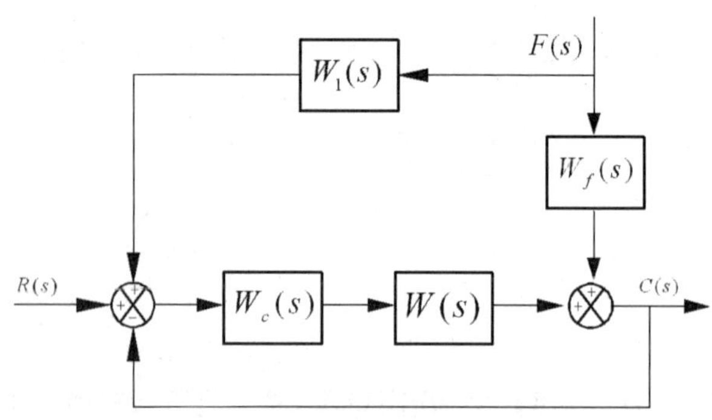

图 10-6 前馈控制系统方框图

需要注意的是，$W_1(s)$应具有物理可实现性，即需令$W_1(s)$分母多项式的阶数高于或等于其分子多项式的阶数。在一般情况下，实现对扰动信号的完全补偿是比较困难的，通常可做到近似全补偿。从补偿原因来看，由于前馈补偿实际上是采用开环控制的方法补偿扰动信号的影响，其优点如下：

① 根据外扰动引入附加作用可以显著地改善调节过程，并提高调节精度，理论上可以实现完全（或精度仅到自由分量）不变性调节；

② 有可能基本上按扰动控制进行调节和在补偿扰动影响遭到破坏或不完善的情况下，有可能把按偏差的调节作用简化为对调节过程实现最后校正；

③ 调节系统的装置比较简单、可靠；

④ 有可能降低总放大系数，提高调节过程的稳定性和快速性；

⑤ 附加的扰动作用对系统的稳定性没有影响。

因此，前馈补偿并不改变闭环系统（反馈控制系统）的特性，如闭环稳定性。但从抑制干扰角度来看，有前馈补偿存在时，则可降低对反馈系统的要求，如开环增益就可取得小些。这是因为可测干扰引起的误差将被前馈完全补偿或近似补偿，而由其他干扰引起的无偿可通过反馈予以消除或削弱，所以在复合控制系统中可以做到不增大系统开环增益的前提下提高系统抑制干扰的能力。另外，因为前馈控制属于开环控制，所以要求补偿装置的参数具有较高的稳定性，否则补偿装置的参数漂移将削弱前馈补偿的效果，同时还将给系统的输出增添新的误差。

2. 状态观测器的基本原理

对于线统系数通常并不是全部状态是可以直接测量的，这就给状态反馈及某些物理量的测量带来困难，从而提出了状态重构的问题。能否从系统的可量测参量，如输出y和输入u，来重新构造一个状态$\tilde{x}$，使之在一定的指标下与系统的真实状态x等价。设原系统是可观测且可微的，其动态方程为

$$\begin{aligned}&\dot{x}=A(t)x(t)+B(t)u(t)\\&x(t_0)=x_0\\&y=C(t)x(t)\end{aligned}\tag{10-42}$$

以原系统的输入 $u(t)$ 和输出 $y(t)$ 作为重构系统 $\tilde{\Sigma}$ 的输入，其动态过程可描述为

$$\dot{\tilde{x}} = D(t)\tilde{x}(t) + E(t)u(t) + F(t)x(t) \tag{10-43}$$

$$\tilde{x}(t_0) = \tilde{x}_0$$

同时设法调整观测器，使 $\tilde{x}(t) = x(t)$，对其求导得出

$$\dot{\tilde{x}}(t) = \dot{x}(t)A(t)x(t) + B(t)u(t) = D(t)\tilde{x}(t) + E(t)u(t) + F(t)x(t) \tag{10-44}$$

即

$$\left[D(t) - A(t) + F(t)\right]x(t) + \left[E(t) - B(t)\right]u(t) = 0 \tag{10-45}$$

当 $x(t)$、$u(t)$ 不等于零时，要想满足式（10-45），必须

$$\left.\begin{aligned} &D(t) - A(t) + F(t) = 0 \\ &E(t) = B(t) \end{aligned}\right\} \tag{10-46}$$

令

$$F(t) = W(t)C(t) \tag{10-47}$$

则根据上述条件设计的状态观测器为

$$\begin{aligned} &\dot{\tilde{x}} = D(t)\tilde{x}(t) + E(t)u(t) + F(t)x(t) = \\ &\left[A(t) - W(t)C(t)\right]\dot{\tilde{x}}(t) + B(t)u(t) + W(t)C(t)x(t) \end{aligned} \tag{10-48}$$

式中，$W(t)$ 为 $y - \tilde{y}$ 反馈矩阵，可用图 10-7 所示的方块图实现。

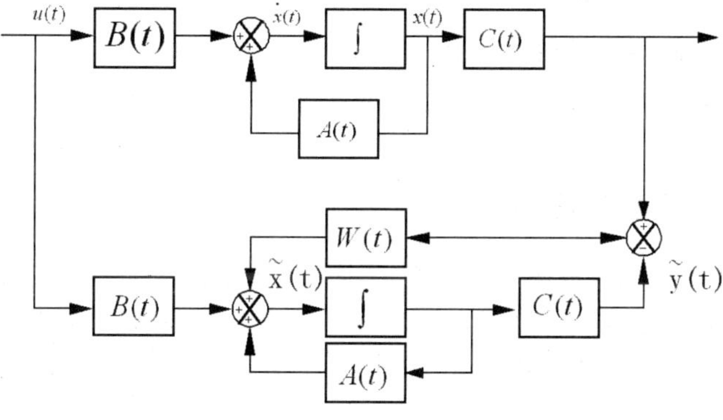

图 10-7　用状态观测器进行状态重构的方框图

将式（10-42）前一个方程与式（10-48）相减可得出

$$\dot{x}-\dot{\tilde{x}}=Ax-A\tilde{x}-WC\left(x-\tilde{x}\right)=\left(A-WC\right)\left(x-\tilde{x}\right)$$

从而有

$$x(t)-\tilde{x}(t)=e^{(A-WC)t}\left(x_0-\tilde{x}_0\right) \tag{10-49}$$

因为原系统 A 、C 是完全可观测的，所以总是可以通过选择反馈矩阵 W ，使其满足 $\lim\limits_{t\to\infty}\left[x(t)-\tilde{x}(t)\right]=0$ ，并使 $\tilde{x}$ 和 x 之间具有任意的逼进速度，这就是观测器的基本思想。状态观测器分为全维状态观测器和降维状态观测器，全维状态观测器就是以被观测系统的输入 u 、输出 y 为输入的 n 维动态系统，无论该系统与原系统之间初始状态的关系如何，该系统的输出 $\tilde{x}(t)$ 和原系统的状态 $x(t)$ 之间总有

$$\lim_{t\to\infty}\tilde{x}(t)=\lim_{t\to\infty}x(t) \tag{10-50}$$

如图 10-7 所示的系统，全维状态观测器的方程为

$$\left.\begin{aligned}&\dot{\tilde{x}}=A\tilde{x}+Bu+W\left(y-C\tilde{x}\right)=\left(A-WC\right)\tilde{x}+Bu+Wy\\&\tilde{x}(0)=\tilde{x}_0\end{aligned}\right\} \tag{10-51}$$

其中，$W\left(y-C\tilde{x}\right)$ 是反馈修正项，作用是用 $\tilde{y}(t)$ 来消除 $\tilde{x}(t)$ 的误差；$\tilde{y}=y-C\tilde{x}$ 为原系统输出和状态观测器所重构状态之间的误差。由式（10-45）和式（10-51）可导出 $\hat{x}=x-\tilde{x}$ 所应满足的状态方程为

$$\hat{x}=\left(A-WC\right)\hat{x}，\ \hat{x}(0)=\hat{x}_0=x_0-\tilde{x}_0 \tag{10-52}$$

它表明，不管初始 $\hat{x}_0$ 有多少，只要适当地选择 G ，使得 $A-GC$ 的所有特征值均具有负实部，则式（10-50）成立，即式（10-51）实现了状态的渐进重构。而在实际中，只要 t 足够大，就可以认为 $\tilde{x}(t)$ 和 $x(t)$ 很接近了。式（10-51）称渐进状态观测器。

如果 m 个输出变量能作为测得的状态，该部分的状态便可直接加以利用而无须状态观测器重构。这样由状态观测器估计的状态数目可以降低，这类状态观测器称为降维状态观测器。降维观测器的最小维数为 $n-m$ ，这样就只需较少的积分器，简化了状态观测器的结构，在工程应用中具有重要意义。

1. 利用观测器预估干扰的复合控制

液压伺服系统所受的干扰很多，如负载的干扰、油温的干扰及供油压力的波动等都会对系统的输出产生影响，而这些影响都可以通过前向通道的放大系数的调整及校正来克服。根据状态观测器原理，首先预估负载干扰，然后用复合控制实现系统抗负载干扰能力的增强及特性的改善。

以典型的位置控制系统为例，其原理图如图 10-8 所示。

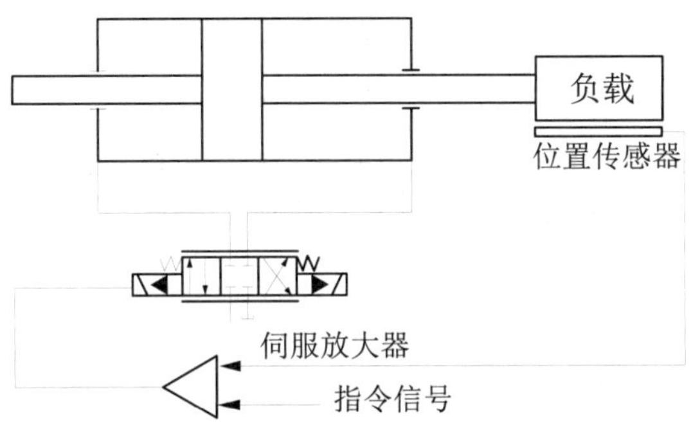

图 10-8　电液位置控制原理图

系统开环传递函数为

$$W_h(s)=\frac{K_v}{s\left(\frac{s^2}{\omega_h^2}+\frac{2\xi_h}{\omega_h}s+1\right)} \tag{10-53}$$

式中：K_v—— 系统开环增益，$K_v=K_aK_VK_f/A$；

ω_h—— 系统液压固有频率；

ξ_h—— 系统阻尼比。

由液压位置伺服系统的状态方程为

$$\begin{cases}X=AX+BK\\Y=CX\end{cases} \tag{10-54}$$

电液伺服系统方框图如图 10-9 所示。

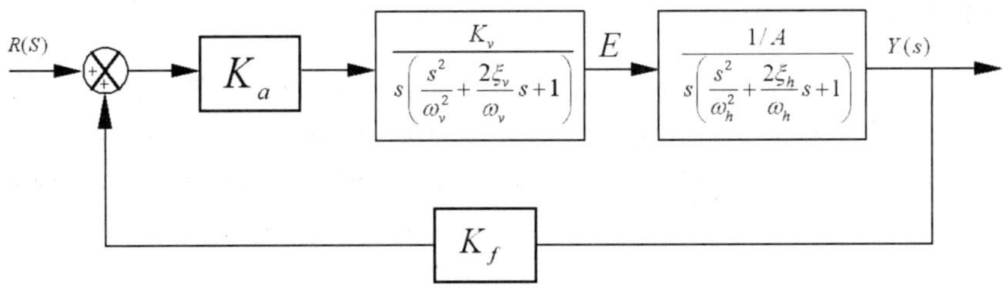

图 10-9　电液伺服系统方框图

$$\frac{Z}{\varepsilon}=\frac{K_aK_V}{\frac{s^2}{\omega_V^2}+\frac{2\xi_V}{\omega_h}s+1} \tag{10-55}$$

$$\frac{Y}{Z}=\frac{K}{\frac{s^3}{\omega_h^2}+\frac{2\xi_h}{\omega_h}s^3+s} \tag{10-56}$$

$$\varepsilon=r-K_fY$$

$$\begin{bmatrix}\dot{x}_1\\ \dot{x}_2\\ \dot{x}_3\\ \dot{x}_4\\ \dot{x}_5\end{bmatrix}=\begin{bmatrix}0 & 1 & 0 & 0 & 0\\ 0 & 0 & 1 & 0 & 0\\ 0 & -\omega_V^2 & -2\xi_h\omega_h & k\omega_V^2 & 0\\ 0 & 0 & 0 & 0 & 1\\ -K_aK_V\omega_V^2 & 0 & 0 & -\omega_V^2 & -2\xi_v\end{bmatrix}\begin{bmatrix}x_1\\ x_2\\ x_3\\ x_4\\ x_5\end{bmatrix}+\begin{bmatrix}0\\ 0\\ 0\\ 0\\ K_aK_V\omega_V^2\end{bmatrix}u \tag{10-57}$$

$$Y=\begin{bmatrix}1 & 0 & 0 & 0 & 0\end{bmatrix}\begin{bmatrix}x_1\\ x_2\\ x_3\\ x_4\\ x_5\end{bmatrix}$$

$$a=\begin{bmatrix}0 & 1 & 0 & 0 & 0\\ 0 & 0 & 1 & 0 & 0\\ 0 & -\omega_V^2 & -2\xi_h\omega_h & K\omega_V^2 & 0\\ 0 & 0 & 0 & 0 & 1\\ -K_aK_V\omega_V^2 & 0 & 0 & -\omega_V^2 & -2\xi_V\omega_V\end{bmatrix}\quad b=\begin{bmatrix}0\\ 0\\ 0\\ 0\\ K_aK_V\omega_V^2\end{bmatrix}$$

$$c=\begin{bmatrix}1 & 0 & 0 & 0 & 0\end{bmatrix}$$

$$d=0$$

编程序求解判断系统是否可以观测，如果可以观测，则求出观测器的状态方程。

2. 利用观测器的输出提高系统刚度

液压伺服系统加入速度校正及压力反馈校正后，系统的频宽增加，阻尼比增大，但系统的刚度却降低了，这样负载干扰引起的误差将很大。为了消除此误差，可以利用观测器观测到的干扰量前馈补偿，以减小干扰引起的误差，提高系统刚度。利用观测器进行补偿的复合控制的方框图如图 10-10 所示。

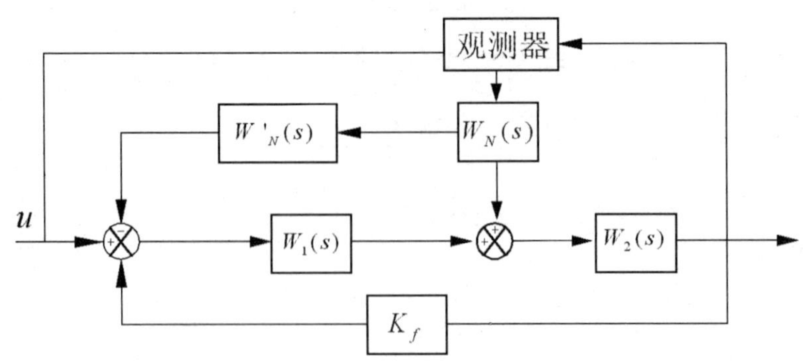

图 10-10　利用观测器进行补偿的复合控制的方框图

补偿前系统的刚度为

$$\left|\frac{N}{y}\right| = \left|\frac{1-K_f W_1(s) W_2(s)}{W_2(s) W_N(s)}\right| \tag{10-58}$$

把观测器中得到的干扰量前馈补偿后，系统刚度为

$$\left|\frac{N}{y}\right| = \left|\frac{1+K_f W_1(s) W_2(s)}{W_2(s) W_N(s) + W_1(s) W_2(s) W_N^{'}(s)}\right| \tag{10-59}$$

可以看出适当选取$W_N(s)$，可以提高系统刚度，减小系统的误差。系统中的干扰量用观测器得到，若把电液伺服阀看作比例环节，可得到增广矩阵方程和输出方程

$$\begin{cases} \overline{X} = \overline{A}\overline{X} + \overline{B}\overline{N} \\ \overline{Y} = \overline{C}\overline{X} \end{cases} \tag{10-60}$$

式中：

$$\overline{X} = \begin{bmatrix} N & y & \dot{y} & p_L \end{bmatrix}$$

$$\overline{Y} = \begin{bmatrix} y & \dot{y} & p_L \end{bmatrix}^T$$

$$\overline{A} = \begin{pmatrix} 0 & 0 & 0 \\ 0 & 0 & 1 \\ -\dfrac{1}{m} & 0 & \\ 0 & 0 & -\dfrac{4\beta_e A}{V_t} \end{pmatrix} \qquad \overline{B} = \begin{bmatrix} 0 \\ 0 \\ 0 \\ \dfrac{4\beta_e K_V K_a}{V_t} \end{bmatrix}$$

位置伺服系统采用速度和压力反馈后扩展了频宽，增加了阻尼，提高了系统的动态性能。采用状态观测器估计出干扰，再利用复合控制的原理进行补偿后，系统刚度明显增加，提高了电液伺服系统的精度。

10.5　状态空间表达式的建立

利用状态空间法分析系统，要先建立给定系统的状态空间表达式，或者称状态空间描述。其建立方法如下：

（1）根据控制系统的工作原理选取状态变量，建立微分/差分方程，再将其整理、规范化即可。这种方法的前半部分（根据物理定律列些方程）与古典控制论相同，但在整理、规范化方程的过程中，中间变量不再被全部消去，通常被选为状态变量来描述系统的内部状态，有关这部分的内容可参见第 3 章。

（2）由系统的某种模型转化而来。一般有两种方法：其一是从系统的结构图出发，建立

系统的状态变量图，然后由状态变量图写出相应的状态空间表达式；其二是通过系统的传递函数矩阵（或脉冲响应函数矩阵）建立，这种通过传递函数建立与输入输出特性吻合的状态空间描述问题常被称为实现问题。相应地，状态空间描述称为传递函数矩阵的一个实现。

下面讨论由系统已知模型建立状态空间表达式的两种方法。

10.5.1 由结构图模型建立状态空间表达式

所谓状态变量图，是由积分器、放大器和加法器构成的图形表示，图中每个积分器的输出定义为状态变量。状态变量图既描述了状态变量之间的相互关系，又说明了状态变量的物理含义。

例如，当将一阶系统$G(s)=\dfrac{K(taos+1)}{Ts+1}$表示为

$$G(s)=\frac{K}{T}\left[\frac{tao}{1+\frac{1}{T}s^{-1}}+\frac{s^{-1}}{1+\frac{1}{T}s^{-1}}\right]$$

时，则可以用 simulink 绘制方框图，如图 10-11（a）所示的阶跃输入的一阶系统的状态变量图。在 MATLAB 命令窗口中输入 K=10;T=0.81;tao=10;后运行方框图，再在 MATLAB 命令窗口输入：

```
>> plot(tout,yout,'k','linewidth',1)
>> grid
```

得到如图 10-11（b）所示的阶跃响应曲线。

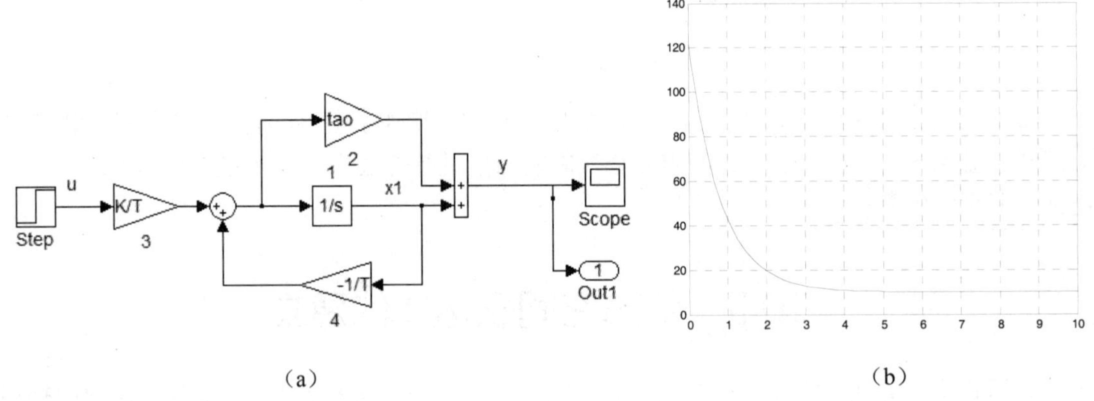

（a）　　　　（b）

图 10-11　一阶系统状态变量图和阶跃响应曲线

根据状态变量图，可以列写状态空间表达式为

$$\begin{cases}\dot{x}_1=-\dfrac{1}{T}y+\dfrac{K}{T}u\\ y=x_1+tao\,\dot{x}_1=(1-\dfrac{tao}{T})x_1+\dfrac{Ktao}{T}u\end{cases}$$

当 tao=0 时，即为典型一阶系统，其状态空间表达式也可简化为

$$\begin{cases} \dot{x}_1 = -\dfrac{1}{T}x_1 + \dfrac{K}{T}u \\ y = x_1 \end{cases}$$

对于二阶系统 $G(s) = \dfrac{KW^2{}_n(taos+1)}{s^2 + 2zuniW_n s + Wn^2}$ 可以表示为

$$G(s) = KW^2{}_n \frac{(taos^{-1} + s^{-2})}{1 + 2zuniW_n s^{-1} + Wn^2 s^{-2}}$$

绘制 SIMULINK 如图 10-12（a）所示。在 MATLAB 命令窗口中输入：

```
 >> zuni=0.3;Wn=88;tao=1;K=10000;
>> plot(tout,yout,'k','linewidth',1)
>> grid
```

生成如图 10-12（b）所示的阶跃响应曲线。

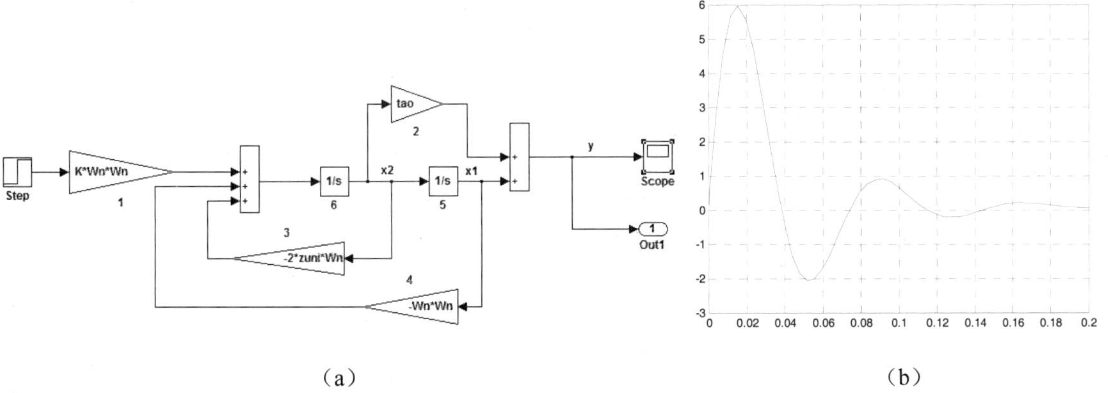

（a）　　　　　　（b）

图 10-12　二阶系统状态变量图与阶跃响应曲线

由图 10-12（a）得出状态空间表达式为

$$\begin{cases} \dot{x}_1 = x_2 \\ \dot{x}_2 = -W^2nx_1 - 2zuniWnx2 + KWn^2u \\ y = x_1 + taox_2 \end{cases}$$

表示矩阵的形式为

$$\begin{cases} \begin{bmatrix} \dot{x}_1 \\ \dot{x}_2 \end{bmatrix} = \begin{bmatrix} 0 & 1 \\ -W^2n & -2zuniWn \end{bmatrix} \begin{bmatrix} x_1 \\ x_2 \end{bmatrix} + \begin{bmatrix} 0 \\ KW^2n \end{bmatrix} u \\ y = \begin{bmatrix} 1 & tao \end{bmatrix} \begin{bmatrix} x_1 \\ x_2 \end{bmatrix} \end{cases}$$

当二阶系统为位置伺服系统时，状态 x_1 为位置量，状态 x_2 为速度量，于是可以看出，二阶系统的状态空间表达式建立了系统加速度、速度、位置量之间的关系，即通过改变系统的加速度，使速度产生变化，进而改变系统的位置。

对于一般以结构图形表示的系统，可以先将系统简化为一阶系统或二阶系统的串联，然后按照前面所述的方法，将最简环节的输出选为状态变量，从而得出系统的状态空间表达式。

【例 10-1】 控制系统方框图如图 10-13（a）所示，输入为 u，输出为 y，试求其状态空间表达式。

解： 由图 10-13（a）可以看出，该系统开环传递函数由三个惯性环节串联而成。于是利用前面所述的方法，由 SIMULINK 可以得到图 10-13（b）所示的状态变量图。

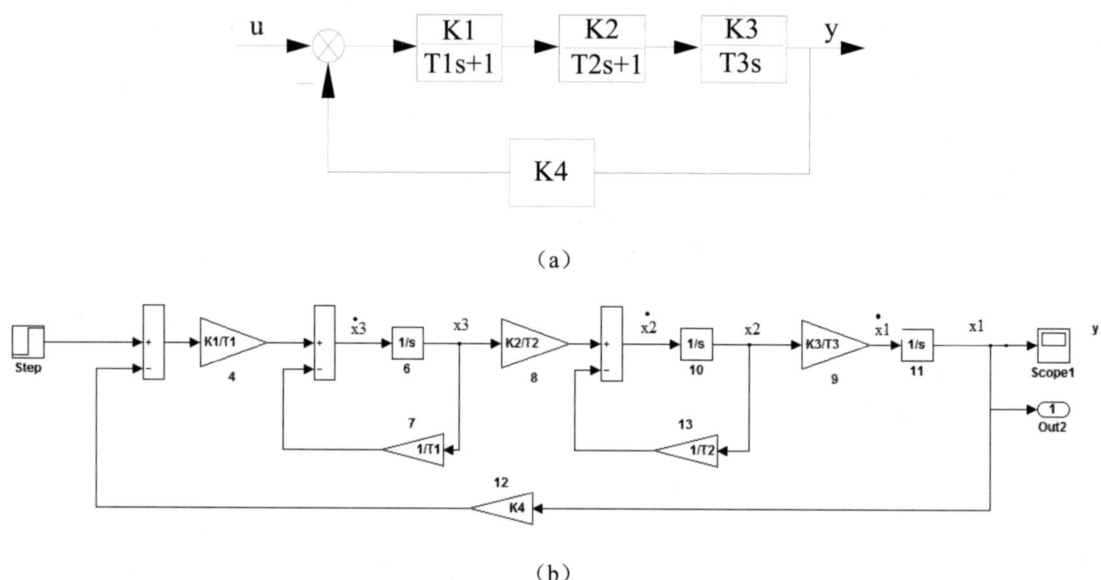

图 10-13　系统结构图与状态变量图

由状态变量图列出变量之间的对应关系：

$$\dot{x}_1 = \frac{K_3}{T_3}x_2$$

$$\dot{x}_2 = -\frac{1}{T_2}x_2 + \frac{K_2}{T_2}x_3$$

$$\dot{x}_3 = -\frac{K_1K_4}{T_1}x_1 - \frac{1}{T_1}x_3 + \frac{K_1}{T_1}u$$

$$y = x_1$$

于是以矩阵形式表示的状态空间模型为

$$\begin{cases}\dot{x}=\begin{bmatrix}0 & \dfrac{K_3}{T_3} & 0\\ 0 & -\dfrac{1}{T_2} & \dfrac{K_2}{T_2}\\ -\dfrac{K_1K_4}{T_1} & 0 & -\dfrac{1}{T_1}\end{bmatrix}x+\begin{bmatrix}0\\0\\ \dfrac{K_1}{T_1}\end{bmatrix}u\\ y=\begin{bmatrix}1 & 0 & 0\end{bmatrix}x\end{cases}$$

可以看出，由结构图建立状态空间表达式的方法适应于系统由多个较为独立的环节组成的情况。

10.5.2　由传递函数模型建立状态空间表达式

对式（10-4）进行 Laplace 变换：

$$X(s)=(sI-A)^{-1}BU(s)$$

$$Y(s)=CX(s)+DU(s)$$

将式（10-9）代入式（10-10）得出

$$G(s)=\frac{Y(s)}{U(s)}=C(sI-A)^{-1}B+D$$

以上命题的逆命题恰好就是线性定常系统的实现问题，即已知系统的传递函数矩阵，如何确定 A,B,C,D；求出对应的状态方程和输出方程。

考虑控制系统传递函数的一般形式为

$$G(s)=\frac{Y(s)}{U(s)}=\frac{b_{n-1}s^{n-1}+b_{n-2}s^{n-2}+\cdots+b_1s+b_0}{s^n+a_{n-1}s^{n-1}+\cdots+a_1s+a_0}$$

对其进行因式分解，则有

$$G(s)=\sum_{i=1}^{k}\frac{k_i}{s-s_i}+\sum_{i=1}^{k}\frac{k_{k+1,l}}{(s-s_{K+1})^{l_1-l}}+\sum_{i=1}^{k}\frac{k_{k+m,l}}{(s-s_{K+m})^{l_m-l}}$$

其中：$s_1,s_2,\cdots s_k$ 为单极点，s_{k+1} 为 l1 重极点，s_{k+m} 为 lm 重极点，且 $k+\sum_{i=1}^{m}l_i=n$，于是有

$$\begin{aligned}Y(s)&=\sum_{i=1}^{k}\frac{k_i}{s-s_i}U(s)+\sum_{i=1}^{k}\frac{k_{k+1,l}}{(s-s_{K+1})^{l_1-l}}U(s)+\cdots+\sum_{i=1}^{k}\frac{k_{k+m,l}}{(s-s_{K+m})^{l_m-l}}U(s)\\&=\sum_{i=1}^{k}k_ix_i(s)+\sum_{i=1}^{k}k_{k+1,l}x_i(s)+\cdots+\sum_{i=1}^{k}k_{k+m,l}x_i(s)\end{aligned}$$

其中单极点部分有

$$x_i(s)=\frac{1}{s-s_i}U(s)\quad (\mathrm{i}=1,2,\cdots,\mathrm{k})$$

$$sx_i(s)=s_i x_i(s)+U(s)\quad (\mathrm{i}=1,2,\cdots,\mathrm{k})$$

Laplace 反变换得出

$$\dot{x}_i=s_i x_i+u\quad (\mathrm{i}=1,2,\cdots,\mathrm{k})$$

表示成矩阵的形式，为

$$\begin{bmatrix}\dot{x}_1\\ \dot{x}_2\\ \cdot\\ \cdot\\ \cdot\\ \dot{x}_k\end{bmatrix}=\begin{bmatrix}s_1 & 0 & 0 & 0 & 0 & 0\\ 0 & s_2 & 0 & 0 & 0 & 0\\ 0 & 0 & \cdot & 0 & 0 & 0\\ 0 & 0 & 0 & \cdot & 0 & 0\\ 0 & 0 & 0 & 0 & \cdot & 0\\ 0 & 0 & 0 & 0 & 0 & s_k\end{bmatrix}\begin{bmatrix}x_1\\ x_2\\ \cdot\\ \cdot\\ \cdot\\ x_k\end{bmatrix}+\begin{bmatrix}1\\ 1\\ \cdot\\ \cdot\\ \cdot\\ 1\end{bmatrix}u \tag{10-61}$$

系统状态矩阵为对角型，若系统所有极点均为单极点，$k=n$，则得到的状态空间模型称为对角规范型。

l_1重极点部分有

$$x_{k+1}(s)=\frac{1}{(s-s_{k+1})^{l_1}}U(s)=\frac{1}{(s-s_{k+1})}x_{k+2}(s)$$

$$x_{k+2}(s)=\frac{1}{(s-s_{k+1})^{l_1-1}}U(s)=\frac{1}{s-s_{k+1}}x_{k+3}(s)$$

……

$$x_{k+l_1}(s)=\frac{1}{s-s_{k+1}}U(s)=\frac{1}{s-s_{k+1}}x_{k+l_1-1}(s)$$

l_1重极点部分化为向量形式有

$$\dot{x}_{k+1}(s)=s_{k+1}x_{k+1}+x_{k+2}(s)$$

$$\dot{x}_{k+2}(s)=s_{k+1}x_{k+2}+x_{k+3}(s)$$

……

$$\dot{x}_{k+l_1}(s)=s_{k+1}x_{k+l_1}+U(s)$$

Laplace 逆变换后有

$$\dot{x}_{k+1}=s_{k+1}x_{k+1}+x_{k+2}$$

$$\dot{x}_{k+2}=s_{k+1}x_{k+2}+x_{k+3}$$

……

$$\dot{x}_{k+l_1}=s_{k+1}x_{k+l_1}+u$$

表示成矩阵的形式有

$$\begin{bmatrix}\dot{x}_{k+1}\\ \dot{x}_{k+2}\\ \cdot\\ \cdot\\ \cdot\\ \dot{x}_{k+l_1}\end{bmatrix}=\begin{bmatrix}s_{k+1} & 1 & 0 & 0 & 0 & 0\\ 0 & s_{k+1} & 1 & 0 & 0 & 0\\ 0 & 0 & \cdot & \cdot & 0 & 0\\ 0 & 0 & 0 & \cdot & \cdot & 0\\ 0 & 0 & 0 & 0 & \cdot & 1\\ 0 & 0 & 0 & 0 & 0 & s_{k+1}\end{bmatrix}\begin{bmatrix}x_{k+1}\\ x_{k+2}\\ \cdot\\ \cdot\\ \cdot\\ x_{k+l_1}\end{bmatrix}+\begin{bmatrix}0\\ 0\\ \cdot\\ \cdot\\ \cdot\\ 1\end{bmatrix}u \tag{10-62}$$

该状态方程为约当型，若 $l_1=n$，即系统极点为一个 n 重极点，则得到的状态空间模型为约当标准型。于是当系统中既存在单极点又有重极点时，状态空间模型为式（10-61）+式（10-62），其输出方程为

$$y=\begin{bmatrix}k_1 & k_2 & \cdot & \cdot & \cdot & k_k & k_{k+1,l_1} & \cdots & k_{k+m,1} & \cdots & \cdots & k_{k+m,l_m}\end{bmatrix}\begin{bmatrix}x_1\\ \cdots\\ x_k\\ \cdots\\ x_n\end{bmatrix}$$

【例 10-2】 设线性系统的传递函数为 $\dfrac{Y(s)}{U(s)}=\dfrac{2s^3+7s^2+4s+2}{(s+3)(s+4)(s+2)^2}$，试确定系统的状态空间表达式。

解法 1： 首先对传递函数进行因式分解，有

$$\frac{Y(s)}{U(s)}=\frac{-1}{(s+3)}+\frac{7.5}{s+4}+\frac{4.5}{(s+2)^2}+\frac{3}{s+2}$$

于是状态空间模型为

$$\dot{x}=\begin{bmatrix}-3 & 0 & 0 & 0\\ 0 & -4 & 0 & 0\\ 0 & 0 & -2 & 1\\ 0 & 0 & 0 & -2\end{bmatrix}x+\begin{bmatrix}1\\1\\0\\1\end{bmatrix}u$$

$$y=\begin{bmatrix}-1 & 7.5 & -4.5 & 3\end{bmatrix}x$$

其对应的状态变量如图 10-14（a）所示。图中各环节是并联方式连接的，这种实现方式称为并联实现。

运行图 10-4（a）所示的 SIMULINK 图后，在 MATLAB 命令窗口中输入：

```
>> plot(tout,yout,'k','linewidth',1.5)
>> grid
>> xlabel('time(s)')
>> ylabel('y(t)')
```

得到系统阶跃响应曲线，如图 10-14（b）所示。

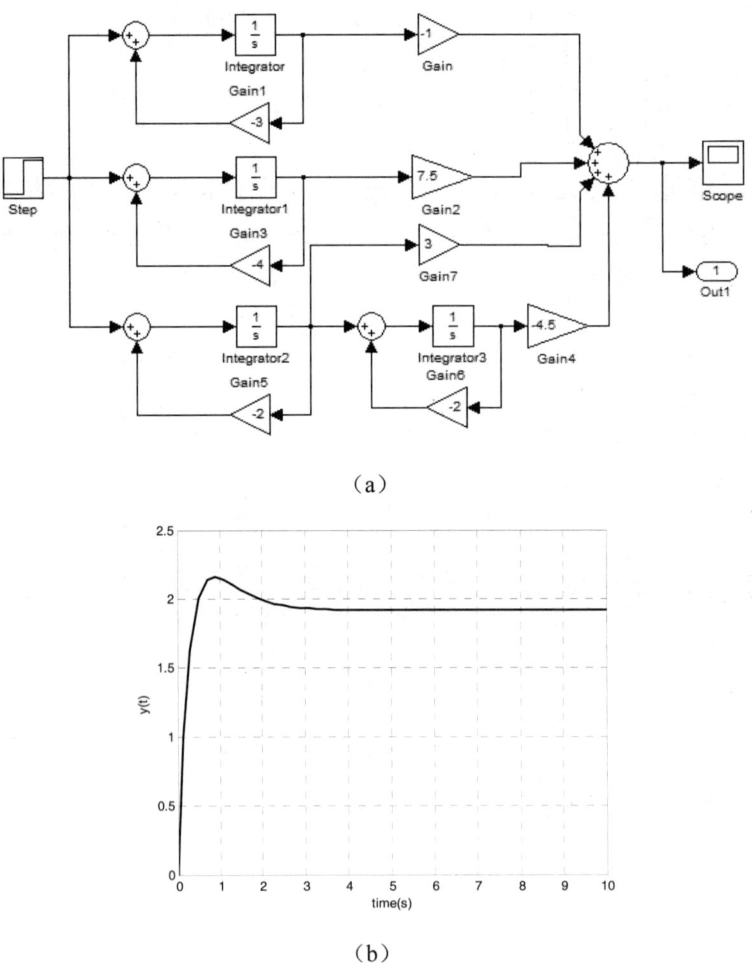

（a）

（b）

图 10-14　系统状态变量 SIMULINK 图和阶跃响应曲线

解法 2：将传递函数展开为

$$\frac{Y(s)}{U(s)}=\frac{2s^3+7s^2+4s+2}{s^4+11s^3+44s^2+76s+48}$$

分子分母同除以 s4，则有

$$\frac{Y(s)}{U(s)}=\frac{2s^{-1}+7s^{-2}+4s^{-3}+2s^{-4}}{1+11s^{-1}+44s^{-2}+76s^{-3}+48s^{-4}}$$

于是 simulink 状态变量图如图 10-15 所示，以积分器输出状态变量为 x_1,x_2,x_3,x_4，可得出的状态方程如下，这是一种直接实现的方式。

$$\begin{cases}\begin{bmatrix}\dot{x}_1\\ \dot{x}_2\\ \dot{x}_3\\ \dot{x}_4\end{bmatrix}=\begin{bmatrix}0 & 1 & 0 & 0\\ 0 & 0 & 1 & 0\\ 0 & 0 & 0 & 1\\ -48 & -76 & -44 & -11\end{bmatrix} \\ y=\begin{bmatrix}2 & 4 & 7 & 2\end{bmatrix}\begin{bmatrix}x_1\\ x_2\\ x_3\\ x_4\end{bmatrix}\end{cases}$$

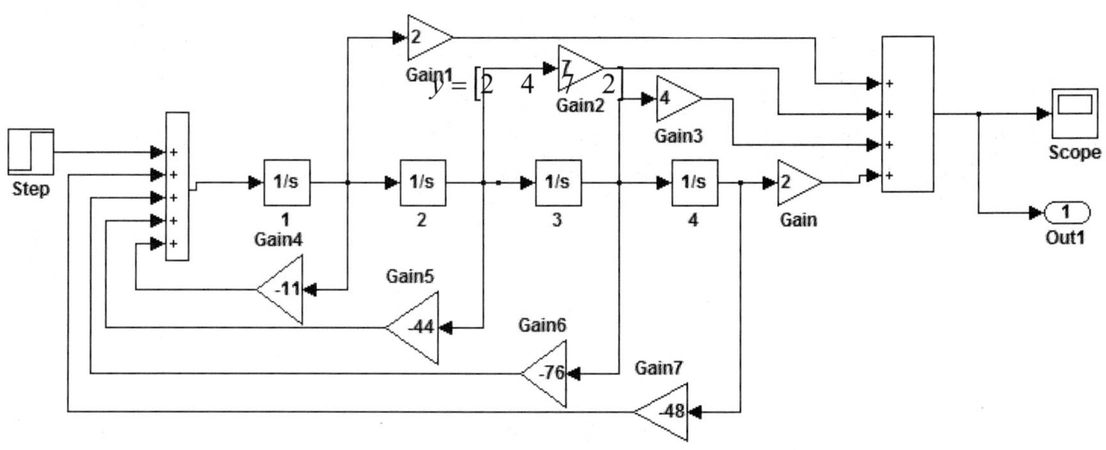

图 10-15　系统状态变量 SIMULINK 图

在 MATLAB 窗口中输入以下指令：

```
>>plot(tout,yout,'k','linewidth',1.5)
>> grid
>> xlabel('time(s)')
>> ylabel('y(t)')
```

得到如图 10-16 所示的时域阶跃响应曲线。

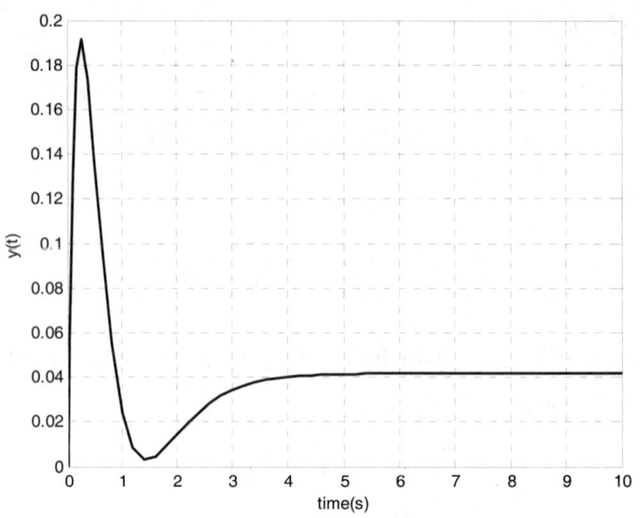

图 10-16　系统的阶跃响应曲线

10.6　状态变换

随着状态变量选取的不同，以及系统结构环节拆分方法的不同，同一个系统的状态空间表达式是不相同的，即状态空间表达式不唯一。换句话说，就是对于一个给定的系统，选取多组状态变量，相应地就有多种状态空间表达式表述同一系统。所选取的各组状态向量之间实际上是一种矢量的线性变换（或称坐标变换）关系。采用不同的变换矩阵，就可以得到不同的状态空间表达式，如前面提到的对角型、约当标准型、能控标准型等。

10.6.1　状态向量的非唯一性及特征不变性

假设给定系统

$$\begin{cases} \dot{x} = Ax + Bu \\ y = Cx + Du \quad \mathrm{x}(0) = \mathrm{x}_0 \end{cases} \tag{10-63}$$

总可以找到一个非奇异矩阵 T，将原状态向量 x 变换为另一状态向量 z，即当将线性变换 $x = Tz$ 代入上式时，有

$$\begin{cases} \dot{z} = T^{-1}ATz + T^{-1}Bu = \tilde{A}z + \tilde{B}u \\ y = CTz + Du \quad \mathrm{z}(0) = T^{-1}\mathrm{x}_0 \end{cases} \tag{10-64}$$

系统的状态变量由 x 变为 z，动态方程由式（10-63）变为式（10-64），这个过程称为状态变换。由于变换矩阵 T 只需满足非奇异的条件，因此状态变换可以有多种，也同时说明了对于某一输入输出关系，描述它的动态方程与状态变量可以有多种。

由以上两式可以看出，状态变换对于状态方程 A 而言是相似变换的，而相似变换不改变特征值，即若变换后系统的特征值为λ，则其特征方程为

$$\begin{aligned}\left|\lambda I-T^{-1}AT\right|&=\left|T^{-1}\lambda T-T^{-1}AT\right|=\left|T^{-1}(\lambda T-AT)\right|\\&=\left|T^{-1}\right|\left|\lambda I-A\right|\left|T\right|=\left|\lambda I-A\right|\end{aligned}$$

可以看出，线性变换后系统的调整值不变。

对于线性定常系统，特征值是描述系统动力学特性的一个重要参量，也是系统传递函数的极点。虽然系统的状态空间表达式形式并不唯一，但由于描述的是同一系统，因此系统的特征值不应随模型表达式的不同而改变，即线性变换不改变系统的特征值。

【例 10-3】已知系统状态方程为

$$\dot{x}=\begin{bmatrix}0&1&0\\0&0&1\\-6&-11&-6\end{bmatrix}x+\begin{bmatrix}0\\0\\1\end{bmatrix}u$$

对其进行坐标变换，变换矩阵为

$$T=\begin{bmatrix}1&1&1\\-1&-1&-3\\1&4&9\end{bmatrix},$$

试验证系统的调整值的不变性。

解：将系统从状态空间坐标系 x 利用变换矩阵 T 变换到坐标系 z 时满足式（10-64），利用 MATLAB 程序，求变换后的系统及变换前后的特征值。

以下分析运用了 MATLAB 中求矩阵特征值及特征向量函数 eig()、矩阵求逆函数 inv()。当调用格式$e=eig(X)$，则给出方阵 X 的特征值；若调用格式$[V,D]=eig(X)$，则返回值 D，即以特征值为对角线元素的对角矩阵，V 为满足 XV=XD 成立的特征向量构成的满秩矩阵。MATLAB 程序如下：

```
A=[0 1 0;0 0 1;-6 -11 -6];
B=[0 0 1]';
T=[1 1 1;-1 -2 -3;1 4 9];
T1=inv(T);
A1=T1*A*T
a=eig(A)'
a1=eig(A1)'
```

运行上述程序得到如下结果：

```
A1 =
    -1.0000    0.0000    -0.0000
     0.0000   -2.0000     0.0000
    -0.0000   -0.0000    -3.0000
```

```
B1 =
     0.5000
    -1.0000
     0.5000
a =
    -1.0000    -2.0000    -3.0000
a1 =
    -1.0000    -2.0000    -3.0000
```

可以看出，变换前后系统特征值相同。

10.6.2 常用标准型

前面已经说明，描述系统内部运动状态变量的选取不是唯一的，不同的状态向量之间可以用非奇异线性变换联系，并且两个系统矩阵的特征值相同，系统的运动模态也相同。此外，两个系统的传递函数矩阵也相同，即

$$G(s) = D + C(sI - A)^{-1}B = D + CT(sI - T^{-1}A)^{-1}T^{-1}B = \tilde{G}(s)$$

为了分析方便，以$\Sigma(A,B,C,D)$表示式（10-2）所示的原系统，以$\Sigma(\tilde{A},\tilde{B},\tilde{C},\tilde{D})$表示式（10-64）所示的变换后系统。

1. 对角规范型

对角规范型系数矩阵$\tilde{A}$为对角阵时，即

$$\tilde{A} = \begin{bmatrix} \lambda_1 & & & & & \\ & \lambda_2 & & & & \\ & & \cdot & & & \\ & & & \cdot & & \\ & & & & \cdot & \\ & & & & & \lambda_n \end{bmatrix}$$

即称$\Sigma(\tilde{A},\tilde{B},\tilde{C},\tilde{D})$为对角线规范型。

由线性代数知识知道，矩阵 A 可化为对角线规范型的充分必要条件是：系数矩阵 A 具有 n 个特征向量，并且由 n 个线性无关的特征向量组成变换矩阵。有以下两种情况：

（1）系数矩阵有 n 个互相不相同的特征值λ_i，对应的特征向量为 Pi，此时变换矩阵：

$$T = [P_1 \quad P_2 \quad \cdots \quad P_n]$$

（2）系数矩阵 A 有重特征值，其重数 q，但所有特征值λ_i都满足

$$rank(\lambda_i I - A) = n - q \qquad （10\text{-}65）$$

即如果系统存在 n 个互异的特征根，或者 q 重特征值 λ_i 存在 q 个线性无关特征向量时，A 的全部 n 个特征向量都是线性无关的，可以组成非奇异的线性变换矩阵 T，将 $\sum(A,B,C,D)$ 化为对角线规范型。

2. 约当规范型

当矩阵 A 有重特征值，并且不满足式（10-65）时，线性无关的特征向量的个数小于 n，则 A 无法化成对角规范型，而只能化为约当规范型。通常称

$$J_i=\begin{bmatrix}\lambda_i & 1 & 0 & \cdots & \cdots & 0 & 0\\ 0 & \lambda_i & 1 & \cdots & \cdots & 0 & 0\\ . & . & . & . & . & . & .\\ . & . & . & . & . & . & .\\ . & . & . & . & . & . & .\\ 0 & 0 & 0 & 0 & 0 & \lambda_i & 1\\ 0 & 0 & 0 & 0 & 0 & 0 & \lambda_i\end{bmatrix}$$

为约当块，它是 $m_i \times m_i$ 方阵，m_i 为特征值 λ_i 的重数。而由若干个约当块组成的对角分块矩阵

$$J=\begin{bmatrix}J_1 & & & & & \\ & J_2 & & & & \\ & & . & & & \\ & & & . & & \\ & & & & . & \\ & & & & & J_P\end{bmatrix}$$

总之，如果 $A_{n\times n}$ 有相重的特征值，并且线性无关的特征向量数目小于 n，则矩阵 A 不能化为对角阵，这时存在一个线性变换矩阵 P，使 A 变换成

$$J=P^{-1}AP$$

通常用范德蒙矩阵实现矩阵的规范化。如果系统矩阵 A 具有如下标准形式

$$A=\begin{bmatrix}0 & 1 & 0 & \cdots & \cdots & 0\\ 0 & 0 & 1 & \cdots & \cdots & 0\\ \cdots & \cdots & \cdots & \cdots & \cdots & \cdots\\ \cdots & \cdots & \cdots & . & \cdots & \cdots\\ 0 & 0 & 0 & \cdots & \cdots & 1\\ -a_0 & -a_1 & -a_2 & \cdots & \cdots & -a_{n-1}\end{bmatrix}$$

并且 A 又有各异的特征值 λ_i（i=1,2,…,n），则以下范德蒙矩阵

$$P_i=\begin{bmatrix}1 & 1 & 1 & \cdots & \cdots & 1 & 1\\ \lambda_1 & \lambda_2 & \lambda_3 & \cdots & \cdots & \cdots & \lambda_n\\ \lambda^2{}_1 & \lambda^2{}_2 & \lambda^2{}_3 & \cdot & \cdot & \cdot & \lambda^2{}_n\\ \cdot & \cdot & \cdot & \cdot & \cdot & \cdot & \cdot\\ \cdot & \cdot & \cdot & \cdot & \cdot & \cdot & \cdot\\ \cdot & \cdot & \cdot & \cdot & \cdot & \cdot & \cdot\\ \lambda^{n-1}{}_1 & \lambda^{n-1}{}_2 & \lambda^{n-1}{}_3 & \cdot & \cdot & \cdot & \lambda^{n-1}{}_n\end{bmatrix}$$

可使矩阵 A 对角化。

若 λ_i（i=1,2,…,n）为 k 重根，则与 λ_i（i=1,2,…,n）相对应的特征向量为

$$P_i=[1\ \ \lambda_i\ \ \lambda^2{}_{\mathrm{i}}\ \ \cdots\ \ \lambda^{n-1}{}_{\mathrm{n}}]^T$$

与约当块相对应的变换矩阵部分为

$$P=\left[\cdots\ \ P_i\ \ \frac{dP_i}{d\lambda_i}\ \ \frac{d^2P_i}{d\lambda^2{}_i}\ \ \cdots\ \ \frac{d^{k-1}P_i}{d\lambda^{k-1}{}_i}\ \ \cdots\right]$$

可以看出，在对角规范型中，状态向量的各个分量之间没有任何联系，称为状态变量之间已经“解耦”，系统等价于若干由单个向量组成的独立子系统，使得系统分析简化。

【例 10-4】已知系统的状态矩阵为

$$A=\begin{bmatrix}2 & 1 & -1\\ 1 & 2 & -1\\ -1 & -1 & 2\end{bmatrix}$$

试将矩阵 A 化为对角矩阵。

解：将 A 对角化的 MATLABA 程序如下：

```
A=[2 1 -1;1 2 -1;-1 -1 2];
[v,d]=eig(A) ;                % 求 A 特征向量和特征值
v1=inv(v)
Ad=v1*A*v                    % 对 A 求相似变换
```

运行上述程序得到如下结果：

```
v1 =
   -0.4082   -0.4082   -0.8165
    0.7071   -0.7071   -0.0000
    0.5774    0.5774   -0.5774
Ad =
    1.0000         0   -0.0000
   -0.0000    1.0000    0.0000
   -0.0000         0    4.0000
```

【例 10-5】控制系统状态方程为

$$\dot{x}=\begin{bmatrix}0 & 1 & 0\\ 0 & 0 & 1\\ -10 & -17 & -8\end{bmatrix}x$$

试将其对角化。

解：A 对角化的 MATLABA 程序如下：

```
A=[0 1 0;0 0 1;-10 -17 -8];
e=eig(A) ;                    % 求 A 特征值判断是否相异
P=[ones(1,3);e';e.^2'];      %构成范德蒙矩阵
P1=inv(P)
Ad=P1*A*P                     % 对 A 求相似变换
```

运行上述程序得到如下结果：

```
P1 =
    2.5000    1.7500    0.2500
   -1.6667   -2.0000   -0.3333
    0.1667    0.2500    0.0833
Ad =
   -1.0000    0.0000    0.0000
   -0.0000   -2.0000   -0.0000
   0          0.0000   -5.0000
```

【例 10-6】已知控制系统状态方程为

$$\dot{x}=\begin{bmatrix}0 & 1 & 0\\ 0 & 0 & 1\\ 2 & -5 & 4\end{bmatrix}x$$

试将矩阵 A 转化为约当标准型矩阵。

解：A 对角化的 MATLABA 程序如下：

```
A=[0 1 0;0 0 1;2 -5 4];
e=eig(A)' ;                                         % 求 A 特征值判断是否相异
P=[1 0 1;e(1) 1 e(3);e(1)^2 2*e(2) e(3)^2];         %构成范德蒙矩阵
P1=inv(P)
Ad=P1*A*P                                           % 对 A 求相似变换
J=jordan(A)
```

运行上述程序得到如下结果：

```
P1 =
    0.0000    2.0000   -1.0000
   -2.0000    3.0000   -1.0000
    1.0000   -2.0000    1.0000
```

```
Ad =
     1.0000     1.0000    -0.0000
    -0.0000     1.0000    -0.0000
     0.0000    -0.0000     2.0000
J =
     2     0     0
     0     1     1
     0     0     1
```

10.6.3 MATLAB下建立状态空间模型

MATLAB 中建立状态空间模型的函数主要为 ss()，即根据系统的传递函数模型建立其状态空间模型，调用格式为 sys=ss(A,B,C,D)。

【例 10-7】已知连续系统的模型为$G(s)=\dfrac{10(s+5)}{(s+1)(s+3)(s+8)}$，求系统的状态空间表达式。

解：编制 MATLAB 程序如下：

```
sys=tf(10*[1 5],conv(conv([1 1],[1 3]),[1 8]))
ss(sys)
```

运行上述程序得到以下结果：

```
a =
           x1       x2       x3
   x1     -12   -4.375     -1.5
   x2       8        0        0
   x3       0        2        0
b =
        u1
   x1    2
   x2    0
   x3    0
c =
          x1      x2      x3
   y1      0   0.625   1.563
d =
        u1
   y1    0

Continuous-time model.
```

10.7 系统能控性和能观性

对于单输入输出控制系统而言，如果被控制量能够通过某种控制参量被控制，则通过调整控制量的大小就能够使被控制量与给定量尽可能保持一致。当被控量有一个单独的控制量来控制时，控制的可行性一般不是问题。但是对于多输入多输出系统，问题就变得复杂。

如图 10-17 所示的 RLC 电路，电压源 u 为输入量，电容电压 uc 为输出量，选择电感电流 iL、电容电压 uc 为状态变量，则根据基尔霍夫定律有

$$\begin{bmatrix}\dot{i}_L\\ \dot{u}_c\end{bmatrix}=\begin{bmatrix}-\frac{1}{L}(\frac{R_1\times R_2}{R_1+R_2}+\frac{R_3\times R_4}{R_3+R_4}) & -\frac{1}{L}(\frac{R_1}{R_1+R_2}-\frac{R_3}{R_3+R_4})\\ -\frac{1}{C}(\frac{R_2}{R_1+R_2}-\frac{R_4}{R_3+R_4}) & -\frac{1}{C}(\frac{1}{R_1+R_2}+\frac{1}{R_3+R_4})\end{bmatrix}\begin{bmatrix}i_L\\ u_c\end{bmatrix}+\begin{bmatrix}\frac{1}{L}\\ 0\end{bmatrix}u \tag{10-66}$$

$$y=\begin{bmatrix}0 & 1\end{bmatrix}\begin{bmatrix}i_L\\ u_c\end{bmatrix}$$

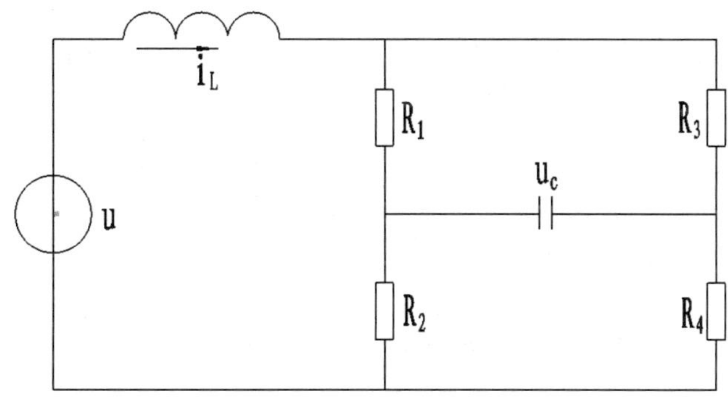

图 10-17　RLC 电路

当 4 个电阻构成电桥平衡，即满足 $\frac{R_1}{R_3}=\frac{R_2}{R_4}$ 时，该电路具有如下性质：

（1）无论对电路施加怎样的控制电压 u，当电容电压的初始值 uc(t0)=0 时，对于 t>t0，恒有 uc(t0)=0。也就是说，电容电压 uc 作为电路的一个状态不受外加输入对于 u 的控制。

（2）如果控制电压 u 为零，当电感的初始电流的初始值 iL(t0)=0 时，则由于电桥平衡，不论电容电压为何值，恒有 iL(t0)=0。也就是说，电感电流 iL 作为电路的一个状态不能由输出量 uc 来判定。

若从状态方程来分析，当电桥平衡时，式（10-66）为

$$\begin{bmatrix}\dot{i}_L\\ \dot{u}_c\end{bmatrix}=\begin{bmatrix}-\frac{1}{L}(\frac{R_1\times R_2}{R_1+R_2}+\frac{R_3\times R_4}{R_3+R_4}) & 0\\ 0 & -\frac{1}{C}(\frac{1}{R_1+R_2}+\frac{1}{R_3+R_4})\end{bmatrix}\begin{bmatrix}i_L\\ u_c\end{bmatrix}+\begin{bmatrix}\frac{1}{L}\\ 0\end{bmatrix}u$$

$$y=\begin{bmatrix}0 & 1\end{bmatrix}\begin{bmatrix}i_L\\ u_c\end{bmatrix}$$

可以看出，电容电压只与其自身的初始状态有关，不受控于控制输入 u；电感电流在初始状态 iL(t0)与控制作用 u 确定以后就能够唯一确定，而与电容电压 uc 无关。

以上两个性质，前者称为能控性，检查每一状态分量能否被输入控制，是指控制作用对系统状态的影响能力；后者称为能观性，表示由观测量（输出量）能否判断状态 x，反映由系统输出量确定状态的可能性。因此，能控性与能观性从状态的控制能力和状态的识别能力两个方面反映系统本身的内在特性。

10.7.1 能控性

对于系统 $\dot{x} = Ax + Bu$，如果存在不受约束的控制量 $u(t)$，可以在有限时间内将系统从初态 $x(0)$ 转移到指定的任一终端状态 $x(t)$，则系统被称为是能控的。如果系统状态向量中，至少有一个状态变量是不能控的，则系统称为不完全能控系统，这时状态空间可划分为能控子空间和不能控子空间。

假设线性系统的动态方程为 $\begin{cases} \dot{x} = Ax + Bu \\ y = Cx + Du \end{cases}$，该系统状态完全能控的充分必要条件是下列能控性矩阵

$$P = [B \ \ \mathrm{AB} \ \ \mathrm{A}^2\mathrm{B} \ \cdots \ \mathrm{A}^{\mathrm{n}-1}B],$$

满秩，即

$$rank(P) = rank([B \ \ \mathrm{AB} \ \ \mathrm{A}^2\mathrm{B} \ \cdots \ \mathrm{A}^{\mathrm{n}-1}B]) = n$$

如果 $\det(P) \neq 0$，那么系统状态是完全能控的，简称能控。

【例 10-8】 某系统传递函数为 $G(s) = \dfrac{Y(s)}{U(s)} = \dfrac{1}{s^3 + a_2 s^2 + a_1 s + a_0}$，试判断系统的能控性。

解：系统的状态方程为

$$\dot{x} = \begin{bmatrix} 0 & 1 & 0 \\ 0 & 0 & 1 \\ -a_0 & -a_1 & -a_2 \end{bmatrix} x + \begin{bmatrix} 0 \\ 0 \\ 1 \end{bmatrix} u$$

编写 MATLAB 程序如下：

```
syms a1 a2 a0
A=[0 1 0;0 0 1;-a0 -a1 -a2];
B=[0 0 1]';
P=[B A*B A.^2*B]
det(P)
```

运行上述程序得到如下结果：

```
P =
[       0,       0,       1]
[       0,       1,     -a2]
```

```
[        1,      -a2, -a1+a2^2]
 det(P)
 ans =
 -1
```

由于 det(P)=-1，因此可判断系统状态是完全能控的。

【例 10-9】状态方程如下：$\dot{x}_1 = -2x_1 + u$，$\dot{x}_2 = -3x_2 + dx_1$，$y = x_2$ 描述的系统，试确定系统状态完全能控的条件。

解：把系统转化成状态方程

$$\begin{bmatrix} \dot{x}_1 \\ \dot{x}_2 \end{bmatrix} = \begin{bmatrix} -2 & 0 \\ d & -3 \end{bmatrix} \begin{bmatrix} x_1 \\ x_2 \end{bmatrix} + \begin{bmatrix} 1 \\ 0 \end{bmatrix} u$$

编写 MATLAB 程序如下：

```
syms d
A=[-2 0;d -3];
B=[1 0]';
P=[B A*B]
det(P)
```

运行上述程序得到如下结果：

```
P =
 [  1, -2]
[  0,   d]
 ans =
      d
```

只有当 $d \neq 0$ 时，该行列式非零，系统状态完全能控。

10.7.2　能观性

通常一个系统的输出量 y(t)和控制量 u(t)都是可直接测量的，而反映系统运动量 x(t)中，除去那些直接作为输出量的以外，通常是不能直接测量的。但是为了更好地了解系统运动的过程和达到更好的控制效果，常常需要这些状态变量的信息。能观性表示的就是输出量 y(t)反映状态向量 x(t)的能力。

一个系统状态完全能观的含义是：在某一有限的观测记录 y(t)可以确定系统的初始状态 x(0)。可以看出，能观性只与齐次状态方程和输出状态方程有关，与输入矩阵 B 无关。系统能观性判别的方法与能控性类似，具体描述如下：

设线性系统

$$\begin{cases} \dot{x} = Ax + Bu \\ y = Cx \end{cases}$$

当能观性判别矩阵

$$Q=\begin{bmatrix} C \\ CA \\ CA^2 \\ \cdots \\ \cdots \\ CA^{n-1} \end{bmatrix}$$

当满足 rank(Q)=n，即能观性判别矩阵满秩时，系统状态完全能观。

【例 10-10】用【例 10-8】所描述的系统分析其能观性。

解：系统的状态方程为

$$\dot{x}=\begin{bmatrix} 0 & 1 & 0 \\ 0 & 0 & 1 \\ -a_0 & -a_1 & -a_2 \end{bmatrix}x+\begin{bmatrix} 0 \\ 0 \\ 1 \end{bmatrix}u$$

$$y=[1\ \ 0\ \ 0]x$$

编写 MATLAB 程序如下：

```
syms a1 a2 a0
A=[0 1 0;0 0 1;-a0 -a1 -a2];
C=[1 0 0];
C*A
C*A^2
B=[0 0 1]';
Q=[C;C*A;C*A^2]
det(Q)
```

运行上述程序得到如下结果：

```
Q =
 [ 1, 0, 0]
[ 0, 1, 0]
[ 0, 0, 1]
 ans =
     1
```

由于 det(Q)=1，因此系统状态完全能观。

【例 10-11】分析下面系统的能控能观性。

解：系统的状态方程为

$$\begin{cases} \dot{x}=\begin{bmatrix} 2 & 0 \\ -1 & 1 \end{bmatrix}x+[\begin{matrix} 1 \\ -1 \end{matrix}]u \\ y=[1\ \ 1]x \end{cases}$$

编写 MATLAB 程序如下：

```
A=[2 0;-1 1];
B=[1 ;-1];
C=[1 1];
% 能控性
P=[B A*B];
N1=det(P)
% 能控性
C*A;
Q=[C;C*A];
N2=det(Q)
```

运行上述程序得到 det(P)=det(Q)=0。因此，系统状态不完全能控和能观。

10.7.3 单输入系统的能控标准型和能观标准型

1. 能控标准型

若线性定常单输入系统 $\begin{cases}\dot{x} = Ax + Bu \\ y = Cx\end{cases}$ 是状态完全能控的，则存在线性非奇异变换：$x = T_c^{-1}\bar{x}$，T_c 是变换矩阵，使其状态空间表达式转化为：

$$\begin{cases}\dot{\bar{x}} = \bar{A}\bar{x} + \bar{B}u \\ y = \bar{C}\bar{x}\end{cases}$$

其中：

$$\bar{A} = T_c A T_c^{-1} = \begin{bmatrix} 0 & 1 & 0 & \cdots & \cdots & 0 \\ 0 & 0 & 1 & \cdots & \cdots & 0 \\ \cdots & \cdots & \cdots\cdot & \cdots & \cdots & \cdots \\ \cdots & \cdots & \cdots & . & \cdots & \cdots \\ 0 & 0 & 0 & \cdots & \cdots & 1 \\ -a_0 & -a_1 & -a_2 & \cdots & \cdots & -a_{n-1} \end{bmatrix}$$

$$\bar{B} = T_c B = \begin{bmatrix}0 & 0 & \cdots & 1\end{bmatrix}^T$$

$$\bar{c} = C T_c^{-1} = \begin{bmatrix}\beta_0 & \beta_1 & \cdots & \beta_{n-1}\end{bmatrix}^T$$

系统能控矩阵 P 为非奇异，其逆矩阵一定存在，若设

$$P^{-1} = c\begin{bmatrix}s_1 & s_2 & \cdots & s_n\end{bmatrix}^T$$

其中：s_i 是$1\times n$ 行向量，c 为任意常数。可构造如下变换矩阵：

$$T_c = c\begin{bmatrix} s_n & s_n A & \cdots & s_n A^{n-1} \end{bmatrix}^T$$

【例 10-12】试将下面的系统方程转化为能控标准型。

解：已知系统状态方程为 $\dot{x} = Ax + Bu$，式中：

$$A = \begin{bmatrix} -2 & 2 & -1 \\ 0 & -2 & 4 \\ 1 & -4 & 9 \end{bmatrix} \quad \mathrm{B} = \begin{bmatrix} 0 \\ 1 \\ 1 \end{bmatrix}$$

编制 MATLAB 程序如下：

```
A=[-2 2 -1;0 -2 0;1 -4 0];
B=[0 1 1]'
P=[B A*B A^2*B]
n=rank(P)
p1=inv(P)
s3=p1(3,:)
% 构造变换矩阵为
 Tc=[s3;s3*A;s3*A^2]
 T=inv(Tc)
 AA=Tc*A*T
 BB=Tc*B
```

运行上述程序得到如下控标准型：

```
AA =
    0    1    0
    0    0    1
   -2   -5   -4
BB =
    0
    0
    1
```

即
$$\dot{x} = \begin{bmatrix} 0 & 1 & 0 \\ 0 & 0 & 1 \\ -2 & -5 & -4 \end{bmatrix} x + \begin{bmatrix} 0 \\ 0 \\ 1 \end{bmatrix} u$$

2. 能观标准型

对于线性定常单输出系统

$$\begin{cases} \dot{x} = Ax + Bu \\ y = Cx \end{cases}$$

若是完全能观的，则存在非奇异线性变换 $x = T^{-1}\hat{x}$，使其状态方程转化为

$$\hat{A}=T_g^{-1}AT_g=\begin{bmatrix}0 & 0 & \cdots & 0 & -a_0\\ 1 & 0 & 0 & \cdots & -a_1\\ 0 & 1 & 0 & \ldots & \ldots\\ \ldots & \ldots & \ldots & \ldots & \ldots\\ 0 & 0 & \ldots. & 1 & -a_{n-1}\end{bmatrix}$$

$$\hat{C}=T_g^{-1}C=\begin{bmatrix}0 & 0 & \ldots & 0 & 1\end{bmatrix}$$

其中变换矩阵的求解应遵循以下步骤：

若系统状态完全能观，则系统能观性矩阵 Q 非奇异，其逆矩阵 Q-1 一定存在，有

$$Q^{-1}=c[s_1 \quad s_2 \quad \cdots \quad s_n]$$

由此构造变换矩阵

$$T_g=\begin{bmatrix}s_n & As_n & \cdots & A^{n-1}s_n\end{bmatrix}^T$$

【例 10-13】将下面的系统动态方程转化为能观标准型，并求出其变换矩阵 Tg。

解：已知系统动态方程为

$$\begin{bmatrix}\dot{x}_1\\ \dot{x}_2\end{bmatrix}=\begin{bmatrix}1 & -1\\ 1 & 1\end{bmatrix}\begin{bmatrix}x_1\\ x_2\end{bmatrix}+\begin{bmatrix}-1\\ 1\end{bmatrix}u$$

$$y=\begin{bmatrix}1 & 1\end{bmatrix}x$$

编制 MATLAB 程序如下：

```
A=[1 -1;1 1];
B=[-1 1]'
C=[1 1];
Q=[C;C*A];
n=rank(Q);
Q1=inv(Q);
s2=Q1(2,:);
% 构造变换矩阵为
 Tg=[s2;s2*A];
 T=inv(Tg);
 AA=Tg*A*T
 CC=C*T
```

运行上述程序得到如下结果：

```
AA =
    -0.0000    1.0000
    -2.0000    2.0000
CC =
     1.6000   -1.2000
```

10.7.4 基于 MATLAB 的能控性与能观性分析

在 MATLAB 环境下，有能控性矩阵计算函数 ctrb()与能观性矩阵计算函数 obsv()，同时利用其他矩阵运算函数，就可以完成系统状态能控性与能观性的判定以及能控与能观标准型的变换。

1. 能控性矩阵计算函数 ctrb()

该函数完成能控矩阵 P=[B AB A2B … An-1B]的计算，其调用格式为 P=ctrb(A,B)。若调用格式为 P=ctrb(sys)，则 sys 为状态空间模型的对象。

2. 能控性分解函数 ctrf()

该函数将能控对（A,B）分解为能控部分与不能控部分，即形如

$$\hat{A}=\begin{bmatrix} A_1 & 0 \\ A_{21} & A_c \end{bmatrix},\hat{B}=\begin{bmatrix} 0 \\ B_c \end{bmatrix},\ \hat{C}=\begin{bmatrix} C1 & C_c \end{bmatrix}$$

其中，（Ac,Bc）为能控子空间，并且有 $C(sI-A)^{-1}B=C_c(sI-A_c)^{-1}B_c$。函数的调用格式为

```
[Abar,Bbar,Cbar,T,K]=ctrbf(A,B,C)
```

其中，T 变换矩阵；K 元素之和为能控子空间的维数，有 Abar=TAT'，Bbar=TB，Cbar=CT'。

【例 10-14】判断下面的系统能控性。

解：已知系统状态方程为

$$\dot{x}=\begin{bmatrix} 1 & 1 & 0 \\ 0 & 1 & 0 \\ 0 & 1 & 1 \end{bmatrix}x+\begin{bmatrix} 0 & 1 \\ 1 & 0 \\ 0 & 1 \end{bmatrix}u, y=[0\ \ 0\ \ 1]\text{x}$$

首先计算能控性矩阵，根据该矩阵是否满秩来判断系统的能控性。如果状态不完全能控，就对系统进行能控性分解，确定能控子空间的维数。

MATLAB 程序如下：

```
A=[1 1 0;0 1 0;0 1 1];
B=[0 1 0;1 0 1]';
C=[0 0 1];
%求系统的维数
n=size(A,1);
% 求系统的能控性矩阵
P=ctrb(A,B)
% 求系统的能控性矩阵的秩
rp=rank(P);
if rp==n
   disp('System is completely state controllable!')
else  if rp<n
   disp('System isnot completely state controllable!')
   end
```

```
end
[Ab,Bb,Cb,T,K]=ctrbf(A,B,C);
   m=sum(K);
   disp('the controllable state is ');disp(m)
```

运行上述程序，得到下列结果：

```
P =
     0     1     1     1     2     1
     1     0     1     0     1     0
     0     1     1     1     2     1
System isnot completely state controllable!
the controllable state is
     2
```

3. 能观性矩阵计算函数 obsv()

该函数完成能观性矩阵 $Q=[C\ \ CA\ \ CA^2 \ldots CA^{n-1}]^T$ 的计算格式为 $Q=obsv(A,C)$ 或 $Q=obsv(sys)$，其中 sys 为状态空间模型对象。

4. 能观性分解函数 obsvf()

该函数能将能观对（A,C）分解为能观部分和不能观部分，即形如：

$$\bar{A}=\begin{bmatrix} A_1 & A_{12} \\ 0 & A_0 \end{bmatrix},\ \bar{B}=\begin{bmatrix} B_1 \\ B_0 \end{bmatrix},\ \bar{C}=\begin{bmatrix} 0 & C_0 \end{bmatrix}$$

其中（A0,B0）为能观子空间，并且有 $C(sI-A)^{-1}B=C_0(sI-A_0)^{-1}B_0$。函数的调用格式为 [Abar,Bbar,Cbar,T,K]=obsvf(A,B,C,D)，其中，T 为变换矩阵；K 元素之和为能观子空间的维数，有 Abar=TAT'、Bbar=TB、Cbar=CT'。

【例 10-15】判断下面系统的能观性，如果系统状态不完全能观，就求能观子空间的维数。

解：已知系统动态方程为

$$\dot{x}=\begin{bmatrix} 0 & 1 & 0 \\ 0 & 0 & 1 \\ -6 & -11 & -6 \end{bmatrix}x+\begin{bmatrix} 0 \\ 0 \\ 1 \end{bmatrix}u$$
$$y=\begin{bmatrix} 4 & 5 & 1 \end{bmatrix}x$$

编写 MATLAB 程序计算能观性矩阵，根据该矩阵是否满秩来判断系统的能观性。

```
A=[0 1 0;0 0 1;-6 -11 -6];
B=[0 0 1]';
C=[4 5 1];
Q=obsv(A,c);
nq=rank(Q);
n=size(A,1);
if nq==n
```

```
    disp('System is observable')
else if nq<n
   disp('System is not completely observable')
[Ab,Bb,Cb,T,K]=obsvf(A,B,C)
m=sum(K);
   disp('the observable state is');disp(m)
    end
end
```

运行上述程序得到如下结果：

```
System is not completely observable
Ab =
   -1.0000    -2.9318    -10.2161
    0.0000    -3.5714    -10.8872
    0.0000     0.0825     -1.4286
Bb =
   -0.5774
   -0.8018
   -0.1543
Cb =
   0.0000    -0.0000    -6.4807
T =
   -0.5774     0.5774    -0.5774
    0.5345    -0.2673    -0.8018
   -0.6172    -0.7715    -0.1543
K =
     1     1     0
the observable state is
     2
```

【例 10-16】将下列系统的状态方程 $\begin{bmatrix}\dot{x}_1\\ \dot{x}_2\end{bmatrix}=\begin{bmatrix}1 & 0\\ -1 & 2\end{bmatrix}\begin{bmatrix}x_1\\ x_2\end{bmatrix}+\begin{bmatrix}-1\\ 1\end{bmatrix}u$ 转化为能控标准型。

解：编制 MATLAB 程序如下：

```
A=[1 0;-1 2];
B=[-1 1]';
n=size(A,1)
P=ctrb(A,B)
if det(P)~=0
    iP=inv(P)
    Tc=[iP(2,:);iP(2,:)*A]
    iTc=inv(Tc)
    A1=Tc*A*iTc
    B1=Tc*B
End
```

运行上述程序得到如下能控标准型：

Tc =

0.5000　　0.5000

0　　1.0000

A1 =

0　　1

-2　　3

B1 =

0

1

【例 10-17】系统状态空间模型为 $\dot{x}=\begin{bmatrix}-7 & 0 & 0\\ 0 & -5 & 0\\ 0 & 0 & -1\end{bmatrix}x$，$y=[3\quad 2\quad 2]x$，将其转化为能观标准型。

解：根据能观标准型变换步骤，编制如下 MATLAB 程序：

```
A=diag([-7 -5 -1]);
C=[3 2 1];
n=size(A);
Q=obsv(A,C);
rq=rank(Q);
if rq==n
    iQ=inv(Q);
    v1=iQ(:,n);
    Tg1=v1';
    Tg2=v1'*A;
    Tg3=v1'*A*A;
    Tg=[Tg1(1,:)'  Tg2(1,:)'  Tg3(1,:)']
    iTg=inv(Tg);
    A1=iTg*A*Tg
    C1=C*Tg
end
```

运行上述程序得到如下系统能观标准型：

Tg =

0.0278　　-0.1944　　1.3611

-0.0625　　0.3125　　-1.5625

0.0417　　-0.0417　　0.0417

A1 =

-0.0000　　0.0000　　-35.0000

1.0000　　0.0000　　-410.0000

-0.0000　　1.0000　　-13.0000

C1 =

0　　0.0000　　1.0000

10.8 李雅普诺夫稳定性与判别方法

自动控制系统较为重要的特性就是其稳定性，几乎所有可运行的系统都要满足稳定的要求。系统的稳定性是系统可以成立和运行的首要条件。

如何判断系统的稳定性呢？经典控制论中使用 Routh 判据与 nyquist 频域稳定性判据判定线性定常系统的稳定性，这些方法就其本质而言，都是通过分析系统特征方程根的分布情况而得到系统是否稳定的结论。只有特征方程式的所有根都在虚轴左侧，系统才稳定，但这种方法对非线性系统和时变系统不再适应。

1892 年，俄国数学家李雅普诺夫（Lyapunv）提出将判定系统稳定性的问题归纳为两种方法：李雅普诺夫第一法和李雅普诺夫第二法。经典控制论中使用的微分方程的时域解来判定系统稳定性就属于第一法。本节介绍李雅普诺夫第二法，也称第二法，它是指不求解系统的微分方程，而是通过一个李雅普诺夫标量函数来直接判定系统的稳定性。这种方法适合那些难以求解的非线性系统和时变系统。

10.8.1 李雅普诺夫的稳定性判据

线性系统的稳定性只取决于系统的结构和参数，与系统的初始条件和外界扰动无关，而非线性系统的稳定性与初始条件和外界扰动都有关，因此在经典控制理论中没有给出稳定性的一般定义。

假设系统的状态方程与平衡状态为 $\dot{x} = f(x,t), 0 = \mathrm{f(0,t)}\ (\mathrm{t} \geqslant \mathrm{t_0})$

（1）如果存在一个具有连续一阶偏导数的标量函数 $V(x,t)$，并且满足以下条件：

① $V(x,t)$是有界正定的；

② $\dot{V}(x,t)$是有界负定的。

则系统在状态空间原点处的平衡状态是一致渐进稳定的。如果$\|x\| \to \infty$时，有$V(x,t) \to \infty$，则系统在状态原点处的平衡状态是大范围的渐进稳定的。

满足以上两个条件的标量函数叫作李雅普诺夫函数。李雅普诺夫函数的集合意义是：$V(x,t)$表示状态空间的原点到 x 之间的距离，而$\dot{V}(x,t)$则代表在点 x 处趋向状态空间原点的速度。

（2）如果存在一个具有连续一阶偏导数的标量函数$V(x,t)$，并且满足以下条件：

① $V(x,t)$是有界正定的；

② $\dot{V}(x,t)$是有界半负定的。

则系统在状态空间原点的平衡状态称为李雅普诺夫意义下的一致稳定。

（3）如果存在一个具有连续一阶偏导数的标量函数$V(x,t)$，并且满足以下条件：

① $V(x,t)$在某一邻域内是正定的；

② $\dot{V}(x,t)$在同样邻域是也是正定的。

则系统在状态空间原点的平衡状态是不稳定的。

10.8.2　线性定常系统的李雅普诺夫稳定性分析

假设线性定常系统为$\dot{x} = Ax$，其中 x 是 n 维状态向量，A 是$n \times n$常系数矩阵。若 A 为非奇异矩阵，则系统的唯一平衡状态在空间原点 x=0 处。

对于该系统，取一个可能的标量函数

$$V(x) = x^T Px$$

式中，P 为一个正定的实对称矩阵。

将$V(x)$对时间求导，可得出

$$\frac{dV(x)}{dt} = x^T(A^T P + PA)$$

由于$V(x)$为正定的，故若$V(x)$为李雅普诺夫函数，则$\dot{V}(x,t)$必须是负正定的，即有

$$\dot{V}(x,t) = -x^T Qx$$

式中，Q 是正定矩阵，即$Q = -(A^T P + PA)$，该式称为李雅普诺夫方程，$V(x) = x^T Px$就是李雅普诺夫函数。若满足该式的正定矩阵 P 存在，则系统在 x=0 处的平衡状态是大范围渐近稳定的。

10.8.3　基于 MATLAB 的李雅普诺夫稳定性分析

MATLAB 中提供了两个求解连续系统李雅普诺夫方程的函数 lyap()与 lyap2()，下面分别进行介绍。

对于函数 lyap()，当调用的格式为 P=lyap(A,Q)，即求解$Q = -(A^T P + PA)$。其中 A 是系统的状态矩阵，Q 是给定的正定对称矩阵，返回的输出变量就是李雅普诺夫方程的解，即正定实对称矩阵 P。

对于函数 lyap2()采用特征值分解技术求解$Q = -(A^T P + PA)$，调用格式与函数 lyap()相同。在状态矩阵 A 不含有重根的前提下，函数 lyap2()的精度与快速性优于函数 lyap()。

【例 10-18】已知线性定常系统如图 10-8 所示，试求系统的状态方程。选择实对称矩阵 Q 后计算李雅普诺夫方程的解，求：

（1）利用 simulink 判定系统的稳定性；

（2）利用时域分析判定系统的稳定性；

（3）李雅普诺夫函数确定系统的稳定性。

解：绘制系统的 simulink 图如图 10-18（a）所示，设置“simulink parameters”的仿真时间为 100s，在 MATLAB 命令窗口运行如下程序：

```
>> plot(tout,yout,'k')
>> grid
```

得到如图 10-18（b）所示的仿真图形。可以看出，当时间趋近于无穷大时，系统是稳定的。

针对系统的闭环传递函数，利用时域分析求系统的稳定性。编制程序如下：

```
% 求系统的开环传递函数
sysk=tf(5,[1 1])*tf(1,[1 2])*tf(1,[1 0]);
% 求系统的开环传递函数
sysb=feedback(sysk,1);
% 时域分析判定系统的稳定性
step(sysb,'k')
```

运行上述程序得到同图 10-18（b）所示的曲线。

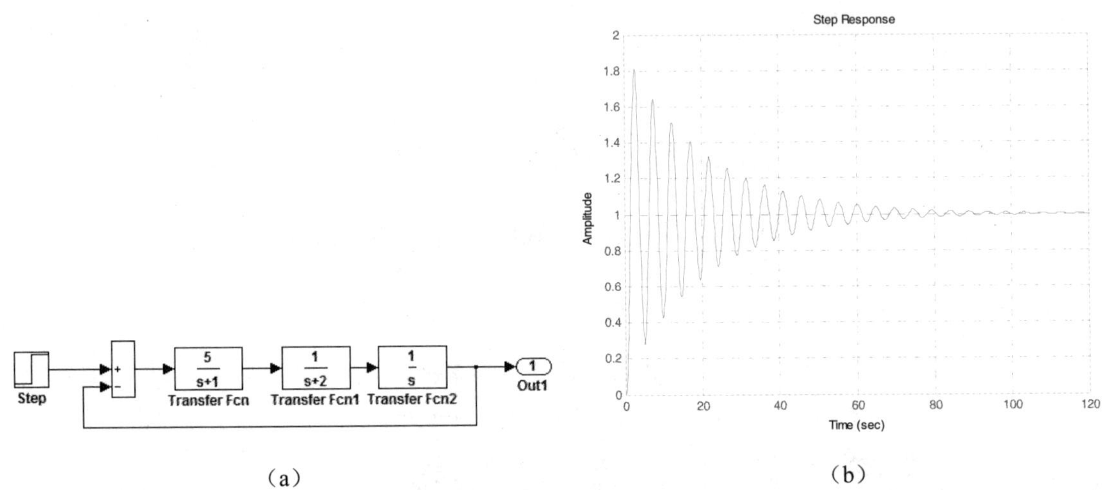

（a）　　　　　　　　（b）

图 10-18　系统 simulink 模型和阶跃响应曲线

讨论线性系统稳定性时可以不考虑控制输入量，根据题意，先将系统转化为状态空间模型，然后利用 lyap()函数求解李雅普诺夫方程来判定系统的稳定性。为了计算方便，选择 Q 为实对称矩阵

$$Q=\begin{bmatrix}0&0&0\\0&0&0\\0&0&1\end{bmatrix}$$

求解后，需要验证 P 矩阵的正定性，即若 P 的特征值均大于零，则 P 为正定。综合上述步骤，编制 MATLAB 程序如下：

```
% 求系统的开环传递函数
sysk=tf(5,[1 1])*tf(1,[1 2])*tf(1,[1 0]);
% 求系统的开环传递函数
sysb=feedback(sysk,1);
% 时域分析判定系统的稳定性
step(sysb,'k')
grid
A=tf2ss(sysb.num{1},sysb.den{1})
% 设定半正定的实对称矩阵 Q
Q=[0 0 0;0 0 0;0 0 1];
if det(A)~=0
```

```
    P=lyap(A,Q)
    e=eig(P)
    ee=abs(e);
    if (min(ee)~=0)
        if (sum(e-ee)==0)
            disp('the system is stable!')
        end
    end
end
```

运行上述程序得到如下计算结果：

```
A =
     -3     -2     -5
      1      0      0
      0      1      0
P =
   12.5000   -0.0000  -10.5000
   -0.0000   10.5000   -0.5000
  -10.5000   -0.5000    4.7000
e =
    0.1218
   10.5177
  110.0605
the system is stable!
```

由上述计算结果可知：P 矩阵的各个特征值均大于零， P 矩阵是正定的，故本系统在坐标原点的平衡状态是稳定的，而且是大范围渐近稳定。

10.9 线性定常系统的设计与综合

控制系统的分析和设计是控制理论研究的两大课题。前面在建立系统状态空间模型的基础上分析了其稳定性、能控性和能观性，本节开始介绍如何根据系统的状态空间描述，设计、校正系统，改变系统的控制规律，保证系统的各项性能指标满足要求。

根据设计综合目标的不同，设计或校正的过程分为两种：其一是对系统提出较为笼统的综合性能指标，比如古典控制理论中对系统的评价要素“稳、准、快”，此时系统的设计和优化通常是通过改变控制策略，特征反馈算法来实现的。究其本质，是根据要求调整系统的调整根，使系统满足期望的动静态指标，状态空间中称这类设计、综合方法为极点配置问题；其二是要使系统的某一性能指标在某种约束条件下达到优，即实现优控制。本节将分别介绍在状态空间中实现这两种综合设计方法的基本思路。

10.9.1 状态反馈实现极点配置

经典控制理论中已经指出，控制系统的性能主要取决于系统闭环极点的分布，因此如果能将极点设置为一组期望值，那么就可以灵活地调整系统的综合性能。鉴于经典控制理论方法的局限，只讨论了主导极点的近似实现问题。本节介绍在状态空间中，利用状态变量的反馈来达到闭环极点配置的方法。

1. 状态反馈与输出反馈

控制系统如图 10-19（a）所示，状态向量的线性反馈 $v^* = Kx$ 构成的闭环系统称为状态反馈系统，加入反馈前的系统方程为：$\dot{x}(t) = Ax + Bv$，$y(t) = Cx + Dv$，将系统所有状态变量均反馈到输入端，即全状态线性反馈控制规律为

$$v = u - Kx$$

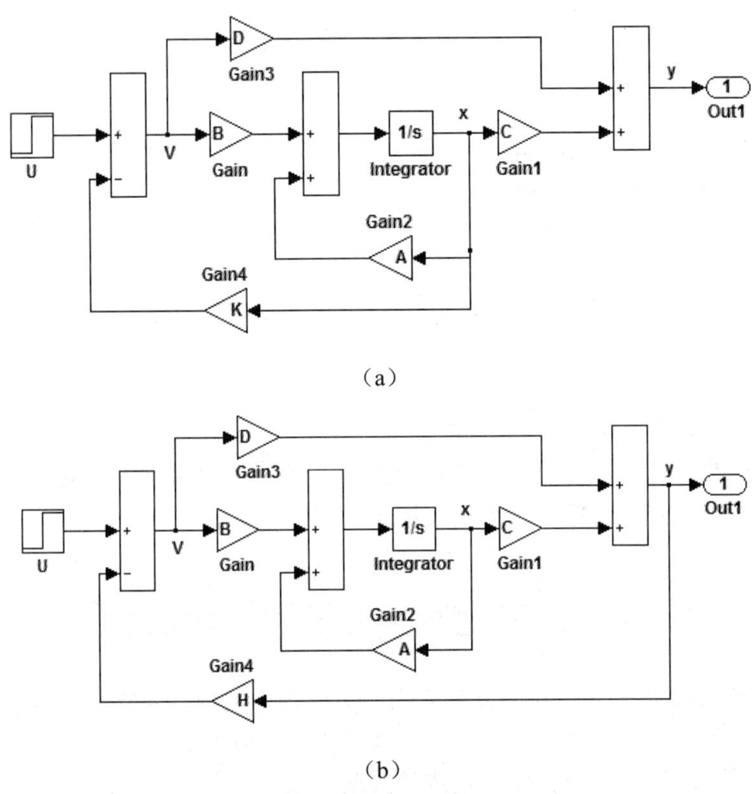

图 10-19　状态反馈与输出反馈系统结构图

其中，u 为输入。于是状态反馈构成的闭环系统状态方程与输出方程分别为

$$\dot{x} = (A - BK)x + Bu$$

$$y = (C - DK)x + Du$$

若 D=0，上式可简化为

$$\dot{x} = (A - BK)x + Bu$$

$$y = (C - DK)x$$

将上式进行 laplace 变换，得到其传递函数为

$$W_K(s) = C(sI - A + BK)^{-1}B$$

对于如图 10-19（b）所示的系统，输出量的线性反馈 $v^* = Hy$ 构成的闭环控制系统为输出反馈控制系统。当 D=0 时，其状态方程与输出方程为

$$\dot{x} = (A - BHC)x + Bu$$

$$y = Cx$$

其传递函数矩阵为

$$W_H(s) = C(sI - A + BHC)^{-1}B$$

由以上分析可知：

（1）不论是状态反馈还是输出反馈，均不增加新的状态变量，因此系统的阶次保持不变。

（2）两种反馈均能够保持系统引入前的能控性，同时输出反馈还能保持原系统的能观性，而状态则不一定保持原系统的能观性。

（3）可以证明，如果系统（A,B,C,D）状态完全能控，则 $\dot{x} = (A - BK)x + Bu$ 和 $y = (C - DK)x + Du$ 表示的状态反馈系统能够实现闭环系统极点的任意配置。

（4）从实践角度来看，输出反馈较状态反馈在工程上构成方便，但可以证明，输出反馈的基本形式不能保证满足任意给定的动态性能指标要求，包括系统的稳定性。

（5）由于全状态反馈能够实现的前提是系统的所有状态可测，因此状态反馈会遇到实现问题，即当系统的状态不完全可测时，需要状态观测器理论加以解决。

2. 极点配置

所谓极点配置问题，就是通过整体反馈矩阵 K 的选取，使闭环系统（A-BK,B,C）的极点，即状态矩阵（A-BK）的特征值恰好位于所希望的一组极点的位置上。

希望极点位置的选取，实际上是确定综合目标的问题。一般来说，n 维系统必须给定 n 个希望的极点，极点的位置对系统品质的影响以及与零点分布状况的关系，应从工程实际的角度加以确定。

需要注意的是，当控制系统处于伺服状态时，在完成极点配置后，通常需要引入输入变换放大器 L，使系统的输出输入的静态关系保持不变，即系统此时的传递函数矩阵为

$$W_K(s) = C(sI - A + BK)^{-1}BL$$

下面由具体的例子来说明极点配置方法。

设 SISO 三阶系统的微分方程为

$$\frac{d^3y}{dt^3} + 5\frac{d^2y}{dt^2} + 3\frac{dy}{dt} + 2y = u$$

选择相变量，即输出量、输出量的速度、加速度等作为状态变量

$$x_1 = y\ ,\mathrm{x}_2 = \frac{\mathrm{dy}}{\mathrm{dt}} = \dot{x}_1,\ \mathrm{x3} = \frac{\mathrm{d}^2\mathrm{y}}{\mathrm{dt}^2} = \dot{x}_2$$

由状态空间模型

$$\dot{x} = \begin{bmatrix} 0 & 1 & 0 \\ 0 & 0 & 1 \\ -2 & -3 & -5 \end{bmatrix} x + \begin{bmatrix} 0 \\ 0 \\ 1 \end{bmatrix} u = Ax + Bu$$

$$y = \begin{bmatrix} 1 & 0 & 0 \end{bmatrix} x = Cx$$

由传递函数模型 $G_1(s) = \dfrac{1}{s^3 + 5s^2 + 3s + 2}$

特征方程为

$$s^3 + 5s^2 + 3s + 2$$

该模型为能控标准型，故系统状态完全能控，利用状态反馈能观实现极点的任一配置。若设 K=[k1,k2,k3]，按

$$\dot{x} = (A - BK)x + Bu = \begin{bmatrix} 0 & 1 & 0 \\ 0 & 0 & 1 \\ -2-k1 & -3-k2 & -5-k3 \end{bmatrix} x + \begin{bmatrix} 0 \\ 0 \\ 1 \end{bmatrix} u$$

传递函数模型为

$$G_2(s) = \frac{1}{s^3 + (5+k3)s^2 + (3+k2)s + 2 + k1} = \frac{1}{(s + \xi\omega_n)(s^2 + 2\xi\omega_n s + \omega^2{}_n)}$$

于是得到特征方程为

$$s^3 + (5+k3)s^2 + (3+k2)s + 2 + k1$$

若期望该系统有较快的响应速度，同时有较小的超调量，假设$\xi = 0.8$满足最小超调量的要求，ω_n则可根据调节时间的要求确定。假设期望的调节时间$t_s = 1.5s$（2%误差带），有

$$t_s = 1.5s \approx \frac{4}{\xi\omega_n} = \frac{4}{0.8\omega_n}$$

求得$\omega_n \approx 3.3$，因为系统为三阶，所以考虑实数极点的影响，取$\omega_n = 5$，于是有

$$\frac{1}{s^3 + (5+k3)s^2 + (3+k2)s + 2 + k1} = \frac{1}{(s+4)(s^2 + 8s + 25)}$$

$$\frac{1}{s^3 + (5+k3)s^2 + (3+k2)s + 2 + k1} = \frac{1}{(s^3 + 12s^2 + 57s + 100)}$$

对比上式，得出

$$K=[k1,k2,k3]=[98,54,7]$$

考虑反馈带来的增益损失，引入输入放大器，由反馈前后的行列式的值得到增益：

$$L=\det(A-BK)/\det(A)=50$$
$$G_2(s)=\frac{50}{(s^3+12s^2+57s+100)}$$

MATLAB 程序如下：

```
clear
A=[0 1 0;0 0 1;-2 -5 -3];
B=[0 0 1]';
C=[1 0 0];
K=[98 54 7];  %计算得到
L=det(A-B*K)/det(A)
x1=[0 20];
 y1=[0.5-0.5*2/100,0.5-0.5*2/100];
 x2=[0 20];
 y2=[0.5+0.5*2/100,0.5+0.5*2/100];
 hold on
 plot(x1,y1,'k--',x2,y2,'k--')  % 绘制误差带
 sys1=tf(1,[1 5 3 2])
 sys2=tf(1*L,[1 12 57 100])
 step(sys1,'k-',sys2,'r--')
 gtext('状态反馈后')
 gtext('原系统')
 grid
```

运行上述程序，得到如图 10-20 所示的曲线对比。

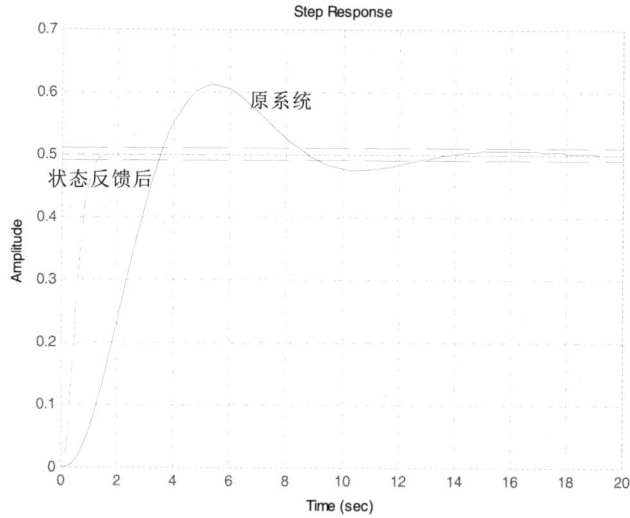

图 10-20　状态反馈前后三阶系统的单位阶跃响应曲线

由上图可以看出，状态反馈后系统几乎没有超调量，调节时间为 1.28s（2%的误差带）。

3. MATLAB 环境下状态反馈与极点配置

MATLAB 提供了函数 place()与 acker()，利用 Ackermann 公式计算全状态反馈增益矩阵 K。

函数 place()的调用格式为 K=place(A,B,P)，其中，A,B 分别为状态矩阵与控制矩阵，P 为理想的极点构成的向量，返回 K 为状态反馈矩阵。

函数 acker()的调用格式与 place()相同。当阶次大于 10 或系统的能控性较弱时，算法的稳定性较差。当计算出的极点与给定的极点的误差大于 10%时，将给出警告信息。

【例 10-19】已知系统的传递函数为$G(s)=\dfrac{10}{s(s+1)(s+2)}$，试判断系统的能控性并设计状态反馈控制器，使闭环后系统的极点为-2 和$-1\pm j$。

解：MATLAB 编程判别系统的能控性，程序如下：

```
    clear
num=10;
den=conv([1 1 0],[1 2]);
sys=tf(num,den)
[A,B,C,D]=tf2ss(num,den);
n=rank(A);
Pc=ctrb(A,B);
rpc=rank(Pc);
if rpc<n
   disp('The system is uncontrable')
else
    disp('The system is contrable')
end
```

运行上述程序得到如下结果：

```
Transfer function:
    10
-----------------
s^3 + 3 s^2 + 2 s
The system is contrable
```

因为系统状态完全能控，所以可任意配置系统的极点。为设计状态反馈控制器，执行以下 MATLAB 程序：

```
P=[-2 -1+j -1-j];
k=place(A,B,P)
sys1=zpk([],[-2 -1+j -1-j],10)
step(sys1,'k--')
grid
```

运行上述程序得以下结果：

```
k =
1.0000    4.0000    4.0000
```

配置极点后的系统曲线如图 10-21 所示。

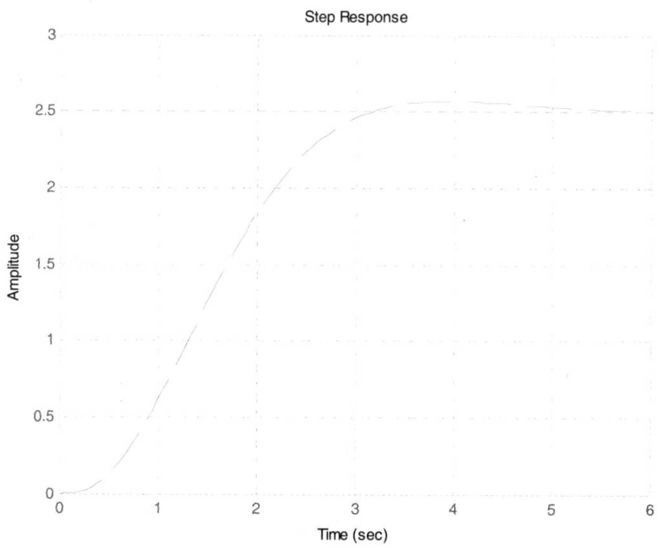

图 10-21　配置极点后系统单位阶跃响应曲线

【例 10-20】系统传递函数为$G(s)=\dfrac{1}{s(s+6)(s+12)}$，通过状态反馈使系统闭环极点配置在-100,0.707+0.707i -0.70700.707i 位置上，求反馈增益 K。

解：MATLAB 程序如下：

```
sys=zpk([],[0 -6 -12],1);
sys=ss(sys);
[A,B,C,D]=ssdata(sys);
P=[-100,-10.07+10.07i,-10.010-0.707i];
K=acker(A,B,P)
syso=ss(A,B,K,0);
sysb=ss(A-B*K,B,C,D);
pole(sysb)
step(sysb/dcgain(sysb),2)
```

运行上述程序得到如下运行结果：

```
K =
   6810.2924   410.0717   384.5600
ans =
   1.0e+002 *
   -1.0000
   -0.0707 + 0.0224i
   -0.0707 - 0.0224i
```

阶跃响应曲线如图 10-22 所示。

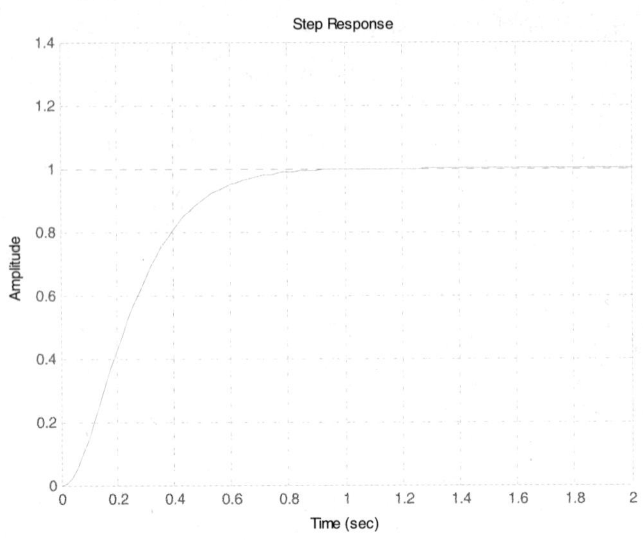

图 10-22　具有状态反馈系统的阶跃响应曲线

10.9.2　最优控制系统的设计

通过极点配置实现的系统设计，虽然可以使系统获得满足期望的特征方程，具有符合要求的系统极点，但是这种“期望”和要求往往是工程上各个动静态指标折中的结果，而不是最优的控制效果。例如，PID 调节器实践就是二阶控制器，调节其各个参数可以达到消除静差、减少超调量和提高快速性的目的。但即使找到了最好的 PID 参数，也只是上述指标综合下的最好。工程中会有一类情况要求系统的某一性能指标达到最好，比如从某一位置运动到另一位置时所用的时间最短，或者在运动过程中消耗的能量最少、路径误差最小等，这类问题就是所谓的最好控制问题。最好控制理论是现代控制理论的重要组成部分。

最好控制系统就是在一定条件下，在完成所要求的控制任务时，系统的某种性能指标具有最好值。一般有两类问题：如果施加于控制系统的参考输入不变，当被控对象的状态受到外界干扰或受到其他因素而偏离给定的平衡状态时，就要对它加以控制，使其状态恢复平衡，这类问题称为线性调节器问题；如果对被控对象施加控制，使其输出按照参考输入的变化而变化，则称为伺服器问题。以下的最好控制问题均是指线性调节器问题。

根据系统不同的用途，可以提出各种不同的性能指标，本节介绍常用的二次型性能指标在线性系统中的应用，即在线性系统的约束条件下选择控制输入，使得二次型目标函数达到最小。到目前为止，这种二次最好系统控制在理论上比较成熟，有比较规范的求解方法。

假设线性连续定常系统的状态方程为

$$\dot{x} = Ax + Bu$$
$$x(t_0) = x_0$$

式中：x(t)为 n 维状态向量；u(t)为 r 维控制向量，且不受约束；A 是 $n \times n$ 维常数矩阵；B 是 $n \times r$ 维常数矩阵维常数矩阵。寻求最好控制 u(t)，使给定的二次型指标函数

$$J = x^T(t_f)Sz(t_f) + \int_0^{t_f}(x^T Qx + \lambda u^T Ru)dt$$

到达极小值。式中，S 是$n \times n$维半正定终端加权矩阵，该项表示在给定控制终端时刻t_f到来时，系统的终态$x(t_f)$接近终态的程度；Q 为$n \times n$维正定控制加权矩阵，表示状态向量各元素在目标函数中的重要程度。R 为$r \times r$维正定控制加权矩阵，表示控制向量各分量是相互制约的，要求控制状态的误差平方积分最小，必然导致控制能量消耗的增大；反之，为了节省控制能量，就不得不对控制性能的要求，求两者之和的最优值。实质是求取在某种最好意义下的折中，这种折中侧重哪一方面，取决于加权矩阵 Q 和 r 的选取。

当时间t_f为有限值时，取二次型最好状态调节器为

$$u = -K(t)x = -R^{-1}B^T P(t)x$$

其中，P(t)为$n \times n$维矩阵，且满足 Riccati 矩阵微分方程

$$-\dot{P}(t) = A^T P(t) + P(t)A - P(t)BR^{-1}(t)B^T P(t) + Q = 0$$

及边界条件　　　　　　　　$P(t_f) = S$

此时，性能指标最好值为

$$J^* = x^T(0)Px(0)$$

当$t_f \to \infty$时，不考虑稳态特性，上述二次型性能指标函数可以简化为更常用的二次型目标函数

$$J = \int_0^{\infty}(x^T Qx + \lambda u^T Ru)dt$$

当[A B]能控，式$u = -K(t)x = -R^{-1}B^T P(t)x$的调节器为常值，其中 P 为 Riccati 代数方程

$$A^T P(t) + P(t)A - P(t)BR^{-1}(t)B^T P(t) + Q = 0$$

唯一解且为正定矩阵。当系统稳定，或者 A-BK*所示的特征值均具有负实根时，系统目标函数的最好值是$J^* = x^T(0)Px(0)$。最好状态是如下闭环控制系统的解为

$$\dot{x} = (A - BR^{-1}B^T P)x(t)$$
$$x(t_0) = x_0$$

MATLAB 工具箱中提供了求解线性二次型调节器最好控制的函数，如应用于求解连续线性系统调节器的 lqr() 函数和 lqry() 函数，其调用格式为[K,P,E]=lqr(A,B,Q,R)，[K,P,E]=lqr(A,B,Q,R,N)，返回矩阵 K 为最好反馈增益矩阵，即 u=-Kx。P 为 Riccati 方程的解，E 为反馈后系统状态矩阵 A-BK 的特征根。

【例 10-21】假设系统状态空间表达式为$\dot{x} = Ax + Bu$　$y = Cx + du$。

式中：
$$A = \begin{bmatrix} 0 & 1 & 0 \\ 0 & 0 & 1 \\ -6 & -12 & -20 \end{bmatrix} \quad B = \begin{bmatrix} 0 \\ 0 \\ 1 \end{bmatrix} \quad C = [1\ 0\ \ 0], D = 0$$

性能指标为

$$J = \int_0^{\infty} (x^T Q x + \lambda u^T R u) dt$$

取$Q = \begin{bmatrix} 1 & & \\ & 1 & \\ & & 1 \end{bmatrix}$ $R = 1$　$N = \begin{bmatrix} 0 \\ 0 \\ 1 \end{bmatrix}$，设计 LQ 控制器。

解：利用 MATLAB 编制程序如下：

```
A=[0 1 0;0 0 1;-6 -12 -20];
B=[0 0 1]';
C=[1 0 0];
D=0;
Q=diag([1 1 1]);
R=1;
N=[0 0 1]';
disp('Liner-quadratic regulator,according to(4.5 -2)')
[K,P,E]=lqr(A,B,Q,R);
K
disp('Liner-quadratic regulator,according to(4.5 -5)')
[Kn,Pn,En]=lqr(A,B,Q,R,N);
Kn
step(A-B*K,B*K,C,D)
grid
```

运行上述程序得到如下结果：

```
Liner-quadratic regulator,according to(4.5 -2)
K =
    0.0828    0.1956    0.0348
Liner-quadratic regulator,according to(4.5 -5)
Kn =
    0.0828    0.1896    1.0090
```

阶跃响应曲线如图 10-23 所示。

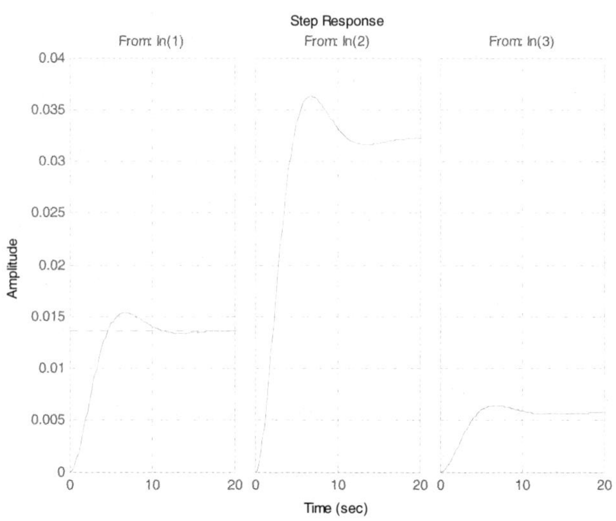

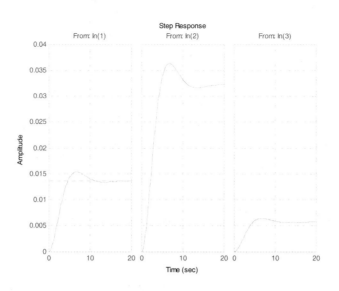

图 10-23　优化后的阶跃响应曲线

10.10　习　　题

1. 给定下列状态空间表达式。

$$\begin{cases}\dot{x}=\begin{bmatrix}0 & 1 & 0\\ -2 & -3 & 0\\ -1 & 1 & -3\end{bmatrix}\begin{bmatrix}x_1\\ x_2\\ x_3\end{bmatrix}+\begin{bmatrix}0\\ 1\\ 2\end{bmatrix}u\\ y=\begin{bmatrix}0 & 0 & 1\end{bmatrix}\begin{bmatrix}x_1\\ x_2\\ x3\end{bmatrix}\end{cases}$$

（1）绘出其模拟结构图；

（2）求系统的传递函数。

2. 已知系统的传递函数为

$$\frac{Y(s)}{U(s)}=\frac{25.04s+5.008}{s^3+5.0324s^2+25.1026s+5.008}$$

试利用 MATLAB 求其状态空间表达式。

3. 大型空间望远镜简化后的控制系统如图 10-24 所示。试利用状态方程和状态图来描述该系统，并求出系统的特征方程。

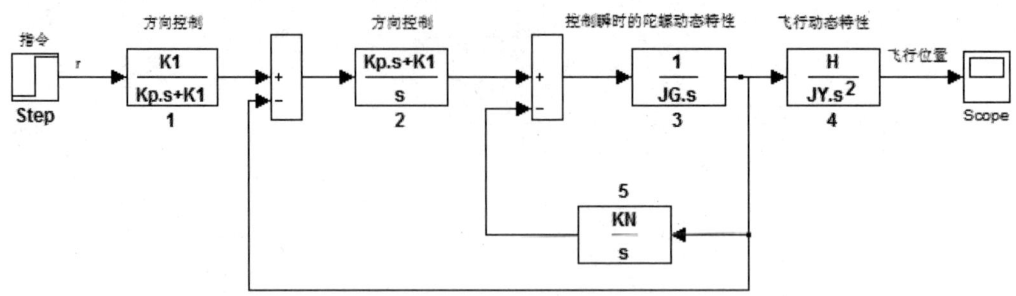

图 10-24　空间望远镜模型

4. 一个直流电动机的传递函数为 $G(S)=\dfrac{10}{S^2(S+1)(S^2+2S+2)}$，判断系统的能控能观性。

5. 已知系统的传递函数为

$$W(s)=\frac{s^2+6s+8}{s^2+4s+3}$$

试求其能控标准型和能观标准型。

6. 医院救护车的车体控制模型可以用如图 10-25 所示的弹簧-阻尼系统，其中 $m_1=m_2=1, k_1=k_2=1$，试确定：

（1）系统的特征方程与特征根；

（2）如果想通过单状态反馈 u=$-kx_i$ 使系统稳定，选择合适的状态变量 x_i 。

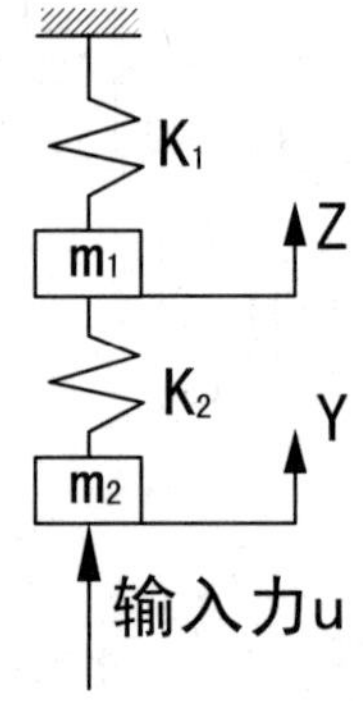

图 10.25　弹簧-阻尼系统

7. 某线性系统中的向量微分关系为

$$\frac{dx}{dy}=\begin{bmatrix}0 & 1 & 0 & 0\\0 & 0 & -1 & 0\\0 & 0 & 0 & 1\\0 & 0 & 9.8 & 0\end{bmatrix}x+\begin{bmatrix}0\\1\\0\\-1\end{bmatrix}u$$

若假设所有状态变量可测量，试采用状态反馈控制将系统特征根设置为 $s=(-2\pm j)$ 和 -5 。

8. 已知系统状态方程为

$$\dot{x}=\begin{bmatrix}0 & 1\\ -1 & -1\end{bmatrix}x$$

试分析系统平衡状态的稳定性。

9. 某一阶系统可用时域微分方程表达为 $\dot{x}=x+u$，反馈控制器设计为 $u(t)=-kx$，期望的平衡条件是时间 $t\to\infty$ 时 $x(t)=0$。定义目标函数为

$$J=\int_0^{\infty}x^2dt, x(0)=\sqrt{2}$$

（1）求解使目标函数最小的 k 值，并分析该值是物理可实现的吗？

（2）再选择一个实际中可能运用的增益 k，计算在该增益条件下目标函数的值。

（3）分析系统在无反馈的条件下是否稳定？

10. 请用如下方法判断图 10-26 所示系统的能控性和能观性。

（1）矩阵 A、B、C、D 的条件；

（2）传递函数的零极相消的条件。

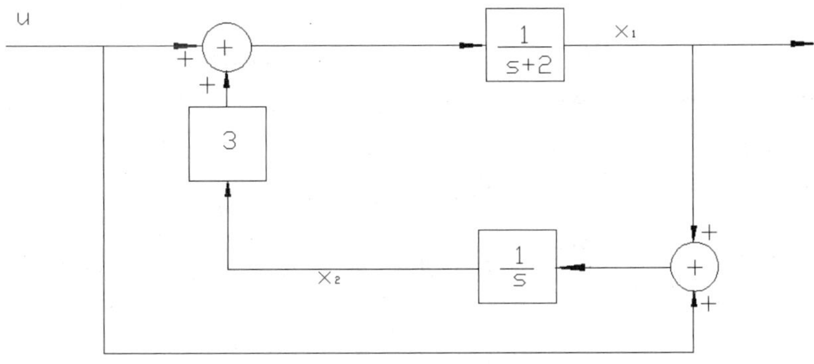

图 10-26　判断该系统的能控性和能观性

11. 图 10-27 所示为二级倒立摆系统，它的控制目标是通过对小车施加外力 $u(t)$，使倒立摆保持在垂直方向。在实际应用中，该系统类似于一个单轮脚踏车或刚发射时的导弹平衡问题。倒立摆系统是一个典型的非线性、不能自助平衡的系统，其控制问题具有典型的意义。在一定条件下，系统可在平衡点附近线性化，由状态方程近似描述：

$$\dot{x}(t)=Ax+Bu$$

其中，

$$x(t)=\begin{bmatrix}\theta_1(t)\\ \dot{\theta}_1(t)\\ \theta_2(t)\\ \dot{\theta}_2(t)\\ x(t)\\ \dot{x}(t)\end{bmatrix},\quad A=\begin{bmatrix}0 & 1 & 0 & 0 & 0 & 0\\ 16 & 0 & -8 & 0 & 0 & 0\\ 0 & 0 & 0 & 1 & 0 & 0\\ -16 & 0 & 16 & 0 & 0 & 0\\ 0 & 0 & 0 & 0 & 0 & 1\\ 0 & 0 & 0 & 0 & 0 & 0\end{bmatrix},\quad B=\begin{bmatrix}0\\ -1\\ 0\\ 0\\ 0\\ 1\end{bmatrix}$$

试检查系统状态的能控性。

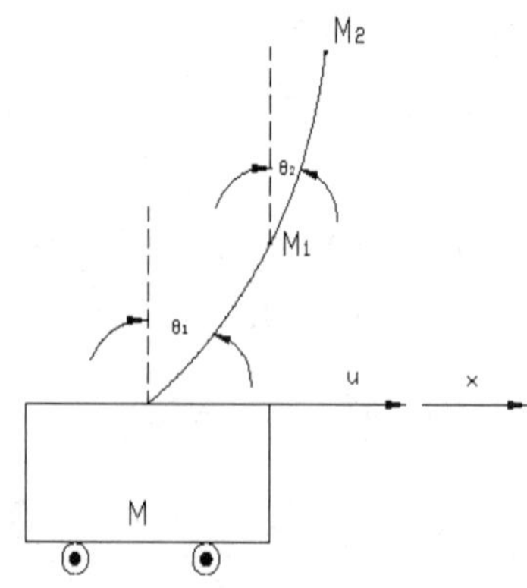

图 10-27　二级倒立摆模型

12. 已知图 10-28 所示的状态图中两个子系统串联在一起。

（1）检验系统的能控性和能观性；

（2）考虑输出反馈，将 y_2 反馈给 u_2，即，$u_2 = -kx$，其中 k 是实常数。说明 k 的值如何影响闭环系统的能控性和能观性。

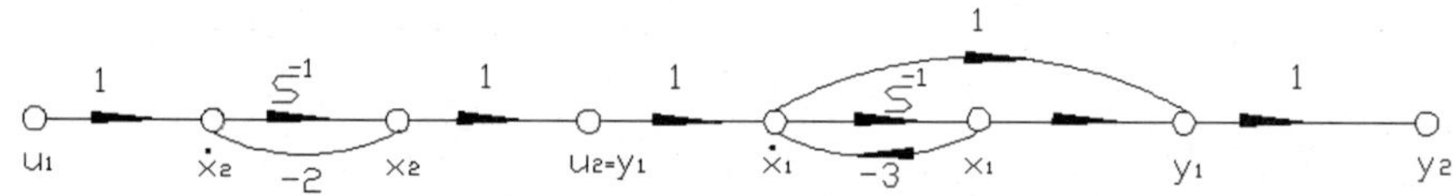

图 10-28　两个子系统串联

13. 已知系统 $\begin{cases} \dot{x} = Ax(t) + Bu(t) \\ y = Cx(t) \end{cases}$，其中 $A = \begin{bmatrix} 0 & 1 \\ -1 & -3 \end{bmatrix}$，$B = \begin{bmatrix} 1 \\ 2 \end{bmatrix}$，$C = \begin{bmatrix} 1 & 1 \end{bmatrix}$，判断系统的能控性和能观性。

令 $u(t) = -kx(t)$，其中 $K = \begin{bmatrix} k_1 & k_2 \end{bmatrix}$，且 k_1, k_2 均为实常数。说明 K 中元素的值是否影响且如何影响闭环系统的能控性和能观性。

14. 利用最好控制理论在对简化为三阶液压伺服系统进行优化时如何拓宽系统带宽？

15. 利用复合控制实现干扰补偿时，前馈传递函数 $W_1(s)$ 如何确定？是否存在误差？

16. 利用观测器实现干扰的补偿时，观测器的作用是什么？

第 11 章　非线性控制系统

导言

在实际物理系统中，组成系统的所有元、部件在不同程度上都具有非线性，因此理想的线性系统是不存在的。如果系统中元、部件输入/输出静特性的非线性程度不严重，并满足线性化条件，则这种非线性可以进行线性化处理，进而可以用线性控制理论对系统进行分析与研究。然而，并非所有的非线性特性都符合线性化的条件，凡不能作线性化处理的非线性特性均称作本质型非线性。含有一个或一个以上本质型非线性元、部件的系统称为本质型非线性系统。

11.1　非线性系统概述

控制系统中元件的非线性特性有多种，常见的有饱和、回环、死区和继电器特性等。熟悉这些典型非线性特性及其对系统性能的影响，将有助于了解非线性系统的特点。

11.1.1　典型的非线性特性

1. 饱和特性

饱和是一种常见的非线性特性，如图 11-1 所示。由图可知，当输入$|x|<x_0$时，输出 y 与输入 x 为线性关系；当$|x|>x_0$时，输出 y 为一常量。上述关系的数学表达式为

$$y=\begin{cases} kx; & |x|<x_0 \\ y_m \operatorname{sgn} x; & |x|>x_0 \end{cases} \tag{11-1}$$

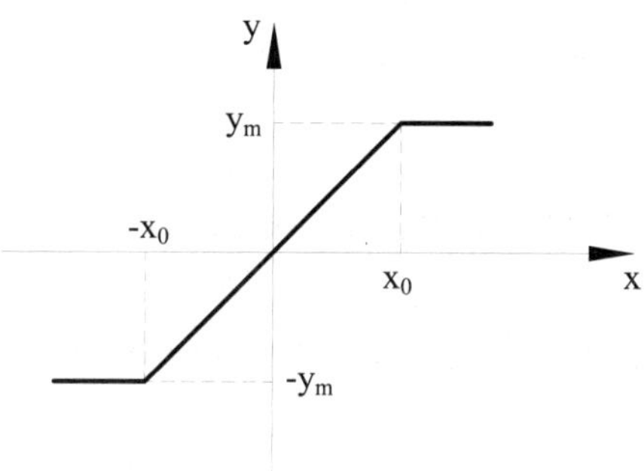

图 11-1　饱和非线性特性

一般情况下，系统因为含有具有饱和非线性特性的元件，其开环增益会大幅度减小，可导致系统过渡过程时间增加及稳态误差变大。但在某些控制系统中，出于对特定性能的要求，人们有目的地引入饱和非线性环节。例如，在具有转速和电流反馈的双闭环直流调速系统中，把速度调节器和电流调节器有意识地设计成具有饱和非线性特性，以改善系统的动态性能和限制系统的最大电流。

2. 回环特性

回环一般是由非线性元件的滞后作用引起的。例如，铁磁性材料的磁滞、机械传动中的间隙都会产生回环。图 11-2（a）为齿轮传动中的间隙，图 11-2（b）为其输入/输出特性，数学表达式为

$$\theta_o=\begin{cases}k\left(\theta_i-b/2\right); & \dot{\theta}_o>0\\ k\left(\theta_i+b/2\right); & \dot{\theta}_o<0\\ \theta_m\operatorname{sgn}\theta; & \dot{\theta}_o=0\end{cases}\tag{11-2}$$

式中，b 为齿轮的间隙。

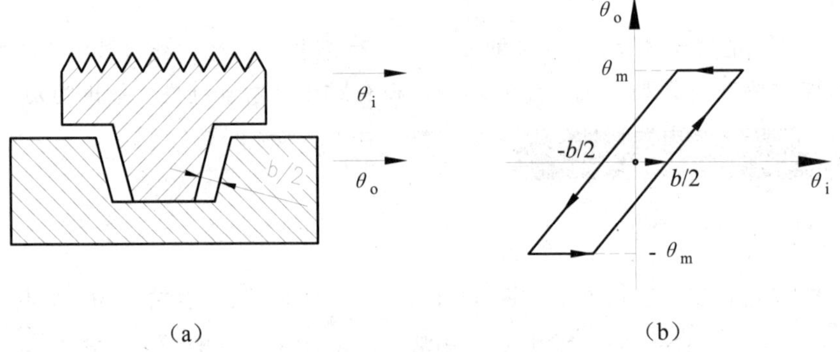

图 11-2　回环非线性特性

从图 10-2（b）可以看出，非线性特性是多值的。对于一个给定的输入究竟取哪一个值作为输出，应视该输入前期的变化规律，即取决于输入的“历史”。

系统中若有回环非线性特性的元件存在，通常会使其输出在相位上产生滞后，导致系统稳定裕量的减小及动态性能的恶化，甚至使系统产生自持振荡。

3. 死区特性

图 11-3 是一种常见的死区非线性特性。当输入信号 $|x|<\Delta$ 时，其输出 y 为 0；当 $|x|>\Delta$ 时，才有输出信号 y 产生，并与输入信号 x 呈线性关系。例如，伺服电机的死区电压（启动电压）、测量元件的不灵敏等，都属于死区非线性。死区非线性特性的数学表达式为

$$y=\begin{cases}0; & |x|<\Delta\\ k\left(x-\Delta\operatorname{sgn}x\right); & |x|>\Delta\end{cases}\tag{11-3}$$

式中，Δ 为死区范围。

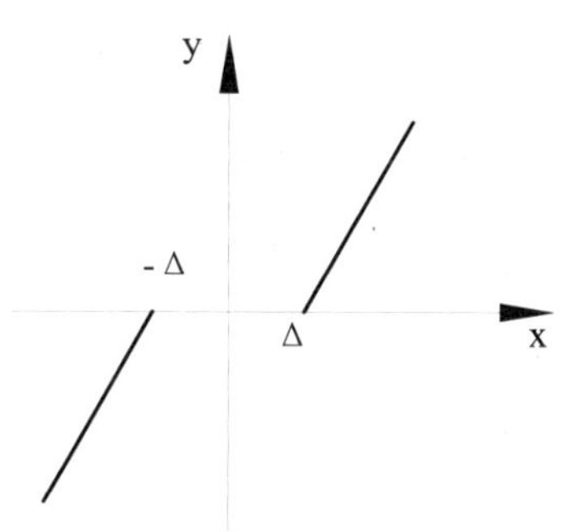

图 11-3　死区非线性特性

死区非线性对系统产生的主要影响有：

（1）使系统的稳态误差增大，尤其是测量元件的死区对系统稳态性能的影响更大。

（2）对动态性能的利弊由具体系统的结构和参数确定。对不同的系统，死区的存在可能抑制系统的振荡，也可能导致系统产生自持振荡。

（3）死区能滤去从输入端引入的小幅值干扰信号，提高系统抗扰动的能力。

（4）当系统的输入信号为阶跃、斜坡等函数时，死区的存在会引起系统输出在时间上的滞后。

4. 继电器特性

图 11-4（a）为理想继电器特性。对于实际的继电器，当流经其线圈的电流达到特定值时，才能使继电器的衔铁吸合，因而继电器一般都有死区存在（见图 11-4（b））。此外，因为继电器的吸合电压一般大于其释放电压，所以继电器还具有回环的特性（见图 11-4（c））。综上所述，实际的继电器特性既有死区又有回环（见图 11-4（d））。其数学表达式为

$$y=\begin{cases} 0; & -ma<x<a, \quad \dot{x}>0 \\ 0; & -a<x<ma, \quad \dot{x}<0 \\ b\,\mathrm{sgn}\,x; & |x|\geqslant a, \\ b; & x\geqslant ma, \quad \dot{x}<0 \\ -b; & x\leqslant -ma, \quad \dot{x}>0 \end{cases} \tag{11-4}$$

式中：a 为继电器吸合电压；ma 为继电器释放电压；b 为继电器的饱和输出。

继电器非线性特性一般会使系统产生自持振荡，甚至导致系统不稳定，并且也使系统的稳态误差增大。

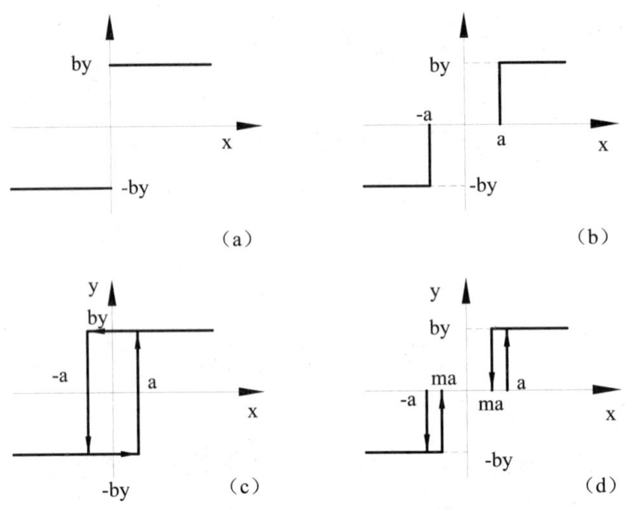

图 11-4　继电器非线性特性

11.1.2　非线性系统的特点

与线性系统相比，非线性系统具有如下特点：

（1）非线性系统的输入与输出之间不是比例关系，不适用叠加原理。

（2）非线性系统的稳定性不仅与系统的结构和参数有关，而且与其初始条件和输入信号的大小有关。

（3）非线性系统常常会产生自持振荡。

（4）非线性系统存在畸变现象。

由以上分析可知，非线性系统的运动要比线性系统复杂得多。描述非线性系统的数学模型是非线性微分方程，迄今为止，求解非线性微分方程尚未形成一种通用成熟的方法，因而给非线性系统的分析与研究带来了很大困难。

目前对非线性系统的研究方法主要有以下三种。

（1）描述函数法：在一定条件下，用非线性元件输出的基波信号代替在正弦作用下的非正弦输出，使非线性元件近似于一个线性环节，从而可以用 Nyquist 稳定判据对系统的稳定性进行判断。这种方法主要用于研究非线性系统的稳定性和自持振荡问题，如系统产生自持振荡、如何确定振荡频率和振幅，以及寻求消除自持振荡的方法等。

（2）相平面法：根据绘制出的 $x-\dot{x}$ 相轨迹图，去研究非线性系统的稳定性和动态性能。这种方法只适用于二阶非线性系统。

（3）李雅普诺夫第二法：这是一种对线性和非线性都适用的方法。根据非线性系统动态方程的特征，利用相关方法求出李雅普诺夫函数 $V(x)$，然后根据 $V(x)$ 和 $V(\dot{x})$ 的性质去判别非线性系统的稳定性。

本章只讲解用描述函数法和相平面法对非线性系统进行分析。

11.2　非线性元件的描述函数

11.2.1　描述函数的基本概念

假设一非线性系统如图 11-5 所示，其中 G(S)为线性环节，N 表示非线性元件。若在 N 的输入端施加一个幅值为 X，频率为 ω 的正弦信号，即$e = X\sin\omega t$，其输出一般不是与输入信号具有相同频率的正弦信号，而是一个含有高次谐波的周期性函数。用傅里叶级数表示为

$$y = A_0 + A_1\sin\omega t + B_1\cos\omega t + A_2\sin 2\omega t + B_2\cos 2\omega t + \cdots \tag{11-5}$$

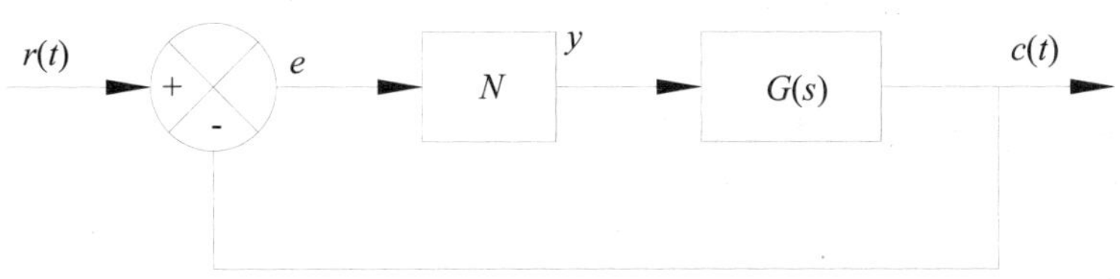

图 11-5　非线性控制系统

假设非线性元件的特性对于坐标原点是奇对称的，则直流分量$A_0 = 0$。由于描述函数主要用于研究非线性系统的稳定性和自持振荡问题，因而可令$r(t) = 0$，并设系统的线性部分具有良好的低通滤波特性，能把 y 输出中的各项高次谐波滤掉，只剩下一次谐波项，即

$$y_1 = A_1\sin\omega t + B_1\cos\omega t = Y_1\sin(\omega t + \phi_1) \tag{11-6}$$

其中$Y_1 = \sqrt{A_1^2 + B_1^2}$，$\phi_1 = \arctan\dfrac{B_1}{A_1}$，$A_1 = \dfrac{1}{\pi}\int_0^{2\pi} y\sin\omega t d(\omega t)$，$B_1 = \dfrac{1}{\pi}\int_0^{2\pi} y\cos\omega t d(\omega t)$

上述的简化过程实际上是对非线性特性线性化的过程。经过上述处理后，非线性元件的输出是一个与其输入信号同频率的正弦函数，仅在幅值和相位上与输入信号有差异。上述线性化的条件是：

（1）系统的输入$r(t) = 0$，非线性元件的输入信号为正弦函数$e = X\sin\omega t$；

（2）非线性元件的静特性不是时间 t 的函数，即非线性元件为非储能元件；

（3）非线性元件的特性是奇对称的，即有$f_1(e) = -f_1(-e)$；

（4）系统的线性部分具有良好的低通滤波器性能。线性部分的阶次越高，其低通滤波性能越好。

经过线性化处理后，非线性元件的输出与输入的关系可用复数比表示为

$$N(X) = \frac{Y_1}{X}\Big/\underline{\phi_1} = \frac{\sqrt{A_1^2 + B_1^2}}{X}\Big/\underline{\arctan\frac{B_1}{A_1}} \tag{11-7}$$

式中，N(X)称为非线性特性的描述函数，表示 N 输出的一次谐波分量对其正弦输入的复数比。

Y1 为输出一次谐波分量的振幅，X 为正弦输入信号的振幅，ϕ_1为输出的一次谐波分量相对于正弦输入信号的相移。用描述函数 N(X)代替非线性元件后，图 11-5 表示的非线性控制系统变为图 11-6 所示的近似线性系统，可以用线性控制理论中的频率法进行分析。

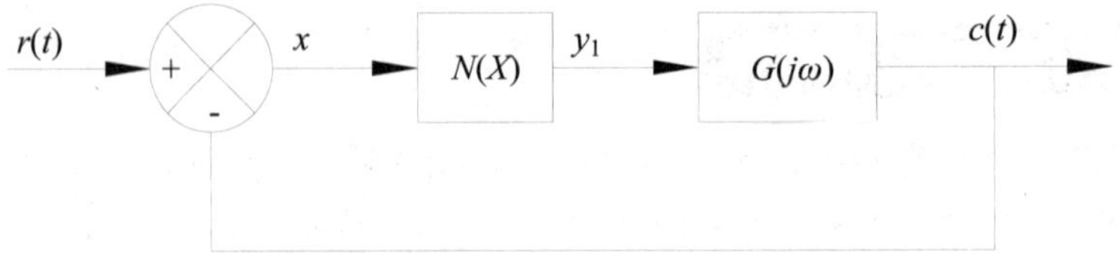

图 11-6　用描述函数表示非线性特性的系统

一般情况下，描述函数 N(X)为正弦输入信号输入幅值 X 的函数，与输入频率无关。当非线性特性为单值函数时，相应的描述函数 N(X)为一实数，表示其输出信号的一次谐波与正弦输入信号是相同的。

11.2.2　非线性元件描述函数

1. 饱和非线性

饱和非线性的输出是一个周期性的奇函数，如图 11-7 所示，因而其傅里叶级数展开式中既没有直流项也没有余弦项，即 $A_0=0$， $B_1=0$， $\phi_1=0$。其中一次正弦谐波分量为

$$y_1 = Y_1 \sin\omega t = A_1 \sin\omega t \tag{11-8}$$

式中：

$$\begin{aligned}A_1 &= \frac{4}{\pi}\int_0^{\frac{\pi}{2}} y\sin\omega t d(\omega t) = \frac{4}{\pi}\left[\int_0^{\beta} kX\sin^2\omega t d(\omega t) + \int_{\beta}^{\frac{\pi}{2}} ks\sin\omega t d(\omega t)\right] \\ &= \frac{4}{\pi}kX\int_0^{\beta}\frac{1-\cos 2\omega t}{2}d(\omega t) - \frac{4}{\pi}ks\cos\omega t\Big|_{\beta}^{\frac{\pi}{2}} = \frac{4}{\pi}\left[\frac{kX}{2}\left(\beta - \frac{\sin 2\beta}{2}\right) + ks\cos\beta\right] \\ &= \frac{2kX}{\pi}[\beta + \sin\beta\cos\beta]\end{aligned}$$

由于 $X\sin\beta = s$，则 $\sin\beta = \dfrac{s}{X}$， $\beta = \arcsin\dfrac{s}{X}$，带入上式后得出

$$A_1 = \frac{2kX}{\pi}\left[\arcsin\frac{s}{X} + \frac{s}{X}\sqrt{1-\left(\frac{s}{X}\right)^2}\right] \tag{11-9}$$

由此得出饱和特性元件的描述函数为

$$N(X) = \frac{A_1}{X} = \frac{2k}{\pi}\left[\arcsin\frac{s}{X} + \frac{s}{X}\sqrt{1-\left(\frac{s}{X}\right)^2}\right] \tag{11-10}$$

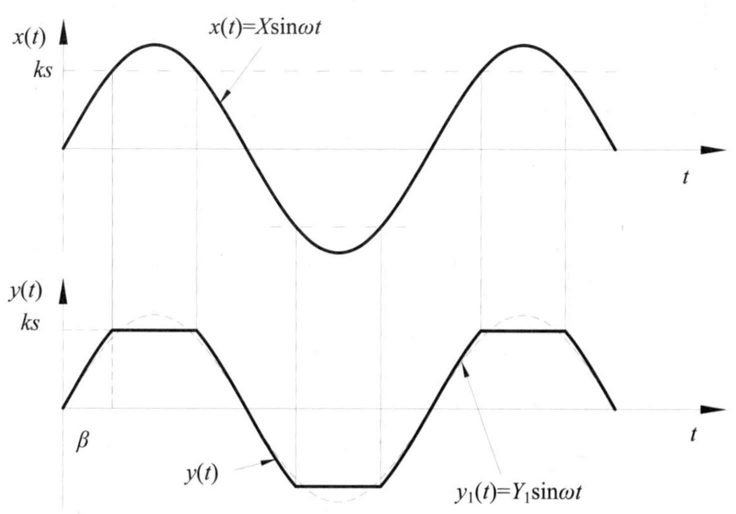

图 11-7　饱和非线性的输入和输出波形

2. 理想继电器型非线性

理想继电器特性的输入和输出波形图如图 11-8 所示。可以看出其输出也是一个奇函数，因而有 $A_0=0$，$B_1=0$，$\phi_1=0$，且有 $A_1=\dfrac{2M}{\pi}\int_0^{\pi}\sin\omega t d(\omega t)=\dfrac{4M}{\pi}$，$y_1=\dfrac{4M}{\pi}\sin\omega t$。描述函数为

$$N(X)=\frac{A_1}{X}=\frac{4M}{\pi X} \tag{11-11}$$

若以 M/X 为自变量，N(X)为因变量，则描述函数为直线。

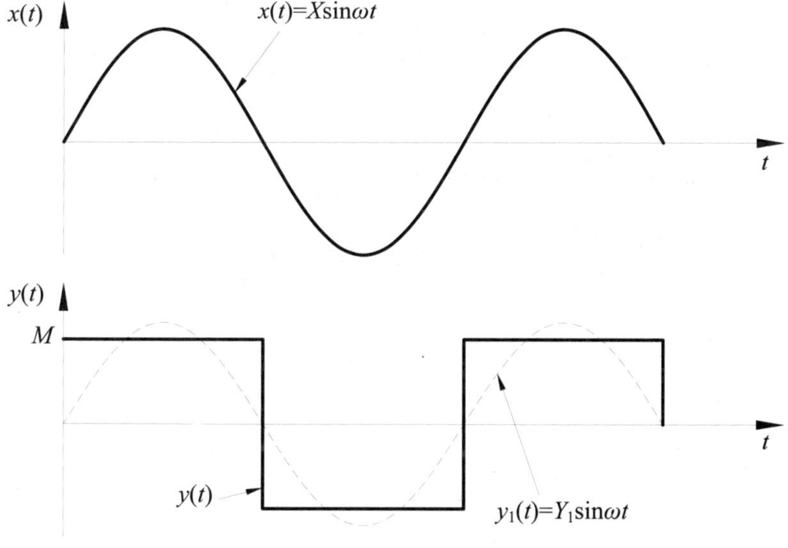

图 11-8　理想继电器型非线性的输入和输出波形

3. 死区非线性

在有死区的元件中，当输入信号的幅值在死区范围内时，则元件没有输出。图 11-9 为死区非线性的输入和输出波形，当$0 \leqslant \omega t \leqslant \pi$时，输出$y(t)$为

$$y(t)=\begin{cases} 0 & 0<t<t_1 \\ k(X\sin\omega t-\Delta) & t_1<t<\dfrac{\pi}{\omega}-t_1 \\ 0 & \dfrac{\pi}{\omega}-t_1<t<\dfrac{\pi}{\omega} \end{cases} \tag{11-12}$$

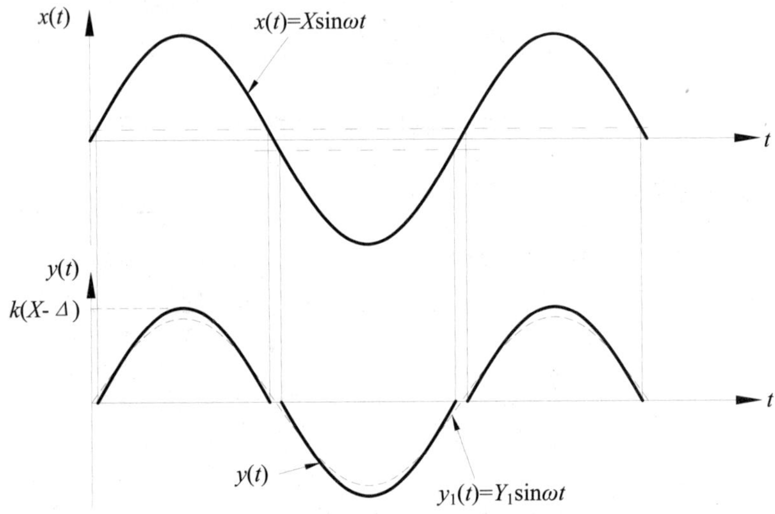

图 11-9 死区非线性的输入和输出波形

由$y(t)$可知$A_0=0$，$B_1=0$，$\phi_1=0$。$y(t)$中的一次正弦谐波分量为$y(t)=A_1\sin\omega t$，其中

$$A_1=\frac{1}{\pi}\int_0^{2\pi}y(t)\sin\omega t d(\omega t)=\frac{4}{\pi}\int_0^{\pi/2}y(t)\sin\omega t d(\omega t)$$
$$=\frac{4k}{\pi}\int_{\omega t_1}^{\pi/2}(X\sin\omega t-\Delta)\sin\omega t d(\omega t)$$

式中$\Delta=X\sin\omega t_1$，即$\omega t_1=\arcsin\dfrac{\Delta}{X}$，带入上式后得出

$$A_1=\frac{4kX}{\pi}\left[\int_{\omega t_1}^{\pi/2}\sin^2\omega t d(\omega t)-\sin\omega t_1\int_{\omega t_1}^{\pi/2}\sin\omega t d(\omega t)\right]$$
$$=\frac{2kX}{\pi}\left[\frac{\pi}{2}-\arcsin\frac{\Delta}{X}-\frac{\Delta}{X}\sqrt{1-\left(\frac{\Delta}{X}\right)^2}\right]$$

由此求得死区非线性元件的描述函数为

$$N(X)=\frac{A_1}{X}=k-\frac{2k}{\pi}\left[\arcsin\frac{\Delta}{X}+\frac{\Delta}{X}\sqrt{1-\left(\frac{\Delta}{X}\right)^2}\right] \tag{11-13}$$

如果在系统中有两个非线性元件相串联，那么其合成的描述函数不能简单地认为是这两个非线性元件描述函数的乘积。因为在计算描述函数时，有一个很重要的前提是非线性元件的输入为正弦信号。正确的做法是先将两个元件的非线性特性合成为一个，然后求取合成后的非线性特性的描述函数。

11.3 用描述函数分析非线性控制系统

描述函数仅表示非线性元件在正弦输入信号作用下，输出的基波分量与输入信号间的关系，因而它不可能像线性系统中的频率特性那样全面表征系统的特性，只能近似地用于分析非线性系统的稳定性和自持振荡。

假设非线性系统如图 11-10 所示，非线性部分用描述函数$N(x)$表示，$G(j\omega)$是线性部分的频率特性。由于自持振荡只与非线性系统的结构和参数有关，与外加信号（初始条件）无关，因此可假设输入$r(t)=0$。当系统产生自持振荡时，其闭合回路上的各点都会出现相同频率的正弦振荡信号。若把图中$N(x)$与$G(j\omega)$间的通路断开，并在$G(j\omega)$的输入端施加一正弦信号$y_1=Y_1\sin\omega t$（如图 11-10），则$N(x)$的输出为$y=-G(j\omega)N(x)Y_1\sin\omega t$。如果$y=y_1$，即有$1+G(j\omega)N(x)=0$，或者写为

$$G(j\omega)=-\frac{1}{N(x)} \tag{11-14}$$

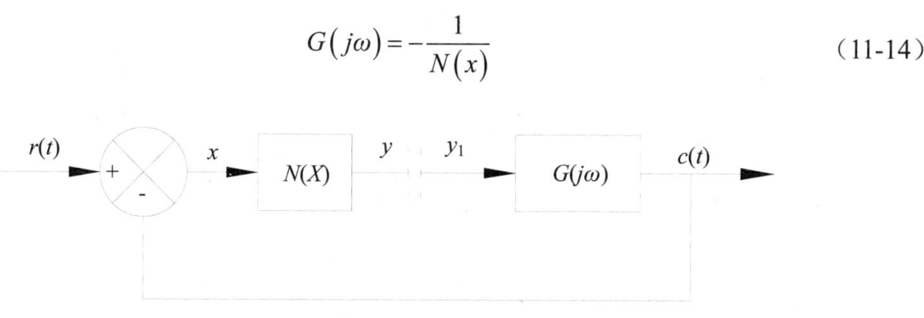

图 11-10 非线性控制系统

此时若把$N(x)$与$G(j\omega)$间通路的断点接上，即使撤销外加信号y_1，系统的振荡也能持续下去。因此式（11-14）就是系统产生自持振荡的条件，其中$-\frac{1}{N(x)}$称为描述函数的负倒特性。这种情况与线性系统中$G(j\omega)H(j\omega)$曲线穿过 GH 平面上的$(-1,\ j0)$点相似。但是用描述函数判别非线性系统的稳定性时，相当于线性系统$(-1,\ j0)$点的负倒特性$-\frac{1}{N(x)}$，它是一条轨迹线。这样，Nyquist 稳定判据就能适用于非线性特性用描述函数表示的非线性系统。

假设系统的线性部分由最小相位元件组成，Nyquist 稳定判据为：如果$-\dfrac{1}{N(x)}$轨迹没有被$G(j\omega)$曲线包围（如图 11-11（a）），非线性系统就是稳定的；如果$-\dfrac{1}{N(x)}$轨迹被$G(j\omega)$曲线包围（如图 11-11（b）），非线性系统就不稳定。

如果$-\dfrac{1}{N(x)}$轨迹与$G(j\omega)$曲线相交，系统的输出就有可能产生自持振荡。这种自持振荡严格来说不是正弦的，但可以用一个正弦振荡来近似。自持振荡的幅值和频率分别是交点处$-\dfrac{1}{N(x)}$轨迹上的 X 值与$G(j\omega)$曲线上的 ω 值。并非所有的交点处都能产出自持振荡，图 11-11（c）中，$-\dfrac{1}{N(x)}$轨迹与$G(j\omega)$曲线有两个交点。假设系统工作于 A 点，受到微小扰动使得非线性元件正弦输入的幅值略有增大，工作点由$-\dfrac{1}{N(x)}$轨迹上的 A 点移动到 C 点。由于 C 点被$G(j\omega)$曲线包围，所以对应的系统是不稳定的，从而导致系统振荡的加剧，振幅继续增大，使工作点由 C 点向 B 点移动。如果系统在 A 点处受到的扰动使非线性元件输入的幅值略有减小，工作点由 A 点偏移到 D 点。由于 D 点未被$G(j\omega)$曲线包围，所以系统处于稳定状态，振幅减弱，工作点向左下方移动。由此可见，系统在 A 点处产生的自持振荡是不稳定的。

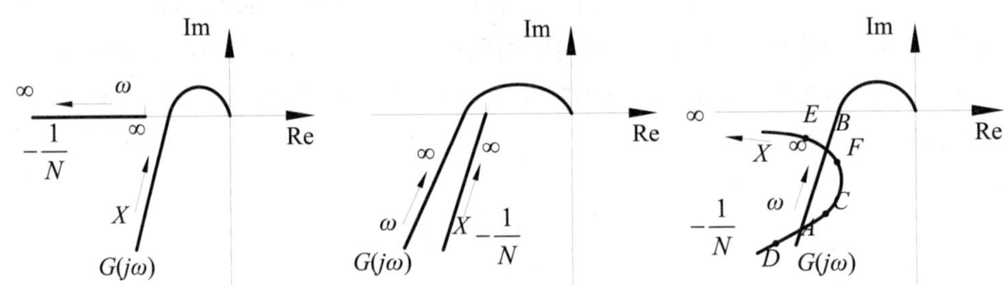

图 11-11　非线性系统的稳定性判

利用同样的方法，可以判别系统在 B 点处产生的自持振荡是稳定的。这表示系统工作在 B 点处时，受到干扰使非线性元件的正弦输入的幅值不论增大还是减小（由 B 点偏移到 E 点或 F 点），只要干扰信号消失，系统最后仍能回到原来的工作状态 B 点。

一般来说，控制系统不希望产生自持振荡现象，在设计系统时，应通过对参数的调整或者加校正装置的方法，尽量避免这种现象的出现。

11.4 相 轨 迹

11.4.1 相轨迹的基本概念

假设二阶系统微分方程的一般形式为

$$\ddot{x}+a(x,\dot{x})\dot{x}+b(x,\dot{x})x=0 \tag{11-15}$$

式中 a 和 b 都是 x 和 $\dot{x}$ 的函数。对于不同的初始条件，此式的解也是不同的，即 x 和 $\dot{x}$ 间的关系将随着初始条件而变化。把 x、$\dot{x}$ 的关系画在以 x 和 $\dot{x}$ 为坐标的平面上，这种关系的曲线称为相轨迹，由 x 和 $\dot{x}$ 组成的平面称为相平面。相平面上的每一个点都代表系统在相应时刻的一种状态。

假设一弹簧、质量、阻尼系统的齐次方程为 $m\dfrac{d^2x}{dt^2}+f\dfrac{dx}{dt}+kx=0$，标准形式为

$$\frac{d^2x}{dt^2}+2\zeta\omega_n\frac{dx}{dt}+\omega_n^2x=0 \tag{11-16}$$

式中 ζ 和 ωn 分别为系统的阻尼比和无阻尼自然频率。

令 $x_1=x$，$x_2=\dot{x}$ 为系统的两个状态变量，式（11-15）和式（11-16）可转化为两个联立的一阶微分方程

$$\begin{cases}\dot{x}_1=x_2\\ \dot{x}_2=-\omega_n^2x_1-2\zeta\omega_nx_2\end{cases} \tag{11-17}$$

由此可解得状态变量 x_1 和 x_2。描述该系统的运动规律一般有两种方法：一种是直接解出 x_1 和 x_2 对 t 的关系；另一种是以时间 t 为参变量，求出 $x_2=f(x_1)$ 的关系，并把它画在 x_1—x_2 平面上。相轨迹和瞬态响应曲线一样能表征系统的运动过程。

如果系统的运动微分方程是非线性的，那么一般难以得到 x_1 和 x_2 的解析。例如，在上述的弹簧、质量、阻尼系统中，弹簧力为 $k_1x+k_2x^3$，则系统的状态方程为

$$\begin{cases}\dot{x}_1=x_2\\ \dot{x}_2=-\dfrac{k_1}{m}x-\dfrac{k_2}{m}x^3-\dfrac{f}{m}x_2\end{cases}$$

此方程用积分的方法难以求解，但可用图解法作出其相轨迹，既克服了解非线性方程的困难，又能获得系统瞬态响应的相关信息。

相轨迹具有以下性质：

（1）轨迹上的点都有确定的斜率。二阶系统一般可写为常微分方程形式：$\ddot{x}+f(x,\dot{x})=0$，或者写为 $\dfrac{d\dot{x}}{dt}=-f(x,\dot{x})$ 方程两端同除以 $\dot{x}=\dfrac{dx}{dt}$，得 $\dfrac{d\dot{x}}{dx}=-\dfrac{f(x,\dot{x})}{\dot{x}}$。令 $x_1=x$，$x_2=\dot{x}$，则有

$$\frac{dx_2}{dx_1}=-\frac{f(x_1,x_2)}{x_2} \tag{11-18}$$

此式称作相轨迹的斜率方程。

（2）相轨迹的奇点。由微分方程解的唯一性可知，对于一个给定的初始条件，只有一条相轨迹。因此，从不同的初始条件出发的相轨迹是不会相交的，只有同时满足的特殊点。由于其相轨迹斜率 0/0 是一个不定值，因此通过该点的相轨迹为无数条。具有 $x_2=0$，

$\dot{x}_2 = f(x_1, x_2) = 0$ 的点称为奇点，一般表示系统的平衡状态。

（3）相轨迹正交于 x_1 轴。x_1 轴上的所有点，其 x_2 总为 0，除 $f(x_1, x_2) = 0$ 的奇点外，这些点上的斜率 $dx_2/dx_1 = \infty$。因此，相轨迹与相平面的 x_1 轴是正交的。

（4）相轨迹运动方向的确定。在相平面的上半平面，$x_2 > 0$ 表示随着时间 t 的推移，系统状态沿相轨迹的运动方向是 x_1 的增大方向，即向右运动。反之，在相平面的下半平面，$x_2 < 0$ 表示随着时间 t 的推移，系统状态沿相轨迹的运动方向是 x_1 的减小方向，即向左运动。

11.4.2 相轨迹的绘制

绘制相轨迹图有解析法和图解法两种。解析法只适用于系统微分方程比较简单的场合。对于一般的非线性系统，其相轨迹的绘制宜采用图解法。工程中常用的图解法有等倾线法和 δ 法。

1. 等倾线法

将相平面上任一点的坐标值带入 $\dfrac{dx_2}{dx_1} = -\dfrac{f(x_1, x_2)}{x_2}$ 中，可求得相轨迹通过该点的斜率。令 $\dfrac{dx_2}{dx_1} = \alpha$ 为常量，则有

$$\alpha x_2 = -f(x_1, x_2) \tag{11-19}$$

此式表示相轨迹上斜率为常量 α 的各点的连线，称作等倾线。在每条等倾线上画出表示该等倾线响应斜率的短线段，用以表示相轨迹通过等倾线时的方向，或者说它们构成了相轨迹切线的“方向场”。给出不同的 α 值，就可以在相平面上画出一系列具有不同“方向场”的等倾线，如图 11-12 所示。

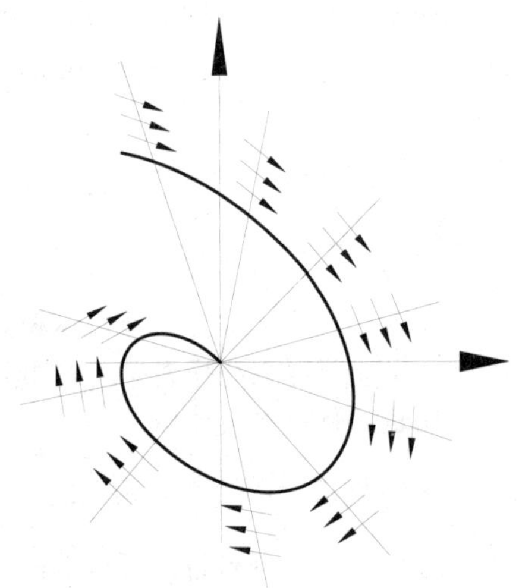

图 11-12　用等倾线法绘制相轨迹示意图

2. δ 法

如果只作出从某一给定初始点出发的一条相轨迹，可以直接以小段圆弧的形式将相轨迹图连续画出，这种作图法称为 δ 法。

假设系统的微分方程为 $\ddot{x} + f(x, \dot{x}, t) = 0$，其中函数 $f(x, \dot{x}, t)$ 可以是线性或非线性，但必须是连续、单值函数。在应用 δ 法时，首先将微分方程改写为

$$\ddot{x} + \omega^2 x = -f(x, \dot{x}, t) + \omega^2 x \tag{11-20}$$

定义 δ 函数为

$$\delta(x, \dot{x}, t) = \frac{-f(x, \dot{x}, t) + \omega^2 x}{\omega^2} \tag{11-21}$$

可得 $\ddot{x}+\omega^2 x=\delta(x,\dot{x},t)\omega^2$ 或 $\dfrac{\ddot{x}}{\omega^2}+x=\delta(x,\dot{x},t)$。式中 ω 的值要选择适当，以使 δ 函数值在所讨论的 x 和 $\dot{x}$ 取值范围内比较适中，便于作图。δ 函数值与变量 x、$\dot{x}$ 和 t 有关，如果它们的变化量很小，就可以将 $\delta(x,\dot{x},t)$ 近似视为一个常量，并用 δ1 表示，于是有

$$\frac{\ddot{x}}{\omega^2}+(x-\delta_1)=0 \tag{11-22}$$

由于 $\ddot{x}=\dot{x}\dfrac{d\dot{x}}{dx}$，上式可写为 $\dfrac{1}{\omega^2}\dot{x}d\dot{x}=-(x-\delta_1)dx$，得出

$$\frac{\dot{x}^2}{\omega^2}+(x-\delta_1)^2=\delta_1^2+C$$

令 $\delta_1^2+C=R_1^2$，$x_1=x$，$x_2=\dot{x}$，得出

$$\frac{x_2^2}{\omega^2}+(x_1-\delta_1)^2=R_1^2 \tag{11-23}$$

这种方法利用 x1 和 x_2/ω 表示相平面，目的是使方程变为一个圆的方程，圆心为 $(\delta_1,\ 0)$，半径为 R_1。例如，在相平面上任取一点 $A(x_{10},\ x_{20}/\omega)$，并设变量 x1 和 x_2/ω 在该点附近的变化很小，则通过 A 点附近的相轨迹可近似用以 $(\delta_1,\ 0)$ 为圆心，R_1 为半径所作的圆弧 $\widehat{AB}$ 表示，圆弧的圆心位置和半径分别为

$$\delta_1=-\frac{f(x_1,x_2,t)}{\omega^2}+x_1 \tag{11-24}$$

$$R_1=\sqrt{(x_1-\delta_1)^2+\frac{x_2^2}{\omega^2}} \tag{11-25}$$

综上所述，用 δ 法绘制相轨迹的步骤如下：

（1）根据给定的初始点 $A(x_{10},\ x_{20}/\omega)$，计算出圆心 $P_1(\delta_1,\ 0)$ 的位置。

（2）以 P_1 为圆心，线段 P_1A 为半径作圆弧 $\widehat{AB}$，确定相轨迹上的点 $B(x_1',\ x_2'/\omega)$。

（3）在 B 点处重复 A 点的过程，这样连续绘制下去，就得到由一系列短圆弧连接而成的近似的相轨迹。

11.4.3　奇点的分类与极限环

1. 奇点的分类

如果系统的特征值为一对具有负实部的共轭根，其相轨迹为一簇绕坐标原点的螺旋线，且不管初始条件如何，相轨迹总是卷向原点，这种奇点称作稳定焦点，如图 11-13（a）所示。

如果系统的特征值为一对具有正实部的共轭根，其相轨迹为一簇绕坐标原点的螺旋线，但相轨迹总是卷离坐标原点，这种奇点就称作不稳定焦点，如图 11-13（c）所示。

如果系统的特征值为一对共轭虚根，坐标原点周围的相轨迹为一簇封闭曲线，这种奇点就称作中心点，如图 11-13（e）所示。

如果系统的两个特征根为不相等的负实数，不管初始条件如何，系统的相轨迹最终都趋向于坐标原点，这种奇点就称为稳定节点，如图 11-13（b）所示。

如果系统的两个特征根为不相等的正实数，那么从任何初始状态出发的相轨迹都将远离平衡状态，这种奇点称为不稳定节点，如图 11-13（d）所示。

如果系统的两个特征根为一正一负两个实数，其相轨迹如图 11-13（f）所示，除了分割线外的所有相轨迹都将随着时间的增长而远离奇点，这种奇点称为鞍点。

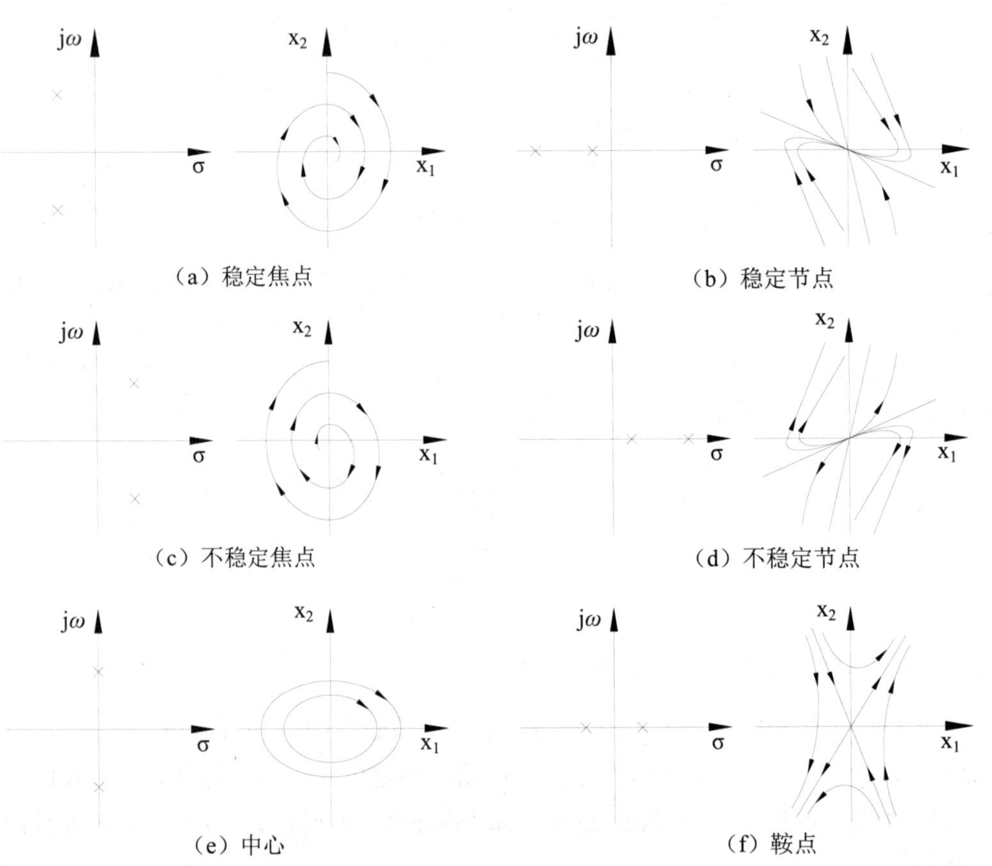

图 11-13　特征根位置与奇点类型对应关系

2. 极限环

非线性系统除了发散和收敛两种模式外，还有另外一种模式，即在无外作用时，系统会产生具有一定振幅和频率的自持振荡。这种自持振荡在相平面上表现为一个孤立的封闭轨迹线——极限环。与它相邻的所有相轨迹，或是卷向极限环（称作稳定极限环），或是从极限环卷出（称作不稳定极限环）。此外，还有极限环内部的相轨迹卷向极限环，外部的相轨迹卷出或相反，这些极限环称为半稳定极限环。

11.4.4　由相轨迹求系统的瞬态相应

相轨迹虽然能直观地描述系统的运动过程，但是没有显示出变量与时间的直接关系。如果需要通过相轨迹求取系统的瞬态响应，就要知道相轨迹上各点对应的时间。求取时间的方法有多种，下面介绍一种近似方法。

假设系统的相轨迹如图 11-14 所示，对于小的增量 Δx 和 Δt，则可以近似用 Δx 区间内的 $\dot{x}$ 的平均值 $\dot{x}_{av}$ 来代替该区间内的平均速度，即

$$\Delta t = \frac{\Delta x}{\dot{x}_{av}} \tag{11-26}$$

由此可计算出系统从相轨迹上 A 点运动到 B 点所需要的时间。

$$\Delta t_{AB} = \frac{\Delta x_{AB}}{\dot{x}_{AB}}$$

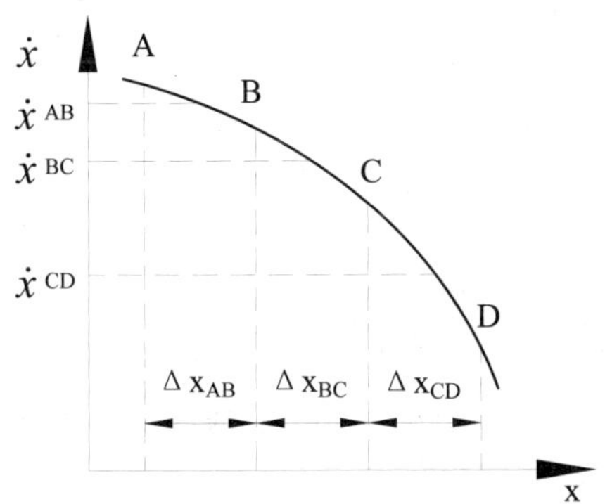

图 11-14　由相轨迹求取系统的瞬态响应

同理，可求出 Δt_{BC}、Δt_{CD}，进而可以作出系统的瞬态响应曲线。

11.5　非线性系统的相平面分析

非线性系统的分析，一般研究较多的是其稳定性问题。非线性系统的稳定性不仅与系统的结构、参数有关，而且与系统的输入信号和初始条件有关，并且非线性系统可能有多个平衡状态。因此，分析非线性系统的稳定性，不能像对待线性系统那样简单笼统地判定系统是否稳定，而是要具体问题具体分析，必须指明系统所处的初始状态和相对于哪个平衡状态。

下面以一个例子来说明非线性系统分析的特点。如已知二阶非线性系统的微分方程为

$$\ddot{x} + 0.5\dot{x} + 2x + x^2 = 0$$

需要分析系统的稳定性。这里首先要确定系统的平衡点，即要求系统的奇点。为此令方程中的 $\ddot{x} = 0$ 和 $\dot{x} = 0$，求出系统平衡点的坐标为 $(0,\ 0)$ 和 $(-2,\ 0)$。

系统在平衡点$(0,\ 0)$附近线性化后，得出

$$\ddot{x}+0.5\dot{x}+x^2=0$$

它的两个特征值$\lambda_{1,2}=-0.25\pm \mathrm{j}1.39$，是实部为负的共轭复数，因此非线性系统的平衡点$(0,\ 0)$是稳定焦点。

系统在平衡点$(-2,\ 0)$附近线性化后，得出

$$\ddot{x}+0.5\dot{x}-2x=0$$

它的两个特征值$\lambda_1=1.186$，$\lambda_2=-1.686$，是一正一负的实数，因此非线性系统的平衡点$(-2,\ 0)$是鞍点。

利用等倾线法作出该系统的相轨迹，如图 11-15 所示。进入鞍点$(-2,\ 0)$的两条相轨迹是分割线，它们将相平面分成两个不同的区域。如果状态的初始点位移图中阴影区内，则其相轨迹将收敛于坐标原点，表示相应的系统是稳定的；如果初始点落在阴影区外部，则其相轨迹会趋于无穷远，表示相应系统是不稳定的。由此可见，非线性系统的稳定性与其初始条件有关。

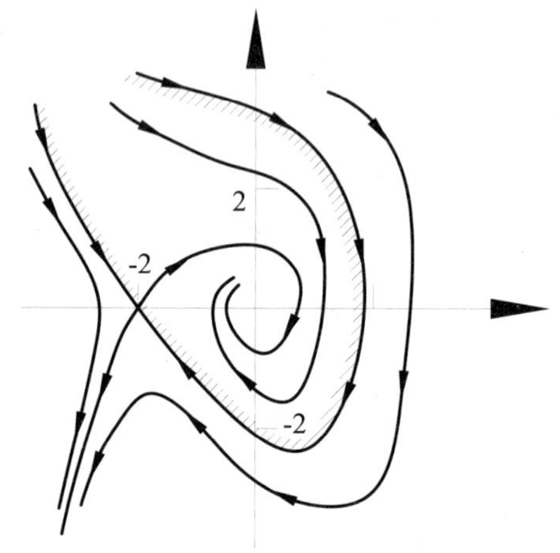

图 11-15　非线性系统的相轨迹

11.5.1　具有分段线性的非线性系统

假设非线性系统如图 11-16（a）所示，其中非线性放大器 KN（图 11-16（b）），当误差信号 e 的幅值小于 e_0 时，放大器的增益较小，$K_N=k_1$；当误差信号 e 的幅值大于 e_0 时，放大器的增益较大，$K_N=k_2$。系统具有这种分段线性的非线性增益，有利于抑制小振幅的高频噪声。

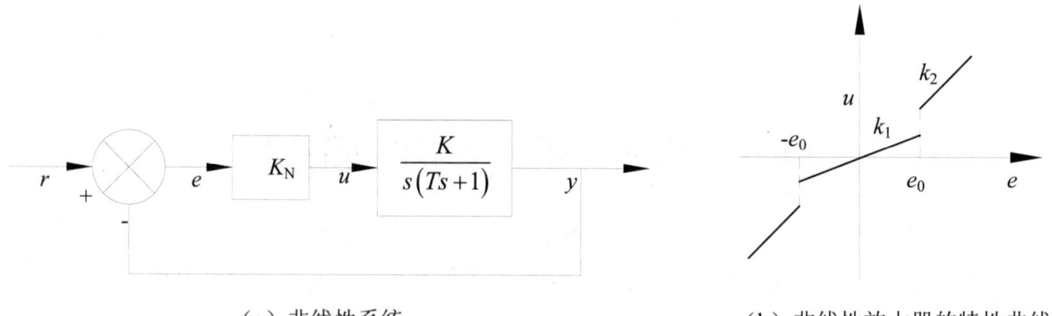

（a）非线性系统　　（b）非线性放大器的特性曲线

图 11-16　非线性系统及其非线性放大器特性

非线性放大器的特性为

$$u=\begin{cases}k_1 e & |e|<e_0\\ k_2 e & |e|>e_0\end{cases} \tag{11-27}$$

系统的微分方程为

$$T\ddot{y}+\dot{y}=Ku \tag{11-28}$$

系统的误差为

$$e=r-y$$

考虑分段线性化的影响，系统的方程可改写为

$$T\ddot{e}+\dot{e}+Kk_1e=T\ddot{r}+\dot{r} \quad |e|<e_0 \tag{11-29a}$$

$$T\ddot{e}+\dot{e}+Kk_2e=T\ddot{r}+\dot{r} \quad |e|>e_0 \tag{11-29b}$$

由此可见，具有分段线性的非线性系统，可用两个不同的线性微分方程来描述，这两个微分方程对应的不同区域由方程

$$\begin{cases} e=e_0 \\ e=-e_0 \end{cases} \tag{11-30}$$

来划分。此方程在相平面$[e-\dot{e}]$内为两条直线，它们将相平面分为三个区域，如图 11-17 所示。在 I 区内，系统的相轨迹按式（11-29a）运动，在 II 区和 II'区内，系统的相轨迹按式（11-29b）运动。这种将相平面划分为不同运动区域的曲线，称为分界线或转换线。

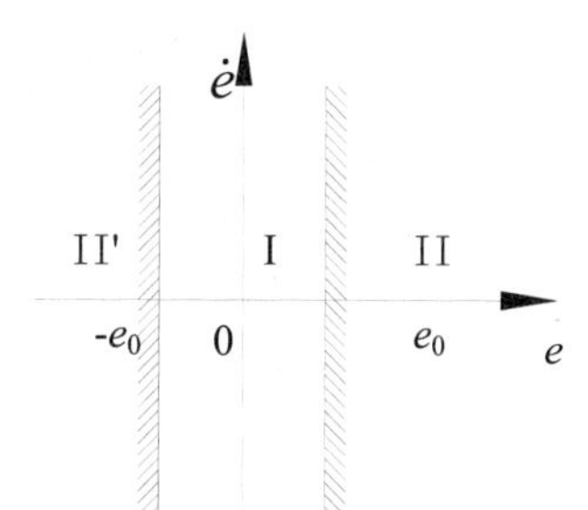

图 11-17 非线性系统相平面的区域

假设系统开始处于静止状态，系统的参考输入为阶跃函数$r(t)=R_0 1(t)$或斜坡函数$r(t)=R_1 t$（t≥0)，则在相平面内可以确定系统的相轨迹起点为$(e(0),\ \dot{e}(0))$。

令系统微分方程（11-29）中$\ddot{e}=0$和$\dot{e}=0$，可以确定 I 区的平衡点坐标为$\left(\dfrac{T\ddot{r}+\dot{r}}{Kk_1},\ 0\right)$，II 区和 II'区的平衡点坐标为$\left(\dfrac{T\ddot{r}+\dot{r}}{Kk_2},\ 0\right)$，并且根据式（11-29）可以确定平衡点的类型。

若平衡点位于本区，则该平衡点称为实平衡点或实奇点。若平衡点不位于本区，则该平衡点称为虚平衡点或虚奇点。若相轨迹向平衡点收敛，则相轨迹最终只能到达实平衡点，而不会到达虚平衡点。

11.5.2 继电器型非线性系统

如果系统中含有继电器，或者系统中的各种开关装置、接触器和具有饱和特性的高增益放大器等，均可视为继电器型非线性元件。

具有继电器型非线性特性的非线性系统是常见的一类非线性系统。图 11-18 是双位继电器二阶非线性系统，假设系统开始处于静止状态，现以参考输入为阶跃函数$r(t)=R_0 1(t)$分析系统平衡状态的稳定性。

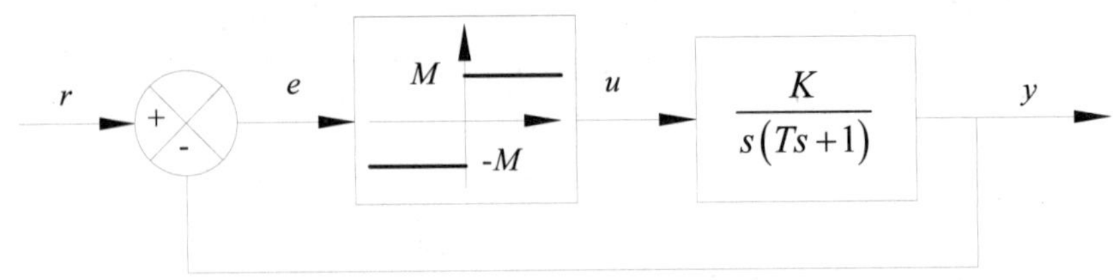

图 11-18　双位继电器二阶非线性系统

由图 11-18 可知，系统的微分方程为$T\ddot{y}+\dot{y}=Ku$，其中$u=\begin{cases} M & e>0 \\ -M & e<0 \end{cases}$

$$T\ddot{e}+\dot{e}=-KM \quad e>0 \tag{11-31a}$$

$$T\ddot{e}+\dot{e}=KM \quad e<0 \tag{11-31b}$$

分界线方程为$e=0$。分界线将相平面$[e-\dot{e}]$划分为两个区域。

由式（11-31）得出系统的等倾线方程为 $\begin{cases} \alpha=\dfrac{\ddot{e}}{\dot{e}}=\dfrac{-\dot{e}-KM}{T\dot{e}}, & e>0 \\ \alpha=\dfrac{\ddot{e}}{\dot{e}}=\dfrac{-\dot{e}+KM}{T\dot{e}}, & e<0 \end{cases}$

对上式变换后得出

$$\begin{cases} \dot{e}=\dfrac{-KM}{T\alpha+1}, & e>0 \\ \dot{e}=\dfrac{KM}{T\alpha+1}, & e<0 \end{cases} \tag{11-32a}$$

下面来确定相轨迹的渐近线。渐近线是特殊的等倾线，如果等倾线自身的斜率与相轨迹通过该等倾线上各点的斜率相等，则该等倾线就是渐近线。由等倾线公式（11-32a）可知，对应不同 α 值的等倾线，均是平行于 e 轴的一族直线，等倾线自身的斜率均为 0。于是$\alpha=0$的等倾线就是渐近线。以$\alpha=0$带入式（11-32a）中，得出：

$$\begin{cases} \dot{e}=-KM, & e>0 \\ \dot{e}=KM, & e<0 \end{cases} \tag{11-32b}$$

这时相轨迹的起点为$\begin{cases} e(0^+)=r(0^+)-y(0^+)=R_0 \\ \dot{e}(0^+)=\dot{r}(0^+)-\dot{y}(0^+)=0 \end{cases}$。根据等倾线公式（11-32a）在相平面$[e-\dot{e}]$内画出方向场，状态点由相轨迹起点$A(R_0,\ 0)$开始沿方向场运动，就可以画出系统的一条相轨迹。如果给定系统的初始状态点分别为 B、C、D 和 E 点，分步画出系统的相轨迹，如图 11-19 所示。

由相轨迹图可知，在阶跃输入作用下或给定任一初始状态，图 11-19 所示的非线性系统在相平面$[e-\dot{e}]$内的相轨迹，随着时间 t 的增大，逐渐收敛并达到相平面的原点。即对于任一初始状态，相对于静止状态来说，该非线性系统是渐近稳定的，并且该系统的稳态误差为 0。

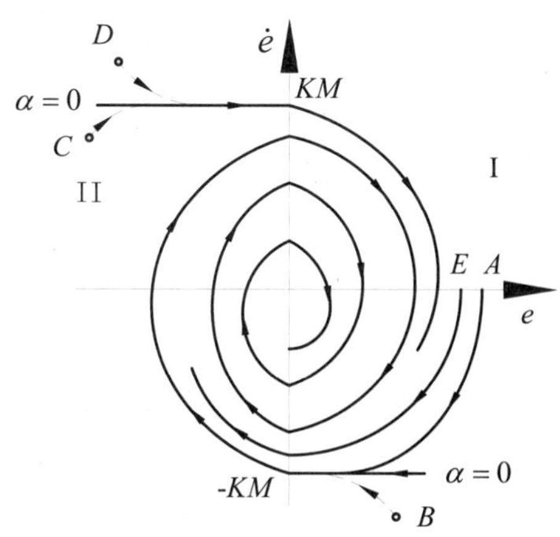

图 11-19 相轨迹

11.6 非线性因素对稳定性的影响

在液压系统中含有许多非线性因素，如阀的静特性、死区、饱和、非线性增益、齿隙和摩擦等，所以液压伺服系统本质上是非线性的。非线性系统的重要特性是系统的响应取决于输入信号的幅值和形式。此外，非线性因素还会引起系统的静差，以及可能产生的自持振荡（极限环振荡），当出现极限环振荡时，不仅影响系统的精度，而且还消耗功率，元件磨损或变形而降低元件寿命。

1. 死区非线性

死区非线性是由库伦摩擦和滑阀正重叠量造成的，这种死区非线性主要引起系统的稳态误差，对稳定性影响不大。一个稳定的线性系统加入死区非线性之后，仍然是稳定的。一个不稳定的线性系统加入死区非线性后，在输入信号幅值比较小时，系统会是稳定的，不会出现自持振荡。只有当输入信号幅值比较大时，系统才会不稳定。由此可以看出，非线性系统的稳定性与扰动信号的大小有关。

在控制装置中，放大器的不灵敏性、伺服阀和比例阀阀芯正遮盖特性、传动元件静摩擦等造成的死区特性，可用下面的数学关系来描述。

$$y=\begin{cases}0 & \text{当}|u|\le c\\ u-c & \text{当}|u|>c\\ u+c & \text{当}|u|<-c\end{cases} \tag{11-33}$$

式中：c—— 死区特征参数，斜率为 1。

该环节可利用 Matlab 编程仿真，根据上述算法自编 Matlab 函数 deadzone 供调用。其调用格式如下：

```
y=deadzone(u,c)
```

其中：u—— 输入；
c—— 死区特征参数；
y—— 死区环节输出。

自编函数程序如下：

```
    function y=deadzone(u,c)
    if abs(u)<=c
       y=0;
    else if u>c
       y=u-c
    else if u<-c
       y=u+c
    end
end
end
```

函数程序清单如下：

```
% 饱和非线性曲线仿真 c1=5
u1=[-8:1:8]
n=length(u1)
x1=zeros(1,n)
for i=1:n
   x1(i)=deadzone(u1(i),c1)
end
plot(u1,x1,'k')
grid
```

调用实例曲线如图 11-20 所示。

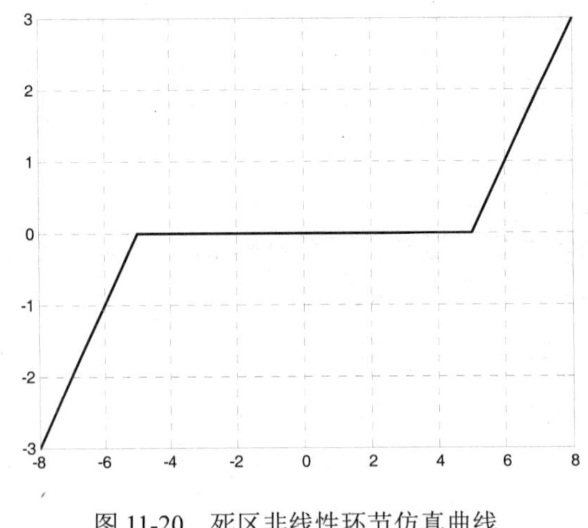

图 11-20　死区非线性环节仿真曲线

2. 饱和非线性

如果输入信号超过规定值，就会产生饱和非线性，所以它是常见的一种非线性。由于饱和特性使系统增量降低，所以若线性系统是稳定的，在考虑饱和特性之后还是稳定的。在不考虑饱和特性时，如果增大系统增益线性系统不稳定，考虑饱和特性后，系统就会出现自持振荡。因此，饱和特性有改善系统稳定性并能起到限幅及防止过载的作用。当然，还会使系统过渡过程时间加长。

饱和非线性环节在伺服控制系统中较为普遍，如饱和放大器、限幅装置、伺服阀饱和特性等。该特性对应的数学表达式为

$$y=\begin{cases} u & 当|u|\le c \\ c & 当|u|>c \\ -c & 当|u|<-c \end{cases} \tag{11-34}$$

式中，c 为饱和环节特征参数，斜率为 1，该环节特性可以用 Matlab 编程仿真。这里根据上面算法自编的 Matlab 函数 saturation，其调用格式如下：

```
y=saturation(u,c)
```

自编函数程序如下：

```
function y=saturation(u,c)
   if abs(u)<=c
      y=u;
   else if u>c
         y=c;
      else if u<-c
         y=-c
      end
   end
end
```

其中：u—— 输入；
c—— 饱和环节特征参数；
y—— 饱和环节输出。

函数程序清单如下：

```
% 饱和非线性曲线仿真
c1=5
u1=[-8:1:8]
n=length(u1)
x1=zeros(1,n)
for i=1:n
   x1(i)=saturation(u1(i),c1)
end
plot(u1,x1, 'k')
grid
```

运行实例后得列的曲线如图 11-21 所示。

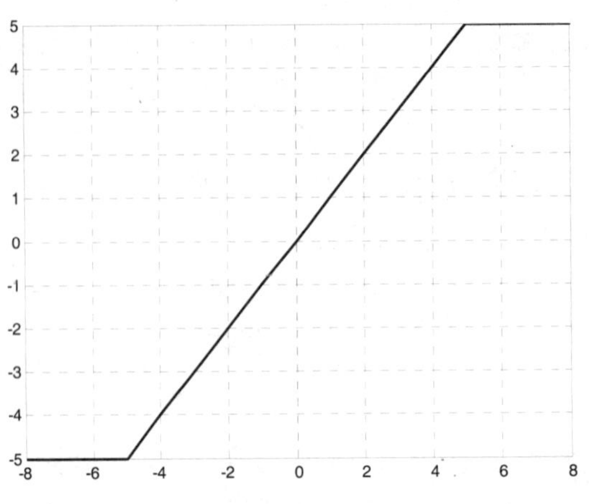

图 11-21　饱和非线性环节仿真曲线

3. 非线性增益特性

这是因伺服阀窗口形状引起的（如圆形窗口、阶梯窗口等）。若在零点附近的增益小于其他点处的增益，则系统在低增益下工作是稳定的，而在高增益下可能变成不稳定。但由于饱和特性的影响，系统可能产生高于系统截至频率的固定振荡。对于这种系统的设计，只要保持线性部分是稳定的，系统就不会产生自持振荡。

4. 齿隙非线性

齿隙非线性是多值非线性，对系统的稳定性影响极大。齿隙是由以下原因造成的：

（1）带摩擦负载的杠杆机构的挠曲，即过紧配合轴销能产生齿隙。

（2）I 型伺服系统前向通道中的死区，会在闭环响应中引起齿隙，如正重叠的伺服阀就会在闭环中引起齿隙。

（3）系统中动力元件与被控对象间传动链的间隙，如齿轮啮合间隙、杠杆机构中销轴松动、轴销配合等。

（4）液压伺服系统中，库伦摩擦负载会在前进通道中造成死区，故在闭环响应中会引起齿隙。

当一个线性稳定系统加入齿隙非线性之后，输入到齿隙的信号幅度很大时，齿隙的影响可以忽略，相位滞后近于零，此时系统稳定。因为输出量衰减使输入到齿隙的幅度减少，所以相位滞后增加。如果原来系统是不稳定的，输入到齿隙的幅度就要增大，因此系统最终将以一个固定的幅度和频率持续振荡。在齿隙宽度内，因为系统对输出量不能进行控制，所以应该把齿隙归到输出端作为误差来考虑。齿轮传动副和丝杆螺母传动副中存在传动间隙都属于这一类非线性因素，它对系统精度带来影响。其数学描述如下：

$$y(k)=\begin{cases} u(k)-c & 当u(k)-u(k-1)>0且y(k-1)\le u(k)-c \\ u(k)+c & 当u(k)-u(k-1)<0且y(k-1)\ge u(k)+c \\ y(k-1) & 其余 \end{cases} \tag{11-35}$$

式中：c—— 齿隙环节特征参数，斜率为 1。

根据（11-35）算法自编的 Matlab 函数 backlash。其调用格式如下：

```
y1=backlash(u1,u0,y0,c)
```

其中：u0,u1—— 前一时刻和当前时刻输入值；

y0,y1—— 前一时刻和当前时刻输出值；

c—— 齿隙特征参数。

函数清单如下：

```
function y1=backlash(u1,u0,y0,c)
if u1-u0>0 & y0<u1-c
   y1=u1-c;
else if u1-u0<0 & y0>u1+c
   y1=u1+c
else
   y1=y0;
end
end
```

主程序如下：

```
c1=4
n=20;
for i=1:10
    u1=[-n:0.1:n];
    u2=[n:-0.1:-n];
    u3=[-n:0.1:n]
  u=[u1,u2,u3];
  N=length(u);
  x1=zeros(1,N);
  x(1)=u(1)+c1;
  for i=2:N
    x(i)=backlash(u(i),u(i-1),x(i-1),c1)
  end
plot(u,x)
hold on
n=n-1
end
grid
hold off
```

程序运行结果如图 11-22 所示。

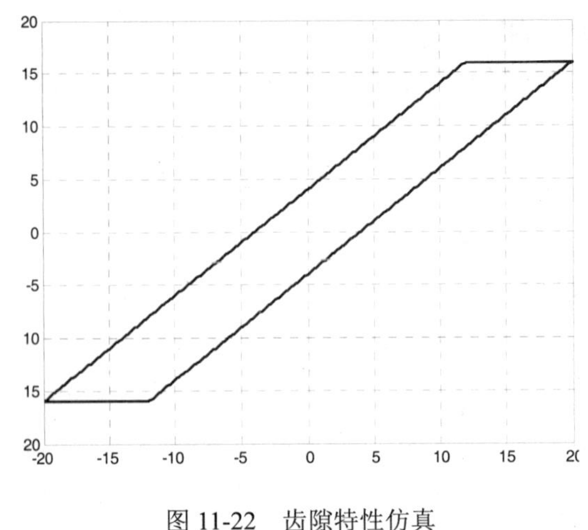

图 11-22　齿隙特性仿真

5. 摩擦非线性

摩擦非线性对系统稳定性的影响是十分复杂的，在这里主要讲解静摩擦和库伦摩擦。在某种情况下，摩擦有助于系统的稳定，已证明大约为启动力（ps Ap）的 2%的库伦摩擦力就足以使系统稳定，而在其他情况下会严重影响系统的稳定性。我们可以对摩擦力与反抗驱动力的质量力、黏性力和弹簧力中任一种力的组合推导出描述函数。有以下三种情况：

（1）摩擦力与质量力、摩擦力与黏性力中任一种力的组合不会对系统的稳定性产生影响，但摩擦力与弹簧力组合，对系统稳定性的影响将是严重的，这时系统的响应特性由弹簧刚度和摩擦特性而定。当摩擦特性为静摩擦和库伦摩擦时，这个系统很容易产生爬行现象。如果这个摩擦非线性处于回路中，总则要产生极限环振荡。

（2）如果这个摩擦非线性是由负载引起的，当反馈信号由活塞杆端或液压马达轴端取出时，这种非线性就被排除在回路之外，因此系统是稳定的。但也经常会引起爬行现象及附近的位置误差。

（3）静动摩擦力差值很小或只有库伦摩擦时，摩擦非线性并不构成特别的威胁。提高弹簧刚度（连接刚度）可以减少静摩擦，这是不难理解的。

当物体运动速度不为零时，出现的库伦摩擦力是和相对运动速度相反的、与速度大小无关的恒定力，而黏性摩擦力则与速度大小成正比。上述特性可用以下数学关系来描述：

$$f(k)=\begin{cases} c & \text{v(k)=0 且v(k+1)>0} \\ -c & \text{v(k)=0 且v(k+1)<0} \\ sign(u)*(G*|u|+c) & \text{其余} \end{cases} \tag{11-36}$$

根据（11-37）的算法，自编的 Matlab 函数 friction，其调用格式如下：

```
y=friction(u,u1,c,G)
```

其中：u,u1—— 当前时刻和下一时刻的输入值（速度）；

y—— 输出值（摩擦力）；

c—— 库伦摩擦力值；

G—— 黏性摩擦系数。

定义的 Matlab 函数如下：

```
function y=friction(u,u1,c,g)
                  if abs(u)<0.000001 & u1>0
                    y=c
                  else if abs(u)<0.000001 & u1<0
                   y=-c
                   else
                  y=sign(u)*(g*abs(u)+c)
                        end
end
```

函数的程序清单如下：

```
c1=100
g1=5
N=20
               u=[-N:0.1:N]
               n=length(u)
x=zeros(1,n)
   for i=1:n-1
     x(i)=friction(u(i),u(i+1),c1,g1)
   end
   plot(u(1:n-1),x(1:n-1),'k')
    axis([-25,25,-250,250])
grid
```

运行程序后得到的仿真结果如图 11-23 所示。

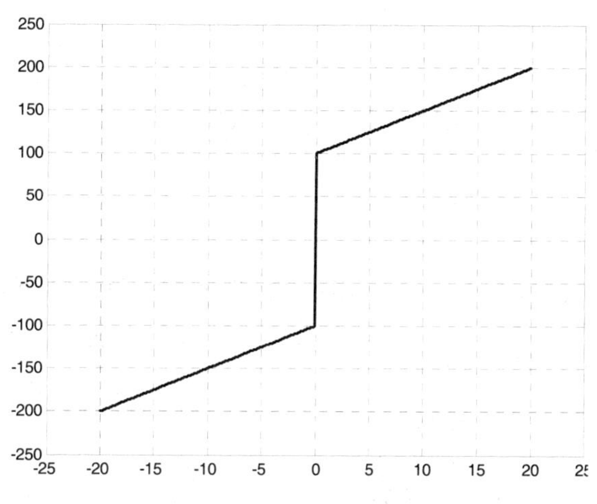

图 11-23　库伦一黏性摩擦特性曲线

由上述分析可以看出，非线性因素并不一定都是坏事，有时为了改善系统特性，也用非线性方法去完成。例如，现代控制论中最佳非线性控制系统，为了缩短过渡过程的调节时间，在响应初期和后期转换系统有关非线性参数的方法，就是利用了非线性特性。

11.7 利用Simulink仿真平台分析非线性液压控制系统实例

【例 11-1】已知一个计算机控制的电液伺服位置控制系统示意图如图 11-24 所示，试用 MATLAB 编写仿真程序。

系统的主要参数如下：

（1）数字控制器，仅考虑比例控制，取 Kp=2。

（2）数字限幅：±1024。

（3）12 位 D/A 转换器系数 Kad=5 V/2048。

（4）伺服放大器：电压放大器增益系数 Ka=1.2，电压/电流转换系数 Kvi=48mA/2.5V，电流限幅：$\pm 40mA$。

（5）伺服阀模型

$$G_v(s)=\frac{Q}{I}=\frac{K_v}{\dfrac{s^2}{\omega^2{}_v}+\dfrac{2\xi_v}{\omega_v}+1}$$

或者以状态空间表达式描述。状态空间参数矩阵如下：

$$a_v=\begin{bmatrix}0 & 1\\ -\omega^2{}_{nv} & -2\xi_v\omega_{nv}\end{bmatrix},b_v=\begin{bmatrix}0\\1\end{bmatrix},c_v=\begin{bmatrix}K_{sv}\omega^2{}_{sv} & 0\end{bmatrix}$$

式中，伺服阀自然频率 ω_{nv} =200rad/s；伺服阀阻尼比 ξ_v =0.5；伺服阀流量系数 K_{sv} 可通过阀额定参数和实际工作点计算；伺服阀额定工作电流为$\pm 40mA$。

（6）液压缸的动力模型

$$G_h(s)=\frac{1/A}{s(\dfrac{s^2}{\omega^2{}_{nh}}+\dfrac{2\xi_h}{\omega_{nh}}s+1)}$$

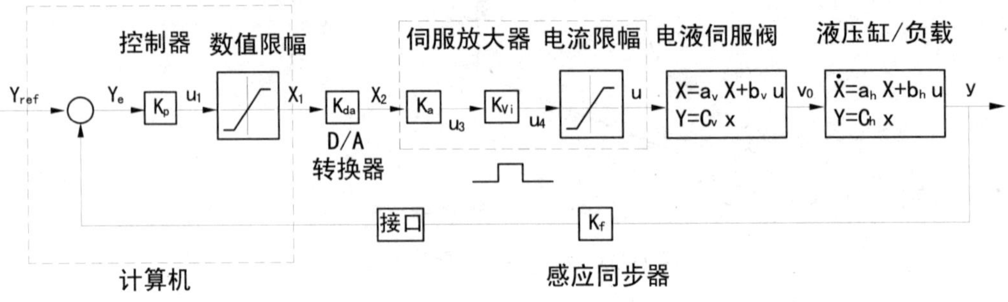

图 11-24　系统示意图

或者以状态空间表达式描述。状态空间参数矩阵如下：

其中：状态变量为 $X=[x_1,x_2,x_3,x_4]$；

ω_{nh}—— 液压缸固有频率；

ξ_h—— 液压缸阻尼比；

A—— 液压缸活塞面积。

（7）数字式位移检测装置：感应同步器，精度为一个脉冲/0.01mm。

（8）感应同步器接口电路：感应同步器脉冲信号转换为数字量，1/bit 每个脉冲。

这是一个典型的采样控制系统，包括连续部分（电液伺服阀、伺服放大器、液压缸装置）、离散部分（计算机控制器）、接口部分（D/A 转换器、感应同步器接口等）。系统采样周期为10ms，采用四阶 R-K 法对连续部分进行仿真，仿真步长为 1ms，仿真程序包括主程序：ex703.m、电液伺服阀模型的 m 函数 valve()，液压缸模型的 m 函数 hysys()，数据文件 svdata.m。主程序运行时首先调入数据文件和两个 m 文件，并给一些参数初始化，然后进行仿真循环计算，最后输出仿真结果及存储仿真数据。

主程序中用到 MATLAB 函数 feval，其功能是执行字符串所描述的函数，调用格式为

$$[Y_1,Y_2,...,Y_n]=feval(F,X_1,X_2,...,X_n)$$

其中，F 为一个函数名的字符串；$X_1,X_2,...,X_n$ 为该函数的输入参数；$Y_1,Y_2,...,Y_n$ 为该函数的输出参数。

（9）MATLAB 程序电液伺服阀模型的函数 m 文件 valve.m：

```
function xd=valve(t,u,x,av,bv)
xd=av*x+bv*u;
```

（10）MATLAB 程序液压缸模型的函数 m 文件 hysys.m：

```
unction yd=hysys(t,u,y,a,b)
yd=a*y+b*u;
```

（11）设计初始数据文件 svdata.m。

```
D=0.063;d=0.04;
D1=0.028;d1=0.022;
L=0.31;
l=0.10;
m0=9.05;
m1=42.0;
m2=55.5;
% mass of system
m=m0+m1+2*m2
Q=0.125/60; %unit:(m^3/s)=125L/min
P=7.0*10^6;% Pa
I=40; % mA
Be=7000*10^5;% N/m^2
A=(D^2-d^2)*pi/4;
V=A*L;
A1=pi*d1^2/4;
```

```
V1=A1*l;
Vt=V+V1*2;
Kc=2.58e-12;
Q0=Q*sqrt(2/7);
Kq=0.5*Q0/I;  % ckecked ,no change
%****** parameter of servo valve
Osv=200;
Dsv=0.5;
av=[0                1;
   -Osv*Osv  -2*Osv*Dsv];
bv=[0    1]';
cv=[Osv*Osv   0];
%******* parameter of hydaulic cylinder ********
 Oh=sqrt(4*Be*A*A/(Vt*m));
 Dh=sqrt(Be*m/Vt)*Kc/A;
  a=[0       1         0;
     0       0         1;
     0   -Oh*Oh  -2*Oh*Dh ];
  b=[0       0         Oh*Oh/A]';
  b1=[0      0         Kc*Oh*Oh/A]';
  c=[1  0  0];
%********** parameter of system ***********
Kd=1.0;
Kda=5/2048;    % D/A conversion
Ka=1.2;        % ckecked ,no change
Kvi=48/2.5;    % Voltage/Current stroem
Kf=100000;     %
F=0;
```

（12）主程序如下：

```
%MATLAB PROGRAM ex703.m
          clf
% ****** Input system data ***********
  svdat;
% Input system function:
  ypfun1='valve';
  ypfun='hysys';

% Initialization
  trace=1;
  yref=5000;       % Referent value of system output

  x0=[0  0];       % Initial value of  servo valve
  y0=[0 0 0];      % Initial value of  hydraulic cylinder
  u0=0;
  t0=0;       % Start time of simulation
  tfinal=1;   % End time of simulation
  tsamp=0.01;      % Sample period
  h=0.001;         % simulation step time
  Ylimit=512;
```

```
    Ilimit=40;
    max_epoch=fix(tfinal/h)-1;
    t = t0;
    u=u0;
    x=x0';
    y=y0';

    tout= zeros(max_epoch,1);
    uout=zeros(max_epoch,1);
    yd=zeros(max_epoch,1);
    yout = zeros(max_epoch,length(y));
    i = 1;
    tout(i) = t;
    uout(i)=u;
    yd(i)=Kf*y(1);
    yout(i,:) = y';
% The main loop
    for i=1:max_epoch
% Compute output of valve
      sv1=feval(ypfun1,t,u,x,av,bv);
      sv2=feval(ypfun1,t+h/2,u,x+h*sv1/2,av,bv);
      sv3=feval(ypfun1,t+h/2,u,x+h*sv2/2,av,bv);
      sv4=feval(ypfun1,t+h,u,x+h*sv3,av,bv);
      x=x+h*(sv1+2*sv2+2*sv3+sv4)/6;
       vo=cv*x;
    % Compute output of cylinder
      s1 = feval(ypfun,t,vo,y,a,b);
      s2 = feval(ypfun,t+h/2,vo,y+h*s1/2,a,b);
      s3 = feval(ypfun,t+h/2,vo,y+h*s2/2,a,b);
      s4 = feval(ypfun,t+h,vo, y+h*s3,a,b);
      y = y + h*(s1+2*s2+2*s3+s4)/6;
       i=i+1;
       t=t+h;
       tout(i) = t;
       uout(i) = u;
       yd(i)=Kf*y(1);
       yout(i,:) = y';
       if trace==0

      [i,t,u, y']
        end
     % Discrete control process
       if abs(round(t/tsamp)-t/tsamp)<1e-9
       ye=yref-y(1)*Kf;
       u1=Kd*ye;
       % Saturation block
       if u1>Ylimit
          x1=Ylimit;
        else if u1<-Ylimit
          x1=-Ylimit;
```

```
        else x1=u1;
      end
    end
%D/A conversion
    x2=Kda*x1;
%Verstarker gain
    x3=Ka*x2;
% V/I conversion
   u4=Kvi*x3;
% limit of current stroem
        if u4>Ilimit
         x4=Ilimit;
       else if u4<-Ilimit
         x4=-Ilimit;
        else x4=u4;
      end
    end
         u=Kq*x4;
  end  % for discrete section
end    % for main loop
% Save data file
   hout=[tout uout yout];
   save hout.dat hout -ascii;
        plot(tout, yd,'black-' );
xlabel('t')
ylabel('y')
grid;
```

把上述两个函数文件、一个初始化数据文件与主程序放在一个子目录里，然后执行主程序，得到仿真结果和仿真曲线如11-25所示。可以看出系统是稳定的。

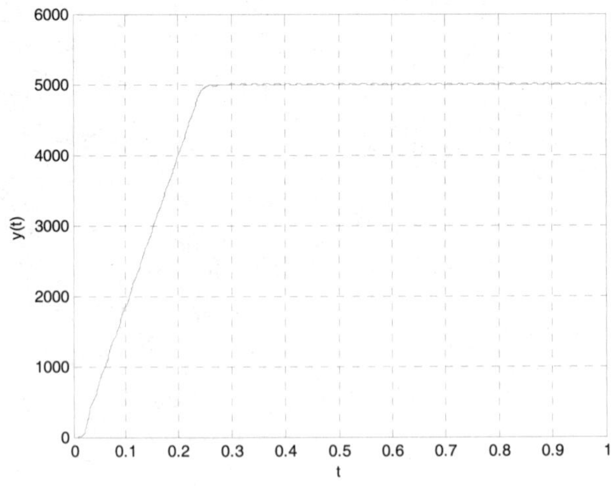

图 11-25　仿真曲线

【例 11-2】设饱和非线性液压控制系统 $G(s)=\dfrac{K_v}{s(\dfrac{s^2}{\omega_h}+\dfrac{2\xi_h}{\omega_h}s+1)}$，饱和非线性特性数学模型为 $x=\begin{cases}0.5 & e>0.5\\ e & |e|\le 0.5\\ -0.5 & e<-0.5\end{cases}$，当 $\omega_h=156rad/s,\xi_h=0.1,\ K_v=35\ \ 1/s$，试利用 Simulink 仿真平台分析该非线性液压系统的动态特性。

解：（1）先不考虑饱和非线性环节：直接做出该系统的 Simulink 模型如图 11-26（a）所示，运行后，在命令区输入：

```
>> plot(tout,yout)
>> grid
```

得到如图 11-26（b）所示的仿真曲线，由曲线图可以看出：系统不稳定。

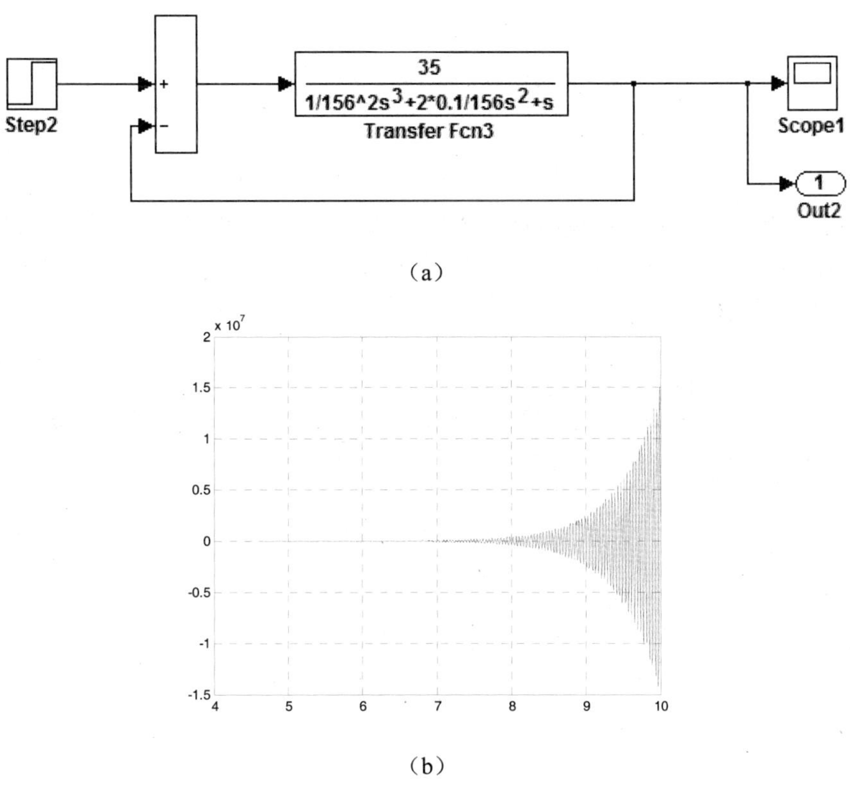

（a）

（b）

图 11-26　不包含饱和非线性环节

（2）考虑饱和非线性环节：直接做出该系统的 Simulink 模型如图 11-27（a）所示，运行后，在命令区输入：

```
>> plot(tout,yout)
>> grid
```

得到如图 11-27（b）所示的仿真曲线。由曲线图可以看出，系统也不稳定。

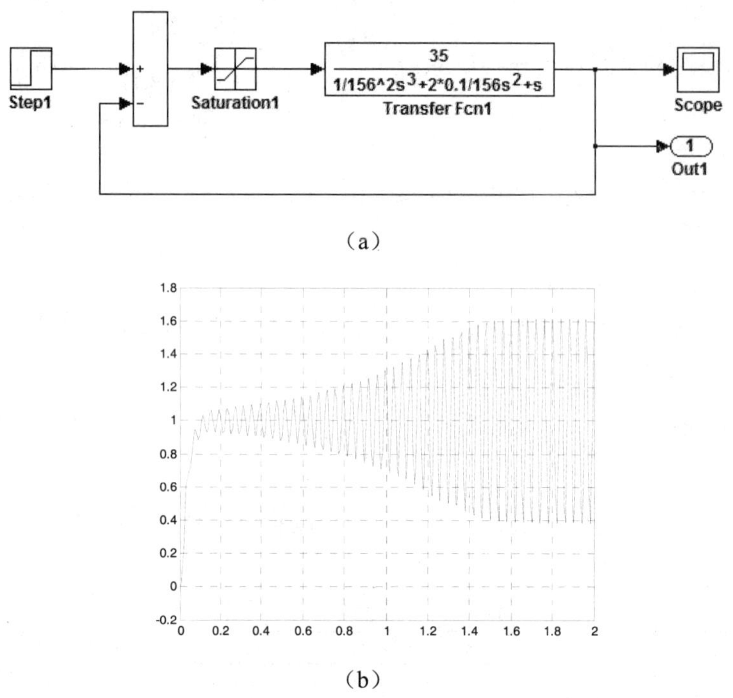

（a）

（b）

图 11-27　包含饱和非线性环节

（3）校正：为使该非线性系统能稳定正常工作，可以加入滞后校正以改变系统的时域特性。加入校正环节后绘制 Simulink 模型如图 11-28（a）所示，运行后得到仿真曲线如图 11-28（b）所示，可见系统稳定。

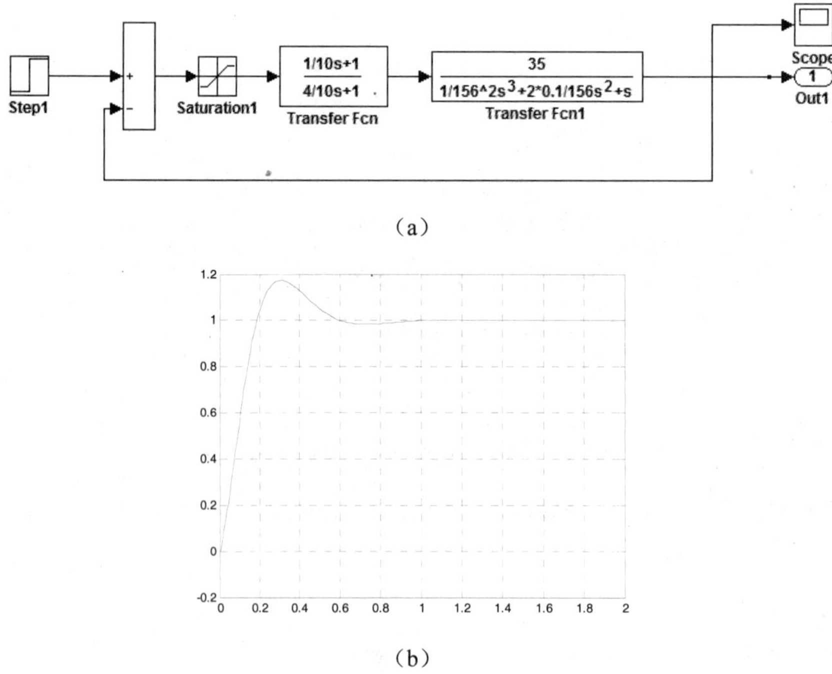

（a）

（b）

图 11-28　校正后系统模型及其仿真结果

11.8 习　　题

1. 试求图 11-29 所示的非线性系统的描述函数。

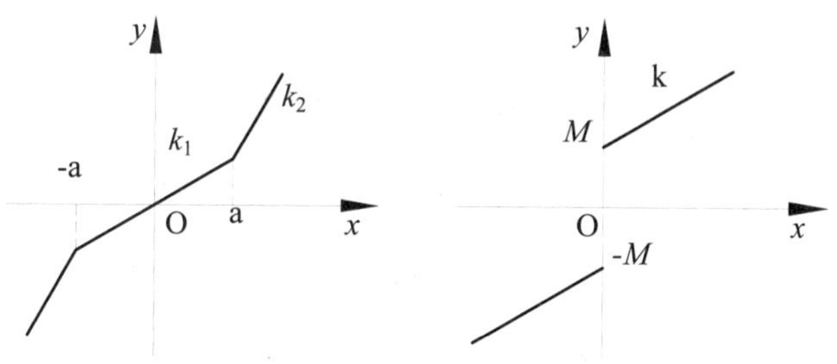

图 11-29　非线性特性

2. 非线性系统如图 11-30 所示，设 $a=1$，$b=3$。试用描述函数法分析系统的稳定性。为使系统稳定，继电器 a、b 应如何调整？

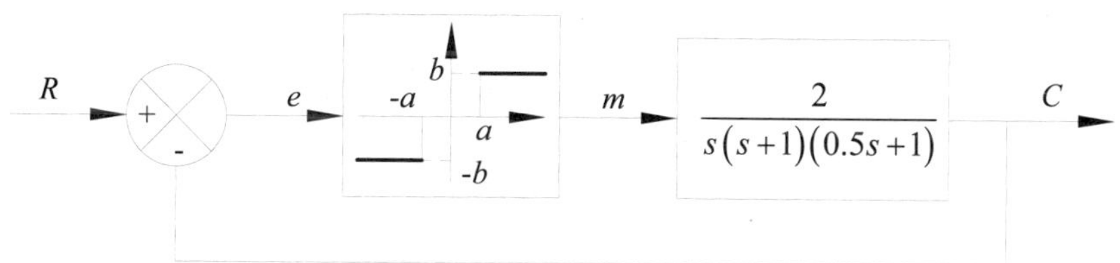

图 11-30　非线性系统

3. 试用描述函数法分析如图 11-31 所示的非线性系统的稳定性，如有自持振荡产生，试求自持振荡的频率和振幅。

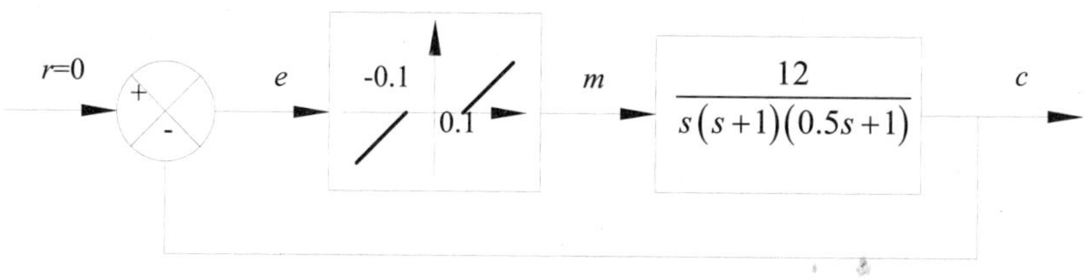

图 11-31　非线性系统

4. 判别下列方程奇点的性质和位置，并画出相应的相轨迹。

（1）$\ddot{e}+\dot{e}+e=0$

（2）$\ddot{e}+\dot{e}+e=1$

（3）$\ddot{x}+1.5\dot{x}+0.5x=0$

（4）$\ddot{x}+1.5\dot{x}+0.5x+0.5=0$

5. 如图 11-32 所示的非线性系统，参考输入为单位斜坡函数 r(t)=t, t≥0, 在相平面$\left[e-\dot{e}\right]$内画出系统的典型相轨迹。

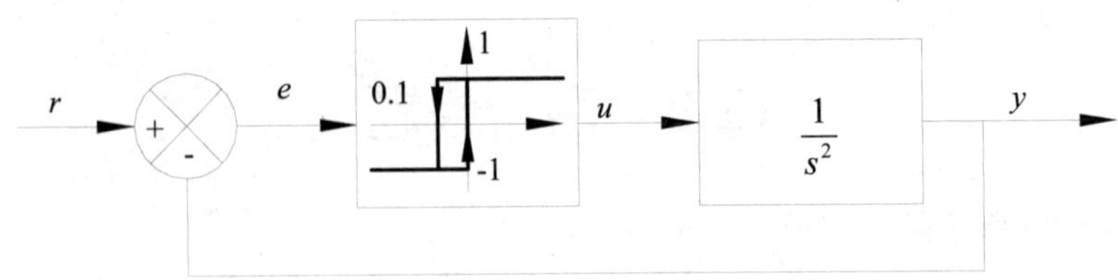

图 11-32　非线性系统

6. 给定系统的初始状态 $e(0)=2$， $\dot{e}(0)=0$ 。用等倾线法在相平面 $[e-\dot{e}]$ 内绘制如图 11-33 所示系统的相轨迹。

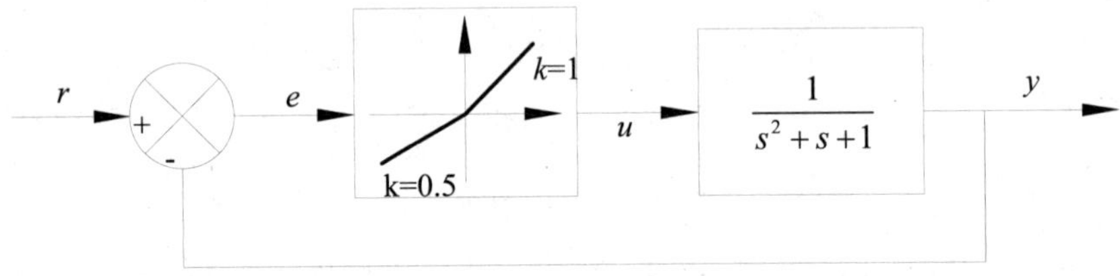

图 11-33　非线性系统

第 12 章　离散控制系统辅助设计

导言

近年来，随着脉冲技术、数字式元器件、数字电子计算机，特别是微处理机的迅速发展，数字式、离散式控制器在许多场合取代了模拟式、连续式控制器。数字、离散控制器的应用使控制系统发生了根本性的变化。随着数字计算机的不断发展，离散控制理论与技术不断深化，其应用范围越来越大。

12.1　概　　述

数字、离散控制系统与连续系统的根本区别在于：

（1）离散控制系统中既可以包含连续信号，又可以包含离散信号，是一个混合信号系统。

（2）连续系统中的控制信号、反馈信号及偏差信号都是连续型的时间函数，而在离散控制系统中其控制信号是离散型的时间函数。因此，数字系统输出端的负反馈信号在和离散控制信号进行比较时，同样需要采用离散型的时间函数，比较后得到的偏差信号也将是离散型的时间函数。

（3）分析和设计数字、离散控制系统的数学工具是 Z 变换，采用的数学模型是差分方程、脉冲传递函数。

12.1.1　离散控制系统的基本组成

离散控制系统主要由采样器、数字控制器、保持器、执行器、被控对象和测量变送器构成，如图 12-1 所示。

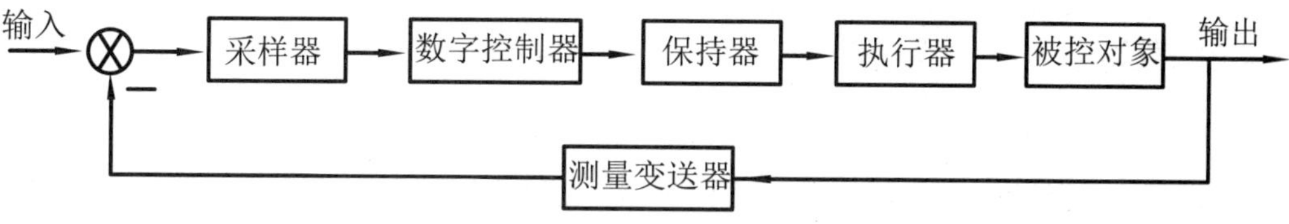

图 12-1　离散控制系统结构示意图

（1）采样器：将连续信号转换为脉冲信号。

（2）数字控制器：常用的是数字计算机，构成控制系统的数字部分，对系统进行控制，通过这部分的信号均以离散形式出现。

（3）保持器：将数字控制器输出的离散信号转换为模拟信号，用来实现采样点之间的插值，常见的保持器有零阶和一阶保持器。

（4）执行器：根据控制器的控制信号，改变输出的角位移或直线位移，并通过调节机构改变被调介质的流量或能量，使工作过程符合预定要求。按照不同的动力方式可分为电动执行器、气动执行器、液动执行器。

（5）被控对象：所要控制的装置或设备。

（6）测量变送器：通常由传感器和测量线路构成，用以将被控参数转换为某种形式的信号。

12.1.2 数字控制系统工作过程

数字控制系统通过数字计算机闭合而成，包括工作于离散状态下的数字计算机（专用数字控制器）和具有连续工作状态的被控对象两大部分，其工作过程如图 12-2 所示。图中虚线内为用于控制目的数字计算机或数字控制器，其构成了控制系统的数字部分，是控制系统连续部分的主要成分。

在数字控制系统中，具有连续时间函数形式的被控信号 c(t)（模拟量）受控于具有离散时间函数形式的控制信号 $u^*(t)$（数字量）。为了实现控制，需要通过数模转换环节（D/A）将数字量转换为模拟量，即 $u^*(t)$ 转换为 u(t)。连续的被控信号 c(t)经反馈环节反馈至输入端并与参考输入 r(t)进行比较，得到 e(t)，e(t)经模数转换环节（A/D）得到偏差信号 $e^*(t)$（数字量）。离散的偏差信号 $e^*(t)$ 经数字计算机处理变换为数字信号 $u^*(t)$，$u^*(t)$，再经 D/A 转换为连续信号 u(t)，u(t)馈送到连续部分的执行机构去控制系统的被控信号 c（t）。

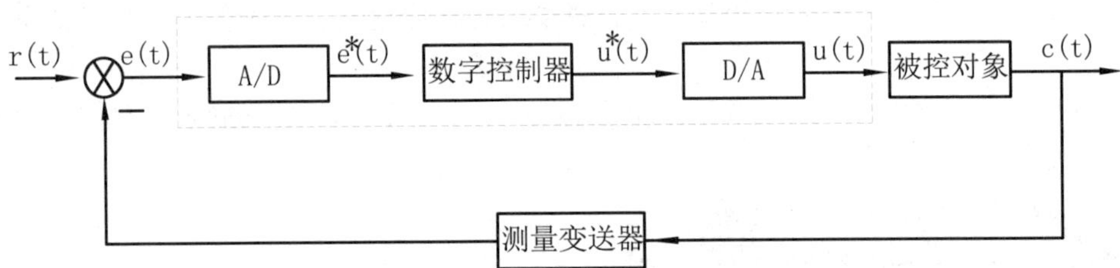

图 12-2 数字控制系统工作示意图

12.1.3 离散控制系统的基本特点

离散控制系统具有以下基本特点。

（1）以数字计算机为核心组成数字式控制器，可实现复杂的控制要求，控制效果好，并可通过软件的方式改变控制规律，控制方式灵活。

（2）数字信号的传输可有效抑制噪声，提高系统的抗干扰能力。

（3）可采用高灵敏度的控制元件提高系统的控制精度。

（4）可用一台数字计算机实现对几个系统的分时控制，提高设备的利用率，经济性好。

（5）对于大滞后、大惯性系统具有较好的控制效果。

（6）便于组成功能强大的集散控制系统。

12.1.4 离散控制系统的研究方法

数字、离散控制系统的研究方法主要有时域分析法和频域分析法。

（1）时域分析法：通过建立时域中离散输入序列与离散输出序列之间逻辑关系的数学模型，建立 n 阶线性差分方程式并求解。

（2）频域分析法：以 z 变换理论为基础，通过建立反映离散系统输入/输出特性的脉冲传递函数，将连续控制系统的分析计算方法用于离散控制系统的分析计算。

线性离散控制系统和线性连续控制系统的研究方法类似，可进行一些类比和分析以便借鉴使用，如表 12-1～表 12-3 所示。

表 12-1 线性连续控制系统与线性离散控制系统研究方法比较 1

系统类型 / 比较内容	线性连续控制系统	线性离散控制系统
数学描述	线性微分方程	线性差分方程
变换方法	Laplace 变换	
瞬态响应	与闭环极点和零点在 S 平面分布有关	
稳定充要条件	闭环极点全部位于 s 平面的左半部	
传递函数	$G_c(s)=Y(s)/R(s)$	$G_c(z)=Y(z)/R(z)$
过渡过程	假设脉冲响应函数为 h(t)，输入函数为 r(t)，输出函数则为：y(t)=h(t)*r(t)	假设脉冲响应函数为 h(kT)，输入函数为 r(kT)，输出函数则为：y(kT)=h(kT)*r(kT)

表 12-2 线性连续控制系统与线性离散控制系统研究方法比较 2

系统类型 / 比较内容		线性连续控制系统	线性离散控制系统
频率法	频率特性	$G_c(s)\|_{s=j\omega} \to G_c(j\omega)$	$G_c(s)\|_{z=e^{j\omega T}} \to G_c(e^{j\omega T})$
	对数频率特性	$20\lg\|G_c(j\omega)\| \sim \lg\omega$ $\varphi(\omega) \sim \lg\omega$	$G_c(z)\|_{z=\frac{1+jy}{1-jy}} \to Gc(jy)$ $20\lg\|Gc(jy)\| \sim \lg\omega, \varphi(y) \sim \lg y$
根轨迹法	幅角条件	$\|G_c(s)\|=1$	$\|G_c(z)\|=1$
	相角条件	$< G_c(s) = \pm 180^\circ + i \cdot 360^\circ$ $(i=0,1,2,3,\ldots)$	$< G_c(z) = \pm 180^\circ + i \cdot 360^\circ$ $(i=0,1,2,3,\ldots)$
	绘制法则	在 S 平面上绘制	在 Z 平面上绘制，绘制法则与线性连续系统类似

表 12-3 线性连续控制系统与线性离散控制系统研究方法比较 3

比较内容 \ 系统类型		线性连续控制系统	线性离散控制系统
状态空间模型	状态空间表达式	$\dot{x}(t)=Ax(t)+Bu(t)$ $y(t)=Cx(t)+Du(t)$	$x(kT+1)=Fx(kT)+Gu(kT)$ $y(kT)=C(kT)+Du(t)$
	传递矩阵	$G(s)=H(s)=C[sI-A]^{-1}B+D$	$G(z)=H(z)=C[zI-F]^{-1}G+D$
	状态方程求解	$x(t)=e^{At}x(0)+\int_0 e^{A(t-\tau)}Bu(\tau)d\tau$	$x(kT)=F^k x(0)+\sum_{j=0}^{k-1}F^{k-j-1}Gu(jT)$
	稳定充要条件	在 S 平面上绘制	在 Z 平面上绘制，绘制法则与线性连续控制系统类似

12.2 离散信号的数学描述

离散系统的一个显著特点就是系统中一处或多处是脉冲序列或数字序列，而自然界的信号多是连续信号，为了把连续信号变为脉冲信号，需要对连续信号进行采样，为了把脉冲信号变为连续信号，则需要用保持器。

12.2.1 采样过程及采样定理

1. 采样过程

采样过程是指采样器按照一定的时间间隔对连续信号 e(t)进行采样，将其转换为相应的脉冲序列，即采样信号 e*(t)的获取过程。实现采样过程的装置称为采样器或采样开关。

采样器可以用一个周期性闭合的开关来表示，其闭合周期为 T，每次闭合时间为τ。实际上，由于采样持续时间通常远小于采样周期，即τ<<T，也远小于系统连续部分的时间常数，因此在分析采样系统时，可近似认为$\tau\to 0$。在这种假设条件下，当采样开关的输入信号为连续信号 e(t)时，其输出信号 e*(t)是一个脉冲序列，采样瞬时 e*(t)的幅值等于相应瞬时 e(t)的幅值，即 e(0),e(T),e(2T),…,e(nT)，采样过程如图 12-3 所示。

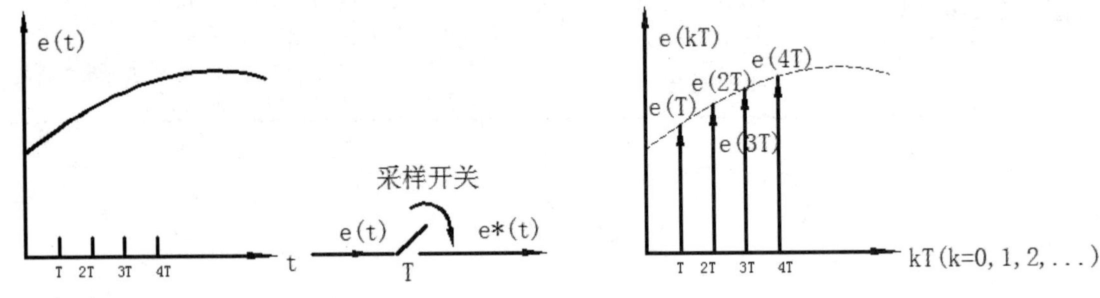

图 12-3 采样过程示意图

采样过程可以看成是一个脉冲调制过程，理想的采样开关相当于一个单位理想脉冲序列发生器，它能够产生一系列单位脉冲 e(0),e(T),…,e(nT)。

$$
\begin{aligned}
e^*(t) &= e(0)[1(t)-1(t-\tau)]+e(T)[1(t-T)-1(t-T-\tau)]+\dots \\
&\quad +e(nT)[1(t-nT)-1(t-nT-\tau)] \\
&= \sum_{\mathrm{k=0}}^{\infty} e(KT)\tau \frac{[1(t-kT)-1(t-kT-\tau)]}{\tau} \\
e^*(t) &= \lim_{\tau\to 0}\sum_{\mathrm{k=0}}^{\infty} e(KT)\tau \frac{[1(t-kT)-1(t-kT-\tau)]}{\tau} \\
&= \sum_{\mathrm{k=0}}^{\infty} e(KT)\delta(t-kT)
\end{aligned}
$$

或

$$
e^*(t)=e(t)\sum_{\mathrm{k=0}}^{\infty}\delta(t-kT)=e(t)\delta_T(t) \tag{12-1}
$$

2. 采样定理

采样定理（Shannon 定理）是在设计离散控制系统时必须要遵循的准则，给出了自采样的离散信号不失真地恢复原连续信号所必须的理论上的最低采样频率。

对于式（12-1）描述的采样信号 e*(t)，令 $\delta_T(t)=\delta(t-kT)$，则 e*(t)可写成：

$$
e^*(t)=e(t)\delta_T(t)=e(t)^{\frac{1}{T}}\sum_{k=0}^{\infty}e^{j\omega_s t}\text{，}(t-nT<0,\delta(t-nT)=0)
$$

对上式进行 Laplace 变换，可得：

$$
E^*(s)=\frac{1}{T}\sum_{k=0}^{\infty}E(s+j\omega_s n) \tag{12-2}
$$

式（12-2）表明：采样函数的 laplace 变换式 E*(s)是以 ω_s（$\omega_s=\dfrac{2}{T}$，称为采样角频率）为周期的周期函数，还表示采样函数的 Laplace 变换式 E*(s)与连续函数 Laplace 变换式 E(s)之间的关系。

因为通常 E*(s)的全部极点均位于 S 平面的左半平面，所以可用 $j\omega$ 代替上式中的复变量 s，直接求的采样信号的傅里叶变换：

$$
E^*(j\omega)=\frac{1}{T}\sum_{k=0}^{\infty}E[j(s\omega+\omega_s n)] \tag{12-3}
$$

上式即为采样信号的频谱函数，反映了离散信号频谱和连续频谱之间的关系。

一般来说，连续函数的频谱是孤立的，带宽是有限的，即上限频率为有限值，而离散函数 e*(t)则具有以 ω_s 为周期的无限多个频谱。

在离散函数的频谱中，n=0 的部分 $E(j\omega)/T$ 称为主频谱，对于连续信号的频谱，除了主频谱外，$E^*(j\omega)$ 还包含无限多个附加的高频频谱。为了准确复现所采样的连续信号，必须使采样后的离散信号的频谱彼此不重叠，这样就可以用一个比较理想的低通滤波器滤掉全部附加的高频频谱分量，保留主频谱。

相邻两频谱互不重叠的条件是：

$$\omega_s \geqslant 2\omega_{\max} \tag{12-4}$$

若满足上式的条件，并把采样后的离散信号 e*(t)加到理想频谱器上，则在滤波器的输出端将不失真地复现原连续信号（幅值相差 1/T 倍）。若 $\omega_s < 2\omega_{\max}$（$2\omega_{\max}$ 为连续信号的有限频率），则会出现相邻频谱的重叠现象，这时即使使用理想滤波器也不能将主频谱分离出来，因而难以准确复现原有的连续信号。

综上所述：只有在 $\omega_s \geqslant 2\omega_{\max}$ 的条件下，采样后的离散信号 e*(t)才有可能无失真地恢复为原来的连续信号，这就是香农（Shannon）采样定理。

12.2.2 保持器的数学描述

保持器是把数字信号转换为连续信号的装置。从数学上来说，它解决了两个采样点之间的插值问题，即根据过去或现在的采样值进行外推，是一种时域的外推装置。

由采样过程的数学描述可知：在采样时刻上，连续信号的函数值与脉冲序列的脉冲强度相等，在 nT 时刻，有

$$e(t)|_{t=nT} = e(nT) = e^*(nT)$$

在（n+1）T 时刻，则有

$$e(t)|_{t=(n+1)T} = e(nT+T) = e^*(nT+T)$$

然而，由脉冲序列 e*(t)向连续信号 e(t)的转换过程中，在 nT 和（n+1）T 时刻之间，即当 $0 < \Delta t < T$ 时，连续信号 $e(nT+\Delta t)$ 的值是多少？它与 e(nT)有何关系？这就是保持器要解决的问题。

通常把具有恒值、线性和抛物线外推规律的保持器分别称为零阶、一阶和二阶保持器。其中既简单又常用的是零阶保持器和一阶保持器，下面分别进行介绍。

1. 零阶保持器

零阶保持器是一种按照恒值规律外推的保持器。它把前一采样时刻 nT 的采样值 e(nT)（在各采样点上 e*(nT)=e(nT)）不增不减地保持到下一时刻(n+1)T 到来之前，从而使采样信号 e*(t)变成阶梯信号 eh(t)，如图 12-4 所示。

e(t),e(nT)和 eh(t)的关系为

$$e(t)|_{nT+\Delta T} = e(nT) + \frac{de}{dt}|_{nT}\,\Delta t + \frac{d^2e}{dt^2}\Delta t^2 + \dots$$

$$e(t)|_{nT+\Delta T} = e(nT) \quad (0 \le \Delta \mathrm{t} \le \mathrm{T})$$

$$e_h(t) = \sum_{k=0}^{\infty} e(kT)[1(t-(k+1)T) - 1(t-kT)] \tag{12-5}$$

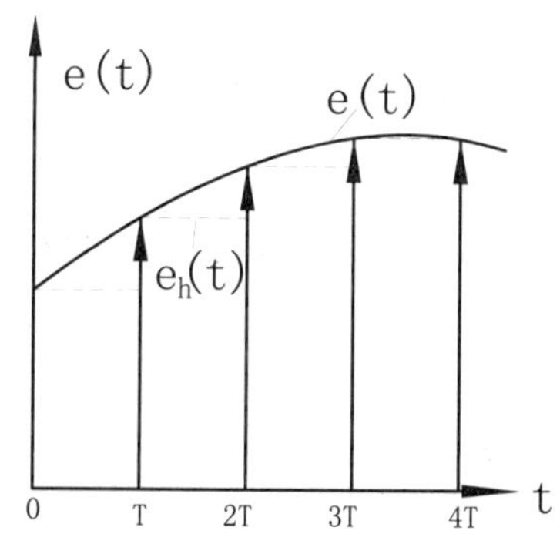

图 12-4　零阶保持器输入和输出关系图

由图 12-4 所示，零阶保持器的输出信号是阶梯信号，与要恢复的连续信号是有区别的，包含高次谐波。若将阶梯信号的各中点连接起来，则可以得到比连续信号退后 T/2 的曲线，反映了零阶保持器的相应滞后特性。

零阶保持器的传递函数为

$$e_h(s)=\sum_{k=0}^{\infty}e(kT)\frac{1-e^{-Ts}}{s}$$

$$e_h(s)=\frac{1-e^{-Ts}}{s}e*(s)$$

$$G_h(s)=\frac{E_h(s)}{E*(s)}=\frac{1-e^{-Ts}}{s}$$

零阶保持器的频率特性为

$$G_h(j\omega)==\frac{1-e^{-jT\omega}}{j\omega}=T\frac{\sin(\omega T/2)}{(\omega T/2)}e^{-j\omega T/2} \tag{12-6}$$

零阶保持器具有如下特性。

（1）低通特性：由于幅频特性的幅值随频率值的增大而迅速衰减，说明零阶保持器基本上是一个低通滤波器，但与理想滤波器相比，在 $\omega=\omega_s/2$ 时，其幅值只有初值的 63.7%，且截止频率不止一个，因此零阶保持器除允许主要频谱分量通过外，还允许部分高频分量通过，从而造成数字控制系统的输出中存在纹波。

（2）相角特性：由相频特性可见，零阶保持器要产生相角滞后，且随着频率的增大而增大，在 $\omega=\omega_s/2$ 时，相角滞后可达-180°，从而使闭环系统的稳定性变差。

（3）时间滞后：零阶保持器的输出为阶梯信号 eh(t)，其平均响应为 e(t-T/2)，表明输出比输入在时间上要滞后 T/2，相当于给系统增加一个延迟时间为 T/2 的延迟环节，对系统稳定不利。

2. 一阶保持器

一阶保持器是一种按线性过滤外推的保持器，其外推关系为：

$$e(t)|_{nT+\Delta T}=e(nT)+\frac{de}{dt}|_{nT}\ \Delta t$$

由于未引进高阶差分，一阶保持器的输出信号与原连续信号之间仍有差别。一阶保持器的单位脉冲响应可以分解为阶跃函数和斜坡函数之和。

一阶保持器的单位脉冲函数的 Laplace 变换可以用下式表示：

$$e(t)|_{nT+\Delta T}=e(nT)+\frac{e((n+1)T)-e(nT)}{T}\Delta t$$

$$G_h(s)=\frac{E_h(s)}{E^*(s)}=T(1+Ts)\frac{1-e^{-Ts}}{s} \tag{12-7}$$

12.3 Z变换

大多数离散控制系统可以用线性离散系统的数学模型来描述，对于线性是不变离散系统，人们习惯用线性定常系统差分方程或脉冲传递函数来表示。线性差分方程的解法主要包括迭代法、古典法和变换法，前者的解法比较麻烦，变换法能把复杂的计算变换为简单的代数运算。Z 变换方法就是一种常用的变换方法，在求解差分方程式时，采用 Z 变换能使求解变得十分简便。

12.3.1 离散信号的 Z 变换

1. Z 变换的定义

设连续时间函数 f(t)可进行 Laplace 变换，其 Laplace 变换为 F(s)。连续时间函数 f(t)经采样周期 T 的采样开关后变成离散信号 f*(t)，用数学模型表示为：

$$f^*(t)=f(t)\sum_{k=0}^{\infty}f(kT)\delta(t-kT)$$

对上式进行 Laplace 变换，得出

$$F^*(s)=\sum_{k=0}^{\infty}f(kT)e^{-kTs} \tag{12-8}$$

上式中各项均含有 e^{-kTs} 因子，复变函数-kTs 在指数中，且 e^{-kTs} 是超越函数，因此计算很不方便。

可令 $z=e^{Ts}$，其中 T 是采样周期，Z 是复数平面上定义的一个复变量，通常称为 Z 变换算子，可表示为

$$z = e^{Ts} \Rightarrow s = \frac{1}{T}\ln z$$

则得到以 Z 为自变量的函数 F(z)

$$F^*(z) = \sum_{k=0}^{\infty} f(kT)z^{-k} \tag{12-9}$$

F(z)是复变量 z 的函数，表示一个无穷级数。如果此级数收敛，序列的 z 变换就存在。序列{f(kT),k=0,1,2,…}的 z 变换存在的条件是式（12-9）定义的级数收敛，以及 $\lim_{N\to\infty}\sum_{k=0}^{N} f(kT)z^{-k}$ 存在。

若式（12-9）所示的级数收敛，则称 F(z)是 f*(t)的 z 变换。

$$\text{Z(f*(t))=F(z)} \tag{12-10}$$

连续时间函数 f(t)与相应的离散函数 f*(t)具有相同的 Z 变换，即：

$$Z(f(t)) = Z(f^*(t)) = F(z) = \sum_{k=0}^{\infty} f(kT)z^{-k} \tag{12-11}$$

2. Z 变换的性质定理

Z 变换有一些基本定理，可以使 Z 变换的应用变得简单方便。常用的定理有初值定理、终值定理和卷积定理。

（1）初值定理：如果 f(t)的 Z 变换为 F(z)，且 F(z)存在，那么 $f(0) = \lim_{t\to 0} f(t) = \lim_{z\to\infty} F(z)$。

（2）终值定理：如果 f(t)的 Z 变换为 F(z)，而 $(1-z^{-1})F(z)$ 在 Z 平面上以原点为圆心的单位圆上和圆外没有极点，那么

$$f(\infty) = \lim_{t\to\infty} f(nT) = \lim_{z\to 1}(1-z^{-1})F(z) = \lim_{z\to 1}(z-1)F(z)$$

（3）卷积定理：如果 $x_c(nT) = \sum_{i=0}^{n} g[(n-i)T]x_r(iT)$，其中 n=0,1,2,3,…为正整数，且满足当 n=-1,-2,…时，$x_c(nT) = 0, g(nT) = 0, x_r(nT) = 0$，那么卷积定理可表示为

$$x_c(nT) = W(z)x_r(z) \tag{12-12}$$

其中，W(z)=Z{g(nT)}，$x_r(z) = Z\{x_r(nT)\}$。

常用的 Z 变换性质有线性性质、滞后性质、超前性质和位移性质，如表 12-4 所示。

表 12-4　Z 变换常用性质

性质＼函数	原函数 f(t)	象函数 F(z)
线性性质	af1(t)+bf2(t)	aF1(z)+bF2(z)
滞后性质	F(t-nT)	$z^{-n}F(z)(T\geq 0)$
超前性质	F(t+nT)	$z^{-n}F(z)-z^{n}\sum_{m=0}^{n-1}f(mT)z^{-m}(T\geq 0)$
位移性质	$e^{\pm at}f(t)$	$F(ze^{\mp aT})$

12.3.2　Z 变换和 Z 反变换的 MATLAB 实现

MATLAB 提供了符号运算工具箱（Symbolic Math Toolbox），可方便进行 Z 变换和 Z 反变换。进行 Z 变换的函数是 ztrans，进行 Z 反变换的函数是 iztrans。

1. ztrans

ztrans 函数调用格式如下：

- F=ztrans(f)：函数返回独立变量 n 关于符号向量 f 的 Z 变换函数：

$$ztrans(f)\Leftrightarrow F(z)=aymsun(f(n))/z^{n},n,0,\inf)$$

这是默认的调用格式。

- F=ztrans(f，w)：函数返回独立变量 n 关于符号向量 f 的 Z 变换函数，只是用 w 代替了默认值 z：

$$ztrans(f,w)\Leftrightarrow F(w)=aymsun(f(n))/w^{n},n,0,\inf)$$

- F=ztrans(f，k,w)：函数返回独立变量 n 关于符号向量 k 的 Z 变换函数，只是用 w 代替了默认值 z：

$$ztrans(f,k,w)\Leftrightarrow F(w)=aymsun(f(k))/w^{k},k,0,\inf)$$

2. iztrans

iztrans 函数调用格式如下：

- F=iztrans(f)：函数返回独立变量 z 关于符号向量 F 的 Z 反变换函数，这是默认的调用格式。
- F=iztrans(f，k)：函数返回独立变量 k 关于符号向量 F 的 Z 反变换函数，只是用 k 代替了默认值 z。
- F=iztrans(f，w,k)：函数返回独立变量 w 关于符号向量 F 的 Z 反变换函数。

【例 12-1】试求下列函数的 z 变换。

$$f_1(t)=t$$
$$f_2(t)=e^{-at}$$

$$f_3(t)=\sin(at)$$

解：使用 MATLAB 提供的符号工具箱函数进行计算。程序代码如下：

```
syms n a w k z T
x1=ztrans(n*T)              % (1)
x2=ztrans(exp(a*n*T))        % (2)
x3=ztrans(sin(w*a*T),w,z)     % (3)
```

运行上述程序得到如下结果：

```
x1 =
 T*z/(z-1)^2
x2 =
 z/exp(a*T)/(z/exp(a*T)-1)
x3=
 z*sin(a*T)/(z^2-2*z*cos(a*T)+1)
```

【例 12-2】试求下列函数的 z 变换。

（1）$F_1(s)=\dfrac{1}{s(s+1)}$；

（2）$F_2(s)=\dfrac{s}{s^2+a^2}$；

（3）$F_3(s)=\dfrac{a-b}{(s+a)(s+b)}$；

解：使用 MATLAB 提供的符号工具箱函数进行计算。由于只有时域的 Z 变换，因此对于 Laplace 变换域，首先要进行 ilaplace 变换，程序代码如下：

```
syms s n t1 t2 t3 a b k z T
F1=1/(s*s+s)
x1=ilaplace(F1)
F2=s/(s^2+a^2)
x2=ilaplace(F2)
F3=(a-b)/((s+a)*(s+b))
x3=ilaplace(F3)
```

运行上述程序得到如下结果：

```
F1 =
  1/(s^2+s)
x1 =
  1-exp(-t)
F2 =
s/(s^2+a^2)
x2 =
  cos((a^2)^(1/2)*t)
F3 =
```

(a-b)/(s+a)/(s+b)

x3 =

(a-b)/(b-a)*(exp(-a*t)-exp(-b*t))

在 MATLAB 命令窗口中输入 t=n*T，分别进行 Z 变换，执行的情况如下：

```
>> t=n*T;
>> ztrans(x1)
 ans =
 z/(z-1)-z/exp(-1)/(z/exp(-1)-1)
 >> ztrans(x2)
 ans =
 (z-cos(signum(a)*a))*z/(z^2-2*z*cos(signum(a)*a)+1)
 >> ztrans(x3)
 ans =
 (a-b)/(b-a)*(z/exp(-a)/(z/exp(-a)-1)-z/exp(-b)/(z/exp(-b)-1))
```

【例 12-3】 试求下列函数的 z 反变换。

（1）$F_1(z)=\dfrac{2z^2-0.5z}{z^2-0.5z-0.5}$；

（2）$F_2(z)=\dfrac{z+0.5}{z^2+3z+2}$。

解：使用 MATLAB 提供的符号工具箱函数进行计算。程序代码如下：

```
syms z a k T
x1=iztrans((2*z^2-0.5*z)/(z^2-0.5*z-0.5))
x2=iztrans((z+0.5)/(z^2+3*z+2))
```

运行上述程序得到如下结果：

x1 =

(-1/2)^n+1

x2 =

1/4*charfcn[0](n)+1/2*(-1)^n-3/4*(-2)^n

12.4 离散控制系统的数学模型

要对一个线性离散系统或近似线性离散系统进行分析和设计，首先需要建立相应的系统模型，解决数学描述和分析工具问题。

可用时域数学模型和频域数学模型对线性离散系统进行描述。时域数学模型主要是差分方程，频域数学模型主要是脉冲传递函数。

12.4.1 离散系统的时域数学模型

对于一般的线性定常离散系统，k 时刻的输出 $y(k)$不但与 k 时刻的输入 $x(k)$有关，而且与 k 时刻以前的输入 $x(k-1),x(k-2),\ldots$有关。这种关系可以用下列差分方程表示：

$$
\begin{aligned}
&y(kT)+a_1y(kT-T)+\ldots+a_{n-1}y(kT-nT+T)+a_ny(kT-nT)\\
&\quad=b_0r(kT)+b_1r(kT-T)+\ldots+b_mr(kT-mT)
\end{aligned}
$$

上式可表示为

$$
y(kT)=\sum_{i=0}^{m}b_ir(kT-iT)-\sum_{i=1}^{n}a_iy(kT-iT)
$$

式中，a 和 b 是常数，m<n，k=0,1,2,…，称为高阶线性常系数差分方程，在数学上代表一个线性定常离散系统。

差分方程的解法有迭代法和 Z 变换法，这里介绍 Z 变换法。

Z 变换法的实质是利用 Z 变换的实数位移定理将差分方程化为以 z 为变量的代数方程，然后进行 Z 变换求出各采样时刻的响应。

Z 变换法的具体计算步骤是：

（1）对差分方程进行 Z 变换；
（2）解出差分方程输出量的 Z 变换 Y(z)；
（3）求 Y(z)的 Z 反变换，得出差分方程的解 y(k)。

【例 12-4】已知一个离散线性系统的差分方程描述如下。

Y(k+3)−2.7y(k+2)+2.42y(k+1)−0.72y(k)=0.1r(k+2)+0.03r(k+1) −0.07r(k)

试建立系统的传递函数，显示对象的属性，提取分子和分母多项式，并提取零极点和增益。

解：在零初始条件下，对差分方程进行 Z 变换，得到系统的传递函数：

$$
G(z)=\frac{0.1z^2+0.03z-0.07}{z^3-2.7z^2+2.42z-0.72}
$$

因为没有指明系统的采样周期，所以使用命令 tf（num,den,T）时，其第三个参数应选取‘-1’，表示采样周期未知。如果 T 已知，第三个参数就用 T 值来代替；如果第三个参数完全省略了，就表示系统是连续的或非离散的。

求解差分方程的 MATLAB 程序代码如下：

```
num=[0.1 0.03 -0.07];
den=[1 -2.7 2.42 -0.72];
sys=tf(num,den,-1)
% 获取模型属性
get(sys)
% 提取分子和分母多项式
[nn,dd]=tfdata(sys,'v')
% 提取对象的零极点和增益
[zz,pp,kk]=zpkdata(sys,'v')
pzmap(sys)
```

运行上述程序得到如下结果：

```
Transfer function:
    0.1 z^2 + 0.03 z - 0.07
-----------------------------
z^3 - 2.7 z^2 + 2.42 z - 0.72

Sampling time: unspecified
              num: {[0 0.1 0.03 -0.07]}
              den: {[1 -2.7 2.42 -0.72]}
         Variable: 'z'
               Ts: -1
          ioDelay: 0
       InputDelay: 0
      OutputDelay: 0
        InputName: {''}
       OutputName: {''}
       InputGroup: [1x1 struct]
      OutputGroup: [1x1 struct]
            Notes: {}
         UserData: []

nn =
         0    0.1000    0.0300   -0.0700
dd =
    1.0000   -2.7000    2.4200   -0.7200
zz =
   -1.0000
    0.7000
pp =
    1.0000
    0.9000
    0.8000
kk =
    0.1000
```

零极点分布图如图 12-5 所示。

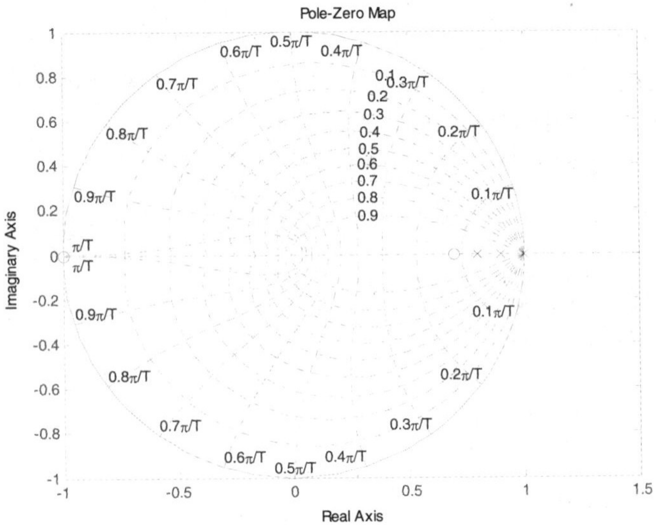

图 12-5　零极点分布图

12.4.2　离散系统频域数学模型

在连续系统中，将初始条件为零时系统（或环节）的输出信号的 Laplace 变换与输入信号的 Laplace 变换之比定义为传递函数，并用其描述系统的特性。与此相似，在线性离散系统中，将初始条件为零时系统的输出信号的 Z 变换与输入信号的 Z 变换之比定义为脉冲传递函数。脉冲传递函数是离散系统的一个主要概念，是分析离散系统的有力工具。脉冲传递函数模型一般形式为

$$G(s)=\frac{b_m z^m + b_{m-1} z^{m-1} + \ldots + b_0}{a_n z^n + a_{n-1} z^{n-1} + \ldots + a_0}$$

在 MATLAB 中，可用函数 tf 来建立离散系统的脉冲传递函数模型，其调用格式为：

$$num=[b_m \;\; b_{m-1} \;\ldots b_1 \;\; b_0]，\; den=[a_n \;\; a_{nm-1} \;\ldots a_1 \;\; a_0]，\mathrm{Sys=tf(num,den,Ts)}$$

式中，Ts—— 是采样周期。

MATLAB 提供了连续系统和离散系统的模型转换函数，如表 12-5 所示。

表 12-5　连续系统和离散系统的模型转换函数

函　数	调用格式	函数说明
c2d	sysd=c2d(sysc,Ts,'method')	连续时间 LTI 系统模型转换为离散时间系统模型
c2dm	[Ad,Bd,Cd,Dd]=2dm(A,B,C,D,Ts, 'methd') [numd,dend]=c2dm(num,den,Ts, 'method')	连续时间 LTI 系统状态空间模型或传递函数模型转换为离散时间系统模型
d2c	sysc=d2c(sysd, 'method')	离散时间 LTI 系统模型转换为连续时间模型
d2cm	[A,B,C,D]=d2cm(Ad,Bd,Cd,Dd，Ts, 'method')	离散时间 LTI 系统模型转换为连续时间系统
d2d	sys=d2d(sysd,Ts)	离散时间系统模型转换为新的 Ts 离散时间系统
d2dt	[Ad,Bd,Cd,Dd]=c2dt(A,B,C,D,Ts,lambda)	具有延迟 lambda 输入的连续时间 LTi 状态空间系统转换为离散时间时间状态空间系统

在表 12-5 中，d 表示离散系统（discrete），c 表示连续系统（continus），2 表示 to（转换为的含义，在其他函数中也经常这样用），Ts 表示采样周期，单位 s。

'method'表示转换选用的方法，基本含义如表 12-6 所示。

表 12-6　选项'method'的功能说明

选　项	功能说明	选　项	功能说明
'zoh'	对输入信号加零阶保持器	'foh'	对输入信号加一阶保持器
'imp'	脉冲不变变换方法	'tustin'	双线性变换方法
'prewarp'	预先转折变换方法，即改进的双线性变换方法	'matched'	零极点匹配变换方法

默认是'zoh'。

【例 12-5】 已知连续线性系统的开环传递函数模型为 $G_p(s)=\dfrac{1}{s(s+1)}$，试用零阶保持器、一阶保持器、双线性变换方法和根匹配方法将该系统离散化。

解：求解 MATLAB 程序代码如下：

```
clf
Ts=0.1
sys=tf(1,[1 1 0])
disp('连续系统加零阶保持器')
sysd1=c2d(sys,Ts,'zoh')
disp('连续系统加一阶保持器')
sysd1=c2d(sys,Ts,'foh')
disp('连续系统加双线性变换方法')
sysd1=c2d(sys,Ts,'tustin')
disp('连续系统加零极点匹配方法')
sysd1=c2d(sys,Ts,'matched')
```

运行上述程序得到如下结果：

```
Transfer function:
    1
-------
s^2 + s
 连续系统加零阶保持器
 Transfer function:
0.004837 z + 0.004679
----------------------------
z^2 - 1.905 z + 0.9048
 Sampling time: 0.1
连续系统加一阶保持器
 Transfer function:
0.001626 z^2 + 0.006344 z + 0.001547
----------------------------------------------
          z^2 - 1.905 z + 0.9048
 Sampling time: 0.1
连续系统加双线性变换方法
 Transfer function:
0.002381 z^2 + 0.004762 z + 0.002381
------------------------------------------------
          z^2 - 1.905 z + 0.9048
 Sampling time: 0.1
连续系统加零极点匹配方法
 Transfer function:
0.005004 z + 0.005004
--------------------------------
z^2 - 1.905 z + 0.9048
 Sampling time: 0.1
```

12.5　离散控制系统分析

12.5.1　离散控制系统的稳定性

在线性连续系统中，根据特征方程的根在 S 平面的位置判别系统的稳定性。若系统特征方程的所有根都在 S 平面左半平面，则系统稳定。对线性离散系统进行 Z 变换之后，对系统的分析要采用 Z 平面，因此需要弄清这两个负平面之间的相互关系。

S 平面到 Z 平面的影身关系为

$$z = e^{Ts}$$

式中，s 是复平面，也可以写成 $s = \sigma + j\omega$，所以 z 也是复变量，即

$$z = e^{T(\sigma + j\omega)} = e^{T\sigma} e^{T\omega j} = |z| e^{j\theta} \tag{12-13}$$

式中，$|z| = e^{T\sigma}, \theta = T\omega$

因此，从式（12-13）的关系，可得到 Z 平面的稳定条件，如表 12-7 所示。

表 12-7　Z 平面稳定条件

S 平面	系统状态	Z 平面
$\sigma_i > 0$	系统不稳定	$\lvert z_i \rvert > 1$
$\sigma_i = 0$	系统临界不稳定	$\lvert z_i \rvert = 1$
$\sigma_i < 0$	系统稳定	$\lvert z_i \rvert < 1$

离散控制系统闭环稳定的充分条件是：闭环脉冲传递函数的全部极点均位于单位圆内，因此判断离散控制系统稳定性的最直接方法是计算闭环特征方程的根，然后根据根的位置来确定系统的绝对稳定性。

Routh 是判据连续系统是否稳定的一种简单的代数判据。因为连续系统和离散系统的稳定区不同，所以在离散控制系统中不能直接应用 Routh 判据，必须进行变换。

基于双线性变换和 Routh 判据的方法能用来判别离散控制系统的稳定性。该方法是离散控制系统用双线性变换将 Z 平面单位园内的点映射到 W 平面的左半平面，然后用 Routh 判据判别系统的稳定性。

复变函数双线性变换公式为

$$z = \frac{w+1}{w-1} \quad 或 \quad w = \frac{z-1}{z+1}$$

式中，w 是复变量，可写成 $w = \sigma_w + j\omega_w$

这样，Z 平面单位圆内部就变换到 W 平面的左半平面，可以在几何和数学上加以证明。因此，稳定性条件就变为

$$|z|<1 \to |z|=\left|\frac{w+1}{w-1}\right|=\left|\frac{\sigma_w+j\omega_w+1}{\sigma_w+j\omega_w-1}\right|<1$$

即
$$\frac{(\sigma_w+1)^2+\omega^2{}_w}{(\sigma_w-1)^2+\omega^2{}_w}<1,$$

化简为
$$\sigma_w<0$$

【例 12-6】已知一个离散线性系统如图 12-6 所示，其中采样周期 Ts=1s，对象模型 $G_p(s)=\dfrac{K}{s(s+1)}$，零阶保持器 $G_0(s)=\dfrac{1-e^{-T_s s}}{s}$，试求其开环增益的稳定范围。

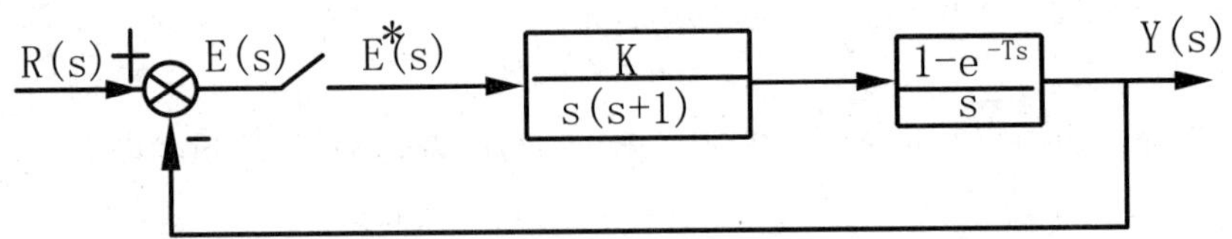

图 12-6　离散线性系统

解：开环系统的传递函数为

$$\frac{Y(s)}{E^*(s)}=G_p(s)G_0(s)=\frac{K(1-e^{-T_s s})}{s^2(s+1)}$$

对此开环传递函数进行 Z 变换，并将 Ts=1s 代入，得出

$$G(z)=\frac{K(0.3678z+0.2644}{z^3-1.3678z+0.3678}$$

MATLAB 程序代码如下：

```
clf
%求开环系统
num=[0.3678 0.2644];
den=[1 -1.3678 0.3678];
sys=tf(num,den,1)
% 绘制根轨迹
rlocus(sys)
zgrid
% 选择根轨迹上的点
[k,poles]=rlocfind(sys)
```

运行上述程序得到如下结果：

```
Transfer function:
  0.3678 z + 0.2644
----------------------------
z^2 - 1.368 z + 0.3678
```

```
Sampling time: 1
Select a point in the graphics window
selected_point =
   0.2376 + 0.9752i
k =
    2.4242
poles =
   0.2381 + 0.9757i
   0.2381 - 0.9757i
```

根轨迹图如图 12-7 所示。

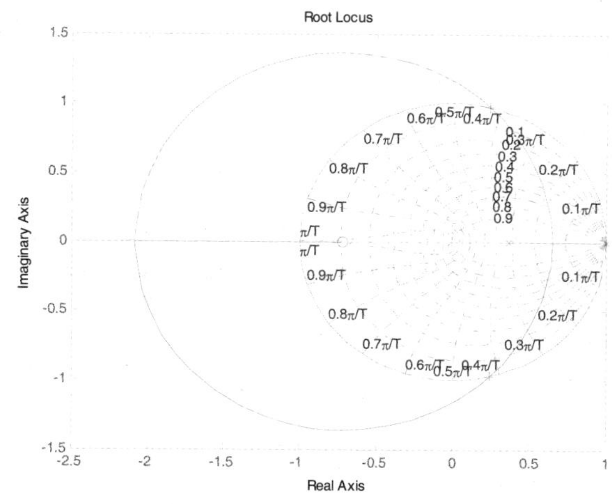

图 12-7　根轨迹图

由图 12-7 可以看出：一个极点位于单位圆上，一个位于单位圆内，系统在 K=0 是稳定的；随着 K 值的增大，两条根轨迹离开单位圆，系统变得不稳定；随着 K 值继续增大，虽然有一个极点落在单位圆内，但另一个极点趋向实轴的无穷远处，系统是不稳定的。所以 K 值稳定范围是从 0 开始的一段区间，从图中可以看出，使系统稳定的 K 值的稳定范围为 0<K<2.4242。

12.5.2　采样周期与开环增益对稳定性的影响

影响离散采样系统稳定性的因素还有系统的采样周期 Ts，根据控制系统理论，Ts 越大，则采样系统的稳定性越差。

【例 12-7】已知一个离散线性系统如图 12-8 所示，对象模型为 $G_p(s)=\dfrac{2}{s(s+1)}$，$G_0(s)$ 是采样保持器，R(s)是单位阶跃输入。

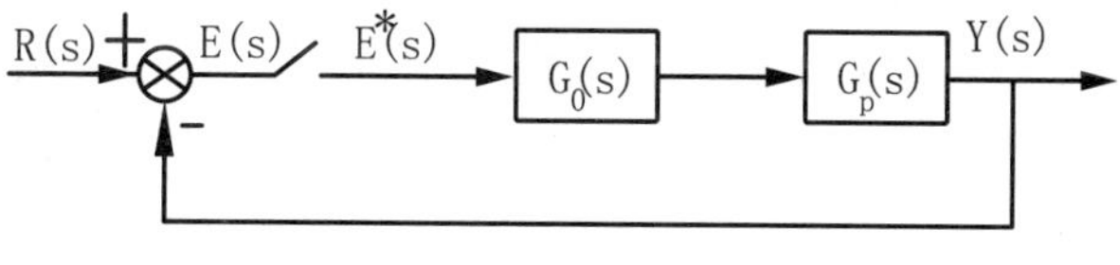

图 12-8　离散线性系统

试求：

（1）当 $G_0(s)$ 为零阶保持器，采样周期 Ts=0.1,1,2s 时系统的输出；

（2）当采样周期 Ts=1s，保持器为零阶和一阶保持器时系统的输出。

解：利用 Simulink 中的模型化根据 Model Discretizer 来实现系统不同采样周期条件下的响应。步骤如下：

（1）打开 Simulink，建立系统模型，如图 12-9 所示。

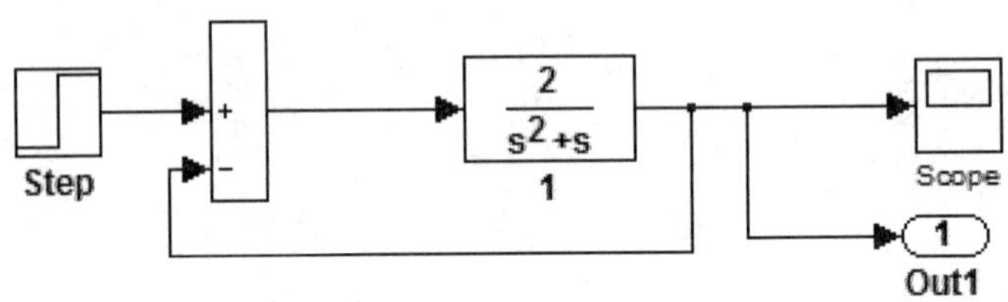

图 12-9　连续系统的 Simulink 模型

（2）选择 Tools->Control design->Model Discretizer 菜单项，如图 12-10 所示。

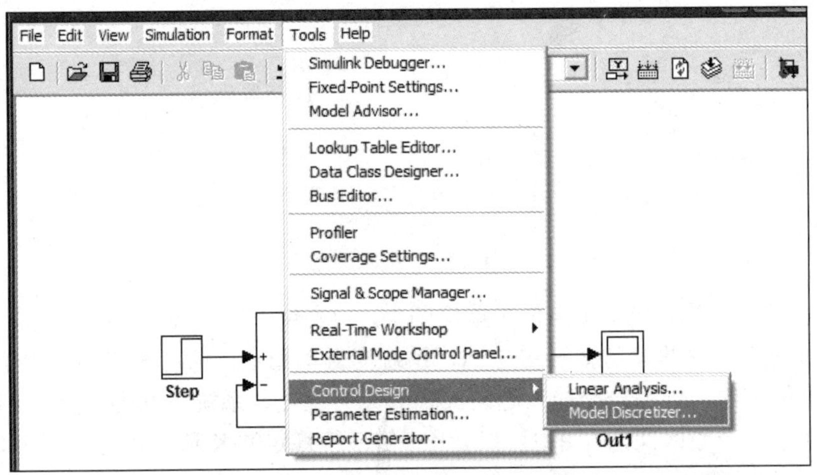

图 12-10　选择 Model Discretizer 菜单项

（3）打开 Simulink Model Discretizer 对话框，如图 12-11 所示。在 Transform methed 下拉列表框中选择 Z 变换的方法，如'zoh'、'foh'、'imp'、'tustin'、'prewarp'和'matched'；在 Sample time 中输入采样周期；在 Replace current selection with 下拉列表框中选择模型参数显示方式，如 Discrete blocks(Enter parameters in s-domain)（模型显示原连续系统的参数）、Discrete blocks(Enter parameters in z-domain)（模型显示变换后的离散系统的参数）、Configurable subsystem(Enter parameters in s-domain)（子系统显示原连续系统的参数）和 Configurable subsystem(Enter parameters in z-domain)（子系统显示变换后的离散连续系统的参数），最后单击[s→z 按钮]按钮实现模型的转换。

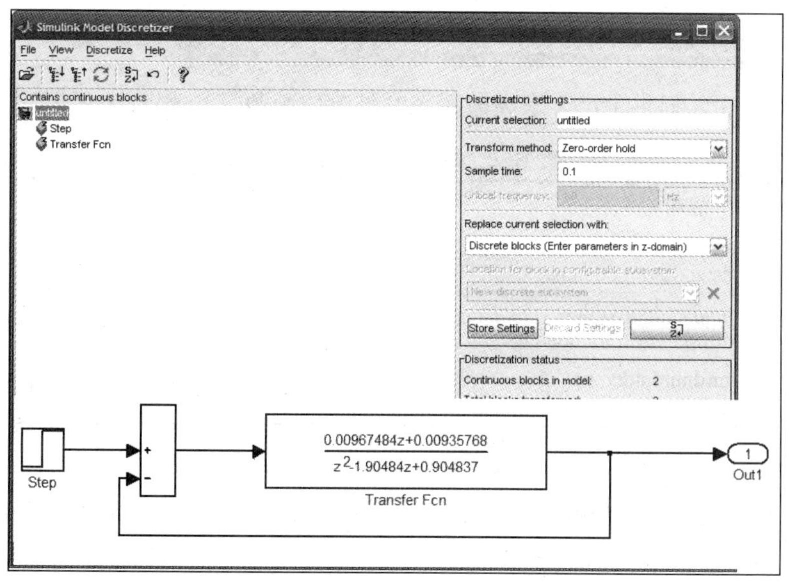

图 12-11　Simulink Model Discretizer 对话框

（4）在 Transform method 下拉列表框中选择'zoh'，在 Sample time 中输入 0.1，在 Replace current selection with 下拉列表框中选择 Discrete blocks(Enter parameters in z-domain)进行转换后并仿真。在命令窗口中执行：

```
>>subplot(221)
>>plot(tout,yout,'k')
>>grid
>>gtext('Ts=0.1')
```

（5）利用类似的方法得到系统采用零阶保持器，采样周期 Ts=1,2，采用一阶保持器 Ts=1s 时的曲线如图 12-12 所示。

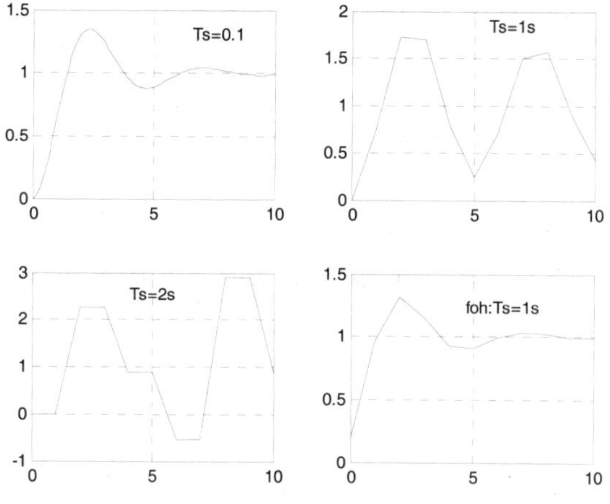

图 12-12　按题意得出的系统输出曲线

从图 12-12 可以看出：在同样的保持器下，随着采样周期的增大，系统稳定性能变差；而在同一采样周期下，采用一阶保持器变换的系统的动态特性比采用零阶保持器变换的系统好。

12.5.3 离散控制系统 MATLAB 时域响应和频域响应

在 MATLAB 中，提供了用于求离散系统时域响应函数，如表 12-8 所示。

表 12-8 离散系统时域响应函数

函数名	调用格式	功能说明
dstep	dstep(dnum,dden,n) y=dstep(dnum,dden,n)	求离散系统单位阶跃响应
dimpulse	dimpulse(dnum,dden,n) y=dimpulse(dnum,dden,n)	求离散系统单位脉冲阶跃响应
dsim	dsim(dnum,dden,u) y=dsim(dnum,dden,u)	求离散系统在输入 u 下的响应

注：n 为采样次数，u 为输入函数

离散时间 LTI 系统频域分析方法主要有三种：bode 图法、nyquist 图法和 nicholse 图法。表 12-9 列出了离散系统频域响应函数。

表 12-9 离散系统频域响应函数

函数名	调用格式	功能说明
dbode	dbode (dnum,dden,Ts,w) [mag,phase,w]=dbode(dnum,dden,Ts,w)	求离散系统 bode 图
dnyquist	dnyquist (dnum,dden,Ts,w) [re,im,w]=dnyquist(dnum,dden,Ts,w)	求离散系统 nyquist 图
dnicholse	dnicholse (dnum,dden,Ts,w) [re,im,w]= dnicholse (dnum,dden,Ts,w)	求离散系统 nicholse 图
margin	Margin(dsys) [Gm,Pm,Wcg,Wcp]=margin(dsys)	离散系统 bode 图，显示频域性能参数

注：Ts 为采样周期，mag 为幅值向量，phase 为相角向量，Gm 为幅值裕量，Pm 为相角裕量，re 为 nyqusit 图或 nicholse 图的实部向量，im 为 nyqusit 图或 nicholse 图的虚实部向量

【例 12-8】若某控制系统如图 12-13 所示，其中 $D_1(z)=\dfrac{3.4z^{-1}-1.5z^{-2}}{1-1.6z^{-1}+0.8z^{-2}}$，G1 是零阶保持器，$G_1(s)=\dfrac{1-e^{-0.05s}}{s}$，$G_2(s)=\dfrac{0.25}{s^2+3s+2}$，采样周期 Ts=0.05s。

试求：

（1）系统开环和闭环的 Z 传递函数；当输入为单位阶跃函数时的输出。

（2）系统频率特性参数并绘制 bode 图、nyquist 图、阶跃时域分析和 nicholse 图。

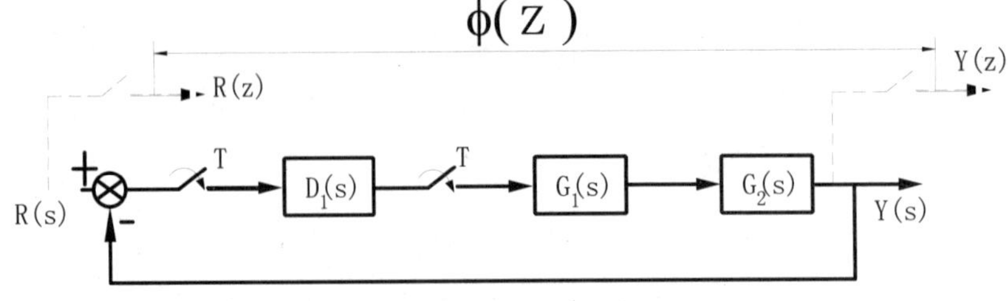

图 12-13 采样离散控制系统

解：（1）求取系统开环和闭环 S 传递函数的程序代码如下：

```
clear
% 采样周期
Ts=0.05
dnum=[3.4 -1.5];
dden=[1 -1.6 0.8];
% 离散传递函数模型
sysd1=tf(dnum,dden,Ts)
% 离散转换为连续传递函数模型
sysc1=d2c(sysd1,'zoh')
% 连续传递函数模型
sysc2=tf(0.25,[1 3 2])
% 求开环传递函数
sysk=sysc2*sysc1
% 求闭环传递函数
sysb=feedback(sysk,1)
[num,den]=tfdata(sysb,'v')
% 求闭环传递函数的特征根
p=roots(den)
```

运行上述程序得到如下结果：

```
Transfer function:
   3.4 z - 1.5
-----------------
z^2 - 1.6 z + 0.8
 Sampling time: 0.05
 Transfer function:
   55.97 s + 864.2
---------------------
s^2 + 4.463 s + 90.97
 Transfer function:
     0.25
-------------
s^2 + 3 s + 2
 Transfer function:
                13.99 s + 216
---------------------------------------------
s^4 + 7.463 s^3 + 106.4 s^2 + 281.8 s + 181.9
 Transfer function:
               13.99 s + 216
-------------------------------------------
s^4 + 7.463 s^3 + 106.4 s^2 + 295.8 s + 398
 num =
          0          0          0    13.9931    216.0465
```

den =

1.0000   7.4629   106.3556   295.8196   397.9804

p =

-2.1667 + 12-1429i

-2.1667 - 12-1429i

-1.5647 + 1.4351i

-1.5647 - 1.4351i

（2）求取系统开环和闭环 Z 传递函数 MATLAB 程序代码如下：

```
clear
% 采样周期
Ts=0.05;
dnum=[3.4 -1.5];
dden=[1 -1.6 0.8];
% 离散传递函数模型
sysd1=tf(dnum,dden,Ts)
% 连续传递函数模型
sysc2=tf(0.25,[1 3 2])
sysd2=c2d(sysc2,Ts,'zoh')
% 求开环传递函数
sysdk=sysd2*sysd1
% 求闭环传递函数
sysdb=feedback(sysdk,1)
[dsum,dden]=tfdata(sysdb,'v')
% 求闭环传递函数的特征根
p=roots(dden)
% 求闭环系统的单位阶跃响应曲线
t=0:0.05:5
y=dstep(dsum,dden,t);
% 绘制棒图显示响应曲线
stem(t,y','k')
grid
xlabel('t')
ylabel('y(t)')
```

运行上述程序得到如下结果：

```
Transfer function:
   3.4 z - 1.5
-----------------
z^2 - 1.6 z + 0.8
 Sampling time: 0.05
 Transfer function:
     0.25
-------------
s^2 + 3 s + 2
 Transfer function:
0.0002973 z + 0.0002828
```

```
-----------------------
z^2 - 1.856 z + 0.8607

Sampling time: 0.05
 Transfer function:
   0.001011 z^2 + 0.0005156 z - 0.0004242
---------------------------------------------
z^4 - 3.456 z^3 + 4.63 z^2 - 2.862 z + 0.6886
 Sampling time: 0.05
 Transfer function:
    0.001011 z^2 + 0.0005156 z - 0.0004242
----------------------------------------------
z^4 - 3.456 z^3 + 4.631 z^2 - 2.861 z + 0.6881
 Sampling time: 0.05
dsum =
         0         0    0.0010    0.0005   -0.0004
dden =
    1.0000   -3.4561    4.6314   -2.8615    0.6881
p =
   0.8030 + 0.3935i
   0.8030 - 0.3935i
   0.9250 + 0.0697i
   0.9250 - 0.0697i
```

阶跃响应曲线如图 12-14 所示。

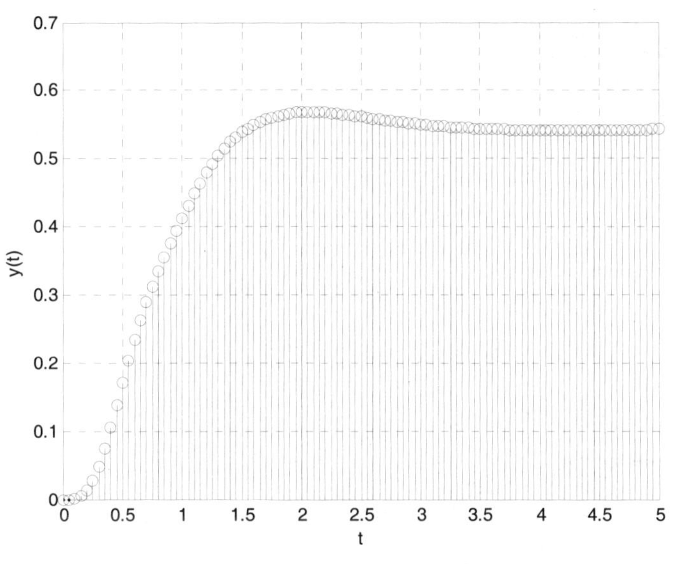

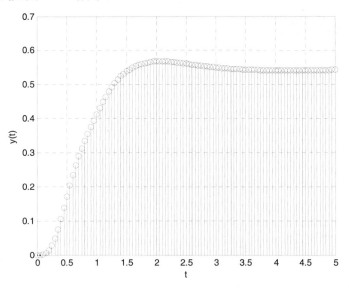

图 12-14　阶跃响应曲线

（3）求系统开环脉冲函数频率响应的 MATLAB 程序代码如下：

```
clear
% 采样周期
Ts=0.05;
dnum=[3.4 -1.5];
dden=[1 -1.6 0.8];
% 离散传递函数模型
sysd1=tf(dnum,dden,Ts)
% 连续传递函数模型
sysc2=tf(0.25,[1 3 2])
sysd2=c2d(sysc2,Ts,'zoh')
% 求开环传递函数
sysdk=sysd2*sysd1
figure(1)
margin(sysdk)
grid
figure(2)
subplot(121)
pzmap(sysdk)
grid
subplot(122)
nyquist(sysdk)
grid
figure(3)
nichols(sysdk)
grid
```

运行上述程序，得到如图 12-15 和图 12-16 所示的曲线。

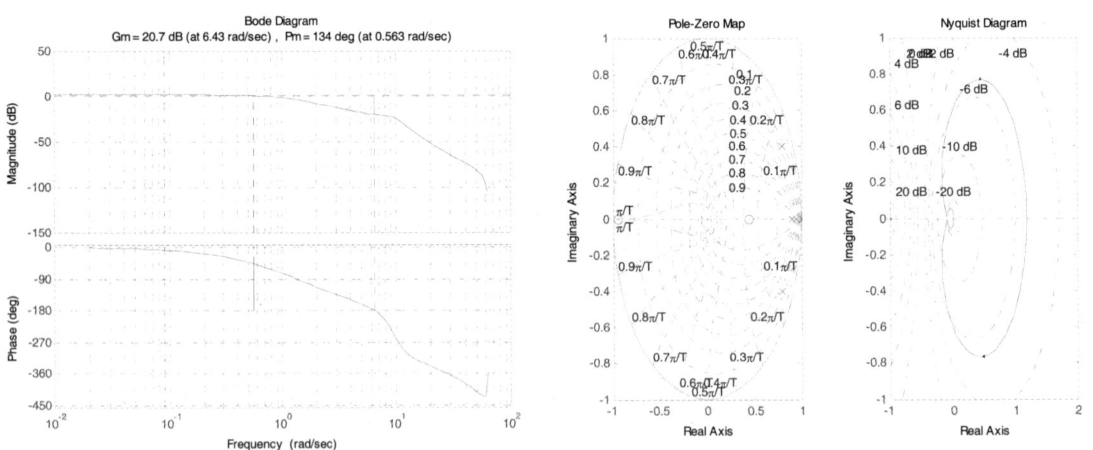

图 12-15　离散控制系统的 bode 图和 nyquist 图

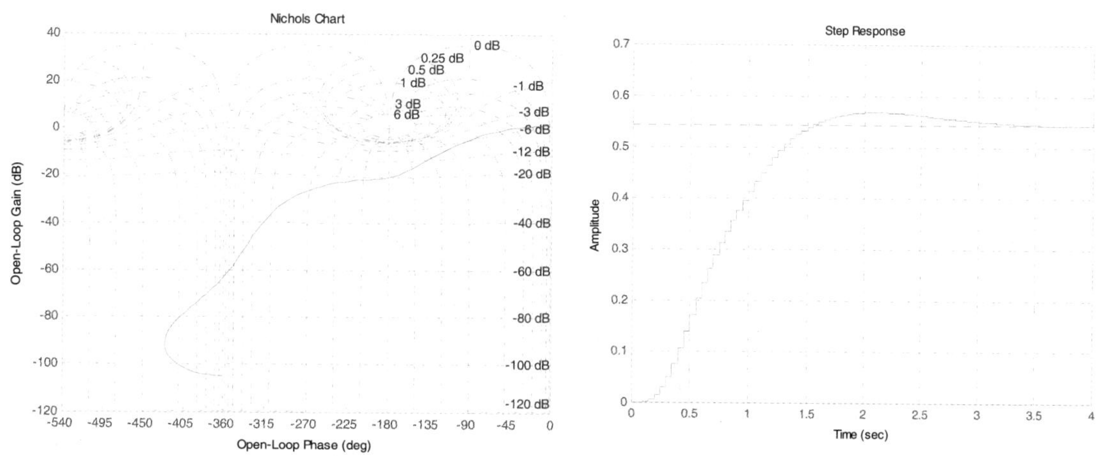

图 12-16　离散控制系统的 nichols 图和阶跃响应曲线

由图 12-16 中曲线可以判断离散控制系统是稳定的。

12.6　频率特性和根轨迹设计

连续时间系统是在 S 域内讨论其频率特性，离散时间系统是在 Z 域内进行讨论。S 平面轨迹在 Z 平面上的映射关系是：S 平面的虚轴在 Z 平面上的映射是单位圆；S 平面的左半平面映像为 Z 平面的单位圆内部。因此，离散时间系统稳定的充要条件是：系统极点均位于 Z 平面的单位圆内。

连续系统的根轨迹是指闭环特征方程的根在 S 平面上的运动轨迹，根轨迹与 S 平面虚轴的交点是系统稳定的临界点；离散系统的根轨迹是指闭环特征方程的根在 Z 平面上的运动轨迹，根轨迹与 Z 平面单位圆的交点为稳定的临界点。

在 MATLAB 中，函数 bode()既适用于连续系统也适用于离散系统。与连续系统相同，函数 margin()也用于计算离散系统的相对稳定性。

在 MATLAB 控制系统工具箱中，用于根轨迹设计的函数有 rlocus()和 rlocfind()，这两个函数既适用于连续系统也适用于离散系统，调用格式也与连续时间系统基本相同。

【例 12-9】已知离散系统的开环传递函数为

$$G(z)=\frac{0.0478z+0.0464}{z^2-1.81z+0.9048}$$

采样时间为 0.10s，试绘制系统的 bode 图和根轨迹图并分析其稳定性和相对稳定性。

解：按题意，MATLAB 程序代码如下：

```
sys=tf([0.04798 0.0464],[1 -1.81 0.9048],0.1)
figure(1)
margin(sys)
```

```
grid
figure(2)
subplot(121)
rlocus(sys)
sgrid
subplot(122)
step(feedback(sys,1),'k-')
grid
```

运行上述程序，得到如图 12-17 所示的系统 bode 图和根轨迹。

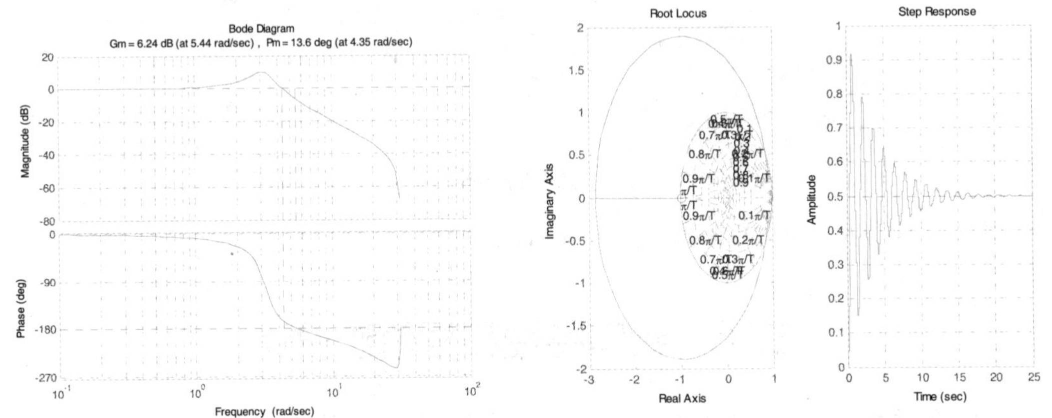

图 12-17　系统 bode 图和根轨迹

由图 12-17 可以看出：闭环系统是稳定的，连续系统也一样。离散控制系统根轨迹设计的基本原理是：根据性能指标确定期望闭环极点的位置，计算增益或校正参数。离散系统的期望闭环极点落在 Z 平面单位园内，系统是稳定的。

【例 12-10】图 12-18（a）所示是一个天线位置控制系统的结构图，给定信号经分压器、预放大、功率放大环节后，由发电机驱动、经加速器输出以调整天线的位置。为了简化问题，先假设计算机控制部分只是一个比例环节 K 加零阶保持器，反馈回路 A/D 环节仅仅起到离散化的作用，这时系统简化后的框图如图 12-18（b）所示。试选择合适的增益 K，使天线位置控制闭环响应的阻尼比为$\xi=0.5$，假设采样周期 T=0.1s。

此时前向通路连续部分开环传递函数为

$$G(s)=K\frac{1-e^{-Ts}}{s}\frac{0.2083}{s(s+1.71)}$$

对 G(s)作 Z 变换

$$G(z)=\frac{9.846\times10^{-4}K(z+0.945)}{(z-1)(z-0.843)}$$

下面用根轨迹来确定阻尼比$\xi=0.5$时系统的开环增益 K 值。上式中 G(z)为系统的开环脉冲传递函数，K 为参变量，故与连续系统相同。可以根据 G(z)绘制闭环系统的特征根轨迹。

为了简化计算，取根轨迹增益 $K^* = K \times 9.846 \times 10^{-4}$，即可根据根轨迹方程绘制离散闭环系统根轨迹。

在连续系统中，ξ 为常数时，特征值分布在自原点出发、与负实轴成 $\arccos\xi$ 的射线上。当系统特征值为

$$s = \sigma \pm j\omega = -\frac{\omega\xi}{\sqrt{1-\xi^2}} \pm j\omega$$

对应离散系统 Z 平面，则有

$$Z = e^{Ts} = e^{-\omega T(\frac{\xi}{\sqrt{1-\xi^2}})} e^{\pm j\omega}$$

于是当 ξ 为确定值时，S 平面的射线对应 Z 平面上的一条向心螺线。ξ 取不同典型值的向心螺线簇在 MATLAB 中可以利用“zgrid”命令直接绘制。

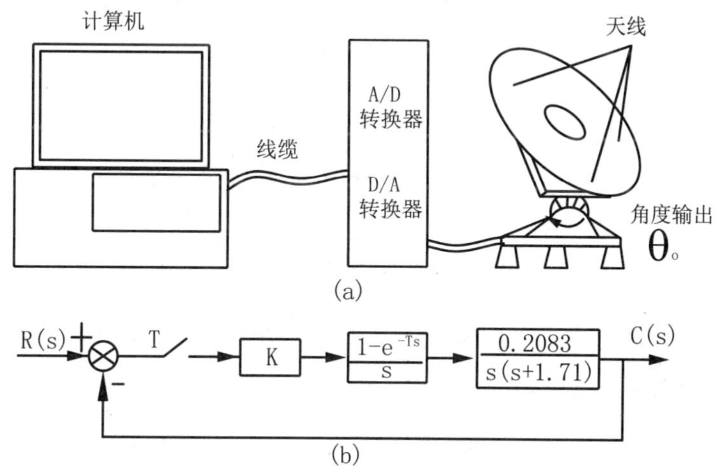

图 12-18　天线位置控制系统和比例控制下的天线系统

在 Z 平面上，系统随增益变化的闭环根轨迹与等阻尼比曲线相交时，交点就是在该阻尼比下的闭环特征根。与连续系统相同，交点通过 rlocfind()获得，当然手动取点会有一定的误差。求该系统在阻尼比 $\xi = 0.5$ 时系统增益的 MATLAB 程序如下：

```
clf
T=0.1;
num=0.2083;
den=[1 1.71 0];
Gs=tf(num,den);
% 带零阶保持器离散化
Gz=c2d(Gs,T,'zoh')
% 绘制根轨迹
rlocus(Gz)
axis([0,1,-1,1]);
% 在根轨迹图中加入离散系统等阻尼线
zgrid
```

```
title(['z-Plane Root Locus'])
确定根轨迹与等阻尼线
[K,P]=rlocfind(Gz)
```

运行上述程序，可以得到$\xi=0.5$时的等阻尼曲线和根轨迹交点处根轨迹的增益 K=13.1，系统根轨迹图与等阻尼曲线的交点情况如图 12-19 所示。

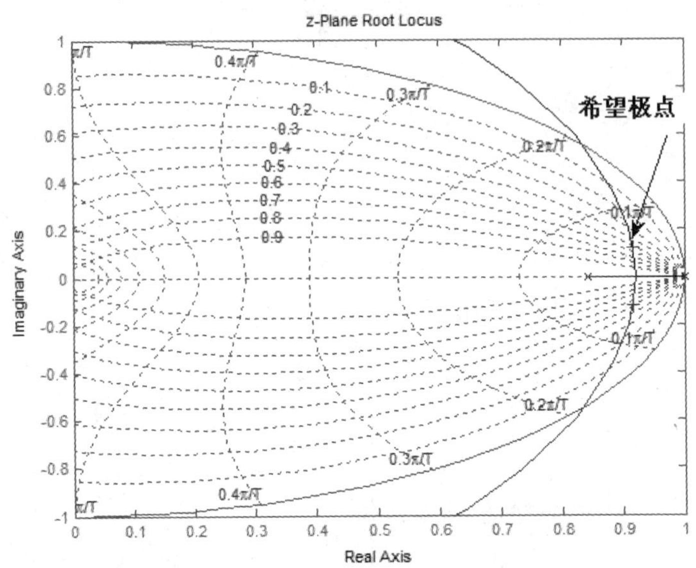

图 12-19　系统根轨迹和等ξ线的相交图

如果希望对系统特性做进一步的改善，可以在系统中引入串联校正装置，即用数字控制器取代上述比例控制器。

如串联控制器设为

$$KG_c(s)=K\frac{1+1.71}{s+4}$$

分别取$K_1=13.1\times\frac{s+1.71}{s+4}=30.64, K_2=61.28$，以及比例控制时$K_3=13.1$三种情况系统的阶跃响应曲线进行比较。计算过程可用以下 MATLAB 程序实现：

```
clf
T=0.1;
num1=[1 1.71];
den1=[1 4];
Gcs=tf(num1,den1);
Gcz=c2d(Gcs,T,'tustin')
num2=0.2083;
den2=poly([0 -1.71]);
Gps=tf(num2,den2)
K1=30.64;
K2=61.28;
K3=13.1;
```

```
Gpz=c2d(Gps,T,'zoh')
Gez=Gcz*Gpz
Tz1=feedback(K1*Gez,1)
Tz2=feedback(K2*Gez,1)
Tz3=feedback(K3*Gpz,1)
step(Tz1,'k-',Tz2,'r--',Tz3,'b*',0:T:5)
grid
title('Close-loop Digital Step Response')
gtext('串联校正 K=K1')
gtext('串联校正 K=K2')
gtext('比例控制 K=K3')
```

运行上述程序，得到如图 12-20 所示的阶跃响应曲线。由图可以看出，引入串联校正后系统的动态品质优于比例控制，允许系统选择更高的增益以进一步提高系统的快速性。

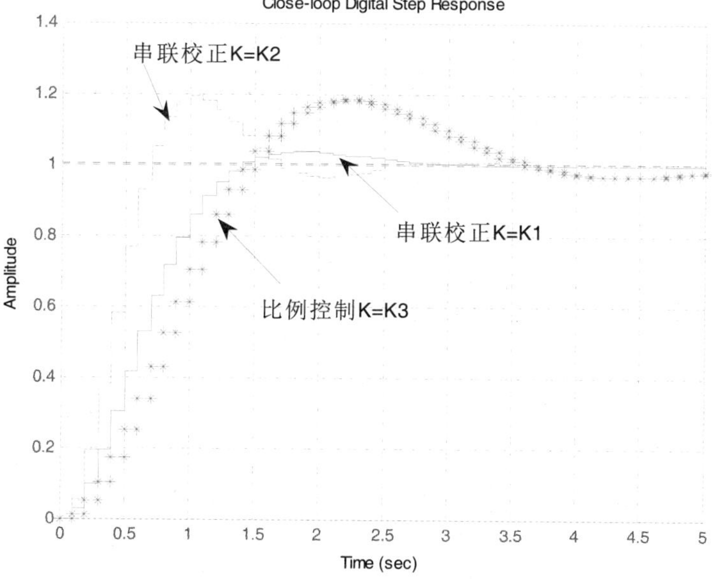

图 12-20　不同控制参数下的天线控制系统阶跃响应曲线

12.7　习　　题

1. 试求下列函数的脉冲序列 e*(t)。

（1）$E(z)=\dfrac{z}{(z+1)(3z^2+1)}$；

（2）$E(z)=\dfrac{z}{(z-1)(s+0.5)^2}$；

（3）$E(z)=\dfrac{2z(z^2-1)}{(z^2+1)^2}$。

2. 求下列连续离散化后对应的 Z 变换（T 为采样周期）

（1）$G(s)=\dfrac{s+3}{(s+1)(s+2)}$；

（2）$G(s)=\dfrac{s+1}{s^2}$；

（3）$G(s)=\dfrac{a(1-e^{-Ts})}{s^2(s+a)}$。

3. 设离散系统如图 12-21 所示，T=1s,Gk(s)为零阶保持器，$G(s)=\dfrac{K}{s(0.2s+1)}$，要求：

（1）当 K=5 时，分别在 z 域和 w 域中分析系统的稳定性；

（2）确定使系统稳定的 K 值。

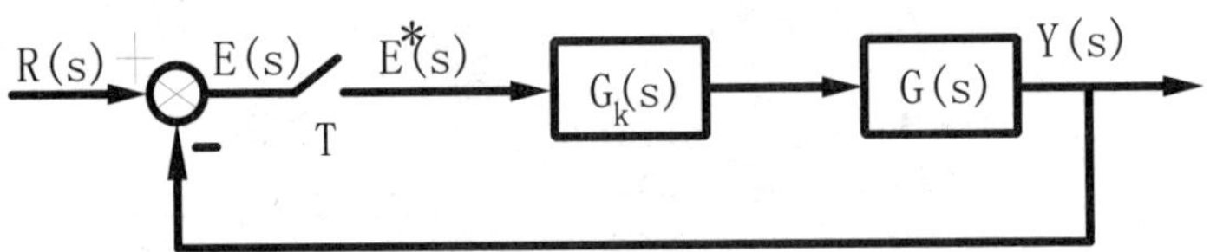

图 12-21　闭环离散系统

4. 证明图 12-22 所示的离散系统输出信号的 Z 变换为：$G(z)=\dfrac{RG_1(z)G_2(z)}{1+G_1(z)G_2(z)}$，若 $G_1(z)G_2(z)=K[\dfrac{z}{z-1}-\dfrac{z}{z-e^{-T}}]$，试确定系统稳定的条件。

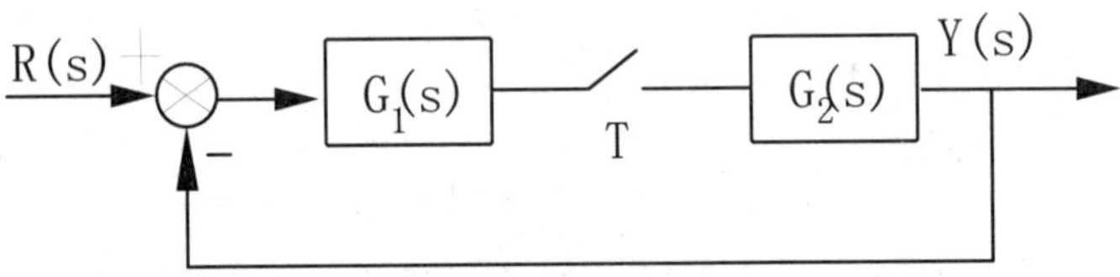

图 12-22　离散控制系统

5. 压力与速度补偿后的电弧焊机器人系统框图如图 12-23 所示。

（1）假设采样时间 T=0.1s，将机器人模型转换为数字控制系统模型。

（2）绘制系统的根轨迹，确定系统稳定的 K 值。

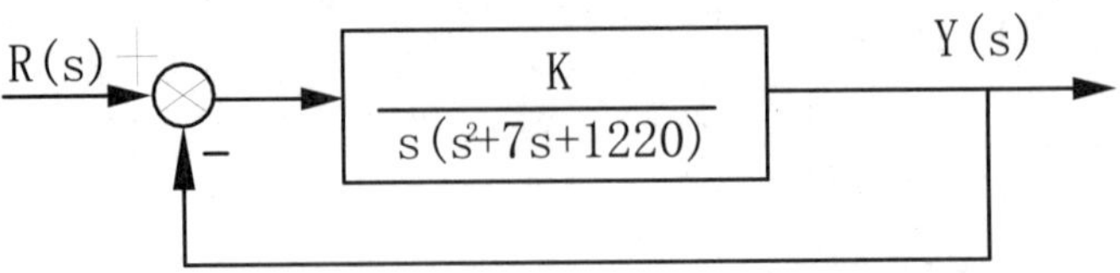

图 12-23　电弧焊机器人系统框图

6. 软盘控制系统原理图如图 12-24（a）所示，如果系统的模拟部分如图 12-24（b）所示，试求：

（1）假设采样时间 T=0.01s，将系统模型转换为离散模型；

（2）确定使系统稳定的数字控制器增益；

（3）确定当输入为阶跃序列时，使系统输出产生 15%超调量的数字控制器增益值。

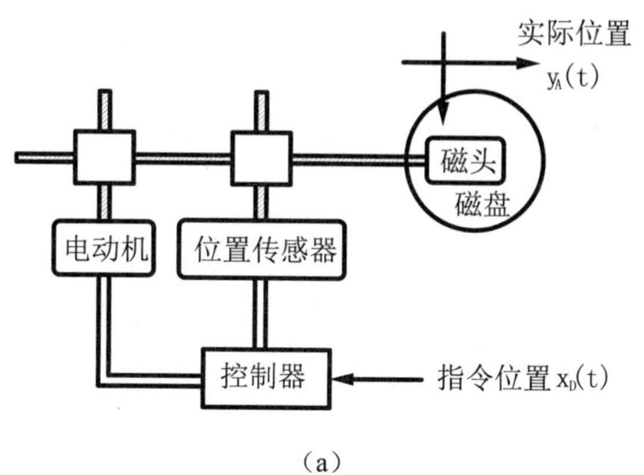

（a）

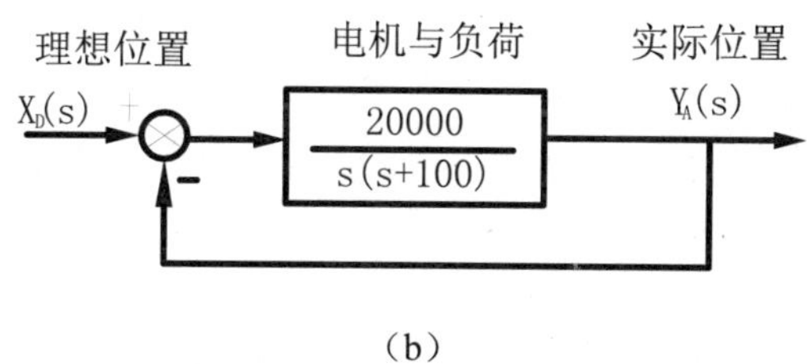

（b）

图 12-24　软盘控制系统